프레스 금형설계

김창호 · 김 철 · 박동환 · 박상봉 공 저

북스힐

머 리 말

반도체 및 핸드폰 등의 IT 산업과 자동차산업과 가전제품 산업이 발전하는 요즈음, 금형의 새로운 고정밀도화 및 고성능화를 도모하는 노력이 전 세계적으로 활발하게 진행되고 있다.

두 개 이상의 쌍을 이루는 여러 금형을 설치하여 강, 구리, 알루미늄 등의 금속판재나 봉재를 놓고 강한 힘을 가하여 원하는 치수로 절단하거나 형상으로 성형시키는 기계를 프레스(press)라 한다.

프레스 금형은 금속의 소성(plasticity), 전연성(malleability, ductility) 및 유동성(fluidity) 등의 성질을 이용하여 재료를 프레스 위에 놓고 압축력을 가하여 가공성형하여 제품을 생산하는 도구로서 동일한 형상과 규격의 제품을 생산하기 위해 모체가 되는 틀로서 제품 1개의 성형시간이 짧고 생산속도가 빠르기 때문에 대량생산에 적합하다.

그러므로 금형의 가공방법 및 공구 재료에 관한 기계적인 성질의 이해와 더불어 금형가공 기계의 동작 원리, 금형설계 기술과 방법, 프레스 가공의 원리 및 운전·보수관리 방법 등에 관한 기초적인 사항을 알아둘 필요가 있다.

프레스와 금형의 정밀도에 따라서 가공품의 정밀도가 결정되며 금형비가 매우 비싸기 때문에 합리적인 금형설계에 대한 지식과 기술의 축적은 금형을 값싸고 빨리 만들 수 있는 근간이 된다. 따라서 기계공학도 뿐 아니라 현장 금형기술자들이 금형설계에 대해 쉽게 접근하고 이해할 수 있는 책이 필요하다.

이 책의 내용은 크게 1부 프레스 금형일반, 2부 금속의 박판성형(sheet metal forming), 3부 금속의 체적성형(bulk metal forming) 및 4부 금형견적 산출시스템인 4부로 구성되어 있으며 각 부는 여러 장으로 나뉘어져 있다.

또한 1부에서 3부에는 각 장마다 금형의 종류, 성형원리와 구조 그리고 설계와 관련된 사진과 그림과 표를 풍부하게 삽입하여 금형설계와 관련된 이론과 식에 대한 명확한 이해에 도움을 주고자 하였다.

4부에는 다이, 펀치, 펀치홀더 등 프레스 금형의 부품별로 가공비를 자동으로 산출하여 금형 1세트의 견적을 제시할 수 있는 금형견적 자동산출 시스템의 알고리즘과 원리를 설명하였다.

대학에서의 금형설계 과목은 과학 기술의 급속한 진보에 따라서 상당히 여러 방면에 걸쳐 전문화되고 배워야 할 사항이 현저히 증가해서 한정된 시간에 습득하기 위해서는 대학의 강의 시간 수에 비하여 분량이 많으나 이 책은 대학 졸업 후에 있어서도 실무적인 참고서로서 도움이 되도록 풍부한 내용으로 되어 있으므로 일반 현장 기술자의 재교육에도 이용할 수 있을 것이다.

되도록 모든 분야에 걸쳐서 충실을 기하려고 했으나 미흡한 점은 앞으로 보완해 나갈 것을 약속하며, 독자 여러분의 조언을 바라는 바이다.

끝으로 기계 공학을 전공하는 학생 및 기술자에게 크게 도움이 될 것을 바라며, 이 책의 출간을 위하여 수고하여 주신 도서출판 (주) 북스힐의 여러분께 깊은 감사를 드리는 바이다.

저자 씀

차 례

Part 1 서 론

Chapter 01 재료의 기계적 성질 ······ 3

1.1 재료의 변형원리 / 3

Chapter 02 금 형 ······ 9

2.1 금형의 정의 / 9

2.2 금형의 분류 / 10

Chapter 03 프레스 가공의 종류 ······ 17

3.1 소성가공과 소성변형 / 17

3.2 프레스 가공의 개요 / 18

3.3 프레스 가공의 분류 / 19

3.4 프레스 기계 / 25

3.5 프레스 기계의 사양 / 29

3.6 프레스 작업의 자동화 / 31

Part 2 판재성형

Chapter 04 전단 금형 ······ 37

4.1 전단가공의 개요 / 37

4.2 절단면 형상 / 41

4.3 전단저항 / 44
4.4 클리어런스 / 46
4.5 전단력과 일량 / 49
4.6 파인 블랭킹 / 52
4.7 전단 금형의 구조 / 61
4.8 블랭킹 금형 설계의 예 / 73

Chapter 05 굽힘 금형(Bending Die) ······ 77

5.1 굽힘 가공의 개요 / 77
5.2 굽힘 가공의 종류 / 79
5.3 최소 굽힘 반경 / 81
5.4 스프링 백 / 83
5.5 굽힘에 필요한 힘 / 86
5.6 굽힘 가공의 전개길이 / 87
5.7 굽힘 가공 설계 시 주의할 점 / 89
5.8 굽힘 금형 예 / 91

Chapter 06 드로잉 금형 ······ 93

6.1 드로잉 가공의 개요 / 93
6.2 딮 드로잉 / 95
6.3 아이어닝 / 97
6.4 한계 드로잉비 / 102
6.5 초드로잉, 재드로잉 / 105
6.6 곡률반경 / 106
6.7 드로잉에 필요한 힘 / 108
6.8 드로잉 가공의 불량과 대책 / 110
6.9 드로잉 가공 금형 설계 및 공정 설계 / 114

Chapter 07 자동화 금형 ······ 119

7.1 프로그레시브 금형 / 120
7.2 트랜스퍼 금형 / 126

Chapter 08 특수 금형 ········ 131
8.1 하이드로 포밍 금형 / 131
8.2 핫 프레스 포밍 금형 / 134
8.3 TWB / 136
8.4 고 에너지 성형 금형 / 138
8.5 스피닝 / 141
8.6 고무 성형 금형 / 142

Chapter 09 판재 성형 해석 ········ 145
9.1 판재 성형성 평가 방법 / 145
9.2 판재 성형 해석 방법 / 149
9.3 판재 성형 해석 사례 / 152
9.4 프레스 금형 설계 시 검토 항목 / 157
9.5 프레스 작업 현장의 낭비 사례 / 163
9.6 판재 금형 표준화 / 164

Part 3 체적 성형

Chapter 10 단조가공 ········ 171
10.1 단조가공의 종류 / 172
10.2 단조용 기계 / 177
10.3 단조가공을 위한 공정 및 금형설계 / 179

Chapter 11 준축대칭 제품의 냉간단조 공정설계 및 금형설계(I) ········ 195
11.1 시스템의 구성 및 작동원리 / 195
11.2 입력 및 형상처리 모듈 / 199
11.3 공정설계 모듈 / 201
11.4 금형설계 모듈 / 201
11.5 예비성형체 수정 부모듈 / 202

11.6 설계규칙 / 203
11.7 시스템의 적용 및 고찰 / 206
11.8 전방압출 제품의 금형설계 및 해석 적용 예 / 216
11.9 후방압출 제품의 금형설계 및 해석 적용 예 / 207

Chapter 12 분할다이를 갖는 준축대칭 제품 냉간단조용 공정설계 및 금형설계 ········ 221

12.1 시스템의 구성 / 222
12.2 시스템의 작동 순서 / 223
12.3 금형 설계에 관한 규칙 / 224
12.4 시스템의 적용 및 고찰 / 226

Chapter 13 다단포머-볼트류 공정 및 금형설계 자동화 시스템 ········ 235

13.1 시스템의 구성 / 235
13.2 시스템의 작동순서 입력 및 형상처리 모듈 / 237
13.3 설계규칙 / 238
13.4 시스템의 적용 및 고찰 / 242
13.5 선박엔진용 초대형 피스톤 크라운의 단조공정 및 금형 설계 / 251

Chapter 14 압출가공 ········ 259

14.1 압출가공의 종류 / 260
14.2 압출시의 금속유동 / 263
14.3 압출결함 / 264
14.4 압출작업 / 265
14.5 압출가공을 위한 공정 및 금형설계 / 266

Part 4 프레스 금형의 견적산출 시스템

Chapter 15 금형 제작 시간 ········ 277

15.1 프레스 금형제작 시간의 산출 / 277

15.2 공구재료 및 절삭조건 / 290

Chapter 16 절삭가공 종류별 가공시간의 계산 305

16.1 와이어 커팅 가공 / 305

16.2 원통 및 내경 연삭 가공 / 307

16.3 선반 가공시간 / 309

16.4 밀링 가공시간 / 312

16.5 드릴 가공시간 / 315

16.6 탭 가공시간 / 318

16.7 머시닝센터 가공시간 / 319

Chapter 17 프레스 금형의 견적산출 시스템 321

17.1 시스템 설계 개요 / 321

17.2 프레스 금형의 견적산출 시스템 구성 / 324

17.3 시스템의 구성 / 327

17.4 상세 견적을 위한 금형자동견적 산출(시스템 응용) / 339

17.5 견적산출 시스템 활용 예 / 346

17.6 초기견적에 대한 견적산출 시스템 응용 예 / 352

■ 참고문헌 / 360

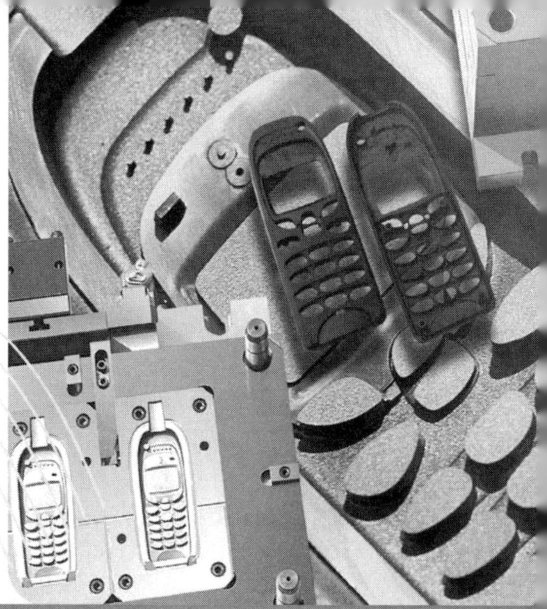

1 PART

서 론

Chapter 1. 재료의 기계적 성질

Chapter 2. 금 형

Chapter 3. 프레스 가공의 종류

Chapter

01

재료의 기계적 성질

1.1 재료의 변형원리

1.1.1 거시적 변형원리

1) 응력과 변형률

외력의 작용에 의해서 생기는 물체 내부의 응력 및 그에 따른 변형률의 정의에 대하여 응력 및 변형률을 나타내는 2가지 방법 및 그 차이에 대하여 기술한다.

그림 1.1.1은 응력-변형률 선도를 보여준다. 이를 살펴보면 A는 탄성한도를 나타내는 점으로서 물체에 외력을 가하면 변형률이 Zero가 되어 O점으로 원위치하며, B점은 상항복점, C점은 하항복점이고, D점은 소성변형 구간으로서 소성 영역이고, E점은 최대 인장강도를 나타내며, F점은 최종적으로 재료가 파괴될 때의 파괴강도를 나타낸다.

굽힘 가공, 드로잉 가공 등 소성 가공으로 사용하는 영역은 CE 구간으로 하항복점을 지나 최대 인장강도까지를 주로 소성영역으로서 가공에 이용한다. 실제로 이용하는 소성영역은 하항복점을 조금 지나 최대 인장강도 조금 전까지를 사용하며 이를 최적 소성영역이라 할 수 있다.

공학변형률(engineering strain), e는 시편의 늘어난 길이에 대한 초기 표점거리의 비로 다음과 같이 정의되며, 공칭변형률(nominal strain) 또는 관용변형률(conventional strain) 로도 불린다.

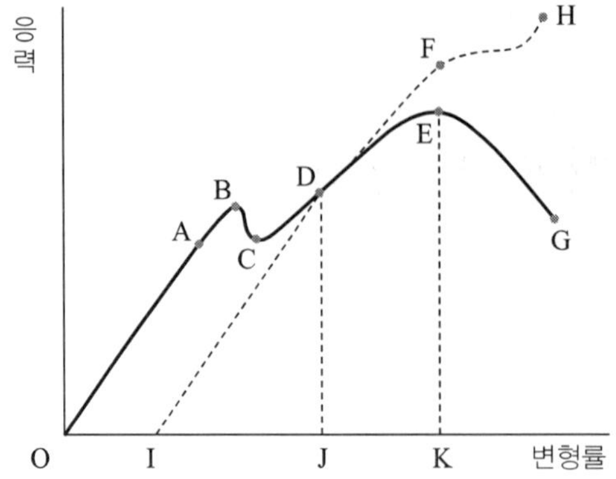

그림 1.1.1 응력-변형률 선도

$$e = \frac{\Delta l}{l_0} = \frac{l}{l_0} - 1 \tag{1.1.1}$$

여기서, l_0는 시편의 초기 표점거리, l은 늘어난 후의 표점거리, Δl은 늘어난 길이를 나타낸다.

공칭응력(nominal stress) 혹은 공학응력(engineering stress) S는 시편에 가해지는 하중 P를 시편의 초기 단면적 A_0으로 나눈 값으로 다음과 같이 표시된다.

$$S = \frac{P}{A_0} \tag{1.1.2}$$

진응력(true stress) σ는 임의 하중 P에 대한 그때의 실제 시편단면적 A의 비율로

$$\sigma = \frac{P}{A} \tag{1.1.3}$$

로 정의되며, 진변형률(true strain) 혹은 대수변형률(logarithmic strain) 또는 자연변형률(natural strain) ϵ은

$$\epsilon = \int \frac{\delta l}{l} = \ln\left(\frac{l}{l_0}\right) \tag{1.1.4}$$

로 정의되고, 공학변형률 ϵ, 공칭응력 S, 진변형률 ε 및 진응력 σ는 다음의 관계로 주어진다.

$$\epsilon = \ln(1 + e) \tag{1.1.5}$$

$$\sigma = (1+e)S = (1+e)\frac{P}{A_0} \tag{1.1.6}$$

따라서 하중-변위 곡선으로부터 $\sigma - \varepsilon$ 곡선을 얻기 위해서는 상기의 식을 이용하면 된다. 이상과 같은 두 가지 방법의 변형률 표현방법 중 실제의 공학문제 해석에서는 진변형률의 개념이 훨씬 유용하게 쓰이고 있다.

2) 인장시험으로부터 얻을 수 있는 기계적 특성치(mechanical properties)

프레스 가공의 구성 요소로는 프레스 기계, 금형, 소재를 들 수 있는데 그 중 중요한 인자의 하나가 소재이다. 프레스 가공에서 다루는 소재의 종류는 다양하며 가공성을 평가하는 방법도 컵 드로잉시험(cup drawing test), 장출시험(stretching test), 굽힘시험(bending test), 구멍넓힘 시험(hole expansion test) 등 여러 가지가 있다. 이와 같은 시험법들은 강판의 성형성을 종합적으로 나타낼 수 있는 범용성을 가진 시험방법이 아니며, 관심의 대상이 되는 변형모드(deformation mode)에서 성형능력을 재현하는데 적합한 시험이다. 그러나 이에 비해 현재 전세계의 프레스 가공에 관한 제철소 및 가공업체에서 널리 쓰이고 있는 인장시험(tensile test)은 변형모드에 관계없이 소재의 기본 물성 및 성형성을 평가할 수 있는 장점이 있다.

① 영율(Young's Modulus, E)

응력-변형률 곡선으로 나타낸 인장특성에서 탄성영역의 기울기를 영율 E로 정의한다. 즉, 탄성변형에서의 응력-변형률간의 관계식 $\sigma = E\varepsilon$의 계수이다. 강의 영율은 일반적으로 21,000 kgf/mm^{2}이며, 영율이 클수록 탄성변형에 소요되는 하중이 많다는 것을 의미한다.

② 항복강도(Yield Strength, Y_S)

인장 시험 시 탄성에서 소성으로의 천이구간이 분명하게 드러나는 경우는 다음과 같이 항복하중 P_y을 초기 시편단면적 A_0으로 나눈 값이 항복응력이 된다. 즉,

$$Y_S = \sigma_y = \frac{P_y}{A_0} \tag{1.1.7}$$

그러나 일반적인 강의 인장시험에서 탄성-소성 천이구간이 점진적으로 변하게 되면 항복점을 적확히 찾을 수가 없게 되며 따라서 내력(proof stress)의 개념이 도입된다. 즉,

0.2 % 연신을 나타내는 점에서부터 탄성을 나타내는 직선부와 평행한 선을 그어 하중－변위곡선과 만나는 점에서의 하중을 초기 시편 단면적으로 나눈 것이 0.2 % 항복응력이 된다. 즉,

$$0.2\%\,Y_S = \frac{P_{0.2}}{A_0} \tag{1.1.8}$$

인장강도(T_S)는 최대하중값 P^*을 초기단면적으로 나눈 값으로 다음과 같다.

$$T_S = \frac{P^*}{A_0} \tag{1.1.9}$$

③ 연신율(elongation)

인장시험의 하중－변위선도에서 파단까지의 변형률을 총 연신율(total elongation), 최대하중점가지의 변형률을 균일 연신율(uniform elongation)로 정의한다. 연신율은 식 (1.1.10)의 공칭변형률(식 1.1.1)과 동일한 개념으로서 강판의 성형성과 밀접한 관계를 가지는 소재특성치로 일반적으로 그 값이 클수록 성형성이 좋다. 연신율은 항복강도 및 인장강도와 상관성을 가지는데 소재의 항복비(YS/TS)가 작을수록 연신율이 증가한다.

$$\text{연신율}(\%) = \frac{l_f - l_0}{l_0} \times 100 \tag{1.1.10}$$

여기서 l_0는 시편의 초기 표점거리, l_f는 늘어난 후의 표점거리를 나타낸다.

④ 가공경화지수(work hardening exponent, n)

가공경화란 다른 전위들이 서로 얽혀 전위의 움직임을 더 힘들게 하는 것으로 전단력을 증가시켜 금속의 강도가 크게 되는 것을 말하며 변형경화(strain hardening)라고도 한다. 성형가공을 받고 있는 부분 중에서 외력이 집중되어 두께감소가 일어나고 있는 부위는 재질이 경화되는 가공경화 특성으로 인하여 더 이상의 변형이 억제되며 보다 연한 인접부위로 변형이 전파된다. 따라서 한 부분으로의 변형이 집중되어 조기에 파단이 생기는 현상을 방지하며 하중을 받는 전체 성형영역에 골고루 변형을 분산시켜 더욱 균일한 두께 감소를 촉진하는 역할을 하게 된다.

대부분의 금속은 상온에서 변형경화를 일으킨다. 변형경화 정도가 증가할수록 금속의 전위밀도는 증가하고 전위들 사이의 간격이 좁아진다. 가공경화는 미시적으로 보면 금속 내에서 전위들이 축적되고 이에 의해 전위들의 이동이 억제되어 나타나는 현상이다. 변형이

커지면 전위의 소멸, 재배치, 슬립 등에 의하여 가공경화율이 줄어들고 결국에는 두께감소율과 균형을 이루게 된다.

인장시험에서 얻어지는 응력-변형률이

$$\sigma = K\epsilon^n \ \text{(Holloman의 식)} \tag{1.1.11}$$

를 따른다고 가정하면 가공경화지수 n은 다음의 식으로 얻어진다.

$$n = \frac{\ln\sigma - \ln K}{\log\epsilon} \ \text{or} \ n = \frac{\ln\sigma_1 - \ln\sigma_2}{\ln\epsilon_1 - \ln\epsilon_2} \tag{1.1.12}$$

1.1.2 미시적 변형 원리

금속재료는 작은 결정의 집합체로 되어 있고, 소성변형이 생기면 각종 금속이 갖고 있는 특정한 방향 및 결정면에 따라 슬립이 일어난다. 즉 응력(應力)을 받는 물질의 많은 영구변형 즉 소성변형(塑性變形)은 그 물질을 구성하고 있는 개개 결정들 안에서 슬립이 일어난 것이다.

슬립(slip)이란 결정의 집합체인 금속에서 슬립면과 평행하게 주어진 힘에 의해 결정간의 sliding이 생기면서 변형이 되는 현상으로 특히 전위(dislocation)현상에 의해 그림 1.1.2와 같이 슬립면을 따라서 결정이 sliding되는 현상이다. 전위(dislocation)는 일부 원자들의 정렬이 어긋난 선결함(linear defect)이다.

그림 1.1.2(a)와 같이 전단응력이 작용하면 처음의 과잉 반쪽 원자면 A가 오른쪽으로 힘

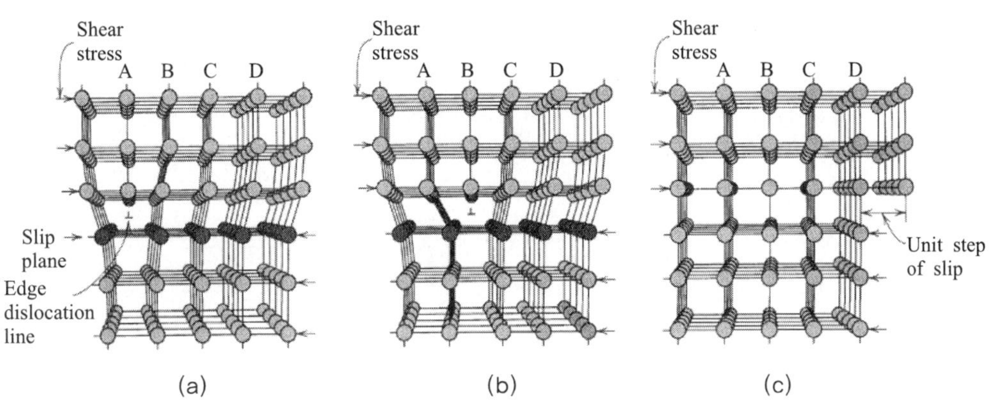

그림 1.1.2 응력에 따른 칼날전위의 움직임과 원자의 재배열(A. G. Guy, Essentials of Materials Science, McGraw-Hill Book Company, 1976, p.153)

을 받게 되어 원자들이 평면을 따라서 한번에 1열씩 A면에서 B면, C면, D면으로 순차적으로 이동하게 된다. 그림 1.1.2(c)에서 볼 수 있듯이 초기의 과잉 반쪽면이 완전히 오른쪽으로 이동하여 원자간 거리의 폭만큼 가장자리 층을 형성하게 되고 전위의 움직임에 따른 소성변형을 슬립(slip)이라고 한다.

금속 조각의 변형과 같이 대규모의 현상으로 보았을 때, 슬립은 많은 개개의 결정들 안에서 슬립면 부근에서 생기는 많은 수의 전위를 포함하고 있다. 슬립면은 그림 1.1.2의 A평면 밑의 전위선이 가로지르는 면이다. 잉여 반평면 끝을 따라 나타나는 선을 중심으로 위치한 선결함으로서 광학현미경으로 볼 때 나타나는 결정 내의 슬립선들을 큰 배율의 전자현미경으로 보았을 때에는 많은 슬립면들의 띠로서 나타난다.

Chapter
02 금 형

2.1 금형의 정의

금형이란 금속이나 수지(resin) 등의 재료의 소성(plasticity), 전연성(malleability, ductility), 혹은 유동성(fluidity) 등의 성질을 이용하여 재료를 가공성형, 제품을 생산하는 도구로서 금속재료를 사용하여 만들어진 형(型)을 말하며 동일형상, 동일규격의 제품을 대량생산하기 위해 모체가 되는 틀이라고 한다.

성형용 재료는 금속을 비롯하여 플라스틱, 고무, 요업 분말 등 여러 가지가 있으며 성형 부품은 수송용기기, 가전용 기기, 산업기계, 전기기기, 사무용기기, 광학기기, 완구, 건축용 자재 등 넓은 범위에 걸쳐 다량생산 부품의 생산 수단이 된다.

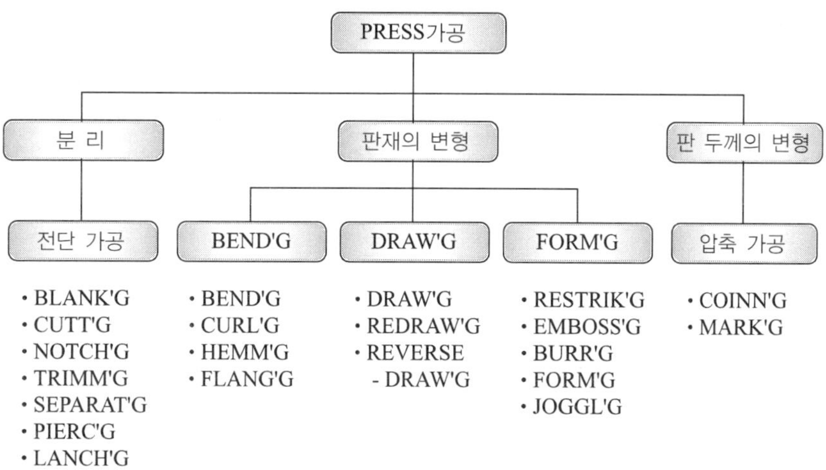

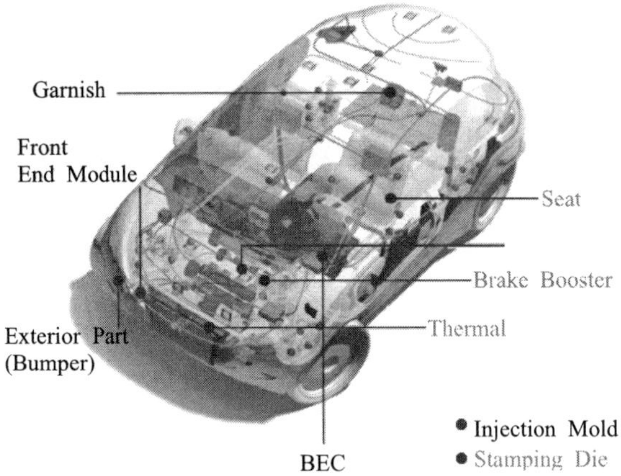

그림 2.1.1 자동차용 사출부품 및 프레스부품

금형은 일반적으로 크게 다음과 같이 die와 mold로 대별한다. 그림 2.1.1은 자동차용 부품 중 사출성형(injection mold)으로 성형한 사출부품 및 die로 성형한 프레스부품을 보여준다.

die는 판재(sheets)나 펀칭, 굽힘 등의 판재 성형이나, 봉재(billets) 형상의 소재를 프레스(press)에 넣어 인발, 단조, 압출 등의 체적성형 작업을 하는 데 사용되는 형이다.

mold(mould)는 플라스틱 수지(resin)나 주조용 금속을 용해하여 용융된 소재를 사출성형기(injection molding machine)나 다이캐스팅기(die-casting machine)에 주입하여 그것을 소정의 모양과 치수를 가진 제품으로 응고시키기 위한 형이다.

2.2 금형의 분류

금형은 용도, 성형재료, 구조에 따라서 여러 가지로 구분할 수 있으므로 그 범위는 매우 넓다. 일반적으로 프레스 금형과 플라스틱 금형으로 크게 구분하지만 그 외에도 여러 가지 종류가 있다.

2.2.1 프레스 금형(Press Die)

직선 왕복 운동을 하는 프레스 기계에 금형을 설치하여 주로 박판금속(sheet metal)을 이용하여 금속 제품을 절단하거나 성형 가공하는 금형이다.

프레스 금형은 크게 전단가공(shearing), 성형가공(forming), 접합가공(joining)으로 나누며 전단가공은 blanking, cutting 등이 있으며 성형가공은 bending, drawing, beading, curling 금형 등이 있다.

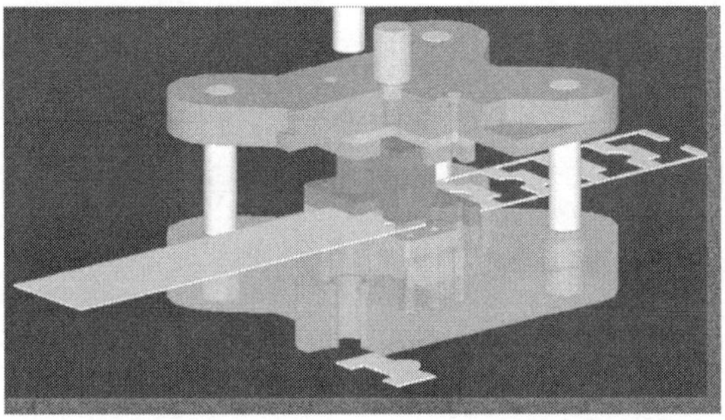

그림 2.2.1 프레스 금형

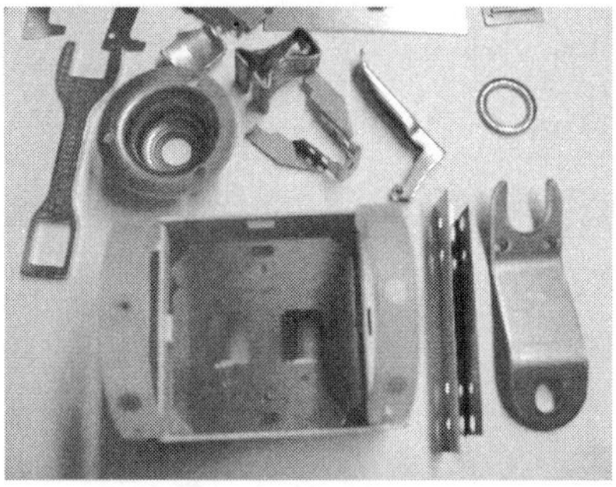

그림 2.2.2 프레스 금형에 의해 제작된 부품

2.2.2 사출금형(Injection Mould)

사출금형은 고분자 (플라스틱 합성 수지) 재료를 가열 용융 또는 반용융 상태에서 강한 압력을 가하여 코어(Core)와 캐비티(Cavity) 사이의 빈 공간에 주입 냉각시켜 성형품을 만드는 금형을 말한다. 생산 제품은 일상 생활용품, 사무용 기기, 자동차 부품, 장식품, 항공기 부품, 전기전자 부품, 컴퓨터, 핸드폰, 완구, CD, 렌즈, 건축자재 등 매우 다양하다.

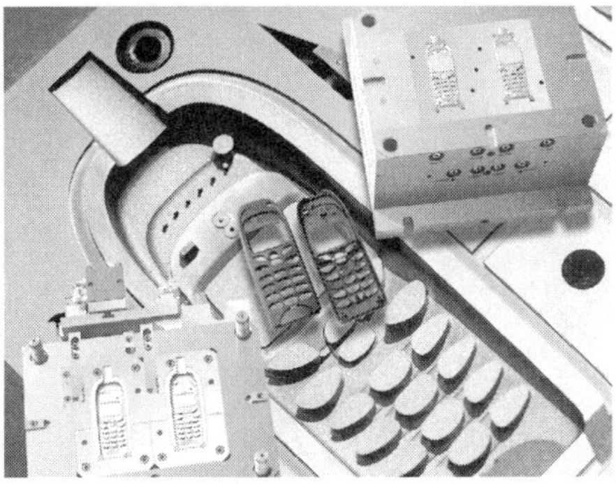

그림 2.2.3 전화기용 사출금형

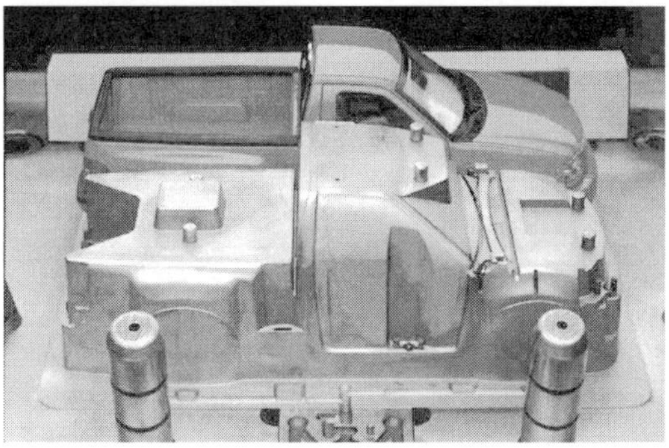

그림 2.2.4 장난감 자동차용 사출금형

2.2.3 다이캐스팅 금형(Diecasting Mould)

다이캐스팅 금형은 저용융 금속인 Al, Zn, Mg 합금 등을 정밀한 형상의 금형에 고압으로 주입하여 제품을 생산하는 방법으로 원리는 사출 금형과 유사하다. 생산 제품은 주로 자동차 부품, 전기전자 통신기기 부품, 정밀기계, 가정용품, 항공기 부품, 완구, 스포츠용품 등이다. 아래 그림 2.2.5는 다이캐스팅용 금형의 구조로서 금형의 왼쪽이 고정부, 오른쪽이 운동부이다. 런너와 게이트를 통해 공동부(cavity)로 용융금속이 유입되면 냉각되고 이젝터 핀에 의해 제품을 취출하면 그림 2.2.6 런너와 게이트가 부착된 다이캐스팅물이 나온다. 그림 2.2.7은 그림 2.2.6의 런너와 게이트가 제거된 실제로 사용되는 다이캐스팅 제품이다.

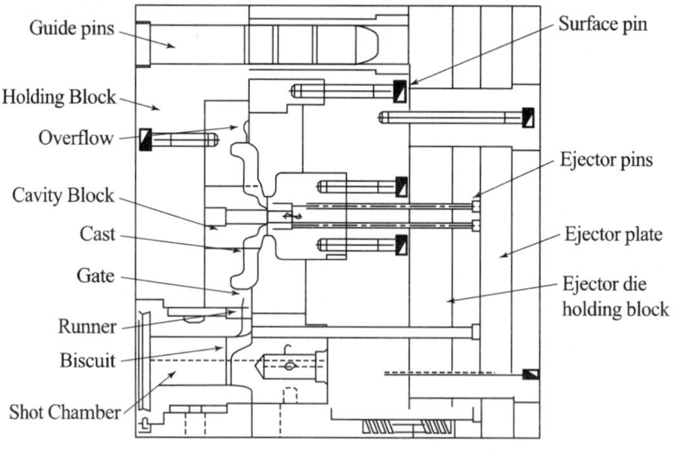

그림 2.2.5 다이캐스팅용 금형의 구조

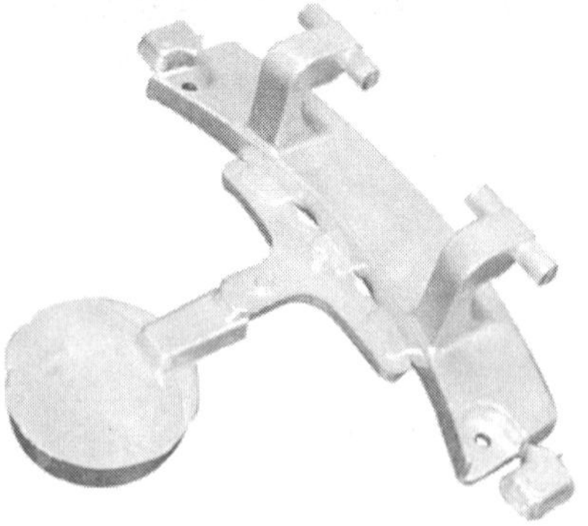

그림 2.2.6 런너와 게이트가 부착된 다이캐스팅 물

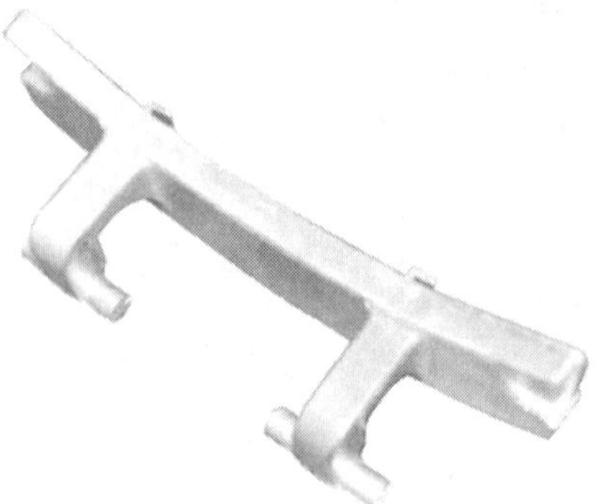

그림 2.2.7 런너와 게이트가 제거된 다이캐스팅 제품

2.2.4 단조금형(Forging Die)

공작물을 냉간 또는 가열한 상태에서 해머, 프레스나 햄머등으로 충격이나 압력을 가하여 원하는 형상으로 가공하는 금형이다. 그림 2.2.8은 햄머용 열간단조 금형으로서 소재를 재결정온도 이상인 까지 가열한 뒤 프레스에서 작업하는 방법이다. 그림 2.2.9는 자동차부품인 tripot용 냉간단조 금형으로서 소재를 상온에서 프레스에서 작업하는 방법이다.

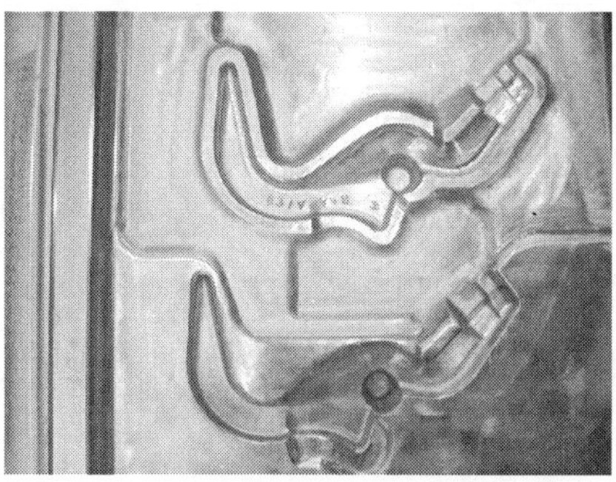

그림 2.2.8 햄머용 열간단조 금형(대구단조금형)

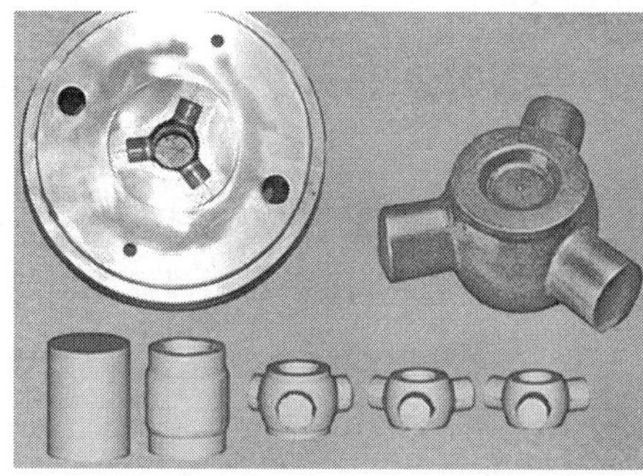

그림 2.2.9 tripot용 냉간단조금형(광호정밀)

2.2.5 고무금형(Rubber Mould)

고무 및 합성 고무 소재를 금형에 넣어 열과 압력을 가하여 고무 제품을 성형하는 금형으로 플라스틱의 압축 성형법과 유사하다(그림 2.2.10 참조).

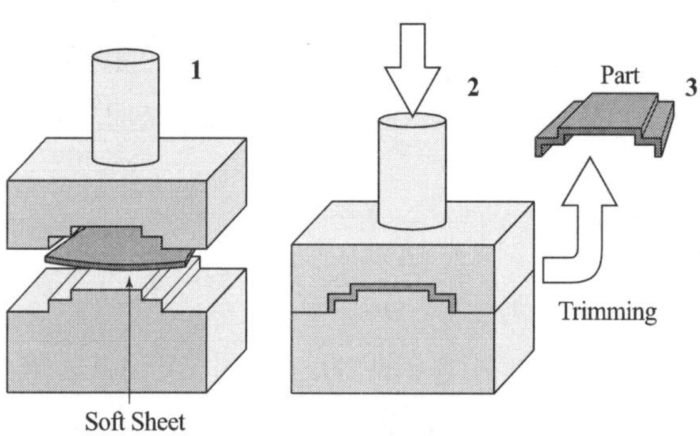

그림 2.2.10 고무금형

그림 2.2.11 유리잔 및 금형

2.2.6 유리 금형(Glass Mould)

유리의 원료를 금형에 넣고, 고온 고압으로 압력을 가하여 제품을 제조하거나, 공기의 압력으로 유리를 부풀게 하여 성형하는 가공법으로 금형용 소재는 주철, 내열강이며 생산 제품은 각종 유리병, 컵, 유리용기, 브라운관 전면유리, 전기 라이트 렌즈, 전구, 이화학용 기구이다(그림 2.2.11 참조).

2.2.7 분말야금 금형(Powder Metallurgy Mould)

금속 및 비금속(W, Mo, Al_2O_3)분말을 금형에 넣어 고온 고압으로 원하는 형상의 제품을 그림 2.2.12와 같은 금형에 의해 2.2.13과 같이 성형하는 방법으로 일명 소결 금형이라 한다. 금형용 소재는 합금공구강, 초경합금이며 성형용 재료는 금속 및 비금속분말(Ag-W, Cu-W, C-Cu, Al_2O_3) 등이고 생산되는 제품은 각종 절삭공구, 기어, 오일리스 베어링, 자석, 세라믹, 초경금형 공구, 방전가공용 전극이다.

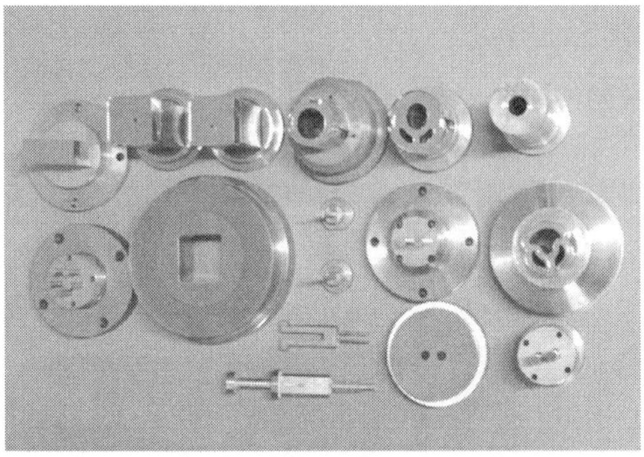

그림 2.2.12 분말금형(태영정밀 기계)

그림 2.2.13 power steering 主)한국금속 분말

2.2.8 요업 금형(Ceramic Mould)

일반적으로 벽돌, 타일 등의 제품을 만드는 세라믹 성형용과 일명 사기그릇이라고 하는 접시, 찻잔, 인형 등을 제조하는 도자기형 등을 요업 금형이라고 한다. 금형용 소재는 합금공구강, 초경합금, 고속도강 등이며 성형 재료는 점토, 석고, 요업분말, Al_2O_3 분말 등이고, 생산되는 제품은 각종식기, 도자기, 전기절연재(애자), 건축재(타일, 세면기 등) 등이다.

2.2.9 주조금형(Casting Mould)

주물사, 석고, 플라스틱, 알루미늄 등으로 주형을 제작하여 용융재료를 주입하여 제품을 생산하는 방법으로 주형용 소재는 주물사, 주철, 강, 청동, Al 등이다. 성형 재료는 주철, 구리합금, 알루미늄 등이 사용되며 생산 제품 : 자동차 부품(엔진블록, 캠축), 공작기계 프레임, 구조가 복잡한 부품, 기계, 전기, 전자 부품 등 그 응용분야가 다양하다(그림 2.2.14 버스 에어콘용 목형 및 주조제품 참조).

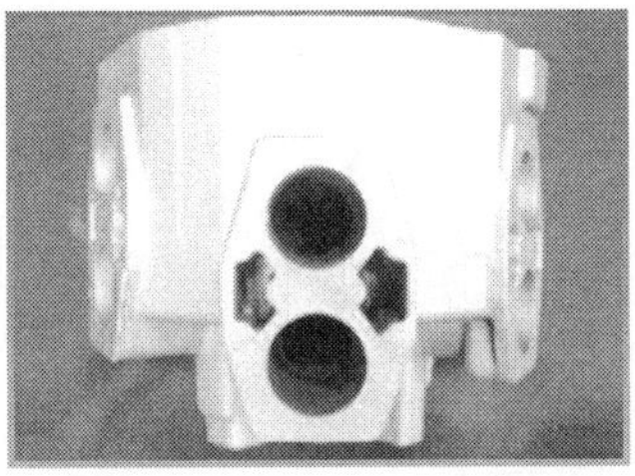

그림 2.2.14 버스 에어콘용 목형 및 주조제품

Chapter 03

프레스 가공의 종류

3.1 소성가공과 소성변형

재료에 외력을 가하면 재료내부에는 변형이 생긴다. 외력이 어느 정도 이상 크게 되면 (탄성한계를 넘어서면), 외력을 제거해도 원상으로 복귀하지 않고, 변형이 남게 된다. 이와 같은 성질을 소성(plasticity)이라 하며, 이 소성을 이용하여 필요한 형상을 가공하던가, 조직을 균일한 미세결정으로 변화시켜 강도, 연성 등의 기계적 성질을 개선하는 가공법을 소성가공(plastic work)이라 한다.

프레스 가공은 넓은 의미로는 소성가공 전체를 가리키지만 좁은 의미로는 프레스 기계에 의한 가공만을 말한다.

3.1.1 소성가공의 장단점

1) 소성가공의 장점

① 소성가공은 가공재의 이익률(재료 이용률)이 매우 높다.
② 제품 1개당 가공시간(cycle time)이 짧아 대량생산에 적합하다.
③ 작업자의 특수한 재능과 깊은 경험이 필요치 않다.
④ 작업자의 성력화, 성인화가 비교적 용이하다.
⑤ 기계가공에 비하여 금속의 조직을 개량하여 강한 성질을 만들 수 있다.

표 3.1.1 탄성과 소성의 비교

탄성(Elasticity)	소성(Plasticity)
• $\epsilon_{ij} = f(\sigma_{ij})$ • path, history의 함수가 아니다. : 가역적 • linear($\sigma \propto \epsilon$) • Volume changes • 원자 결합의 스트레칭 • 1단계 거동(탄성)	• $d\epsilon = f(\sigma)\, d\dot{\lambda}(\dot{\epsilon} = f(\sigma)\dot{\lambda})$ • history, path의 함수 : 비가역적 • non-linear($\bar{\sigma} = \bar{\sigma}(\bar{\epsilon}, \dot{\bar{\epsilon}})$) • Volume dose not change • 전위이동 • 2단계 거동(탄성 → 소성) • 정수압력은 소성변형과 무관

2) 소성가공의 단점

① 기계가공에 비하여 가공정밀도의 향상이 매우 곤란하다.

② 생산준비 기간이 길다. (예 : 금형 세팅 시간 등)

③ 생산자에게 설비에서나 위험을 수반하는 장소와 기회가 많다

3.2 프레스 가공의 개요

3.2.1 프레스 가공의 장점

① 제품 1개당 가공시간(cycle time)이 빠르고 대량생산에 적합하며 능률적이다

② 가공 후 스크랩(scrap)의 재생으로 가공재료의 이용률이 높다.

③ 기계가공에 비하여 금속의 조직을 개량하여 제품의 강도가 크고 경량이다.

④ 치수정밀도가 높고 품질이 균일하다.

⑤ 절삭가공보다는 높은 기량을 필요치 않는다.

3.2.2 프레스 가공의 단점

① 충분한 정밀도를 유지하기 위하여 고가의 프레스 금형을 만들어야 한다.

② 생산량이 적을 경우에 생산비가 높다.

③ 금형제작 기간이 길다.

④ 부품의 중량과 종류에 따라 적합한 프레스가 필요하다.
⑤ 위험성이 높고 재해가 크므로 안전대책이 필요하다.

3.2.3 프레스 가공의 발전추세

① 주물품이나 절삭에 의해 제작하던 부품을 프레스 가공으로 제작한다.
② 고 에너지 가공 및 정밀 블랭킹 가공으로 부품을 만든다.
③ 자동화 및 수치제어에 의해 프레스 작업을 한다.
④ quick die change system으로 바뀌고 있다.

3.3 프레스 가공의 분류

프레스 가공은 판재를 이용하여 구멍을 뚫거나 성형하는 판재 성형(sheet metal forming)과 봉재를 이용하여 체적성형(bulk metal forming)으로 나눈다. 또한 크게 표 3.3.1과 같이 전단가공(shearing work 혹은 분리가공), 판재 성형가공(sheet metal forming), 체적성형가공(bulk metal forming)성형가공, 접합가공, 연속가공 등으로 분류하기도 한다.

표 3.3.1 프레스 가공의 분류

Shear wirking	Sheet metal working	Bulk metal working
Blanking	Beading	Coining
Punching/piercing	Beading	Embossing
Shearing	Curling	Swaging
Trimming	Seaming	Drawing
Shaving	Bulging	Extrusion
Notching	Spinning	Upsetting
Parting	Deep drawing	Heading
Perforating	Flanging	Marking
	Ironing	Forging

3.3.1 분리가공 혹은 전단가공(shearing work) group

전단가공은 전단기(shearing machine)이나 프레스에 금형을 사용하여 재료의 파단강도 이상의 외력을 가하여 잘라내는 작업을 말한다. 전단가공에는 blanking, punching, trimming, notching, shaving, slitting, broaching 등이 있다.

표 3.3.2 전단가공(shearing work) group

분 류	설 명	개 략 도
SHEARING (CUTTING)	프레스를 사용하여 소재의 일부를 전단하는 가공공정	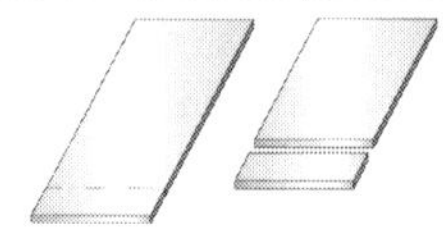
BLANKING	소재로부터 제품의 형상을 잘라내어 그것을 제품으로 사용하는 가공공정	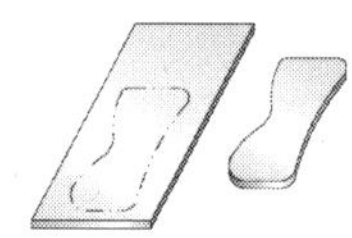
PIERCING (PUNCHING)	원하는 형상으로 소재에 구멍을 뚫는 가공공정	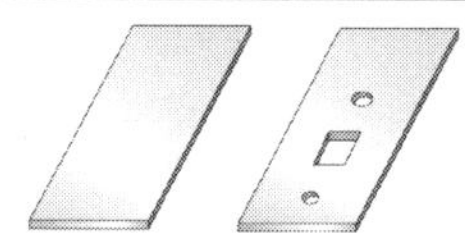
TRIMMING	드로잉 작업 혹은 중간공정 등으로 성형된 제품의 불규칙한 부분이나 둘레를 정확한 형상으로 잘라 내는 가공공정	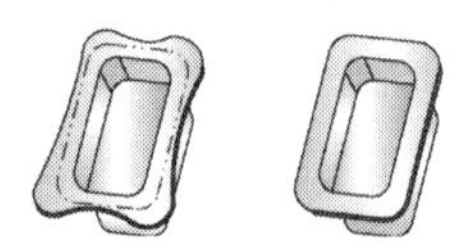
NOTCHING	소재의 가장자리를 원하는 형상을 절단하여 잘라내는 가공공정	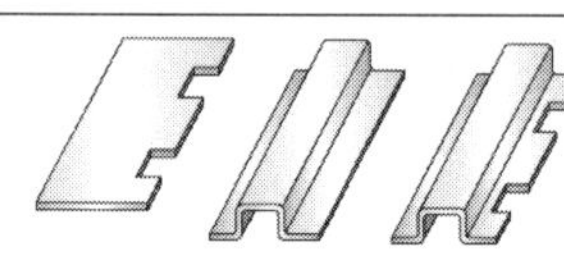
SLOTTING	판재의 가늘고 긴 홈을 절단하는 가공공정	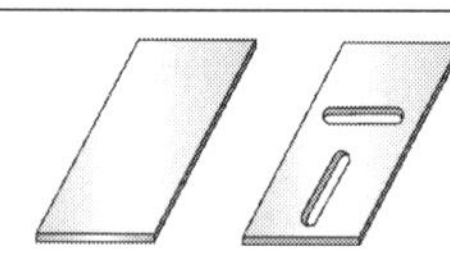
SLITTING	장척의 판재를 일정한 간격으로 잘라내는 가공공정	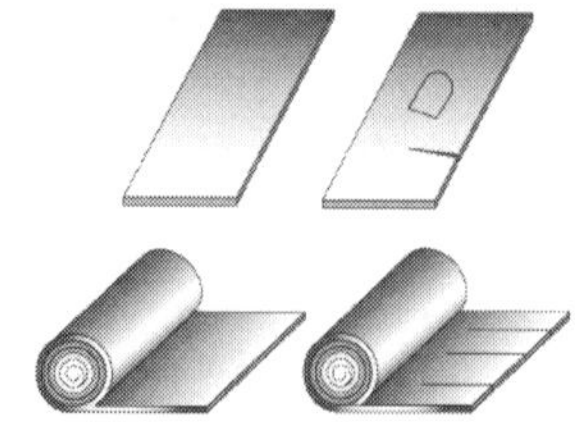
SEPARATING	성형된 제품을 2개 이상으로 분리하는 가공공정	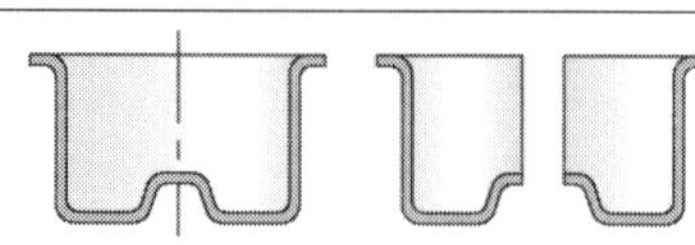

PERFORATING	판재에 규칙적인 배열로 펀칭하는 가공공정	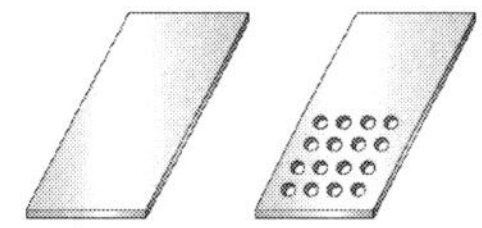
SHAVING	앞 공정에서 가공한 전단면을 정확한 치수로 다듬거나 양호한 전단면을 갖게 하는 가공공정	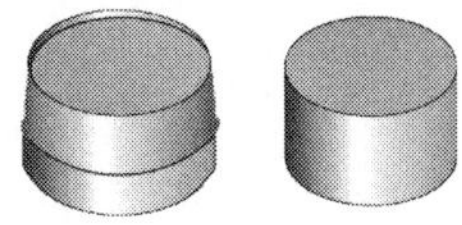

3.3.2 성형가공 Group

성형가공은 크게 굽힘 가공, 드로잉(drawing), 팽창성형 가공, 압축성형 등이 있다.

1) 굽힘 가공(bending work)

굽힘 가공은 판재를 원하는 형상으로 굽히는 가공공정으로서 가공재료를 굽힐 때 굽힘각을 표시하는 단순한 직선일 경우가 많고 중립면의 한쪽은 인장, 반대쪽은 압축이 작용하는 가공이다. 종류로는 V형 벤딩, L 벤딩, O 벤딩, P 벤딩 등이 있다.

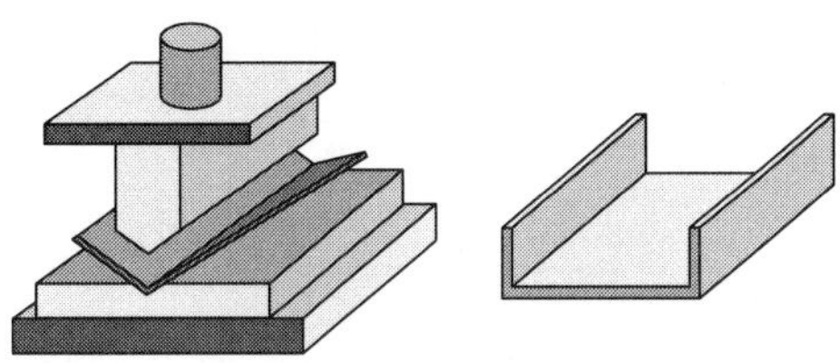

그림 3.3.1 굽힘 가공(bending work)

2) 드로잉 가공(drawing work)

평판의 재료에 이음매가 없는 중공용기나 그 밖의 제품을 만들기 위하여 주름살이나 균열이 생기지 않도록 draw bead등이 설치되어있는 blank holder 가 blank를 잡고 있는 상태에서 다이 안에 펀치를 밀어 넣어 성형시키는 작업이다.

종류로는 원통형상으로 성형하는 원통 드로잉(cylinder shell drawing), 각통으로 드로잉하는 각통 드로잉(square shell drawing), 등이 있으며 드로잉된 제품을 뒤집어서 밑바닥에 펀치가 닿게 하여 외면을 내면이 되게 작은 지름으로 축소시키는 가공으로 deep drawing을 하기 위하여 행해지는 역 재드로잉(reverse redrawing)도 있다.

표 3.3.3 드로잉 가공(drawing work) group

분 류	설 명	개 략 도
DRAWING	판재를 펀치를 사용하여 다이속으로 유입시키면서 펀치모양의 용기를 성형하는 가공공정. 깊이가 깊을 때 특히 디프드로잉이라 함.	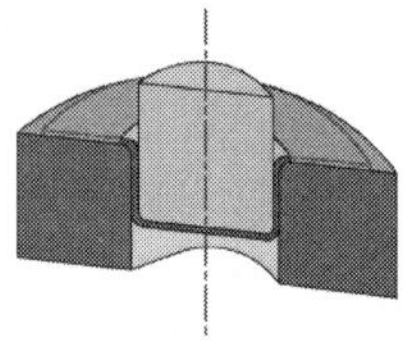
REDRAWING	1차 드로잉 가공한 용기를 펀치로서 직경을 감소시키면서 다시 한번 드로잉하여 제품 깊이를 증가시키는 가공공정	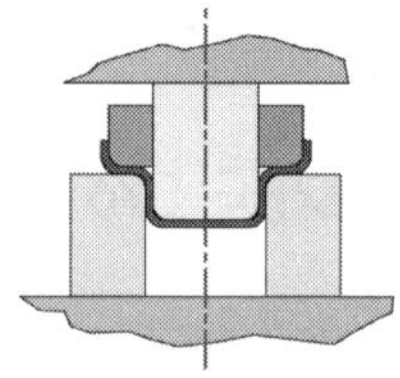
IRONING	제품의 두께를 얇게 하면서 제품의 높이를 높게 하는 가공공정	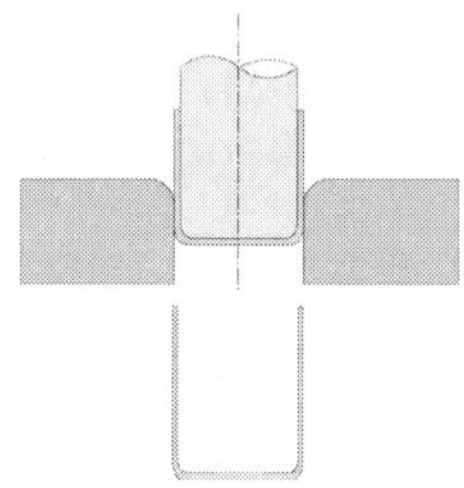
RESTRIKING	전가공에서 만든 형상을 보다 정확하게 하기 위해 변형된 일부분에 한번 더 성형 혹은 교정하는 가공	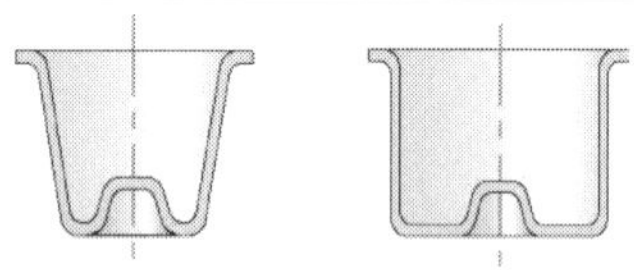
EXPANDING	원통소재의 단부 내경을 확장시키는 작업공정	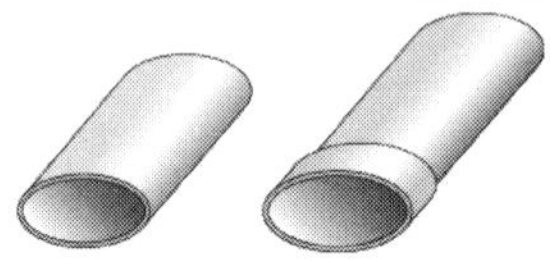

3) 팽창성형 가공(expanding forming work)

재료의 늘어남을 이용하여 팽창성형하는 가공으로 beading, embossing, bulging, necking 등이 있다.

표 3.3.4 팽창성형 가공(expanding forming work) group

분 류	설 명	개 략 도
EMOBOSSING	판재나 용기에 두께의 변화는 일으키지 않으면서 국부적으로 돌기 형상을 돌출시켜 제품의 강성을 증가시키는 가공공정	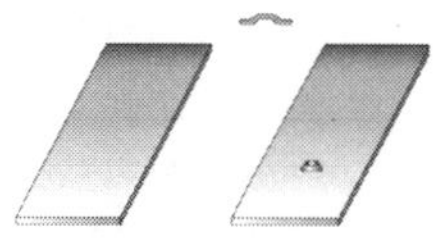
BEADING	판재나 용기의 일부분에 장식이나 제품의 강성을 증가시키는 위한 목적으로 좁은 폭의 형상을 돌출시키는 가공공정	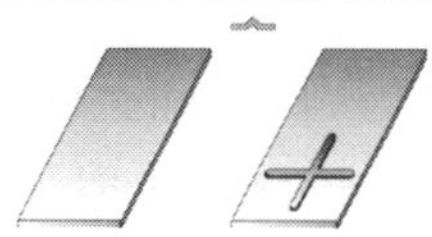
BULGING	원통용기나 관재의 내부에 고무 또는 유체를 사용하여 압축시켜서 직경을 팽창시키는 가공공정	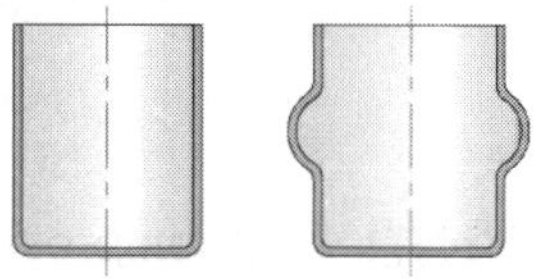
NECKING	원통용기나 관재의 직경을 감소시키는 가공공정	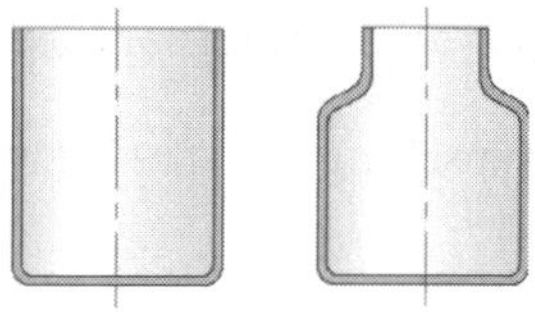
FLATTENING	판재나 소재의 표면을 평평하게 하기 위한 가공공정. 스트레이트닝(straightening)라고도 함.	

4) 플랜지 성형가공(flange forming work)

재료의 끝부분을 굽혀서 직선을 내는 플랜징(flanging), 용기의 끝부분에 원형 단면의 테두리를 말아 넣는 컬링(curling) 등이 있다.

표 3.3.5 플랜지 성형가공(flange forming work) group

분 류	설 명	개 략 도
CURLING	판 또는 용기의 가장자리 부에 원형 단면의 테두리를 만드는 가공공정	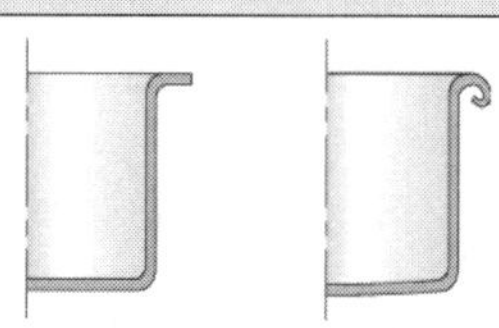
SEAMING	2장의 판재 단부를 겹쳐 눌러 접하는 가공공정	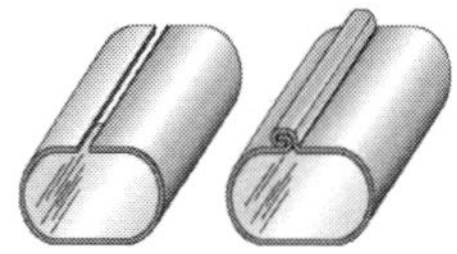

BURRING	평판에 구멍을 뚫고 그 구멍보다 큰 직경을 가진 펀치를 밀어 넣어서 구멍에 플랜지를 만드는 가공.	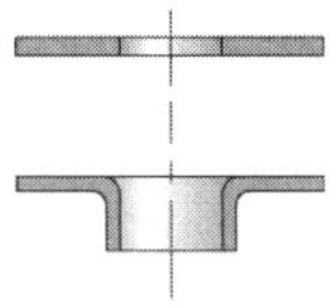
FLANGING	소재의 단부를 직각으로 굽히는 가공공정. 굽힘부의 형상에 따라 세 가지로 분류된다. • Straight flanging • Stretch flanging • Shrink flanging	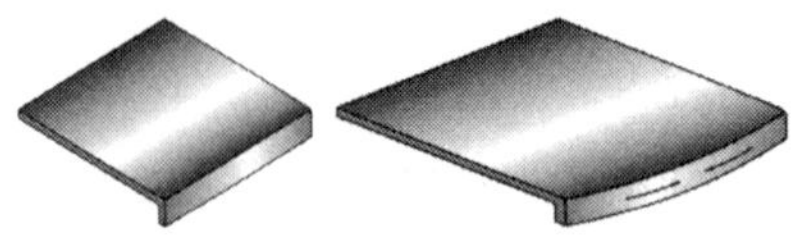

5) 압축성형 가공(compression forming work)

소재에 강한 압력을 가하여 성형하는 가공법으로 압인가공(coining), 압입가공(indenting), 업셋팅(upsetting), 스웨이징(swaging), 압출(extrusion) 등이 있다.

표 3.3.6 압축성형 가공(compression forming work) group

분 류	설 명	개 략 도
COINING	판재 및 소재를 밀폐된 금형에서 강하게 눌러 금형과 같은 모양을 재료의 표면에 만드는 가공공정	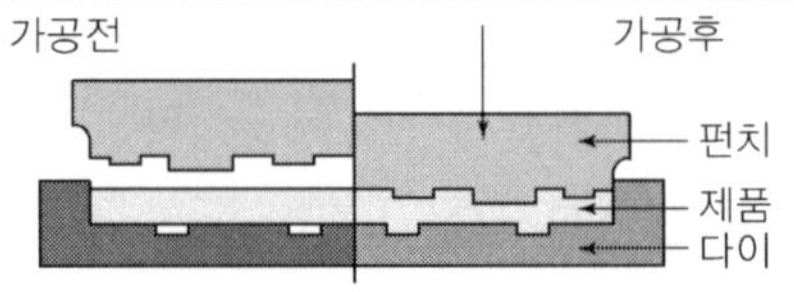
MARKING	재료의 일부분에 마크 또는 문자를 각인하는 가공공정	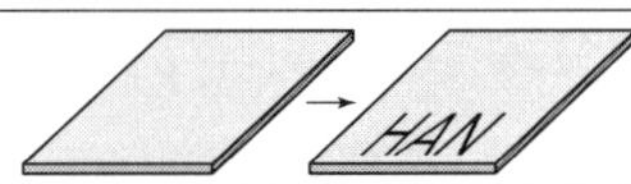
UPSETTING	재료를 상하 방향으로 압축하여 높이를 줄이고 단면을 넓히는 가공공정	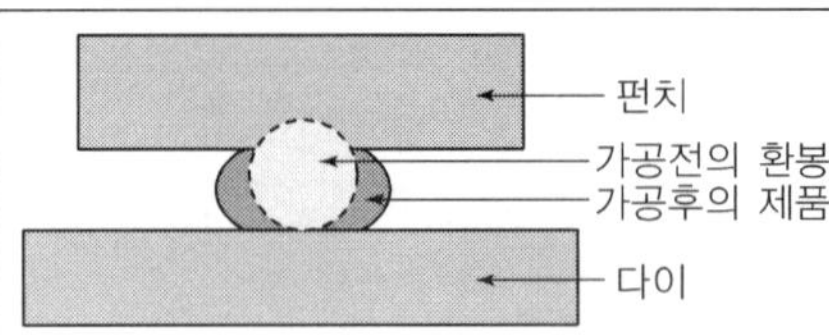
SWAGING	재료를 압축하여 직경이나 두께를 줄여서 길이나 폭을 넓히는 가공공정	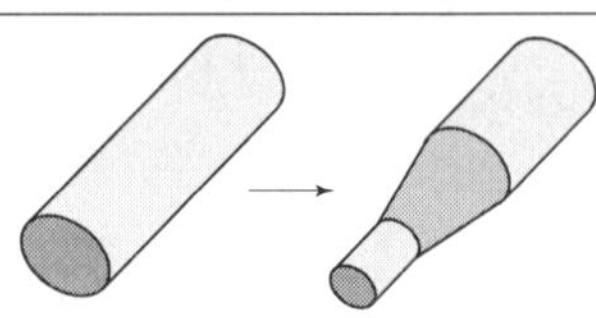

HEADING	소재의 일부를 상하로 압축하여 볼트, 리벳 등과 같이 부품의 머리를 만드는 가공공정	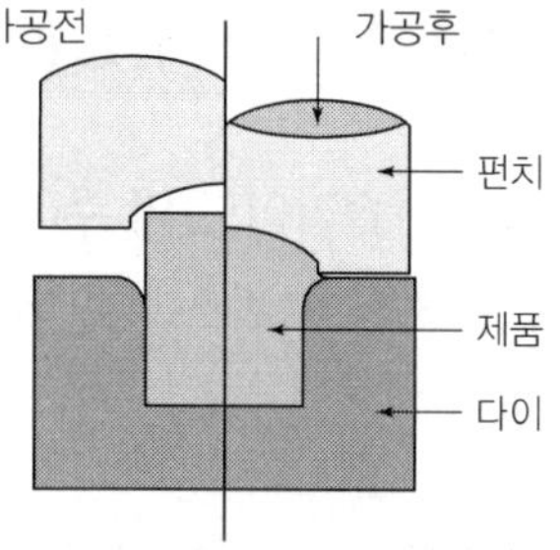
EXTRUSION	다이 속에 재료를 넣고 펀치로 재료를 압축하면 다이의 구멍(전방 압출) 또는 펀치와 다이의 틈새(후방 압출)로 재료가 유동하여 원하는 형상을 만드는 가공.	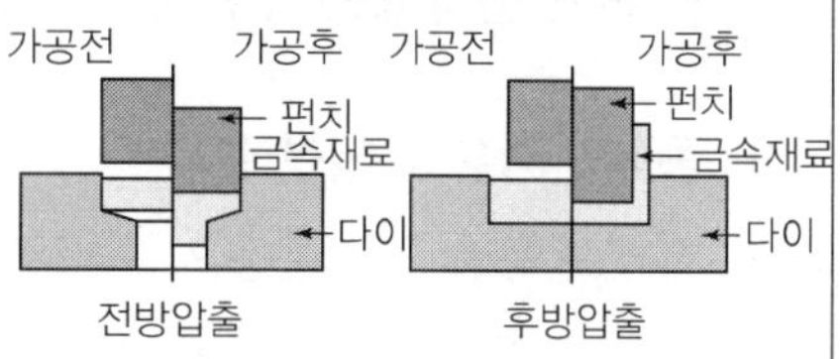
IMPACT EXTRUSION	치약 튜브와 같은 얇은 벽의 깊은 용기를 만들 때 적용되는 일종의 후방 압출 가공을 말한다. 다이에 경금속을 넣고 펀치가 고속으로 하강하면 재료는 그 충격으로 연신되면서 성형됨.	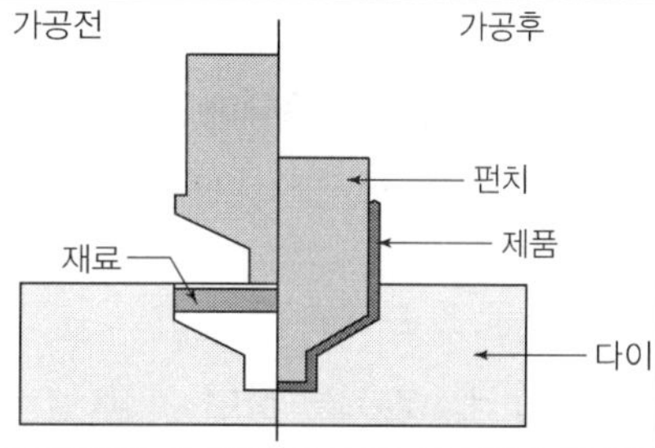

3.4 프레스 기계

2개 이상의 쌍을 이룬 여러 가지 금형을 설치하여 금속 판재나 봉재를 놓고 강한 힘(압축력)을 가하여 원하는 치수로 자르거나 원하는 모양으로 소성 변형시키는 기계를 프레스라 한다. 작동 방법이나 동력원에 따라 다양하게 분류한다.

프레스기계에 있어서 1세트의 금형은 1제품의 가공을 행할 수 밖에 없으며 금형비가 매우 비싸게 들기 때문에 소량생산에는 부적합하다. 그러나 1개의 성형시간이 매우 짧고 생산속도가 빠를 뿐 아니라 프레스와 금형의 정밀도에 따라 가공품의정밀도가 결정되며 작업의 숙련도를 크게 필요하지 않으므로 대량생산에 적합하다.

3.4.1 프레스 기계의 종류

1) 램(혹은 슬라이드)의 수에 의한 분류: 단동, 복동, 3동 프레스로 구분하며 단일 슬라이드로 구동 하는 프레스를 단동 프레스라고 하며 2개 혹은 3개의 슬라이드로 구동하는 것을 복동 및 3동 프레스라고 한다.

2) 램(혹은 슬라이드)의 운동 방향에 의한 분류: 수직형, 수평형, 경사형

3) 동력의 종류에 의한 분류: 기계식, 공압식, 유압식으로 구분하며 기계의 구동 기구에 의해 회전 운동을 직선운동으로 바꾸어 힘을 전달하는 기계식 프레스와는 달리 유압 프레스는 유압 실린더의 피스톤에 연결된 프레스 램(또는 슬라이드)에 힘을 전달한다.

4) 운동 기구의 종류에 의한 기계식 프레스의 분류: 크랭크 프레스, 크랭크 리스, 마찰, 너클, 링크, 나사, 캠 프레스로 구분한다(그림 3.4.1 참조).

① 크랭크 프레스

파워프레스라고도 하며 가장 널리 사용되고 있는 프레스로 단동식과 복동식이 있으며 주로 단동식이 많이 사용된다. 주동축에서 공급하는 에너지를 플라이휠에 전달하고 저축하여 크랭크 기구에 의해 회전운동을 왕복직선운동으로 바꿔 슬라이드에 상하직선운동을 하게 한다.

② 크랭크리스 프레스(Crankless Press)

편심반(偏心盤)과 일체로 된 치차에 의해 SLIDE에 동력을 전달하는 형식으로 회전운동 부분이 crank 내에 있다.

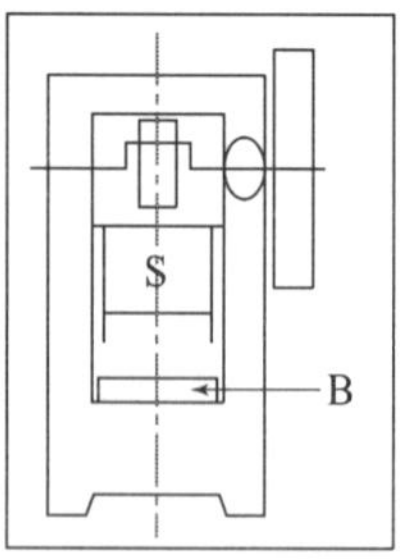

(a) 크랭크프레스

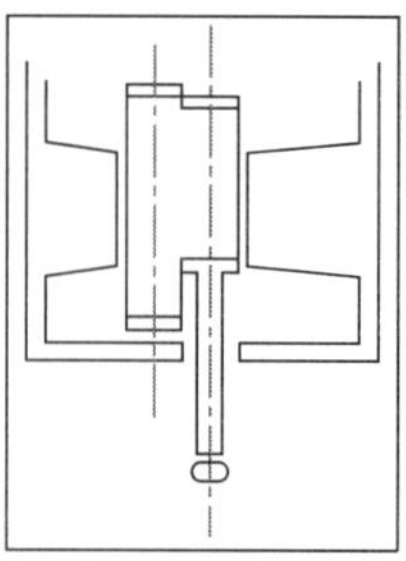
(b) 크랭크리스 프레스

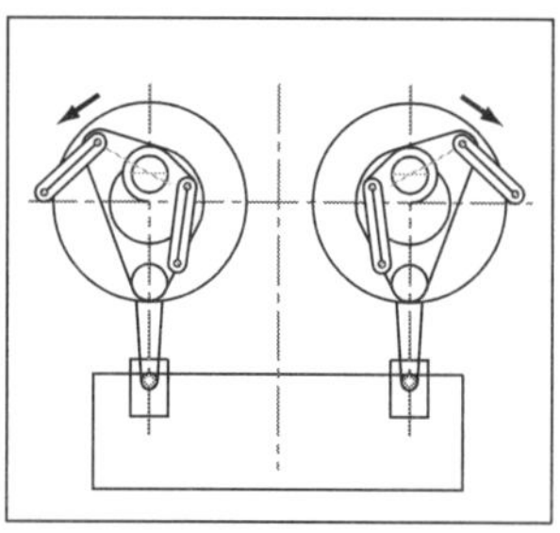
(c) 링크프레스

그림 3.4.1 기계식 프레스의 종류

③ Link Press

Crankless Press에 링크기구를 취부하여 슬라이드를 구동하며, 등속 회전하는 치차에서 링크에 의해 crank를 변속 회전하고, 성형 중 속도 변화가 적고, 성형 시작 시 가공 압력을 증대 시킨다.

5) 프레임(Frame) 형식에 의한 분류: C-프레임, 직주형 프레임, pillar(column)형

6) 기타 특수 프레스

전단기, 프레스 브레이크, 단조 프레스, 충격압출 프레스, 노칭 프레스, 트랜스퍼 프레스, 멀티 슬라이드 포머, 다이 스포팅 프레스가 있다.

① 전단기(Shearing Press)

강판재를 원하는 형상으로 직선날(블레이드)을 이용하여 절단하는 전용의 기계로 더블 크랭크 프레스(double crank press)가 대표적이다(그림 3.4.2 참조).

② 프레스 브레이크(Press Brake, 절곡기)

넓은 판재를 직선으로 굽히기 위한 전용의 절곡기를 말한다(그림 3.4.3 참조).

③ 파인 블랭킹 프레스(Fine Blanking Press)

강판재의 정밀전단을 주로 하기 위해 3개의 램 구동을 갖는 3동 (triple action) 유압 프레스가 대표적이다.

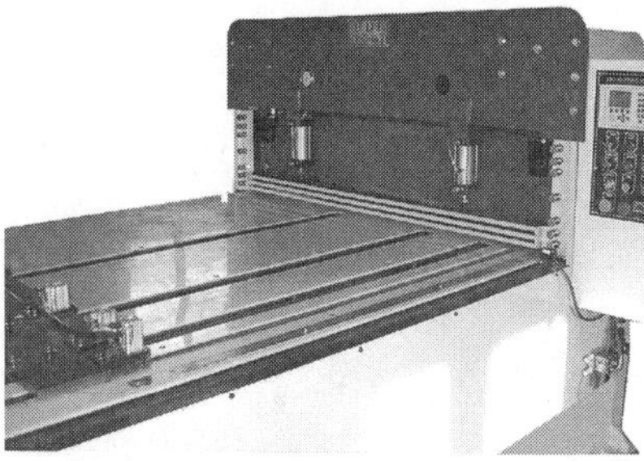

그림 3.4.2 CNC 전단기(주)현대산업기계

그림 3.4.3 프레스 브레이크(주) 캔텍

④ 다이 스포팅 프레스(Die Spotting Press)

금형의 설계, 제작이 완료되면 금형에 의한 시험 작업을 하면서 금형의 수정을 용이하게 하기 위한 전용의 시험 작업용 프레스로, 다음 그림과 같이 금형을 프레스에 장착된 상태에서 수정, 보수를 할 수 있도록 프레스 램의 회전기능이 부가된 프레스이다(그림 3.4.4 참조).

그림 3.4.4 die spotting press

⑤ 트랜스퍼 프레스(Transfer Press)

1대의 프레스 내에서 여러 세트의 금형을 설치하고 금형과 금형 사이를 이송 장치(transfer bar)에 의해 부품을 자동으로 이동시키면서 연속 작업을 할 수 있도록 트랜스퍼 유닛이 부착되어 있는 전용의 프레스를 말하는 것으로 중소형 박판 제품의 성형에 많이 사용된다(그림 3.4.5 참조).

그림 3.4.5 transfer press

⑥ 멀티 슬라이드 포머(Multi-slide Former)

박판재의 얇은 스프링, 링, 전자부품류 등 복잡한 굽힘 성형의 제품일 경우엔 그림 3.4.6에서와 같이 반경 방향으로 여러 개의 슬라이드에 펀치를 부착시켜 순차적으로 성형하면서 완성품을 생산하는 전용의 멀티 성형기이다(그림 3.4.6, 3.4.7 참조).

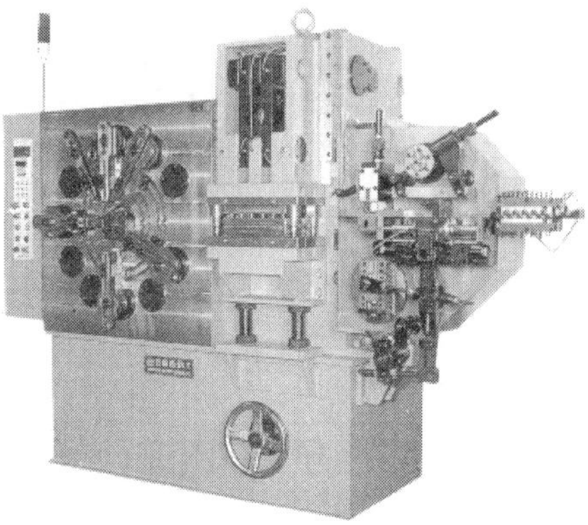

그림 3.4.6 멀티 슬라이드 포머

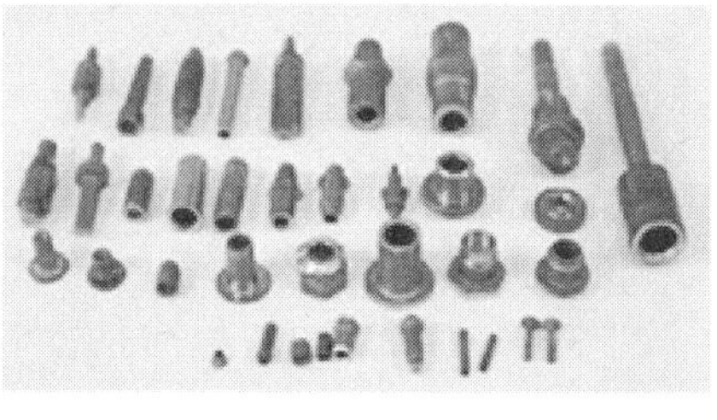

그림 3.4.7 포머 성형 부품((주) 진우)

3.5 프레스 기계의 사양

다음 그림에 대표적 크랭크 프레스의 부품명이 주어져 있으며 이에 대한 내용을 간단히 설명하면 다음과 같다(그림 3.5.1, 3.5.2 참조).

1) 크랭크 축(Crank shaft)

플라이 휠로부터 회전력이 링기어로 전달된 상태에서 클러치 작동에 의해 크랭크 축을 회전시키는 것으로 프레스의 회전 운동을 슬라이드 (램)에 직선운동으로 바꾸어 전달한다.

2) 슬라이드 조절나사(Slide adjustment screw)

금형을 프레스 볼스터에 올려 놓고, 슬라이드의 하사점 위치를 조정하기 위해 상하로 슬라이드 위치를 조절할 수 있도록 되어 있는 나사 조절 장치

3) 볼스터(Bolster)

금형의 하형을 고정하는 부분으로 프레스 베드 위에 설치되는 보조 플레이트로 다이 세트를 장착하기 위한 T홈이 가공되고 있어, 이것이 마모, 손상이 된 경우엔 쉽게 탈착하여 수정, 가공할 수 있다.

그림 3.5.1 크랭크 프레스의 주요 명칭

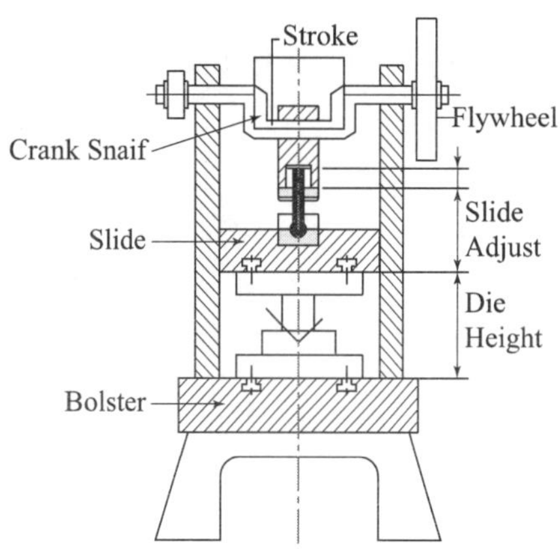

그림 3.5.2 프레스의 주요 사양

4) 슬라이드(Slide, Ram)

금형의 상형을 장착하는 부위로 프레스의 직선운동을 하면서 하중을 전달하는 주요 부품

5) 프레임(Frame)

프레스의 본체를 구성하는 몸체이다.

6) STROKE

슬라이드가 직선운동을 할 때 상사점과 하사점 사이의 작동거리

7) Die height

slide와 bolster 간의 거리로써 금형의 높이를 말하는 것으로 프레스 램이 하사점에 있으면서 슬라이드 조절 나사를 이용하여 슬라이드를 톱(top) 위치까지 조절한 상태에서 슬라이드 밑면과 볼스터 사이의 거리를 표시하는 것으로 프레스에 장착할 수 있는 금형의 공간을 나타낸다. 금형을 설치할 수 있는 조건은 그림 3.5.3과 같이 금형의 닫힌 높이 DSH(Die Shut Height)가 다이 높이(die height) A 보다 그 치수가 적고 다이높이에서 램 조절량인 C를 뺀 높이(A−C) 보다는 커야 가능하다. 금형을 설치할 수 있는 조건은 식 (3.5.1)과 같다.

$$\text{금형의 설치조건: } A - C < DSH < A \tag{3.5.1}$$

8) SPM(stroke per minute)

분당 행정수로서 1분간에 slide가 왕복할 수 있는 행정 수

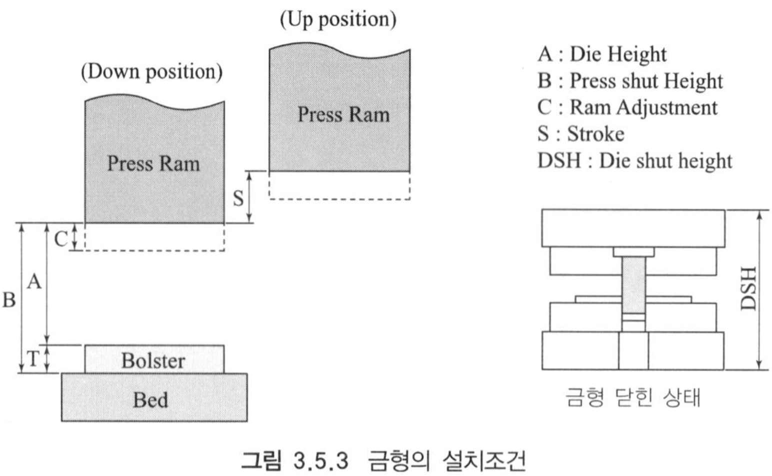

그림 3.5.3 금형의 설치조건

9) 공칭 압력

프레스에서 발생하는 압력에 최고 몇 톤까지 견딜 수 있는가를 표시하는 허용최대압력으로서 이 능력을 호칭압력 혹은 압력능력이라고 부르며 슬라이드의 하사점선의 위치로 정해 나타내고 있다.

10) 일 능력

1회의 가공에 어느 정도의 에너지를 안정하게 사용할 수 있는가, 그리고 1분간에 몇 회의 가공을 안전하게 행할 수 있는가 하는 능력을 말한다. 일반적으로 일 능력 E는 호칭압력(P)으로 토오크 능력의 거리(S)만큼 가할 수 있는 에너지를 말하며, $E = P \times S$로 결정된다.

11) 토크 능력(Rated tonnage point)

몇 mm에서 공칭압력의 발생을 안전하게 행할 수 있는가 하는 능력으로서 크랭크 축이 안전하게 발생할 수 있는 회전력에 관계하기 때문에 토오크 능력이라고 한다.

12) Slide adjust

Slide 조절량으로써 작업 높이를 조정하기 위해 Slide와 커넥팅 로드 사이에 나사 장치가 부착되어 있으며 프레스 기계의 작업 능력을 말하며 슬라이드의 하사점선의 위치로 정해 나타내고 있다.

3.6 프레스 작업의 자동화

3.6.1 프레스 자동화의 장 · 단점

1) 장점

① 생산량의 증가(10～20 %)
② 인건비의 절약(50 %)
③ 숙련공의 불필요

④ 제품의 정밀도 향상(동일 조건 작업)
⑤ 재료의 절감
⑥ 작업 공간 절약(설비 면적)
⑦ 안전성의 향상
⑧ 반가공품의 재고가 없어진다.
⑨ 생산 관리 용이
⑩ 동업자에 대한 경쟁력 강화

2) 단점

① 설비가 많아진다.
② 재료의 치수 공차가 정확해야 한다.
③ 금형의 가격이 비싸진다.
④ 금형의 설계가 어렵다.
⑤ 생산량이 적다(주문에 의한 경우).
⑥ 자동화 장치 기술이 필요하다.
⑦ 제품의 변화에 의한 고가 자동화 장치의 사용이 용이하지 못한 불안감
⑧ 고성능의 자동화 설비가 고장 났을 때 보수의 어려움이 있다.

3.6.2 프레스 자동화 장치

프레스기계의 특색중 하나는 소재의 장착(loading) 및 탈착(unloading)과 작업간의 이송 시스템을 이용한 자동화에 의해 생산성을 대폭 증가시킬 수 있다는 점이다. 코일재를 사용한 프레스 자동화 라인의 구성 예가 그림 3.6.1과 그림 3.6.2에 나타나 있다.

그림 3.6.1 자동화된 프레스 작업라인

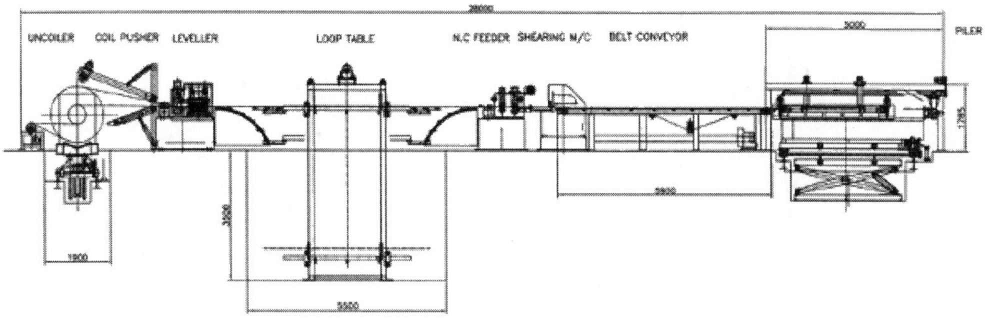

그림 3.6.2 자동화된 프레스 작업라인의 layout(그림 3.6.1 참조)

3.6.3 자동화 장치의 구성

1) **적재 장치**: reel, uncoiler(그림 3.6.3 참조), cradle, turn table

2) **교정 장치**: leveller (그림 3.6.4 참조)

3) **이송 장치**: roll feeder(그림 3.6.5 참조), hopper 등

4) **가공 작업 기구**: 프레스, 금형

5) **운반 이동 기구**: transfer feeder, shuttle, conveyer, rail, transfer robot(그림 3.6.6 참조)

6) **작동 제어 기구**: 각 동작 작동 타이밍의 콘트롤

7) **검사 및 이상 검출 기구**: sensor(근접센서, 광센서, 이미지 센서, 레이저 등)에 의한 작동

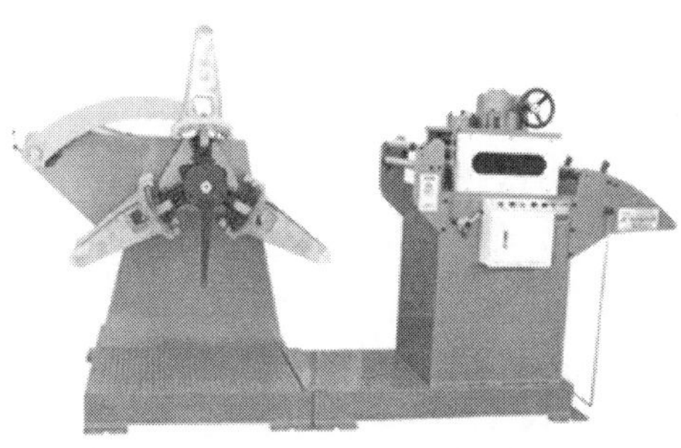

그림 3.6.3 uncoiler leveller

그림 3.6.4 leveller(동남특수기계(주))

그림 3.6.5 NC roll feeder

그림 3.6.6 RTA Robot(INMAC)

3.6.5 금형 급속 교환장치(Quick die change device : QDC 장치)

금형교환을 인력으로 하면 가공시설물의 손상은 물론 금형의 파손이나 정도를 떨어뜨려 생산계획과 출하일정에 막대한 차질을 불러오기도 하며 보관방법의 잘못으로 귀중한 고가의 금형을 손상시키는 경우도 많다. 또한 탈, 부착에 소요되는 시간과 인력의 낭비는 생산코스트를 높이는 요인이 되어왔다.

금형 급속 교환장치(Quick die change device)는 사람의 손이 아닌 기구를 이용하여 금형을 프레스의 베드의 높이에 맞게 높이를 조절하여 쉽게 프레스에 장착 하거나 탈착할 수 있는 취부기구일 뿐 아니라 무거운 금형을 이동할 수 있는 보조 이동수단이다.

그림 3.6.7은 사용 후에 수직 방향으로 접거나, 해체가 가능하므로 작업 공간이 넓어지며 수직으로 접할 수 없는 장소에 적격인 프레스 금형용 급속 교환장치로서 상부의 특수 bushing type의 roller가 있어서 충격 및 내구성이 뛰어나며 좌우 hinge 방식으로 사용하는데 특수한 기술을 요하지 않는다. 금형 낙하 방지 stopper가 부착되어 있어 안전하게 금형을 올리거나 내릴 수 있다.

그림 3.6.7 금형 급속 교환장치(천기산업)

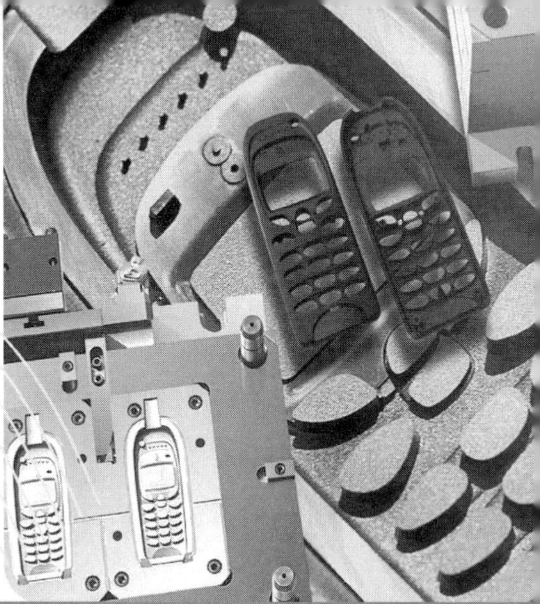

2 PART

판재 성형
Sheet Metal Forming

Chapter 4. 전단 금형

Chapter 5. 굽힘 금형

Chapter 6. 드로잉 금형

Chapter 7. 자동화 금형

Chapter 8. 특수 금형

Chapter 9. 판재 성형 해석

Chapter

04

전단 금형(Shearing Die)

4.1 전단가공의 개요

전단가공은 펀치가 아래로 내려와서 재료에 닿으면, 재료는 펀치 면과 다이 면에 의하여 압축력을 받는다. 그 때문에 클리어런스 영역 부근의 재료에 전단 응력이 가해져 전단 변형이 나타나게 된다. 펀치에 가해지는 힘이 증가하면, 재료는 항복이 나타나고 전단 변형 영역은 거시적인 미끄럼 변형이 시작되고, 펀치와 다이는 재료 내부로 들어가기 시작한다. 더욱 상태가 진행되면 재료의 가공경화와 응력 상태의 변화에 의하여 그 이상 변형에 견디지 못하게 되어, 균열이 나타나서 성장하고 파괴 분리된다. 그림 4.1.1은 펀치행정-하중 선도를 나타낸다. 이것은 펀치행정이 진행함에 따라 하중이 기하급수적으로 증가하여 절단이 개시되며, 하중이 최고점에 이르면 균열이 발생하기 시작하고, 계속적으로 펀치행정이 진행

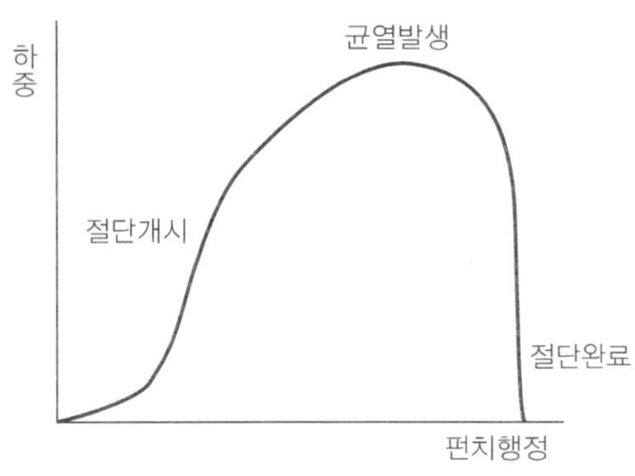

그림 4.1.1 펀치행정-하중 선도

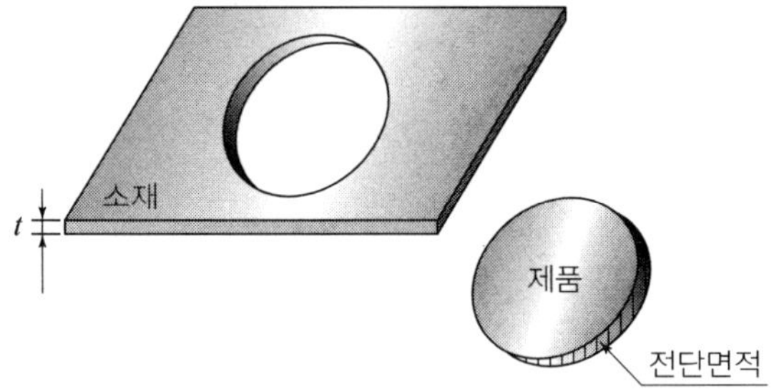

그림 4.1.2 블랭킹 제품

그림 4.1.3 3D CAD를 활용한 전단 금형설계

함에 따라 하중이 급속도로 감소하면서 절단이 완료한다.

전단가공은 소재 표면에 압력을 가해 절단하는 가공법으로 그 대표적인 가공법으로는 블랭킹(blanking) 가공과 피어싱(piercing) 가공이 있다. 블랭킹은 외형 뽑기로서 닫힌 형상의 전 외주를 전단하며 다이를 통과한 쪽이 제품이 된다. 반면에 피어싱은 구멍 뚫기로서 닫힌 형상의 주위를 전단하며 남은 쪽이 제품이 된다. 그림 4.1.2에서 소재로부터 빠져나온 것이 블랭킹 제품이고 남은 것이 피어싱 제품이 된다. 그림 4.1.3은 3D CAD를 활용한 전단 금형 조립도를 보여준다.

제품의 외관형상에서 프레스 가공 시에 펀치와 다이의 쌍방에서 전단이 진행되기 때문에 전단으로 분리된 두 개의 절단면의 상태는 서로 반대가 된다. 이것은 특히 버어의 위치가 서로 반대이다. 예를 들면 블랭킹 가공된 제품을 그대로의 방향에서 다음의 공정에서 피어싱을 할 경우 버어의 방향은 역으로 된다. 제품의 가공정밀도에서 보면 펀치와 다이의 클리어런스 적용이 중요한 요인으로 피가공재가 어떠한 치수로 되는가가 제품정밀도에 큰 영향을 미친다.

블랭킹 가공은 눌림부와 전단면이 다이의 날끝에서 발생하여 제품이 다이 구멍을 통과하므로 다이 구멍 치수와 같게 되나, 피어싱 가공은 눌림부와 전단면은 펀치의 날끝에서 생성되어 뚫어진 구멍으로 펀치가 압입된 상태이므로 피가공재에 뚫어진 구멍 치수는 펀치 치수와 같게 된다. 즉 블랭킹 가공은 제품 치수가 다이와 같으므로 펀치에 마이너스 클리어런스를 적용하나, 피어싱 가공은 제품 치수가 펀치와 같으므로 다이에 플러스 클리어런스를 적용한다. 표 4.1.1은 최소로 전단 구멍을 가공할 수 있는 치수를 나타낸다. 이 치수는 스트리퍼 가이드를 행한 경우이고, 스트리퍼 가이드가 없는 경우에는 이 치수의 1.5배까지 해야 하며, t는 재료의 두께를 나타낸다.

표 4.1.1 최소 전단 구멍

재 료	일반 구멍		정밀한 구멍	
	원형 Punch	각 Punch	원형 Punch	각 Punch
경강	Ø1.3 t	□1 t	Ø0.5 t	□0.4 t
연강	Ø1 t	□0.7 t	Ø0.35 t	□0.3 t
황동	Ø1 t	□0.7 t	Ø0.35 t	□0.3 t
Al	Ø0.8 t	□0.5 t	Ø0.3 t	□0.28 t

(t는 재료의 두께)

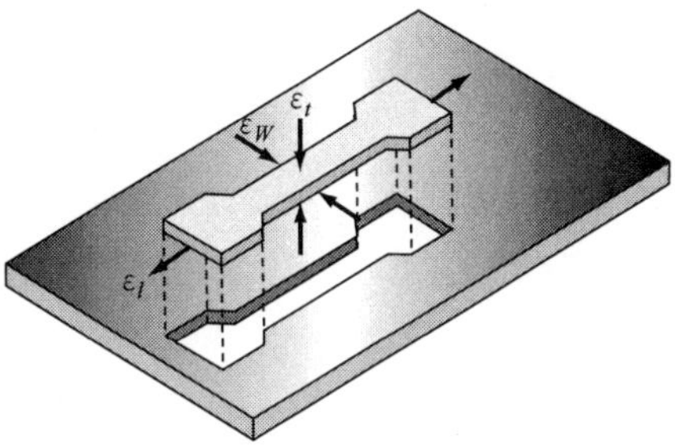

그림 4.1.4 소성 변형률비의 정의

압연과 소둔의 반복에 의하여 발생된 내부조직의 결정학적 방향성에 의해 응력을 가하는 방향에 따라서 판재의 기계적 성질이 차이를 보이는 것을 이방성이라 한다. 재료의 이방성을 표현하는 방법으로는 그림 4.1.4와 같이 인장시험 시에 폭 방향의 변형률과 두께 방향의 변형률의 비로 표현되는 이방성 계수를 주로 사용한다. 판재가 갖는 이방성으로 인하여 판재 성형 가공은 다른 체적 성형과 전혀 다른 특징들을 보여준다.

4.1.1 소성 변형률비

소성가공에서 소성 변형률비 r값은 다음 식과 같이 계산한다.

$$r = \frac{\epsilon_w}{\epsilon_t} = \frac{\ln\left(\frac{w}{w_0}\right)}{\ln\left(\frac{t}{t_0}\right)} \tag{4.1.1}$$

여기서 t_0 : 초기 두께(시편), t : 최종 두께, w_0 : 초기 폭, w : 최종 폭

체적 일정 조건에서

$$\epsilon_t + \epsilon_w + \epsilon_l = 0$$

$$\ln\left(\frac{t}{t_0}\right) + \ln\left(\frac{w}{w_0}\right) + \ln\left(\frac{l}{l_0}\right) = 0$$

$$\ln\left(\frac{t}{t_0}\right) = -\ln\left(\frac{w}{w_0}\right) - \ln\left(\frac{l}{l_0}\right) = \ln\left(\frac{l_0 w_0}{lw}\right)$$

$$\therefore\ r = \frac{\ln\left(\dfrac{w}{w_0}\right)}{\ln\left(\dfrac{l_0 w_0}{lw}\right)} \tag{4.1.2}$$

여기서 l_0 : 시편의 표점거리(초기), l : 시편의 최종 표점거리이다.

4.1.2 평면 이방성 ΔR

판재는 압연방향, 압연방향과 반대방향 등 여러 방향에 따라 서로 다른 기계적 성질을 나타내게 되는데 이를 평면 이방성이라 한다. 일반적으로 판재는 딮 드로잉 성형을 하면 플랜지 부분에 귀(ear)가 발생되는데 이것은 바로 판재의 평면 이방성 때문이다. 평면 이방성의 크기는 일반적으로 각 방향의 이방성계수의 차이를 나타내는 ΔR로 나타낼 수 있으며, ΔR의 절대값이 크면 평면이방성도 크다고 할 수 있다. 일반적인 판재 성형에서는 판재의 평면이방성 정도가 작을수록 성형에 유리하다.

$$\Delta R = \frac{R_0 + R_{90} - 2R_{45}}{2} \tag{4.1.3}$$

귀의 기준: $\Delta R > 0$; R_0, R_{90} 방향에 귀 발생

$\Delta R = 0$; 귀 발생이 없다.

$\Delta R < 0$; R_{45} 방향에 귀 발생

4.1.3 수직 이방성 $\bar{R}$

일반적으로 판재의 두께 방향과 길이 방향으로 재료 성질 차이가 크다. 이에 비하여 길이 방향에 대한 재료 성질 차이는 두께 방향으로의 차이에 비해 그다지 크지 않으므로 길

이방향으로 재료 성질 차이를 무시하고 판재의 성질을 나타내는 경우가 대부분이다. 즉 판재의 성질을 모든 길이 방향으로는 동일하고 두께방향으로만 성질이 다르다는 것이다. 이러한 성질을 수직 이방성이라 하며 수직 이방성의 크기는 길이 방향의 이방성계수의 평균을 나타내는 $\overline{R}$로 나타낸다. 일반적인 판재의 성형에서는 수직 이방성이 클수록 성형에 유리하다.

$$\overline{R} = \frac{R_0 + R_{90} + 2R_{45}}{4} \tag{4.1.4}$$

여기서, $\overline{R} > 1$; 두께 변형이 어려워 딮 드로잉에 유리하다.

$\overline{R} = 1$; 등방성

$\overline{R} < 1$; 두께 변형이 쉬워 딮 드로잉에 불리하다.

4.2 절단면 형상

4.2.1 전단가공 3단계

1) 소성 변형 단계

연성이 큰 재료이므로 펀치가 누르는 힘에 의하여 처음에는 탄성 변형 단계에서 소성변형이 진행되어 처짐 현상이 발생된다. 그림 4.2.1은 소성 변형 단계를 나타낸다.

2) 전단 변형 단계

펀치가 소재 속으로 들어가면 수직 수평 하중을 받고 이 때의 수직 및 수평 하중이 펀치

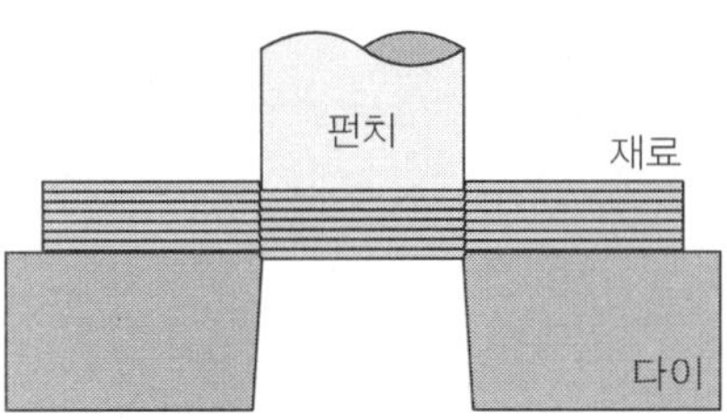

그림 4.2.1 소성 변형 단계

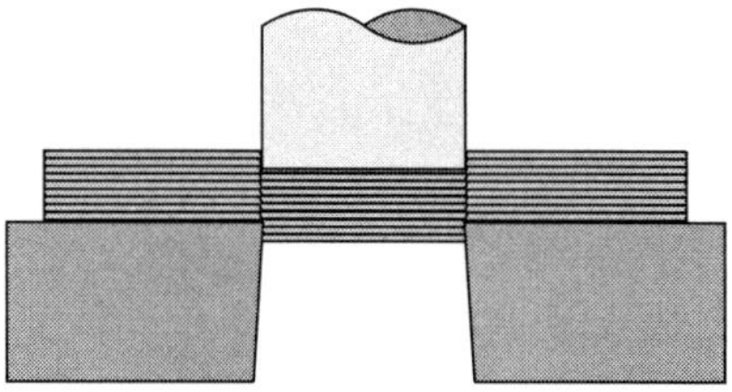

그림 4.2.2 전단 변형 단계

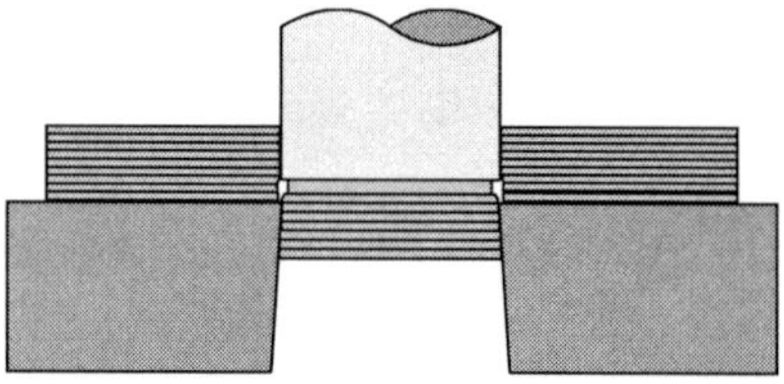

그림 4.2.3 파단 변형 단계

에 전단이 이루어지는 단계이다. 소재의 측벽을 매끄럽게 하는데 이를 버니싱(burnishing) 작용이라 한다. 그림 4.2.2는 전단 변형 단계를 나타낸다.

3) 파단 변형 단계

펀치와 다이 사이의 전단 이후 파단이 일어나는 단계이다. 가공이 더 진행되면 소재의 전단강도 이상의 전단응력이 발생하여 소재는 상하 균열이 커지면서 결국 그림 4.2.3과 같이 파단 된다.

4.2.2 절단면 형상

일반적으로 전단된 면에는 처짐, 전단면, 파단면, 버어(burr) 등의 4가지 현상이 그림 4.2.4와 같이 발생된다.

1) 처짐(shear drop, edge radius or rollover)

소재가 전단전에 늘어나는 현상으로 연성이 큰 재료에 항상 발생한다. 틈새가 적을수록 처짐량이 적고 판두께의 10~20 % 정도에서 발생한다. 펀치가 누르는 힘에 제품 표면이

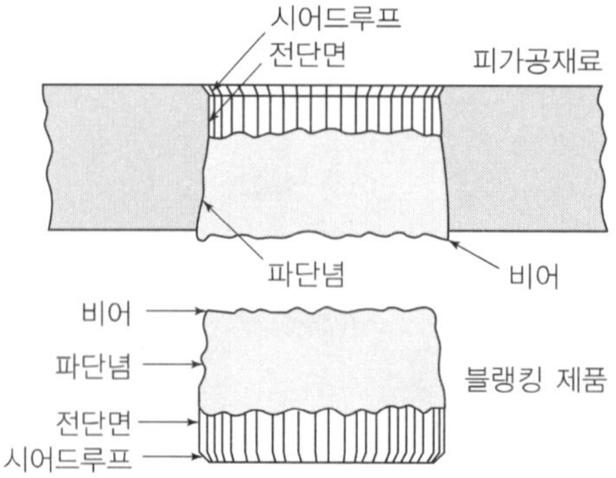

그림 4.2.4 전단가공 절단면 형상

눌러져서 생기는 현상으로 특히 두꺼운 판재일 경우 깊게 눌러진다.

2) 전단면(shear plane, cut-band)

파단전에 전단되는 부분으로 비교적 표면이 깨끗하고 광택이 있다. 판두께의 20~50 % 정도에서 발생하여 전단저항이 최대가 되는 부분이다.

3) 파단면(fracture surface, break plane)

균열이 발생하고 찢어지는 부분으로 미세한 요철현상이 발생한다. 전단면이 증가하면 파단면이 감소한다.

4) burr

전단공정에서 틈새가 있으면 반드시 발생하며 두께의 1~2 %의 버어는 피할 수 없다.

이 버어를 없애기 위하여 파인 블랭킹(fine blanking), 상하 타발 등이 사용된다. 표 4.2.1은 버어의 한도를 보여주며 제품에 다음과 같은 나쁜 현상이 발생한다.

① 조립부품 상호간에서 간섭과 손이 닿는 부분에서 문제가 된다.

② 버어 쪽이 신장을 많이 받으면 파단되기 쉽다.

블랭킹 가공에서 버어의 크기는 펀치의 날끝 형상에 의해 영향이 있고 다이의 날끝 형상에서의 영향은 적다. 반대로 피어싱 가공은 다이의 날끝 형상이 문제가 된다. 이들의 대응책으로서는 금형의 재연삭을 생각할 수 있다. 금형의 마모는 통상적으로 타발수에 비례하여 마모량이 증가한다. 마모량을 생각하여 재연삭을 하는 것이 생산효율 면에서 매우 중요하다.

표 4.2.1 버어의 한도 (단위: mm)

두께	버어 높이		
	주의해서 관리	표준	허용 최대 한도
0.8 미만	0.04	0.08	0.1
0.8~1.6	0.05	0.1	0.15
2~3.2	0.06	0.2	0.2

4.3 전단저항

물체에 힘이 작용할 때에는 작용력이 있으면 그것에 반대로 작용하는 힘, 즉 반작용력이 존재한다. 그리고 프레스 가공에서는 가공되기 전과 후에 있어서 피가공재의 체적은 변화하지 않는다고 하는 것을 전제로 하고 있다. 피가공재에 펀치가 진행함에 따라 피가공재의 두께가 줄어들며 전단이 진행되는 것은 펀치의 수직방향과 수평방향의 힘이 피가공재를 통하여 다이로 전달되어지는 것에 의한 것이다. 이때, 체적 불변의 원칙에서 피가공재는 압축되는 부분이 있으면 당연히 반대의 인장력이 작용하는 부분도 있게 된다. 즉, 펀치 바로 밑과 다이 바로 위에서 높은 압축력이 작용하고 인장력은 펀치와 다이의 단면 쪽으로 생긴다.

전단각은 프레스의 용량에 비해 전단력이 조금 큰 경우 혹은 전단 시의 충격을 완화하고 싶을 때 절삭날을 기울여서 최대 전단력을 저하시키려는 목적으로 준다. 그림 4.3.1은 펀치행정-펀치력 선도를 나타낸다. 여기서 A와 같이 전체 길이를 한 번에 전단하는 것보다 B와 같이 펀치력이 집중되지 않게 조금씩 전단을 하면 국부 길이가 짧아지므로 전단응력이 저하하고 전단시의 충격도 적어진다. 반면 전단에 요하는 공정 길이가 증가하므로 전체 소요에너지는 거의 변화하지 않게 된다. 종종 프레스 용량을 절약하거나 다이에 걸리는 힘을 약하게 할 목적으로 이러한 방법을 많이 사용한다. 전단각을 가진 금형에서 최고전단력이 저감되나 전단되는 면적은 전단각이 있고 없음에 관계없이 같으므로 선도에 의해 둘러싸인 면적은 같다.

전단각을 주는 방법에 있어서 블랭킹 금형일 경우에 그림 4.3.2와 같이 블랭크의 형상은 펀치의 형태와 같으므로 펀치에 전단각을 주게 되면 블랭크의 형상이 변형되어 전단각을

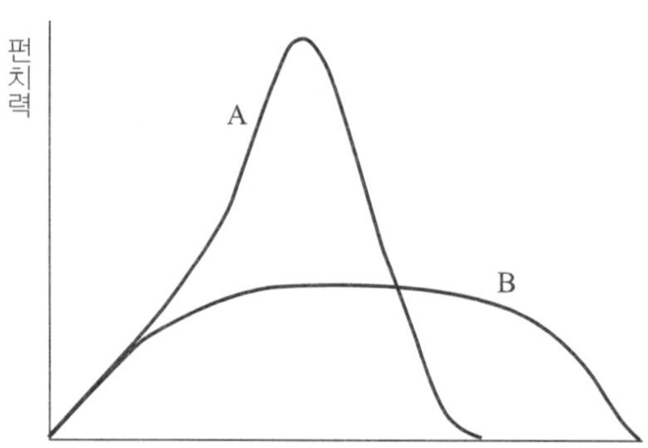

그림 4.3.1 펀치행정-펀치력 선도

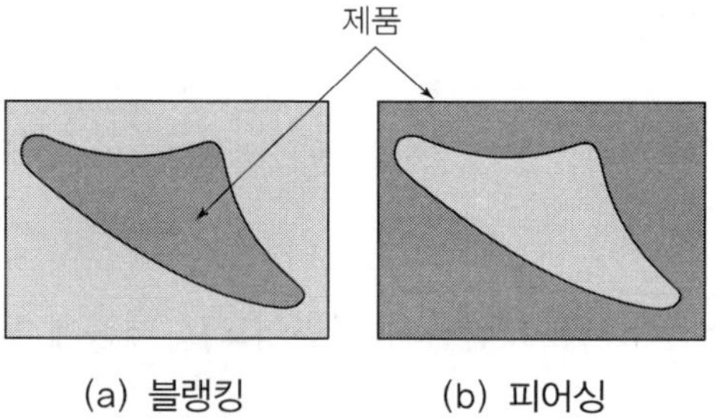

그림 4.3.2 블랭킹과 피어싱 제품 비교

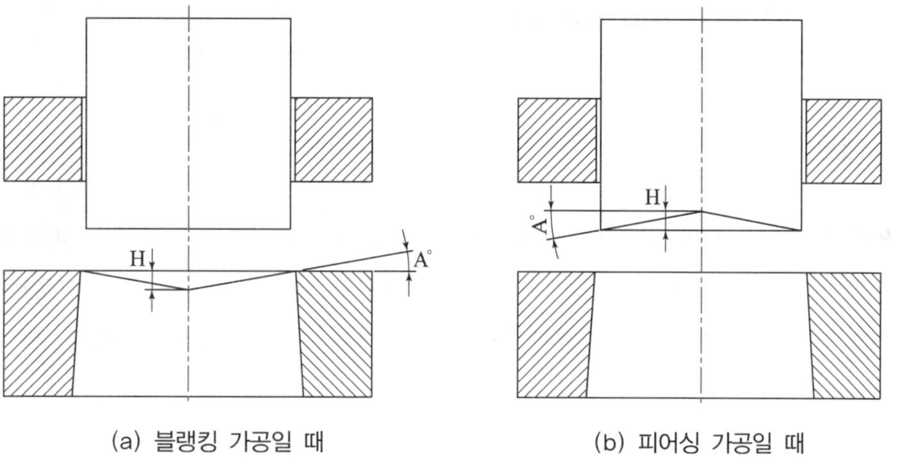

그림 4.3.3 펀치 및 다이의 전단각

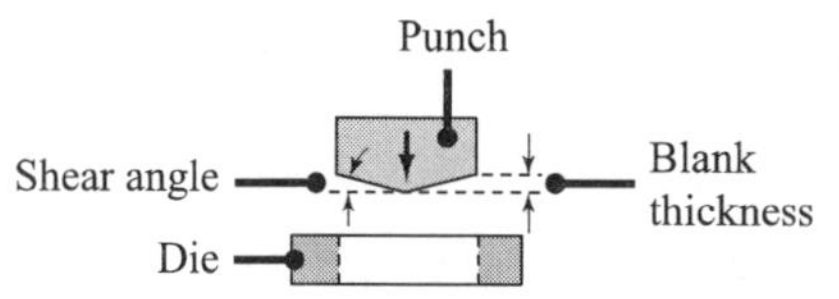

그림 4.3.4 피어싱 가공일 때의 전단각

다이에 주게 된다. 반면, 피어싱 금형일 경우에 피어싱은 제품내부의 구멍을 따내는 가공으로서 따내는 구멍은 대개 사용하지 않는 스크랩이 되므로 그림 4.3.3과 같이 펀치에 전단각을 주어 처리하게 된다. 그림 4.3.4는 피어싱 가공일 때 펀치에 전단각을 준 예를 나타낸다.

4.3.1 블랭킹 가공

다이 측에 전단각을 붙인다. 이때 생기는 능선에는 약간의 R를 붙이고 펀치 밑면이 평면이므로 제품에 변형이 적다.

4.3.2 피어싱 가공

펀치 측에 전단각을 붙인다. 다이 밑면이 평면이므로 제품에 변형이 적다.

4.4 클리어런스(Clearance)

4.4.1 개요

가위로 종이를 자를 때 적당히 윗날과 아랫날의 틈새를 조절하면서 자르는 것과 같이 금형에서 펀치와 다이로 금속 판재를 전단할 때의 펀치와 다이의 틈새를 말한다. 일반적으로 "클리어런스"는 피가공재의 판 두께에 대한 펀치와 다이의 한쪽 틈새 백분율을 말하며 클리어런스를 구하는 계산식은 다음과 같다.

$$\text{클리어런스}(C,\ \%) = [\text{다이 직경}(D) - \text{펀치 직경}(d)] \times 100/2 \qquad (4.4.1)$$

클리어런스는 재료 두께와의 비로써 나타내며 보통 재료 두께의 5～10 % 사이의 값을 적정 클리어런스로 하고 있다. 전단가공에서 펀치와 다이 사이의 클리어런스(clearance)는 전단면 형상을 결정하는 중요한 요소이다. 펀치와 다이의 클리어런스가 적당해야 전단가공 후 전단면 형상이 양호하고 금형 수명도 짧아지지 않고 길어진다. 클리어런스가 너무 작으면 펀치와 다이의 압력이 상승되어 금형 마모가 심하고 수명이 짧게 된다. 또한 전단면은 증가되고 표면 정밀도는 향상된다. 반면에 클리어런스가 너무 크면 펀치와 다이의 압력이 감소되고 금형 마모는 줄어들어 금형 수명이 길어지지만, 제품에 버어가 커지고 정밀도도 좋지 않고 파단면이 크게 형성된다. 그림 4.4.1은 펀치와 다이 사이의 클리어런스를 나타낸다. 그림 4.4.2는 클리어런스의 크기와 절단면 형상 간의 관계를 나타낸다. 클리어런스가 과소하거나 적은 경우에 2차 전단면이 발생하고, 과대한 경우에 전단저항이 감소하지만, 파단면과 버어가 크게 나타난다. 따라서 파단면과 버어를 일정수준 유지하고 금형 수명을 증가시키기 위해서는 적정 클리어런스를 주는 것이 무엇보다 중요하다.

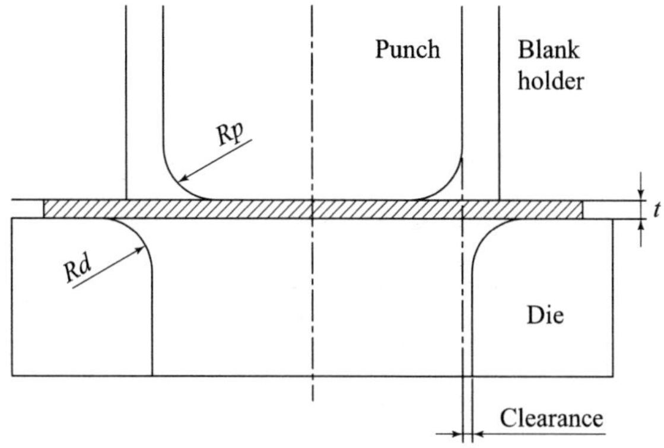

그림 4.4.1 펀치 다이 사이의 클리어런스

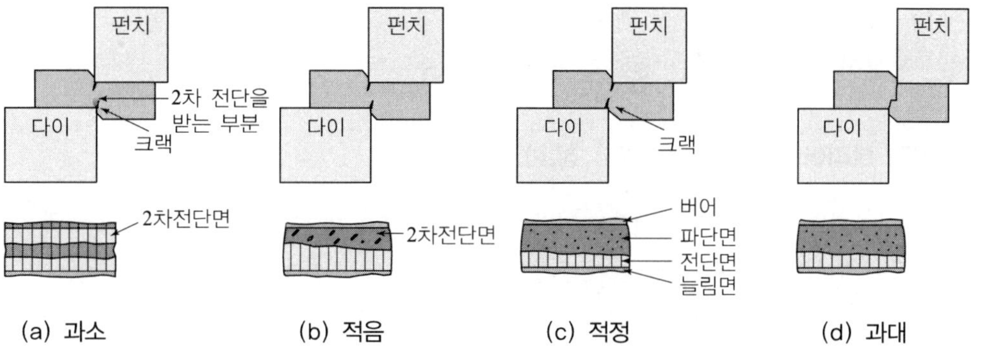

그림 4.4.2 클리어런스의 크기와 절단면 형상과의 관계

전단가공에서 힘의 상태를 살펴보면, 펀치 하면에서는 압축력이 펀치 측면에서는 인장력이 작용하고 있다. 이러한 상반된 힘의 작용으로 크랙이 발생하게 된다. 크랙 파단은 인장력이 한계에 달한 경우에 발생하고 있다. 전단가공에서 버어를 억제하기 위해서는 피가공재의 크랙 부분에 인장력을 집중시키는 것이 중요하다. 이를 위해서는 클리어런스가 대단히 큰 역할을 한다.

① 클리어런스가 극단적으로 작으면 펀치 하면에 작용하는 압축력이 크게 되어 버어가 크게 된다.

② 클리어런스가 극단적으로 크면 인장력이 집중하지 않아 버어가 크게 된다. 즉, 적정한 클리어런스를 선택하는 것이 중요하다. 그리고 이것은 펀치·다이의 날끝 형상에 크게 영향을 받는다. 예리한 날끝은 인장력이 집중하기 쉬워 버어 억제에 효과가 있으나, 무딘 날끝은 펀치 하면의 압축력이 증가하고, 인장력이 집중되지 않아 버어가 크게 된다.

4.4.2 클리어런스 량

1) 과소 클리어런스(그림 4.4.2(a) 참조)

전단 저항은 클리어런스의 증가와 더불어 감소하고, 전단면도 클리어런스의 증가와 더불어 감소되는 경향이 있다. 클리어런스가 대단히 작을 경우에 전단이 시작되어 전단면이 생성되고 크랙발생으로 진행하나 펀치와 다이의 측면에서 발생한 크랙이 성장하지 않고 도중에 가만히 있기 때문에 새롭게 다른 장소에서 전단이 시작되어 크랙이 발생하여 분리된다.

이때 뒤에 전단되는 것을 “2차 전단”이라 하고 완성된 전단면을 “2차 전단면”이라고 한다. 클리어런스가 적정량보다 조금 작을 경우에 크랙이 발생하여 성장하는 과정에서 펀치·다이 측의 쌍방 크랙이 잘 만나지 않고 다른 방향으로 성장하여 상하의 크랙 사이에 갇히는 부분이 성장되어 전단 완료와 함께 탈락하는 수가 있다.

2) 적정 클리어런스(그림 4.4.2(c) 참조)

평활한 파단면을 얻기 위한 최소 클리어런스가 그 적정치가 되며 그 값은 피가공재의 연성에 따라서 변한다. 표 4.4.1과 같이 적정한 클리어런스 조건에서 일반적인 프레스 가공을 행하면 크랙이 발생하지 않게 된다. 일반적으로 전단면은 판 두께의 1/3 정도로 생성된다.

3) 과대 클리어런스(그림 4.4.2(d) 참조)

클리어런스가 과대할 경우에 크랙이 발생하기까지의 시간이 길고 “압축부”가 크게 된

표 4.4.1 전단가공에서 적정 클리어런스

재 질	판 두께에 대한 백분율(%)
연 강	5∼6
경 강	5∼6
스테인리스 강판	5∼6
알루미늄 강판	3∼10
은	2.5∼4
황 동	3∼5
인 청 동	2.5∼4
규소강판	6∼7
양 백 판	2∼4

다. 이것은 전단되는 판 두께가 얇아진다고 생각할 수가 있으며, 사실상 클리어런스가 커져서 나쁜 조건에서 전단이 이루어진다. 또한, 발생한 크랙이 어긋나 마치 잡아 찢는 상태에서 전단이 완료되므로 전단면은 직각도가 나쁘고 "버어"도 크게 된다. 일반적으로 사용되고 있는 클리어런스는 피가공재의 재질과 판 두께를 고려하여 결정하는 것이 바람직하다.

4.5 전단력과 일량

전단력은 전단하는데 필요한 하중 즉 전단하중을 의미한다. 전단가공 길이와 재료가 변형에 저항하는 피가공재의 재료특성에 따라 좌우되며 전단가공에서 전단력의 계산식은 다음과 같다.

$$(\text{전단력}) = (\text{피가공재 총 전단 면적}) \times (\text{전단강도}) \tag{4.5.1}$$

여기서, 피가공재 전단 면적은 전단길이×소재두께로 계산되므로 전단력 P는 다음과 같은 계산식으로 구할 수 있다.

$$P = L \times t \times S \tag{4.5.2}$$

여기서 L : 전단길이(mm), t : 피가공재의 판 두께(mm), S : 전단강도(kgf/mm^2)

전단가공에 있어서 펀치 압입하중이 가해졌을 때 피가공재에는 전단되지 않으려는 전단저항이 전단강도이다. 전단강도는 전단가공 과정에 있어서 전단에 필요한 힘인 전단력을 전단되는 피가공재의 총면적으로 나눈 값 즉, 단위면적당 전단력이다. 전단강도의 최대값을 "최대전단강도"라고 한다.

$$\text{전단강도(kgf/mm}^2\text{)}\ \ S = \frac{\text{전단력(kgf)}}{\text{전단면 총면적(mm}^2\text{)}} \tag{4.5.3}$$

일반적인 재료에서 전단강도는 인장강도의 약 80 % 수준으로 "전단강도 = 인장강도 × 0.8"을 이용하며 프레스 기계는 공칭능력의 60～80 %까지 범위에서 사용하는 것이 좋다. 실제로는 식 (4.5.2)에 보정계수 k(1.1～1.2)와 스트리핑력(stripping force) T를 고려하여 전단력을 결정한다. 표 4.5.1은 재료의 전단강도 인장강도 항복점을 나타내고, 표 4.5.2는 각종 금속 원소와 물리적 성질을 보여준다.

표 4.5.1 재료의 전단강도 인장강도 항복점

재료	전단강도 τ (kg/mm^2)		인장강도 σ_B (kg/mm^2)		항복응력 (kg/mm^2)	
	연질	경질	연질	경질	연질	경질
납	2～3		2.5～4		2.5～3.5	100～120
주 석	3～4		4～5			
알 루 미 늄	7～11	13～18	8～12	17～22	2.5～3.5	35～40
두 랄 루 민	19	38	24	48	9	40～45
아 연	12	20	15	25		14.5
구 리	18～22	25～30	22～28	30～40	4.5～5.5	30～60
황 동	22～30	35～40	28～35	40～60	10～11.5	55～60
청 동	32～40	40～60	40～45	50～75		65～70
양 은	28～36	45～56	35～45	55～70		
철 판	32	40		45		73～77
딮 드로잉용 강판	30～35		32～38		22～28	
강 판	45～50	55～60		60～70	27～32	30～40
강 0.1 % C	25	32	32	40	18	
강 0.2 % C	32	40	40	50		45
강 0.3 % C	36	48	45	60		
강 0.4 % C	45	56	56	72		
강 0.6 % C	56	72	72	90		
강 0.8 % C	72	90	90	110		
강 1.0 % C	80	105	100	130		
규 소 강 판	45	56	55	60		
스테인리스 강판	52	56	65～70			
니 켈	25		42～56	57～63	10.5～21	45～18

표 4.5.2 각종 금속 원소와 물리적 성질

원소 기호	금 속 명	원소 번호	원 자 량	비 중 20(°C)	용 융 점 (°C)	비 등 점 (°C)	비 열 (cal/g°C)
Ag	은	47	107.880	10.497	960.5	2,210	0.056
Al	알루미늄	13	26.98	2.699	660.2	2,060	0.223
Au	금	79	192.10	19.32	1,063.0	2,970	0.131
Ba	바 륨	56	137.36	3.78	704±20	1,640	0.068
Be	베 릴 륨	4	9.013	1.84	1.278±5	1,500	0.4246
Bi	비스무트	83	209.00	9.80	271	1,420	0.0303
Ca	칼 슘	20	40.08	1.55	850±20	1,440	0.149
Nb	니 오 브	41	92.91	8.569	2.145	3,300	0.065
Cd	카 드 뮴	48	112.41	8.65	320.9	767	0.0559
Ce	세 륨	58	140.13	6.90	600±50	1,400	0.042
Co	코 발 트	27	58.94	8.90	1.495	2,375±40	0.1042
Cr	크 롬	24	52.04	7.09	1.553	2,200	0.1178
Cu	구 리	29	63.54	8.96	1,083.0	2,310	0.0931
Fe	철	26	55.85	7.871	1,538±3	2,450	0.1172
K	칼 륨	19	39.090	0.862	63±1	762.2	0.182
Li	리 튬	3	0.940	0.534	180±5	1,400	0.092
Mg	마그네슘	12	24.32	1.743	650	1,110	0.2475
Mn	망 간	25	54.93	7.40	1,245±10	1,900	0.1211
Mo	몰리브덴	42	95.95	10.218	2,025±50	3,700	0.059
Na	나 트 륨	11	22.99	0.971	97.9	882.9	0.295
Ni	니 켈	28	58.68	8.85	1,455	2,450-2,900	0.2079
Pb	납	82	207.21	11.341	327.43	1,540±15	0.031
Pd	팔 라 듐	46	106.70	12.03	1,554	4,000	0.058
Pt	백 금	78	195.23	21.43	1773.5	4,410	0.032
Rh	로 듐	45	102.91	12.44	1.966±3	4,500	0.059
Sb	안 티 몬	51	121.76	6.62	630.5	1,440	0.0502
Se	셀 렌	34	78.96	4.81	220±5	680	0.084
Si	규 소	14	28.09	2.33	1,414	3,500	0.162
Sn	주 석	50	118.70	7.298	231.84	2,270	0.551
Te	텔 루 르	52	127.61	6.235	450±10	1,390	0.047
Th	토 륨	90	232.12	11.50	1.800±150	3,000	0.034
Ti	티 탄	22	47.90	4.54	1,800±22	3,400	0.1125
U	우 라 늄	92	238.07	18.70	1,133±2	–	0.028
V	바 나 듐	23	50.95	5.82	1,725±50	3,400	0.1153
W	텅 스 텐	74	183.92	19.26	3,410±20	5,930	0.0338
Zn	아 연	30	65.38	7.133	419.46	906	0.0944
Zr	지르코늄	40	91.33	6.50	1,530	2,900	0.066

4.6 파인 블랭킹(Fine blanking)

4.6.1 파인 블랭킹(정밀타발금형)

전단 시 Crack, 흠집, 버어(burr), 휨, 찌그러짐 등 불량이 발생하나 이것을 방지 또는 최소화시키는 것이 파인 블랭킹 가공이다. 그림 4.6.1(a)는 일반 블랭킹과 파인 블랭킹 절단면 형상을 비교하였으며, (b)는 일반 블랭킹 금형과 파인 블랭킹 금형의 구조를 비교하였다. 파인 블랭킹 가공은 펀치 주위에 있는 V링붙이 스트리퍼로 피가공 재료를 가압하고 펀치 아래에 있는 패드(카운터 펀치)로 역가압하여, 펀치, 다이의 틈새부 재료에 압축응력을 부가함으로 균열에 의한 파단을 발생시키지 않고 전단, 분리하는 가공법이다. 전단가공은 판을 절단하든가 블랭킹 하는 경우 펀치와 다이에 의해 박판에 힘이 가해지면 그 내부에 전단응력이 생긴다. 박판이 전단되려고 하는 힘에 저항하는 힘을 전단강도라 하는데 이 전단강도 이상의 압력을 펀치에 가하면 박판은 절단되든가 블랭킹이 된다. 그림 4.6.2는 파인 블랭킹 가공의 금형 구조를 나타낸다.

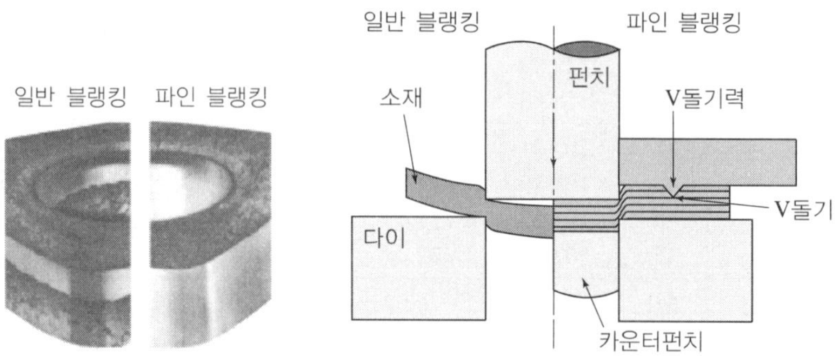

(a) 절단면 형상 (b) 금형 구조

그림 4.6.1 일반 블랭킹과 파인 블랭킹 비교

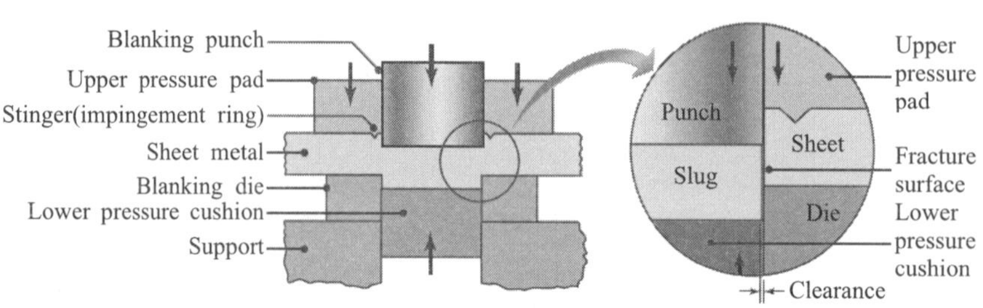

그림 4.6.2 파인 블랭킹 금형 구조

그림 4.6.3 파인 블랭킹 금형

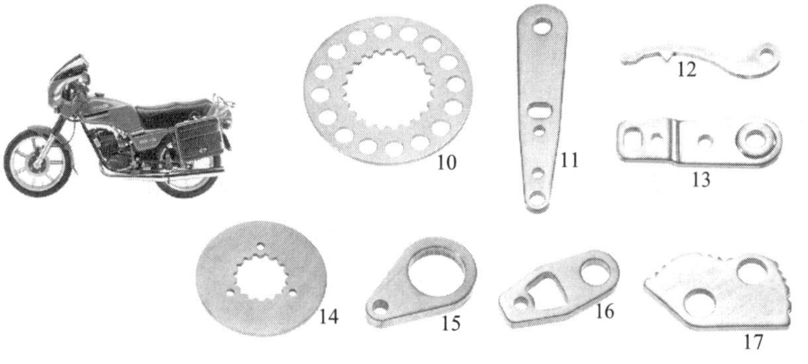

그림 4.6.4 파인 블랭킹 부품과 응용분야

펀치 둘레에 배치한 누름판(스트리퍼)으로 다이 사이의 소재판을 가압하며, 펀치 밑의 재료도 역누름판(패드 또는 카운트 펀치)으로 가압하면서 전단하는 방법으로 전단 변형부의 재료를 압축응력 상태로 유지하고, 균열을 발생시키지 않으면서 전단 분리하는 방법이다.

파인 블랭킹된 제품은 전단면 형상이 깨끗하고 버어 발생이 거의 없다. 그림 4.6.3은 파인 블랭킹 금형을 보여주고, 그림 4.6.4는 파인 블랭킹 제품의 예를 보여준다. 일반 전단가공과 차이점으로는 다음과 같다.

① 표면 형상이 깨끗하고 정밀도가 높다.

② 고가의 파인 블랭킹용 프레스가 필요하다.

③ 박판 재질의 연성이 충분하고 강도가 너무 높지 않고 재료에 맞는 전용 파인 블랭킹 오일을 윤활유로 사용하여야 한다.

④ 금형 구조에서 V-ring이 사용되며, 패드(pad)력이 필요하다.

⑤ 클리어런스는 거의 Zero에 가깝게 준다.

압축응력을 효과적으로 늘리는 방법으로서 누름판과 다이면의 한쪽, 또는 양쪽에 블랭킹 윤곽을 따라 3각 단면 형상의 환상 돌기(V링 돌기)를 붙여, 이것이 판 내부로 들어가게 한다.

또한 클리어런스는 0～0.5 % 정도로 하고, 판 누름력은 다이 위에 판을 튼튼히 고정하여 블랭킹 한 후 잔여 재료의 튀어 오름을 방지하고, 다이 날 끝 부분의 재료에 압축응력을 높이고, 다이 날로부터 균열 발생을 방지한다. 판 누름력은 블랭킹력의 30～50 %로 하는 것이 보통이다. 역 누름력은 면압으로 2～7 kg/mm^{2}로 하고, 블랭킹력의 10～20 %가 사용된다.

그림 4.6.5는 파인 블랭킹 프레스로서 1,400～1,500 spm 속도로 가공되고 있으며 생산 시에 프레스 상태를 안정적으로 관리하고 유지하기 위하여 치수 측정, 압입력, 이탈력, 스프링의 힘 측정, 부하상태 파악, 데이터 해석처리, 카운터 기능 등을 제어 할 수 있는 제어장치를 이용한다. 파인 블랭킹은 고도의 정밀도, 엄격한 평활도 및 생산 비용과 시간을 70 %까지 절감할 수 있는 방법으로 그 특징은 다음과 같다.

① 보통 프레스 가공에서는 다단계 공정이 필요하나 파인 블랭킹에서는 내외형상 복합가공에 의해 1회의 스트로크로 완성되며 잔류응력도 부품 전체에 균등하게 분포된다.

② 파인 블랭킹에 의해 가공된 부품은 100 %의 평활면과 IT 8급의 정밀 가공이 가능하다.

③ 파인 블랭킹은 충격이 거의 없어 소음이나 진동 대책을 세울 필요가 없다.

④ 파인 블랭킹은 작업 시 부품과 스크랩이 금형 사이로 배출된 후 공기로 날려 보내든지 금형 밖으로 배출시켜 금형을 손상시키는 일이 거의 없다.

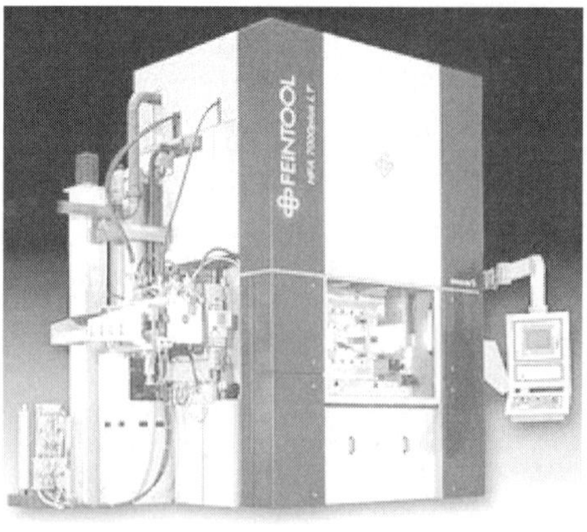

그림 4.6.5 파인 블랭킹 프레스 - Feintool Company

파인 블랭킹 다이의 특징으로 재료 두께에 따라 V-ring을 스트리퍼와 다이에 모두 설치하는 경우가 많으나 일반적으로 스트리퍼 쪽에 준다. V-ring 가공은 밀링 가공과 방전 가공법이 있는데 밀링 가공 시에는 기계의 강성이 높아 진동 발생이 적고 공구는 TiN 코팅한 것을 사용하는 것이 좋다. 방전 가공 시는 동-텅스텐 전극, 은-텅스텐 전극, 흑연 전극을 사용하는 것이 좋으며, 정밀 형상의 V-ring을 얻기 위해 방전가공을 실시한다. 판 두께가 6 mm 이상은 블랭크 홀더, 다이 쪽에 모두 돌기를 설정한다.

판 두께가 두껍고 강도가 높은 재료를 전단할 때 돌기는 특별히 주의 깊은 검토가 필요하며, 부품 형상에 따라 돌기를 다르게 설계하기도 한다. 깨끗하고 정밀한 전단면을 얻기 위하여 클리어런스는 편측으로 0에 가깝게 약 0.5 % 이내로 준다. 일반 금형에서는 재질에 따라 적정 클리어런스를 5～10 % 정도 편측으로 주는데 비해서 아주 작다. 클리어런스를 거의 0에 가깝게 하고 소재의 유동을 억제하기 위해서 V-ring을 설치하여 깨끗한 전단형상과 정밀도 높은 제품을 생산한다. 펀치 주위에 설치된 스트리퍼에 V-ring을 설치하여 펀치날 끝 부위의 높은 압축 응력을 발생시킴으로서 깨끗한 전단면을 얻도록 함과 동시에 하부쿠션 패드에 의해 펀치 반대쪽으로 블랭크를 강하게 받쳐서 휨과 눌림이 적은 블랭크를 만들기 위한 정밀 가공 방법이다.

4.6.2 파인 블랭킹 가공의 특징

파인 블랭킹은 한 번의 블랭킹 공정에서 제품 두께에 걸쳐 필요로 하는 고운 전단면과 양호한 제품 정밀도를 얻는 프레스 가공 공정이다. 파인 블랭킹 가공에서는 전용으로 개발된 3동작(triple action)을 발생시킬 수 있는 매초 5～20 mm 정도의 전단속도로 작동하는 강성과 우수한 정도의 프레스와 독특한 금형구조로 전단압 P_1, 스트리퍼압 P_2, 역압 P_3에 의해 평활한 전단면을 얻을 수 있다. 파인 블랭킹에 적용되는 제품은 두꺼운 제품 즉 0.5～15 mm 정도의 제품에 많이 적용된다. 따라서 파인 블랭킹 대상 제품은 자동차의 섀시 부품, 전기전자 구조부품 등이다.

4.6.3 파인 블랭킹 작동 원리와 금형 구조

파인 블랭킹의 V링은 압축력을 효과적으로 높이기 위해서, 스트리퍼와 다이면의 한쪽면, 또는 양쪽면에 블랭킹 윤곽에 따르는 삼각형 모양을 붙여, 압축을 효과적으로 가함으로서,

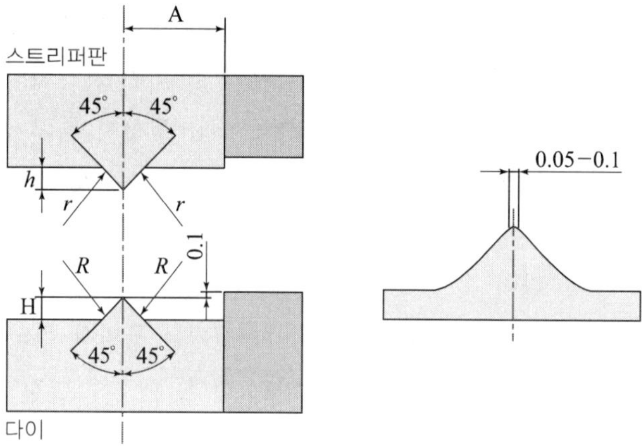

그림 4.6.6 파인 블랭킹 금형의 V링

V링 돌기가 피가공재 내에 충분히 파고 들어 가도록 하고 있다. 펀치와 다이의 틈새를 극히 작게 하고, 다이의 날끝에는 아주 작은 반경(R)을 주어 인장력에 의한 균열이 발생하지 않도록 한다. 그림 4.6.6은 파인 블랭킹 금형의 V링을 나타낸다.

파인 블랭킹 금형에서는 재료를 완전히 고정하기 위하여 V링을 갖는 스트리퍼를 가지는 것이 일반 블랭킹 금형과 차이점이다. 따라서 전단작용이 일어날 때는 옆방향의 재료이동은 전혀 없다고 볼 수 있으며 거의 순수유동으로 재료가 전단된다. 그리고 펀치 반대쪽에는 카운트 펀치 즉 패드가 전단되는 제품 밑면을 받치면서 전단이 일어나게 된다. 파인 블랭킹 가공은 재료를 클램핑한 상태에서 전단이 이루어지므로 고정밀도 치수와 고운 전단면이 얻어진다고 볼 수 있다. 또한 일반 프레스 금형에서는 언제나 펀치가 다이구멍을 통과하면서 블랭킹 제품 및 피어싱 스크랩이 밑으로 떨어지는 것이 일반적이나, 파인 블랭킹에서 재료의 전단은 펀치가 다이 아래에 두께만큼 내려가 패드에 의해 다이 표면으로 복귀시킨 뒤 압축공기나 기계적인 레버 등에 의해 프레스 밖으로 배출하는 방법을 사용하여 작업이 이루어진다.

파인 블랭킹의 금형 구조는 프레스의 구조에 따라 고정 펀치식(fixed punch)과 가동 펀치식(sliding punch)이 있다. 고정 펀치식은 펀치가 상부에 고정되어 있고 하부 다이가 고정된 펀치에 대하여 밀어 올려지는 식으로 재료가 두껍고 복잡하거나 큰 제품에 적용되며, 용량이 큰 프레스에는 모두 고정펀치식 금형이 사용된다. 가동 펀치식은 슬라이딩 펀치식이라고도 말하며 주로 소형 또는 중형 제품에 적용된다.

4.6.4 파인 블랭킹 가공 순서

그림 4.6.7은 파인 블랭킹의 가공 순서를 나타낸다. 소재를 펀치와 다이 사이에 삽입하면 pad(녹 아웃 플레이트)가 아래에 위치하면 V링이 소재를 가압한다(①, ②단계).

펀치 다이가 전단을 시작하여 완료하면(③, ④단계) 상하금형이 열리고 펀치로부터 스크랩을 빼낸 뒤(⑤, ⑥단계) 다이 속에서 제품을 이젝팅하면 파인 블랭킹 가공이 완료 된다(⑦, ⑧단계). 그림 4.6.8은 파인 블랭킹 가공 단면 예를 보여준다.

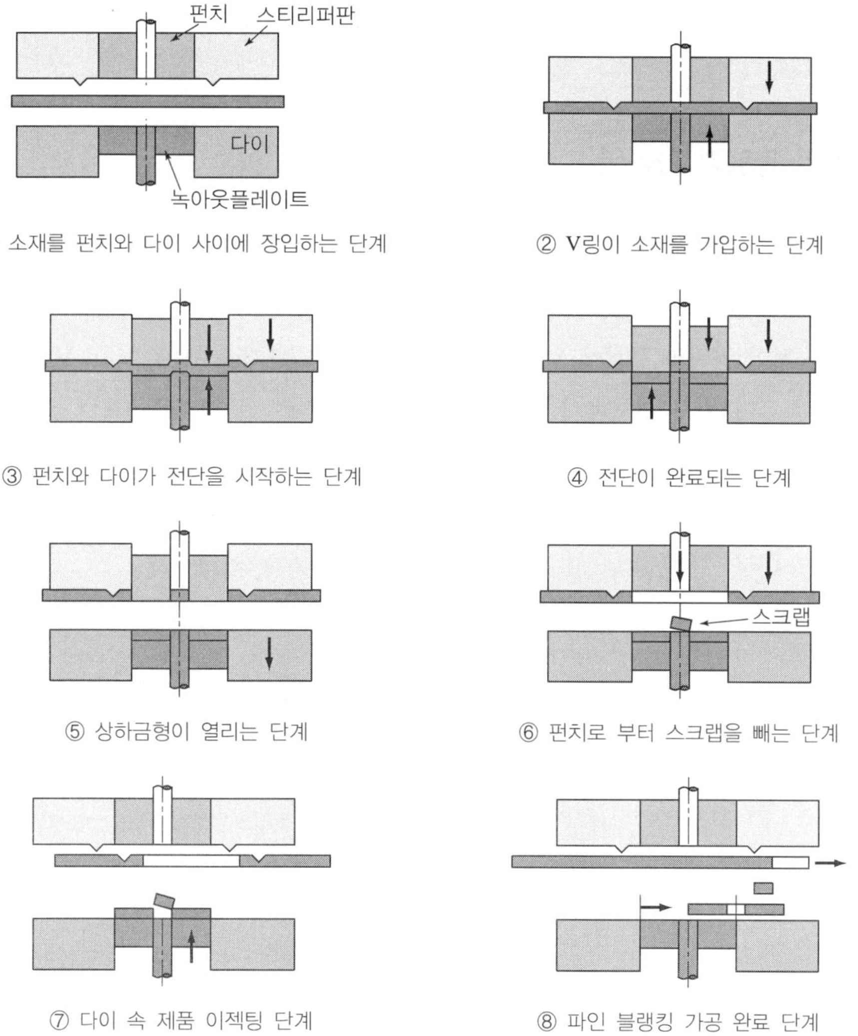

① 소재를 펀치와 다이 사이에 장입하는 단계

② V링이 소재를 가압하는 단계

③ 펀치와 다이가 전단을 시작하는 단계

④ 전단이 완료되는 단계

⑤ 상하금형이 열리는 단계

⑥ 펀치로 부터 스크랩을 빼는 단계

⑦ 다이 속 제품 이젝팅 단계

⑧ 파인 블랭킹 가공 완료 단계

그림 4.6.7 파인 블랭킹 가공 순서

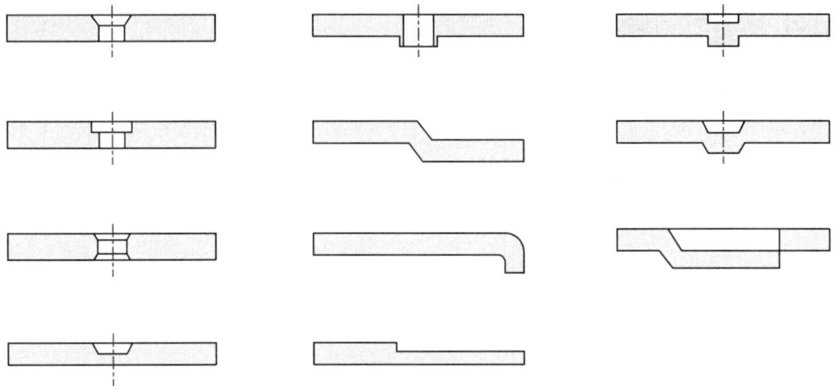

그림 4.6.8 파인 블랭킹 가공 단면 예

4.6.5 파인 블랭킹 가공력

전단하기 전에 재료의 외곽을 V링 힘(F_R)으로 누른상태에서 펀치에 의해 전단하는 힘(F_S)으로 전단하면 카운터 힘(F_C)으로 펀치 밑에 재료를 받친 상태에서 전단이 된다. 전단이 끝나면 금형이 열림과 동시에 V링 힘 및 카운터 힘은 반대방향으로 되어 V링 힘 F_R는 스트리핑력 F_{ST}가 되어 펀치에서 재료를 벗겨내고, 카운터 힘 F_C는 이젝터 힘 F_{EJ}가 되어 다이에서 제품을 밀어낸다. 파인 블랭킹 가공력은 F는 이러한 총 힘의 합이다. 그림 4.6.9는 파인 블랭킹의 V링 금형 구조를 나타낸다. 여기서 1번은 V링붙이 스트리퍼, 2번은 블랭킹 다이, 3번은 블랭킹 펀치, 4번은 패드, 5번은 피가공 소재이다.

$$F = F_S + F_R + F_C + F_{ST} + F_{EJ} \tag{4.6.1}$$

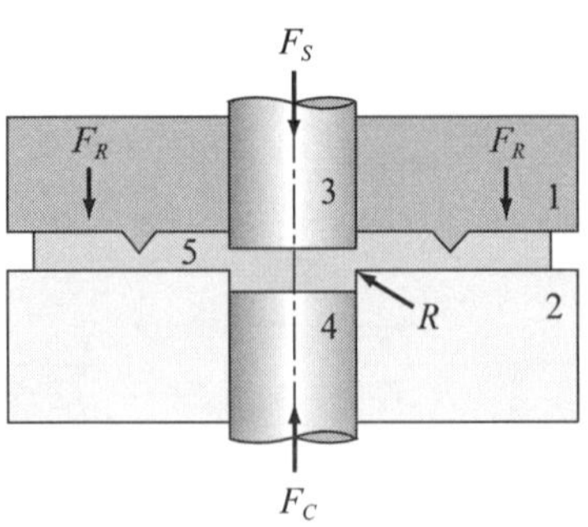

그림 4.6.9 파인 블랭킹 V링 금형 구조

1) 펀치 전단력(F_S)

펀치 전단력의 계산은 재료의 인장강도와 전단 길이에 의해 결정된다. 전단력의 크기는 전단 날의 상태, 펀치와 다이의 클리어런스, 공작물의 형상, 절삭유의 양과 종류, 소재 두께 공차 등에 의해 달라진다. 따라서 실제로는 안전율을 고려하여 항복점과 인장강도의 비 f_r 은 0.9로 한다.

$$F_S = l \times t \times \sigma_b \times f_r \text{ (kg)} \tag{4.6.2}$$

여기서, l : 전단 길이의 합(mm), t : 재료의 두께(mm)

σ_b : 인장강도(kg/mm^2), f_r : 항복점과 인장강도의 비(0.9)

2) V링 힘(F_R)

V링 힘 F_R은 전단이 시작되기 전 재료에 V링을 만드는데 요하는 힘으로 재료는 전단되는 주변에서 고정되어 있다. V링 힘은 제품 주위에서 일정한 거리만큼 떨어져 있고 V홈의 각도와 높이가 결정되어 있다.

3) 카운터 힘(F_C)

카운터 힘 F_C는 패드 힘이라고 하며 펀치 밑면에 대하여 전단과정 중 전단면 주위의 재료를 밀어붙여 재료의 변형을 방지한다. 실제적으로 F_C는 펀치 전단력 F_S의 10~20 %를 취한다.

4) 스트립핑 력(F_{ST}) 및 이젝팅 힘(F_{EJ})

스트립핑 력 F_{ST} 및 이젝팅 힘 F_{EJ}는 제품을 벗겨내고 밀어내는 힘이다.

4.6.6 파인 블랭킹 공정설계와 적용 예

그림 4.6.10의 상부의 도면과 같은 부품을 파인 블랭킹 금형으로 성형할 때 ①~④와 같은 순서로 성형한다. ①단계에서 움푹하게 신장 성형한 뒤 ②단계에서 piercing하고, ③단계에서 구멍을 확장한 뒤 ④단계에서 코이닝으로 가공을 완료 한다.

그림 4.6.11~4.6.12는 파인 블랭킹 부품이 적용되고 있는 자동차용 안전벨트, 그림 4.6.13은 군용 나이프이다.

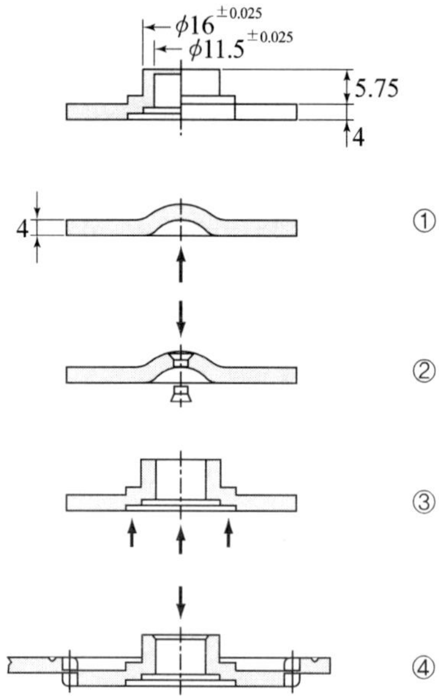

그림 4.6.10 파인 블랭킹 금형 공정순서

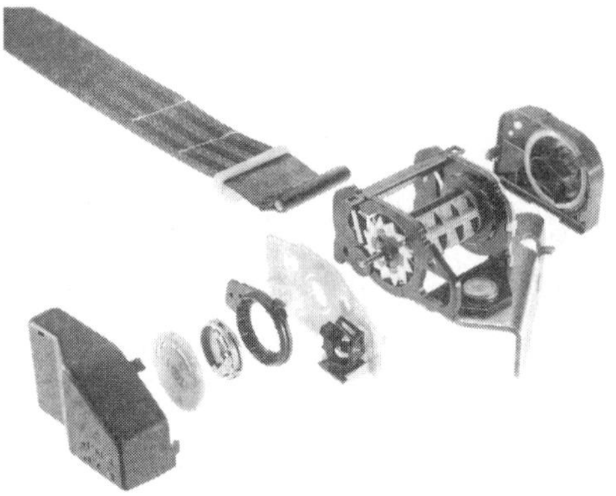

그림 4.6.11 자동차용 안전벨트

그림 4.6.12 자동차용 안전벨트 부품

그림 4.6.13 파인 블랭킹 부품을 적용하는 휴대용 칼

4.7 전단 금형의 구조

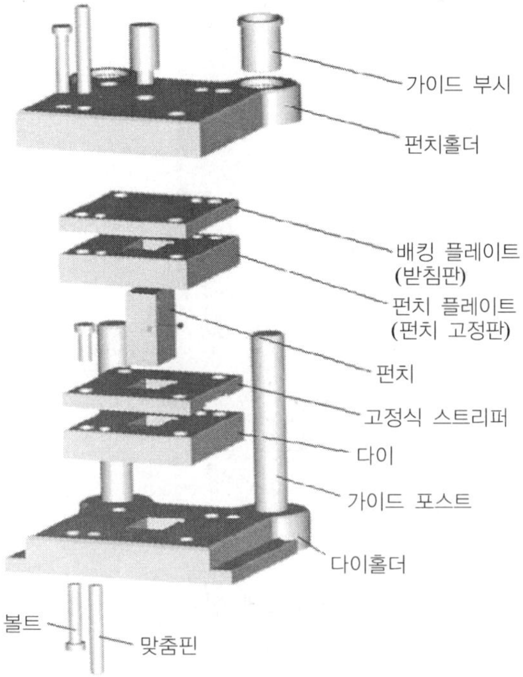

그림 4.7.1 전단 금형의 구조

4.7.1 다이 셋트(dieset)의 기능 및 특징

1) 개요

다이세트란 금형의 상하형 즉, 펀치와 다이를 정확하게 고정하고 펀치와 다이의 상대운동을 정밀하게 안내할 수 있도록 만들어진 상하형의 홀더 부분으로 그림 4.7.2와 같이 펀치홀더, 다이홀더, 가이드 포스트, 가이드 부시, 섕크로 구성되어 있다.

2) 다이 세트의 장점

① 프레스 기계의 램에 약간 떨어진 간격이 있더라도 금형 부품들이 모두 제자리를 유지할 수 있도록 위치를 잡아준다(정밀도 유지).

② 금형의 수명이 길어진다.

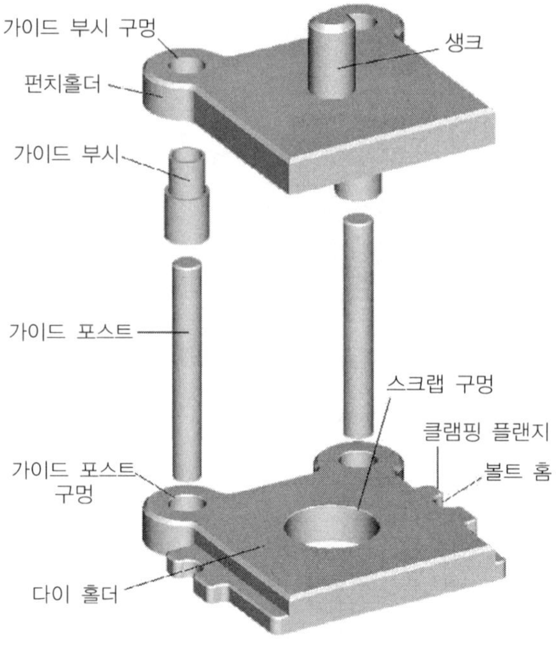

그림 4.7.2 다이셋트의 구성 요소

③ 금형이 하나의 단위체가 되므로 프레스에 설치시 시간이 단축된다.

④ 제작상, 조립상 편리하다.

⑤ 보관이 편리하다.

3) 다이세트의 종류

다이세트는 포스트의 수와 설치위치에 따라 BB형, CB형, DB형, FB형 등이 있다.

① BB형(Back post bushing type)

2개의 가이드 포스트가 세트의 뒤쪽에 위치하는 형식으로 재료를 전후좌우로 이동할 수 있다. 그러나 포스트가 세트의 뒤쪽에 위치하고 있어 작업시 편심하중에 주의해야 한다(그림 4.7.3 참조).

② CB형(Center post bushing type)

펀치 다이를 장치하는 위치와 가이드 포스트의 위치가 세트 중앙의 일직선상에 위치하는 형식으로 재료를 전후 방향으로 이송하기에 편리하고, 높은 정밀도의 제품을 가공하는데 쓰인다(그림 4.7.4 참조).

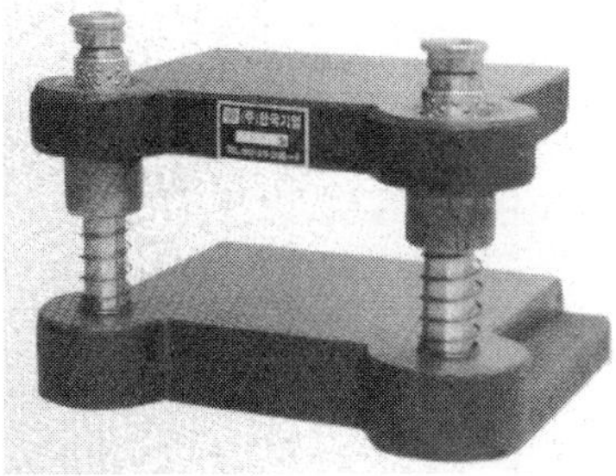

그림 4.7.3 BB형 다이셋트

그림 4.7.4 CB형 다이셋트

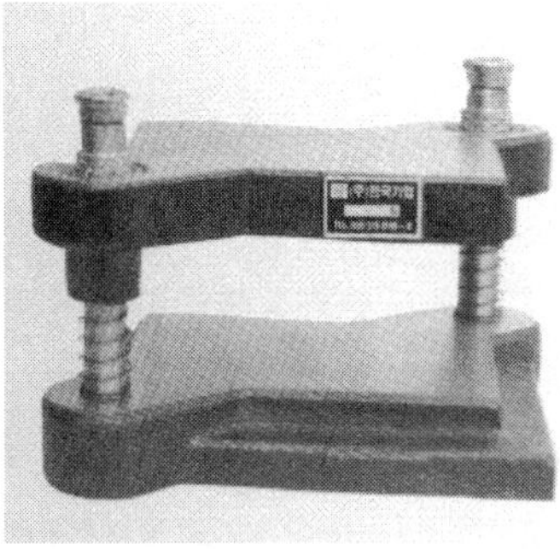

그림 4.7.5 DB형 다이셋트

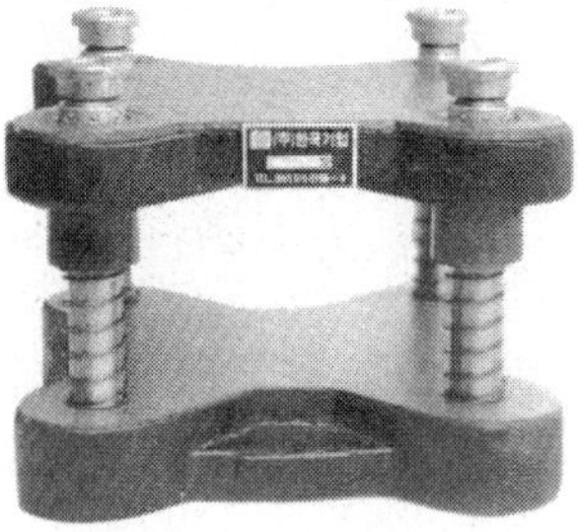

그림 4.7.6 FB형 다이셋트

③ DB형(Diagonal post bushing type)

다이세트의 대각선 위치에 가이드 포스트가 위치한 형식으로 BB형 CB형의 결점을 보완한 형식으로 강성, 정밀도, 작업성이 우수하다. 가이드 포스트의 직경을 다르게 하여 조립을 쉽게 한다(그림 4.7.5 참조).

④ FB형(Four post bushing type)

홀더의 4 모서리에 가이드 포스트가 위치한 형식으로 강성이 크고, 정밀도가 높으므로 초경합금 금형, 대량 생산용 금형의 제작에 적합하다(그림 4.7.6 참조).

⑤ Multi post type

가이드 포스트가 6개 또는 8개 있는 것으로 대형 금형에 사용한다.

4) 다이셋트의 표기 방법

앞에서와 같이 가이드 포스트와 가이드 부시(guide bush)에 의한 운동 전달보다 정밀도 높게 운동하기 위해 가이드 포스트와 가이드 부시 사이에 볼 리테이너(ball retainer)를 삽

표 4.7.1 소형 다이세트의 표준치수

<table>
<tr><th colspan="2">BR, BB형</th><th colspan="2">CR, CB형</th><th colspan="2">DR, DB형</th><th colspan="2">FR, FB형</th></tr>
<tr><th>A치수</th><th>B치수</th><th>A치수</th><th>B치수</th><th>A치수</th><th>B치수</th><th>A치수</th><th>B치수</th></tr>
<tr><td>(60)</td><td>(60)</td><td>(60)</td><td>(60)</td><td>(60)</td><td>(60)</td><td>(125)</td><td>(125)</td></tr>
<tr><td rowspan="2">80</td><td>80</td><td>80</td><td>80</td><td>80</td><td>80</td><td rowspan="2">150</td><td>(100)</td></tr>
<tr><td>(125</td><td rowspan="2">100</td><td>80</td><td rowspan="2">100</td><td>80</td><td>150</td></tr>
<tr><td rowspan="3">100</td><td>80</td><td>100</td><td>100</td><td rowspan="2">180</td><td>125</td></tr>
<tr><td>100</td><td rowspan="3">125</td><td>80</td><td rowspan="3">125</td><td>80</td><td>180</td></tr>
<tr><td>(150)</td><td>100</td><td>100</td><td rowspan="3">210</td><td>100</td></tr>
<tr><td rowspan="3">125</td><td>80</td><td>125</td><td>125</td><td>150</td></tr>
<tr><td>100</td><td></td><td>100</td><td rowspan="2">150</td><td>100</td><td>210</td></tr>
<tr><td>125</td><td>150</td><td>150</td><td>150</td><td>250</td><td>125</td></tr>
</table>

입하고 표시 방법은 다이세트 형식 뒤에 'R'을 BR형, CR형, DR형, FR형 같이 붙인다. 여기서 R은 볼 리테이너(Ball Retainer) 가이드 방식을 뜻하며 대표적인 소형 다이 세트의 표준 치수가 종류에 따라 표 4.7.1과 같다.

여기서 A, B 치수는 다이세트의 가이드 포스트 내측에 장착될 수 있는 다이 플레이트의 최대 치수를 의미한다.

4.7.2 섕크(Shank)

① **기능**: 펀치홀더를 프레스 기계의 램에 부착시키는 기능을 한다. 일반적으로 치수는 규격화 되어 있다.

② **종류**: 스트레이트 형식과 언더컷 형식이 있다.

③ **재질**: 일반적으로 SM20C(또는 SM45C)를 사용한다.

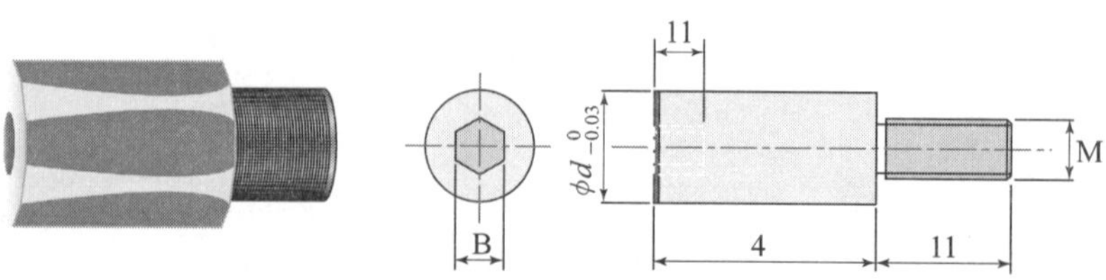

그림 4.7.7 섕크의 치수

표 4.7.2 스트레이트 형식의 규격표

<table>
<tr><th>d</th><th>L</th><th>B</th><th>ℓ1</th><th>M</th></tr>
<tr><td>25</td><td rowspan="3">50</td><td rowspan="2">12</td><td>18 · 25 · 30 · 35 · 40</td><td>M18 × P1.5</td></tr>
<tr><td>25.4</td><td>25 · 30 · 35</td><td>M18 × P1.5</td></tr>
<tr><td>32</td><td rowspan="3">17</td><td>30 · 35 · 40</td><td>M22 × P1.5</td></tr>
<tr><td>38</td><td>60</td><td>30 · 35 · 40 · 45</td><td>M22 × P1.5</td></tr>
<tr><td>50</td><td>65</td><td>32 · 35 · 40 · 45 · 50</td><td>M22 × P1.5</td></tr>
</table>

4.7.3 가이드 포스트와 가이드 부시(guide post, guide bush)

1) 평면 가이드 방식

가이드 포스트와 가이드 부시만의 미끄럼 운동에 의해 직선운동을 전달하며 범용으로 사용한다(그림 4.7.8 참조).

2) 볼 가이드 방식

가이드 포스트와 가이드 부시사이에 볼리테이너가 삽입되어 볼운동에 의한 직선 운동을 전달하는 것으로 마찰이 적고 정밀도가 높은 금형에 사용한다(그림 4.7.9 참조).

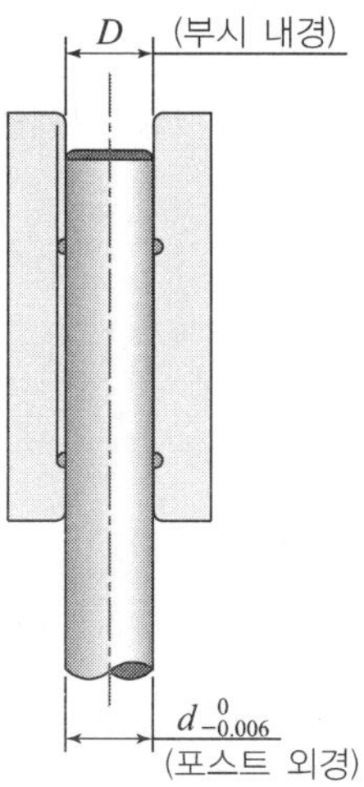

그림 4.7.8 평면 가이드 방식

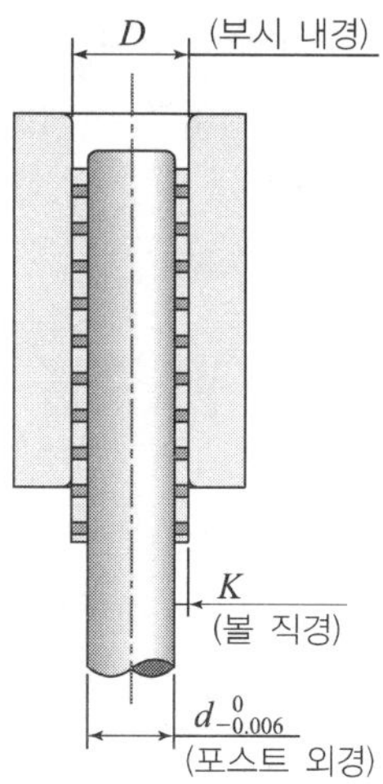

그림 4.7.9 볼 가이드방식

4.7.4 펀치(Punch)

펀치의 형식은 금형의 구조, 형식 등에 따라서 다르지만 필요한 것은 다이와 짝을 이루는 상관관계로서 제품의 모양을 만드는 부분이고, 제품은 펀치와 다이에 의해 가공되어지기 때문에 치수 정밀도 및 표면 거칠기가 좋은 것이 요구된다.

프레스 금형에 사용되는 각종 펀치는 제품 가공 시 압축응력, 인장응력, 굽힘응력 등이 작용하여 반복충격 하중을 받으며 이 충격하중이 심하면 좌굴이나 파손을 초래하게 된다. 따라서, 펀치 설계 시에 다음과 같은 내용을 고려하여 설계하여야 한다.

① 치우침이나 좌굴(buckling)이 없이 안정할 것.(stability)

② 정확한 위치나 적합한 맞춤핀을 사용할 것.(location)

③ 스트리핑 력(stripping)을 펀치력의 5～20 % 적용할 것

④ 적당한 펀치의 길이를 계산할 것.

펀치가 굽힘이나 파손 없이 사용할 수 있는 최대허용길이 계산은 오일러(Euler)의 좌굴식을 이용하여 계산 할 수 있지만 계산값이 아주 크기 때문에 실제 설계에서는 대략 다음과 같이 결정한다.

펀치 길이 = 펀치 고정판 두께 + 스트리퍼 두께 + 펀치
+ 펀치가 다이속으로의 침입 깊이 + 여유 길이

여기서 전단가공 시에는 침입깊이가 보통 재료두께의 2배 전후이고 여유길이는 10～30 mm 범위 내에서 표준 길이를 선택한다. 드로잉 굽힘 등의 성형가공 시에는 침입깊이가 제품의 성형 깊이가 된다.

4.7.5 다이

다이는 펀치와 상대운동을 하는 부분으로서 그 형상은 제품의 모양, 수량, 정밀도, 금형의 종류에 따라서 다르지만, 평면모양의 것이 가장 많고 펀치가 가하는 하중에 변형 및 파손이 없도록 충분한 강도를 가져야 한다.

다이의 종류에는 그림 4.7.10과 같이 날부분과 다이를 유지하는 플레이트가 일체로 되어 있는 일체형 다이, 2공정 이상의 복합가공에 적합한 부시형 다이, 복잡한 형상의 제품 및

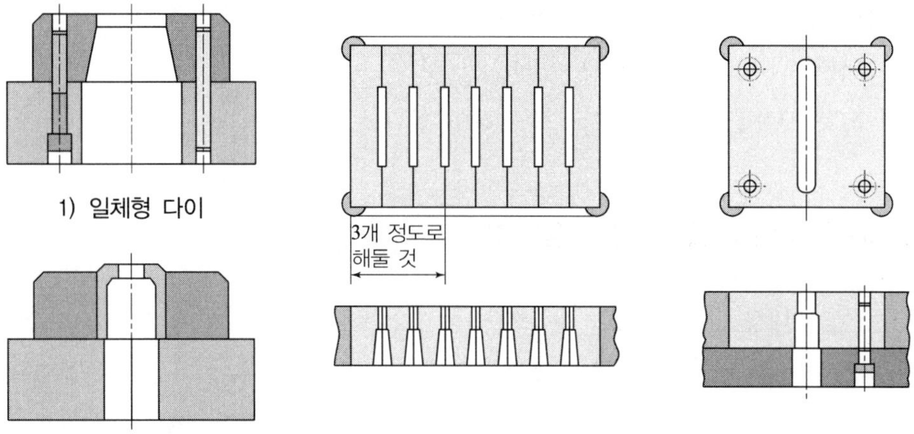

2) 부시형 다이 3) 분할형 다이

그림 4.7.10 다이의 종류

프로그레시브(순차 이송형) 금형에 적합한 인서트 방식의 분할형 다이로 구분할 수 있다.

다이의 분할은 형상이 복잡하고 가공 공정수가 많은 프로그레시브 금형에 많이 적용되는 것으로, 가공하기 어렵고 열처리가 곤란하며, 최소한의 공구 재료를 필요로 하는 금형에 적합하며, 파손 시 일부분만 수리 교환할 수 있는 특징이 있다. 따라서, 다이를 분할할 때에는 다음과 같은 기본사항을 기초로 하여야 한다(그림 4.7.11 참조).

① 치수 정밀도의 측정이 쉽고, 확실하게 할 수 있을 것

② 분할부분은 확실하게 위치를 결정하고, 고정할 수 있을 것

③ 국부적으로 복잡한 요철이 없어야 하고, 요철이 있을 때에는 다이 인서트 방식으로 해야 한다.

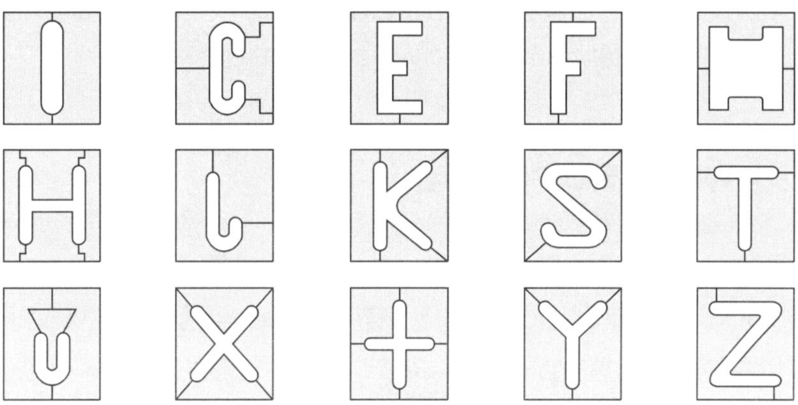

그림 4.7.11 다이의 분할 방법

④ 분할점에서의 분할선은 절단 윤곽에 직각이어야 한다.
⑤ 분할선에 날카로운 코너부를 만들지 말 것
⑥ 연삭 및 재가공이 쉽고 교환이 용이해야 한다.

4.7.6 분할 다이의 조립 및 고정방법

분할 다이는 대형 다이, 복잡한 형상의 다이 또는 가공 정밀도가 높은 경우와 일체다이로 제작하기 곤란한 경우 또는 다이 파손 시 수리가 용이한 경우에 적용한다. 분할 다이의 조립 및 고정방법은 그림 4.7.12와 같이 쐐기, 맞춤핀 등으로 고정하거나 접착제로 접착하여 고정한다.

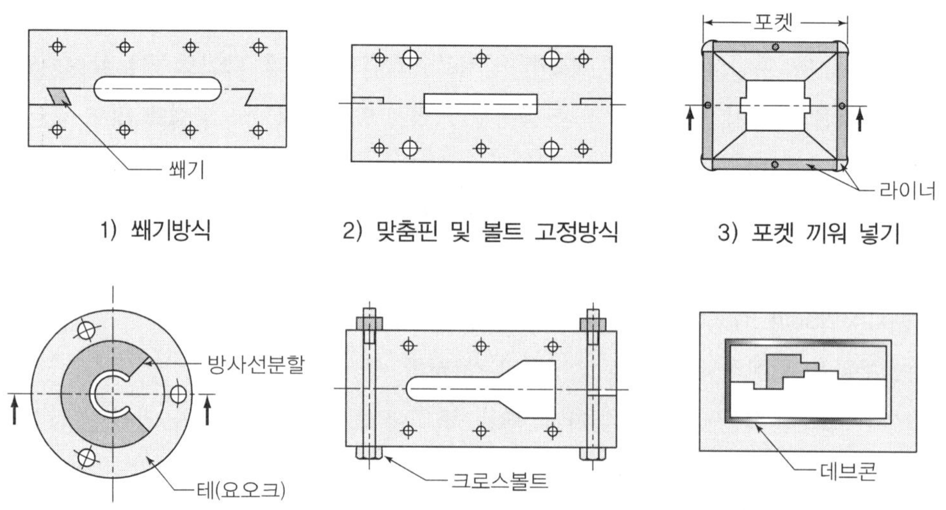

1) 쐐기방식　2) 맞춤핀 및 볼트 고정방식　3) 포켓 끼워 넣기
4) 수축 끼워 맞추기　5) 크로스 볼트에 의한 방식　6) 금형 접착제에 의한 방식

그림 4.7.12 분할 다이의 조립 및 고정방법

4.7.7 다이의 두께(H) 및 크기의 결정

프레스 금형에 사용되는 다이(Die)는 제품가공 시 펀치압력에 의해 인장응력과 압축응력이 동시에 작용하여 반복 굽힘하중 및 충격하중을 받는다. 따라서, 굽힘변형 및 파손의 위험이 없는 최소 두께의 결정이 필요하다.

1) 다이 두께(H)의 결정방법

① 전단력에 의한 방법
② 전단길이와 재료 두께에 의한 방법
③ 제품 수량에 의한 방법

2) 다이의 외곽치수 크기의 결정

① 체결 나사와 맞춤핀을 고정시킬 치수를 고려한다.
② 가이드 레일을 고정시킬 치수를 고려한다.
③ 스트리퍼를 고정시킬 치수를 고려한다.
④ 프로그레시브 금형일 경우엔 작업공정도(스트립 레이 아웃)를 고려한다.
⑤ 금형 재질을 고려한다.

4.7.8 받침판(Backing plate : 배킹 플레이트)

1) 기능

프레스 가공 작업할 때 반복충격하중에 의해 펀치가 장착된 펀치홀더, 다이 인서트가 설치된 다이홀더 면이 소성변형되어 그림 4.7.13과 같이 움푹 파고 들어가는 현상(sinking)이 발생하여 펀치의 손상은 물론 펀치홀더면의 재연마, 제품의 정밀도 불량 등을 초래하게 된다. 이와 같은 현상을 방지하기 위하여 그림 4.7.14와 같이 펀치홀더와 펀치 플레이트 사이에나, 다이 플레이트와 다이 홀더 사이에 설치하는 열처리 경화된 부품이다.

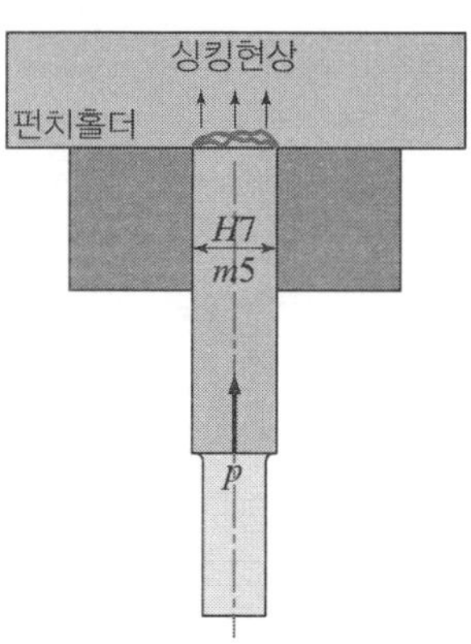

그림 4.7.13 Sinking 현상

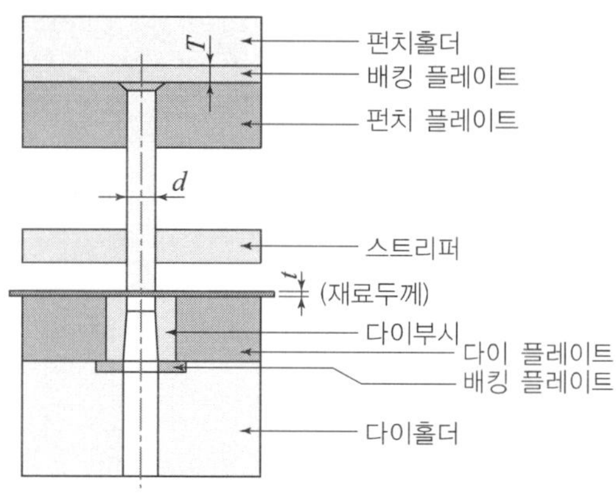

그림 4.7.14 받침판 사용 예

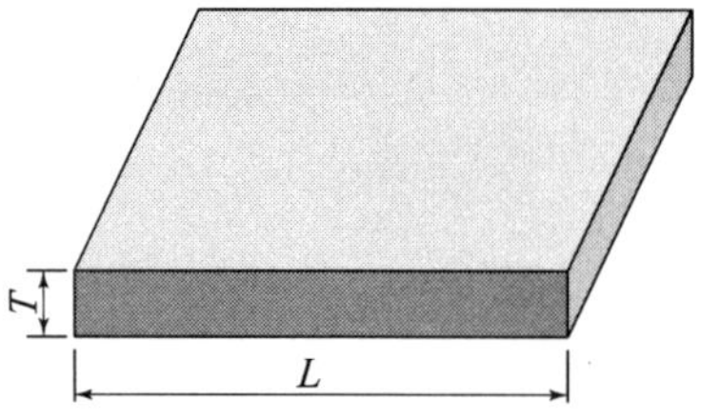

그림 4.7.15 받침판의 두께

2) 펀치 머리부에 작용하는 압축응력(P)의 계산 및 배킹 플레이트의 두께 결정

$$P = F/A\ (\text{kgf/mm}^2) \tag{4.7.1}$$

여기서 F = 펀치 하중(kgf), A = 펀치 머리부의 표면적

보통 계산된 P값이 4 kgf/mm^2 이상일 때는 배킹 플레이트 사용을 권하며 그 두께는 대개 다이 두께의 30～50 % 범위 내에서 정한다.

4.7.9 펀치 플레이트(Punch plate, 펀치 고정판)

펀치 플레이트(Punch plate)는 그림 4.7.16과 같이 각종 펀치를 다이구멍에 수직으로 작동 유지 될 수 있도록 고정하여 주는 기능을 한다.

① 펀치 플레이트의 두께(T)는 금형의 크기 및 작용하중에 영향을 받지만 일반적으로 펀치 길이의 30～40 % 정도로 한다.

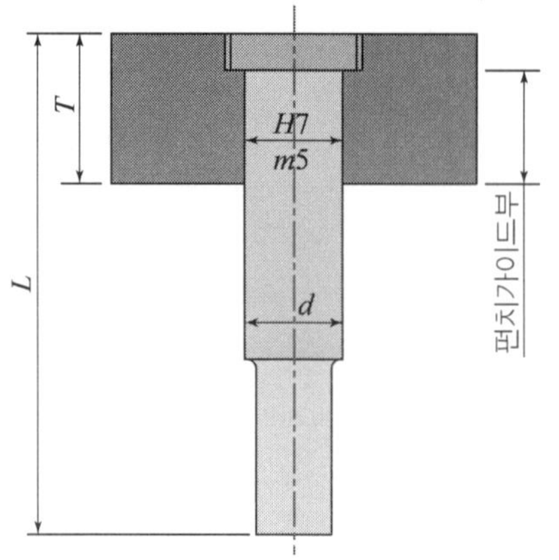

그림 4.7.16 펀치 플레이트의 사용 예

② 펀치 가이드 부는 펀치 직경(d)의 1.5배 이상으로 한다.

③ 펀치 직경과 펀치 고정판 구멍의 끼워 맞춤 공차는 보통 $H7m5$ 끼워 맞춤으로 하고 정밀도가 높을 경우엔 $H6m5$ 공차를 사용하기도 한다.

④ 다이블록 두께의 60~80 % 정도로 한다.

4.7.10 펀치의 고정방법

1) 플랜지 고정방식

일반적인 펀치의 표준 고정법으로 펀치 파손 시 교환하기 쉽다(그림 4.7.17 참조).

2) 나사 고정방식

플랜지 고정방식의 특징과 더불어 정밀도 및 신뢰성이 높고 금형 수명이 짧은 펀치 등을 사용하는 경우 적합하며 손쉽게 교환이 가능하다(그림 4.7.18 참조).

3) 접착제 고정방식

순간 접착제를 사용한 소량 생산용 금형의 펀치 고정에 적합하며 값이 저렴하다(그림 4.7.19 참조).

4) 볼 고정방식

볼에 의해 고정되는 형식으로 펀치 교환빈도가 높은 금형에 사용되나 고정밀도 금형에는 적합하지 않다(그림 4.7.20 참조).

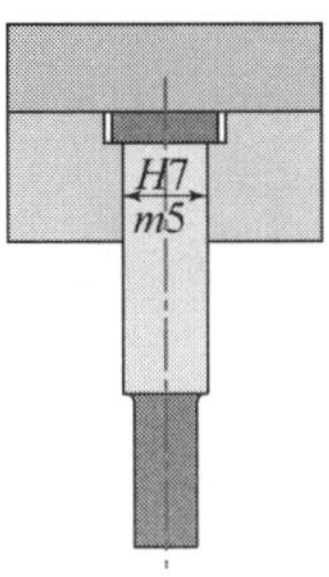

그림 4.7.17 나사 고정방식

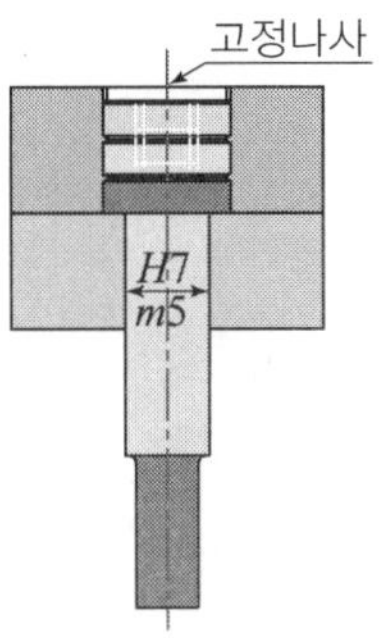

그림 4.7.18 플랜지 고정방식

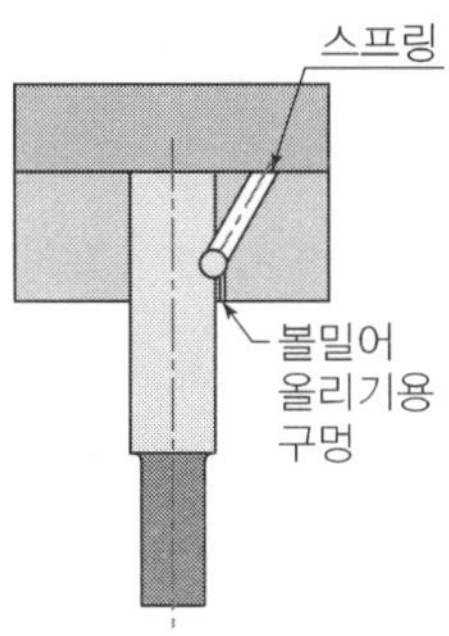

그림 4.7.19 볼 고정방식

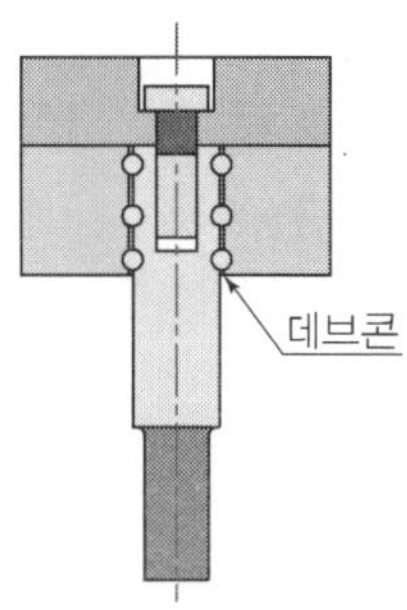

그림 4.7.20 접착제 고정방식

4.7.11 스트리퍼(Stripper plate)의 설계

스트리퍼 블랭킹, 피어싱 등의 전단가공 시에 피가공 판재의 고정 및 위치 결정과 펀치로부터 스크랩제거 및 펀치의 안내와 보호 역할을 한다.

1) 고정 스트리퍼(Solid stripper plate)

일반적으로 수동 이송 전단가공과 피가공재의 판 두께가 두껍고 정밀하지 않은 부품 가공에 주로 사용되는 형식으로 다이에 고정된다(그림 4.7.21 참조).

2) 가동식 스트리퍼(Spring stripper plate)

평탄하고 정밀한 제품과 박판재를 가공할 때 소형 펀치의 휨이나 파손에 대한 염려가 있을 때, 생산량을 증가시키는 작업일 때 주로 사용하는 형식으로 펀치 고정판에 장착되며 코일 스프링, 우레탄 고무 등을 사용한다(그림 4.7.22 참조).

3) 스트리퍼 설계 시 고려사항

일반적으로 스트리퍼 압력은 전단하중의 5~20 %를 적용한다(보통 10 %를 설계 기준으로 사용).

전단하중에 변형이 생기지 않도록 충분한 강도와 내마모성이 유지되도록 담금질 연마를 해야 하며 스프링 압력이 균일하게 작용 되도록 배치하여야 한다. 정밀도가 높은 제품 가공이나 고속 블랭킹, 피어싱을 할 때에는 부시 형식으로 하여 서브 가이드 포스트에 안내시킨다.

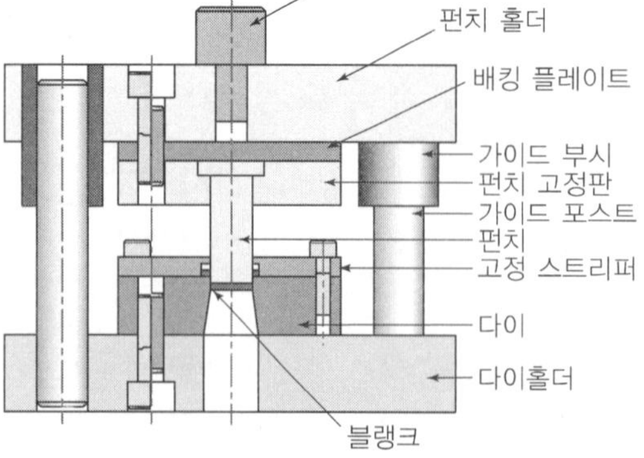

그림 4.7.21 고정 스트리퍼

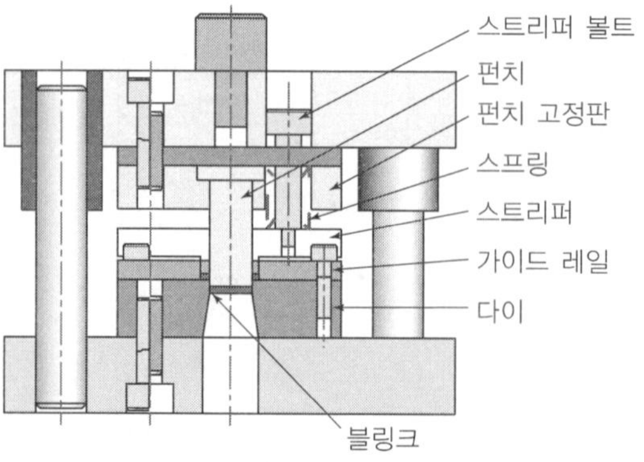

그림 4.7.22 가동식 스트리퍼

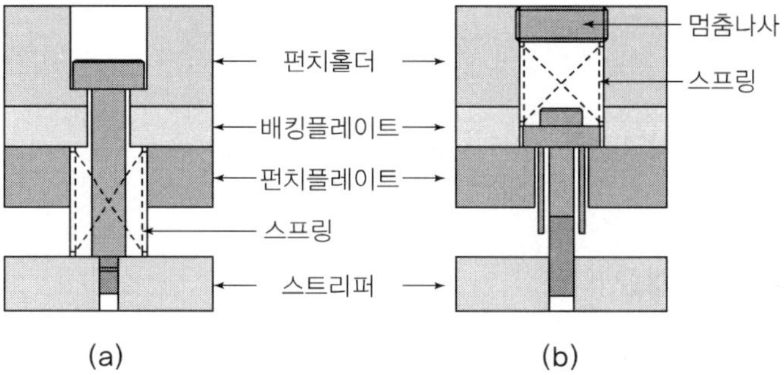

그림 4.7.23 가동식 스트리퍼 용 스프링 장착법

4) 가동식 스트리퍼에서의 스프링 장착법

스프링과 스트리퍼 볼트를 사용하는 방법으로 일반적으로 많이 사용한다. 그림 4.7.23은 슬리브 고정방식으로 스프링을 펀치홀더에 장착시키는 방법으로 각각의 스프링 압력을 조절할 수 있어서 결합성이 좋으나, 펀치홀더의 두께가 두꺼워지는 단점이 있다.

4.8 블랭킹 금형 설계의 예

4.8.1 블랭킹 제품의 개요

본 제품은 그림 4.8.1과 같은 원형의 블랭크를 부품으로 가공하는 금형조립도면으로 피가공재는 인장강도가 35 kg급인 고장력 강판이고, 직경이 150 mm이고, 두께가 1 mm인 블랭킹 제품을 가공하기 위한 금형설계를 한다.

금형 다이 하이트(Die Height; DH)는 금형이 닫힌 상태, 즉 하사점 위치에서의 금형 높이를 말한다. 소재 이송높이는 피드 레벨(Feed Level; FL) 높이라고도 하며 코일재를 자동으로 금형안으로 이동시 이송높이를 맞추어 금형을 설계하여야 한다. 자세한 정보는 아래와 같다.

1) 제품크기 : Ø150 원형 블랭크(내부 hole 없음)
2) 피가공재 : 두께 : 1 mm,
   인장강도 : 35 kgf/mm^{2}인 고장력 강판
3) 금형 다이하이트(DH) : 350 mm

그림 4.8.1 원형 블랭크

4) 소재 이송높이(FL) : 230 mm

5) 금형 부품 별 두께

다이 : 30 mm, 펀치고정판 : 25 mm, 스트리퍼 : 30 mm, 상·하홀더 : 50 mm

4.8.2 금형조립도의 개요

금형 조립도는 정면 조립도(단면도), 상형 조립도(평면도), 하형 조립도(평면도)로 구성된다. 정면 조립도는 단면도라고도 하며 금형이 닫힌 상태 즉 하사점 위치에서 도시하는 것이 원칙이며 금형 구성이나 기능을 표현할 목적으로 열린 상태의 단면도를 도시하기도 한다.

그림 4.8.2와 같이 정면 조립도로서 위로부터 블록, 펀치 고정판, 스트리퍼, 펀치, 다이 다이 홀더 등의 순서로 이루어져 있다. 상형 조립도는 상형 평면도라고도 하며 그림 4.8.3과 같이 하형 측에서 상형을 본 상태로 도시하며, 하형 조립도는 하형 평면도라고도 하며 그림 4.8.4와 같이 상형 측에서 하형을 본 상태로 도시한다.

그림 4.8.5는 가정용 벽걸이 에어컨의 동파이프 지지용 부품이며 그림 4.8.6은 이 부품을 성형하기 위한 스트립 레이아웃(strip layout)도면이다. 그림 4.8.7은 이 부품의 성형공정별로 해석한 결과이다((a)는 노칭(notching)과 밴딩(bending)공정, (b)는 밴딩공정, (c)는 ㅂ 밴딩공정).

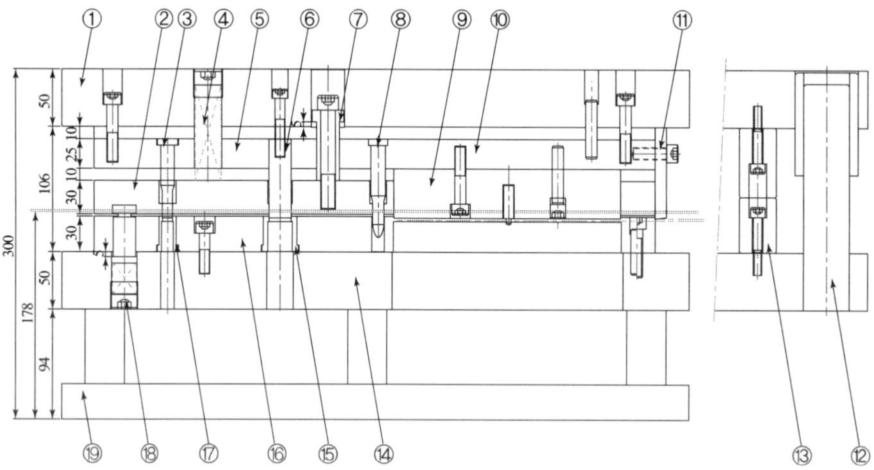

① 블록(Block) ② 스트리퍼(Stripper) ③ 피어싱 펀치(Piercing Punch) ④ 펀치 고정판(Punch Holder) ⑤ 펀치 고정판(Punch Holder) ⑥ 펀치(Punch) ⑦ 스풀 리테이너(Spool Retainer) ⑧ 파일럿 핀(Pilot Pin) ⑨ 블랭킹 펀치(Blanking Punch) ⑩ 펀치 고정판(Punch Holder) ⑪ 스크랩 커터(Scrap Cutter) ⑫ 가이드 포스트(Guide Post) ⑬ 조정봉(Control Bar) ⑭ 하홀더(다이 홀더) ⑮ 다이편(Die Button) ⑯ 다이(Die) or 다이 고정판(Die Holder) ⑰ 다이 편(Die Button) ⑱ 세트 스크류(Set Screw) ⑲ 블록(Block)

그림 4.8.2 정면 조립도

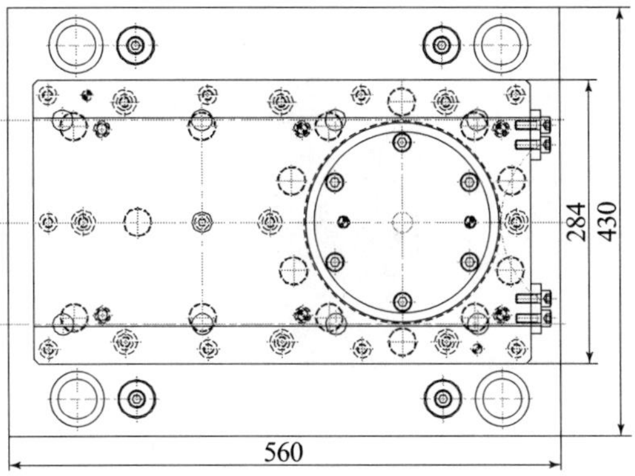

그림 4.8.3 상형 조립도

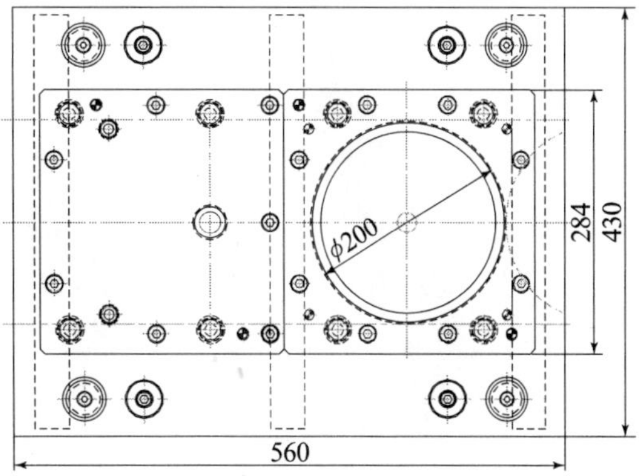

그림 4.8.4 하형 조립도

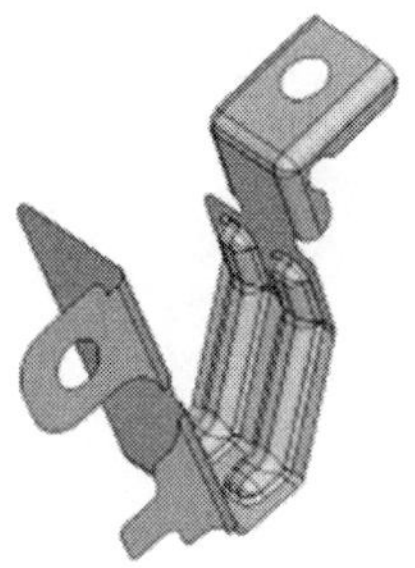

그림 4.8.5 제품도면

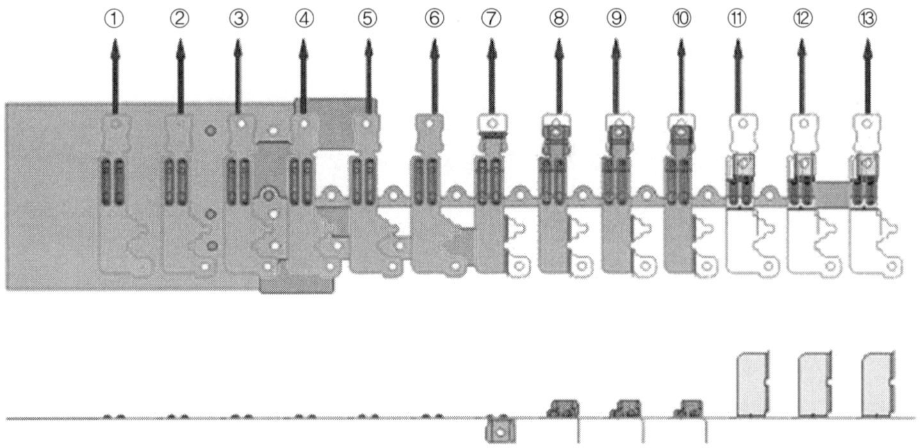

① 비드 ② 피어싱 ③ 피어싱 & 노칭 ④ 노칭 ⑤ 아이들(idle) ⑥ 노칭
⑦ 밴딩 ⑧ 밴딩 ⑨ 밴딩 ⑩ 아이들(idle) ⑪ U밴딩 ⑫ 아이들(idle) ⑬ 파팅

그림 4.8.6 프레스금형설계 자동화 모듈을 활용한 스트립 레이아웃 설계(공주대학교 자동차공학부 최계광, 박찬교, 한국씨마트론(주) 가정용 벽걸이 에어컨의 동파이프를 지지하는 부품)

(a) 노칭 및 밴딩 (b) 밴딩 (c) ⊔ 밴딩

그림 4.8.7 공정별 성형 해석 (a) 6, 8공정, (b) 7, 9공정 (c) 11공정

Chapter

05

굽힘 금형(Bending Die)

5.1 굽힘 가공의 개요

굽힘 가공(bending)은 굽힘선이 직선의 경우를 말한다. 만약 굽힘선이 곡선으로 되어 있는 경우 성형가공 또는 플랜지 가공(flanging)이라고 한다. 굽힘 가공을 하는 소재는 판재, 봉재, 관재가 있고 가공법으로는 프레스기계를 사용하는 금형 굽힘 가공이 대표적이다. 금속이 소성변형 후 무부하 상태로 두면 탄성 회복이 일어나 굽힘 후 펴짐이 발생된다. 이 펴짐 현상을 스프링 백이라 한다. V굽힘 가공에서 변형 과정을 보면 다음과 같이 펀치 스트로크와 하중의 관계를 가지고 있는 것을 알 수 있다.

1) 가공시작

다이에 놓인 피가공재에 펀치가 하강해서 접촉한다(그림 5.1.1(a) 참조).

2) 탄성 굽힘

펀치가 조금씩 하강하고 피가공재는 탄성변형을 한다. 다이 어깨부와 펀치 선단에서 집중하중을 받는 상태가 되며 이 때 피가공재에는 굽힘모멘트가 작용하게 되는데 펀치 접촉점에서는 최대 굽힘모멘트가 작용한다(그림 5.1.1(b) 참조).

3) 소성 굽힘

탄성변형의 영역을 넘으면 소성변형의 굽힘으로 가공과정이 진행된다. 이때 굽힘 가공

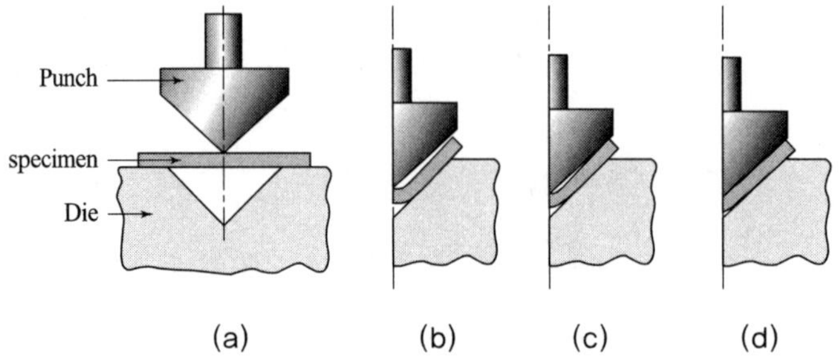

그림 5.1.1 V굽힘 가공 과정

전체가 한 번에 소성변형 하는 것이 아니고 소성변형의 범위가 서서히 증가한다(그림 5.1.1(c) 참조).

4) 재료 유입

소성 굽힘된 피가공재는 다이 곡률부에서는 구속되어 있지 않기 때문에 피가공재 전체가 다이 내에 미끄러져 들어오므로 펀치 스트로크의 진행에 대하여 굽힘 하중이 감소한다. 그 감소 경향은 다이 어깨에 곡률이 주어졌을 때에는 작아진다(그림 5.1.1(d) 참조).

5) 가압

피가공재는 펀치와 다이 사이의 틈에 끼여 틈새없이 꽉 눌려진 상태에서 평탄하게 펴지게 된다. 이 과정은 압착된 피가공재 전체에 굽힘 하중이 걸려 압축된 상태가 되기 때문에 굽힘 하중은 급격하게 증가하게 된다.

이상과 같은 굽힘 가공 과정에서 펀치 선단의 형상과 피가공재와 접촉 면적이 변화하기 때문에 굽힘모멘트도 변화한다. 그림 5.1.2는 굽힘 가공할 때 굽힘 부위의 안쪽에서는 압축응력, 바깥쪽에서 인장응력이 작용하고 있음을 보여준다.

즉, 그림 5.1.2와 같이 V굽힘의 내측은 압축되고, 외측은 인장을 받는데 금속 소재에 탄

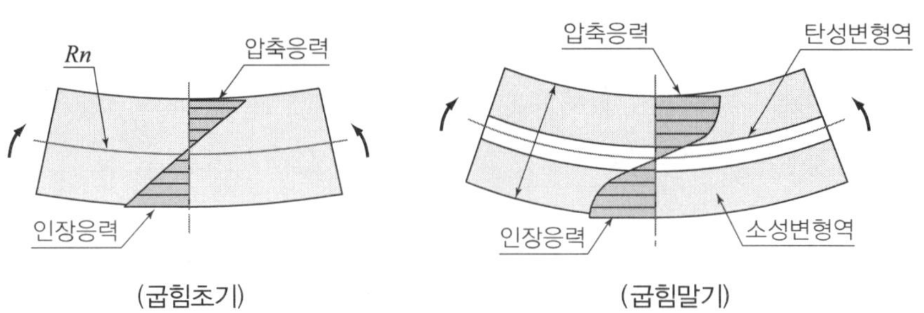

그림 5.1.2 굽힘 부위의 상태

성한계 이상으로 힘을 가하면 소성변형이 진행된다. 이 때 인장과 압축 변형은 재료 표면에서 가장 크고 중심에 접근 할수록 작아지며 이 중심은 인장과 압축 변형이 전혀 없는 면으로 중립면(neutral plane)이라 한다. 일반적으로 굽힘 가공을 위한 제품의 전개길이는 중립면의 길이와 같다.

5.2 굽힘 가공의 종류

5.2.1 V굽힘 가공

V형의 펀치와 다이로 재료를 눌러 그림 5.2.1과 같이 V형상으로 굽히는 것을 말한다. 굽힘 각도에 따라 예각 굽힘과 직각 굽힘, 둔각 굽힘으로 구별하는 일도 있다.

5.2.2 L굽힘 가공

V굽힘으로 가공한 제품과 형상은 동일해도 L굽힘법이 채용된다. 이 방법은 굽힘 가공될 때에 재료가 이동하지 않도록 그림 5.2.2와 같이 패드(pad : 스트리퍼)로 누르고 굽힘 가공을 한다.

5.2.3 U굽힘 가공

U형의 밑면이 직선인 경우는 채널 굽힘, 곡선인 경우 U굽힘으로 구별하는 일도 있지만 금형의 구조는 동일하기 때문에 일반적으로 양쪽을 합해 U굽힘이라고 말한다. 그림 5.2.3

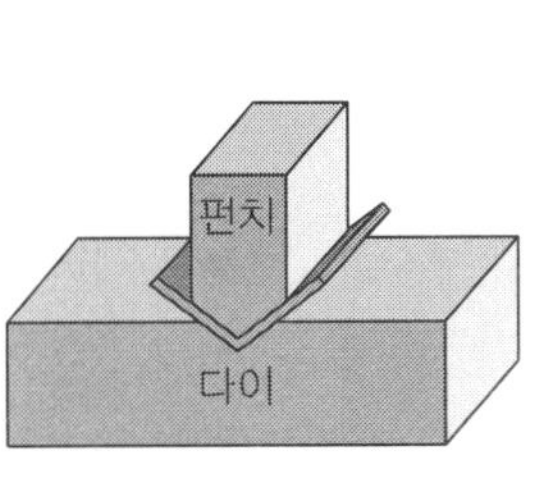

그림 5.2.1 V굽힘 가공

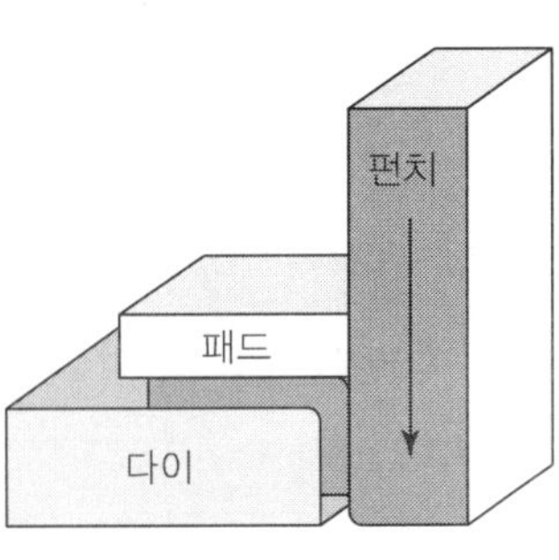

그림 5.2.2 L굽힘

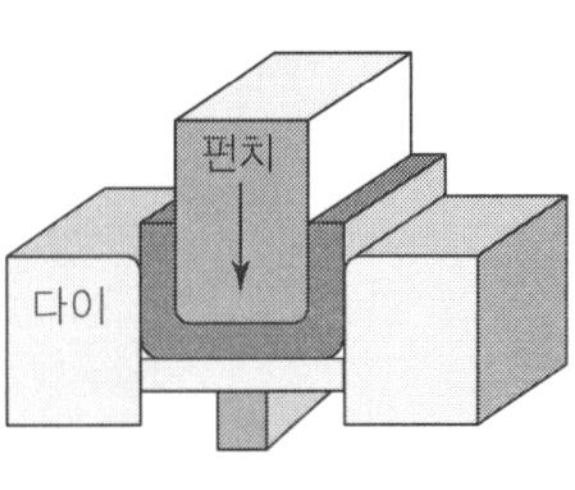

그림 5.2.3 U굽힘

은 U굽힘 가공을 나타낸다.

5.2.4 컬링(Curling)

그림 5.2.4와 같이 판 또는 원통 용기의 가장자리에 원형단면의 테두리를 만드는 가공으로서 컵 등에 많이 적용한다.

5.2.5 플랜지 성형(Flanging)

그림 5.2.5는 U굽힘에서 2공정으로 굽힘 가공한 사례를 나타내는데, 1공정에서 U굽힘 가공한 후에 거꾸로 제품을 놓고 U굽힘 가공을 하므로 2공정 만에 가공이 완료된다. 그림 5.2.6은 U굽힘에서 단공정으로 굽힘 가공한 사례를 나타낸다.

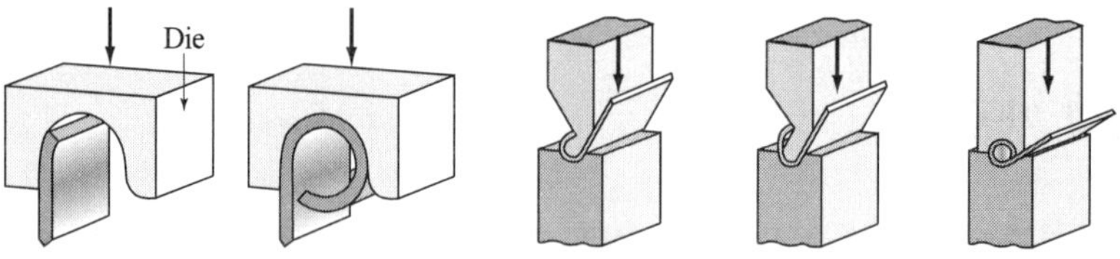

그림 5.2.4 컬링

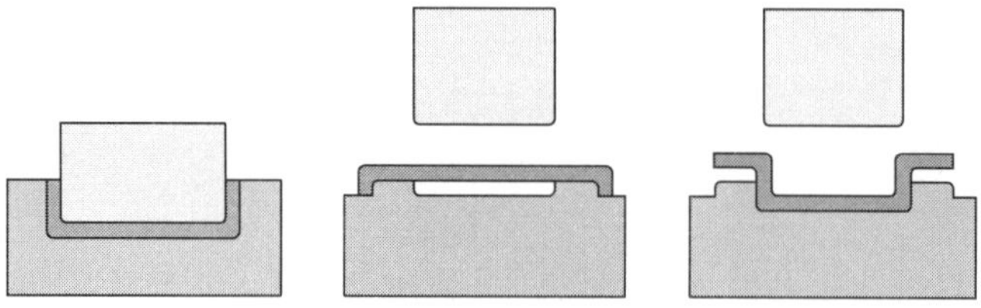

(a) (b) (c)

그림 5.2.5 2공정 굽힘 사례

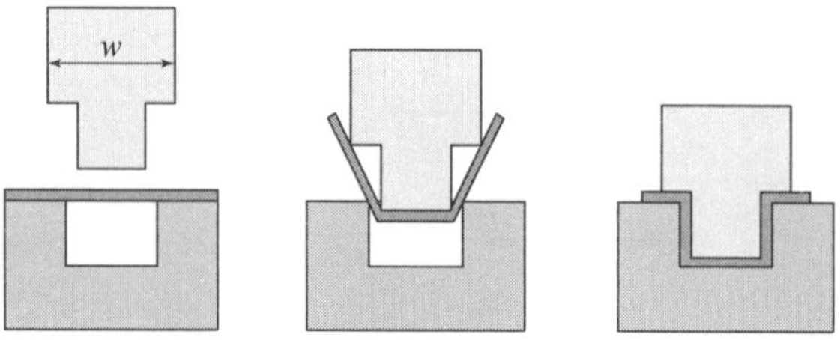

그림 5.2.6 단공정에 의한 U굽힘 가공

5.3 최소 굽힘 반경

5.3.1 개요

굽힘 각도가 커짐에 따라 외측 표면의 인장 변형이 증가하여 재료의 연성 한계를 초과하면 굽힘의 외측에서 균열이 발생하는데 이와 같이 굽힘 시 균열이 생기지 않고 가공할 수 있는 한계의 내측 반경을 최소 굽힘 반경 R이라 한다. 이러한 R부의 성형한계인 최소굽힘 반경은 굽힘 가공에서 피가공재를 굽힐 때 외측의 표면에 균열이 발생하기 직전의 내측 곡률부의 반경으로서 굽힘 가공의 한계를 표현하는 용어로서 “최소 굽힘 반경”이 정의되고 있다. 굽힘 가공부의 외측 표면에는 인장변형이 내측에는 압축변형이 작용하고 중간부근에는 압축변형도 인장변형도 받지 않는 중립면이 존재한다. 굽힘 가공에 있어서 변형은 중립면에서의 거리에 비례하고 또한 중립면의 곡률반경에 반비례한다. 즉, 변형은 작은 곡률반경에서 크게 된다. 또한, 최소 굽힘 반경에 영향을 미치는 원인으로 피가공재, 판 두께, 압연방향 등이 있다. 표 5.3.1은 최소 굽힘 반경을 압연방향에 무관한 재료와 압연방향에 따라 현저하게 다른 재료를 나타낸다. 그림 5.3.1은 최소 굽힘 반경을 나타낸 것으로 t는 두께, R은 굽힘 반경, A°는 굽힘 각도이다.

표 5.3.1 최소 굽힘 반경

압연방향에 무관한 재료		압연방향에 따라 현저하게 다른 재료		
재료	크기	재료	압연방향과 직각	압연방향과 평행
연강	$0.5t$ 이하			
경강	$1\sim1.5t$	연질 황동	0	$0\sim0.5t$
동	$1\sim2t$	경질 황동	$1\sim2t$	$10\sim12t$
Al	$0.5t$ 이하	인청동	$1\sim2t$	$10\sim13t$
연질 Al 합금	$1t$	양백판	$1.5\sim2t$	$5\sim6t$
경질 Al 합금	$2\sim3t$	–	–	–

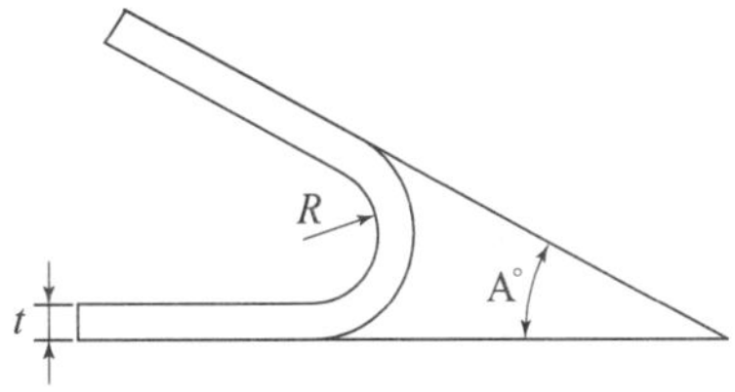

그림 5.3.1 최소 굽힘 반경

5.3.2 최소 굽힘 반경의 영향 인자

1) 판 두께

일반적으로는 판 두께가 증가하면 최소 굽힘 반경이 증가한다.

2) 재질

재질에 따라 최소 굽힘 반경이 다르며 연성이 큰 재질은 최소 굽힘 반경이 작아진다.

3) 판의 폭

판 폭이 넓은 경우에 판 폭 중앙부에 파단이 발생한다. 이것은 원주방향의 인장과 판 폭 방향의 압축과의 조화에 의해서 주위의 힘이 구속되어 분산할 수 없기 때문에 파단에 이르고 판 끝은 힘이 분산할 수 있기 때문에 파단되기 어렵다. 판 폭이 좁은 경우에 판 끝 부위에 파단이 발생하기도 한다.

4) 굽힘 각도

굽힘 각도가 작을 때에는 판 표면 인장변형이 작기 때문에 최소 굽힘 반경을 작게 할 수 있다.

5) 굽힘선 방향

굽힘 가공에 있어서 압연 방향과 수직으로 굽힘선을 택하는 것이 좋으며 그림 5.3.2는 판재의 방향성에 따른 굽힘 가공 효과를 보여준다.

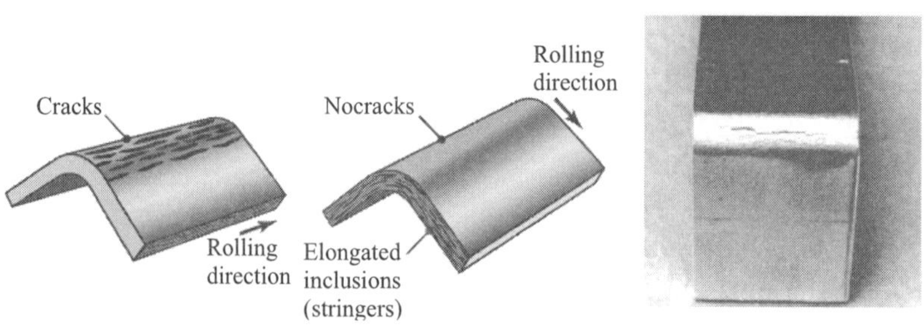

(a) (b) (c)

그림 5.3.2 판재의 방향성에 따른 굽힘 가공 효과

6) 전단과의 관계

버어는 판 끝면에 작은 크랙이 많이 존재하기 때문에 판재 전단면의 눌림부(처짐)를 굽힘의 외측으로 하는 것이 파단발생을 막을 수 있다.

7) 금형 가공 방법

L굽힘보다는 V굽힘의 경우 최소 굽힘 반경이 작아진다.

5.4 스프링 백(Spring Back)

5.4.1 개요

금속 소재를 굽힘 가공하면 소성변형에 의해 재료는 굽혀지나, 탄성 변형도 있으므로 외력을 제거하면 원래의 상태로 되돌아가려는 성질을 스프링 백(spring back)이라 하며 늘어난 양을 스프링 백 양이라고 한다. 이 스프링 백 양은 피가공재의 탄성한도, 굽힘 R의 크기, 판 두께의 불균일, 펀치와 다이의 클리어런스, 패드(pad) 유무, 굽힘의 종류 등에 따라 달라진다. 특히 외측에 인장응력, 내측에 압축응력이 작용하는 굽힘 가공에서 그 현상이 심하며 탄성 한도가 높고 가벼운 재료일수록 스프링 백 양이 크다. 그림 5.4.1은 스프링 백을 보여준다.

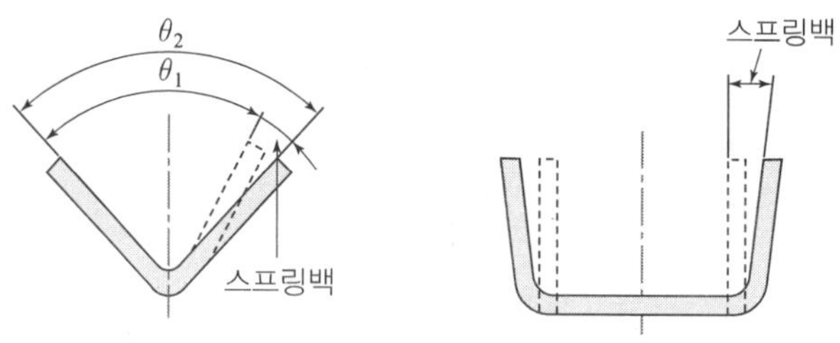

(a) V굽힘 (b) U굽힘

그림 5.4.1 스프링 백

5.4.2 스프링 백 양과 영향 인자

스프링 백의 크기는 일반적으로 각도로 표현되며 이는 피가공재의 재질, 판두께, 굽힘 반경, 가공력 등의 조건에 따라 변화한다. 예를 들어 V굽힘 가공에서 90° 가공은 스프링 백을 고려하여 펀치 및 다이를 88°로 가공한다. 즉, 예상된 스프링 백 만큼 여분으로 구부림으로써 피가공재를 다이에서 떼어낼 때 제품각도가 90°로 되도록 한다. 그림 5.4.2는 고장력강에서 90° 굽힘 가공한 경우의 스프링 백 양을 보여준다. 여기서 스프링 백 양은 90°보다 상당히 커져 있는 것을 알 수 있다. 즉, 고장력강일수록 스프링 백은 커진다. 스프링 백은 다음과 같이 여섯 가지 조건에 의해 영향을 받는다.

1) 재질의 영향

탄성한도, 인장강도가 높은 것일수록 스프링 백은 크고, 연성이 큰 것일수록 가공성이 좋고 스프링 백이 작으므로 필요에 따라서 풀림 열처리를 고려한다. 항복점이 높아질 때 스프링 백이 커지고, 탄성계수가 작으면 스프링 백이 커진다.

2) 굽힘 반경의 영향

보통 판 두께에 대한 굽힘 반경의 R/t가 클수록 스프링 백은 커진다. 같은 판 두께에 대하여 굽힘 반경이 클수록 스프링 백 양이 크고 굽힘 반경이 작을수록 작다. 따라서 가능한 굽힘 반경을 작게 가공하는 것이 필요하다. 동일 재질에서 같은 판 두께라면 굽힘 반경이 커짐에 따라서 스프링 백은 크다.

3) 다이 어깨의 영향

다이 어깨 폭이 작아지면 제품 각도의 불균일이 발생하여 스프링 백 양이 증가한다. 반대로 다이 어깨 폭이 커지면 형상 불량 등이 발생하나 스프링 백 양은 작아진다.

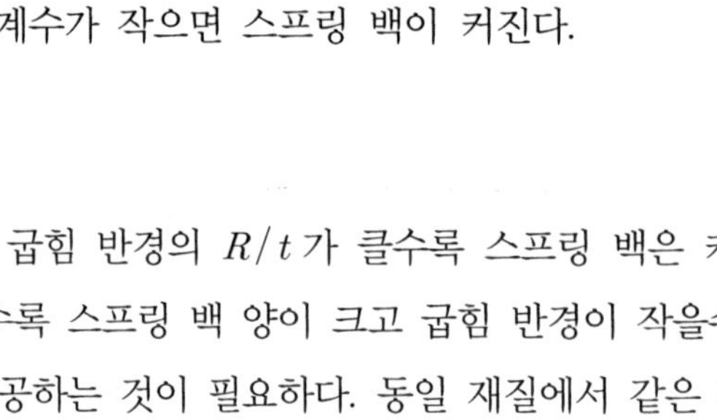

그림 5.4.2 고장력강의 스프링 백

4) 패드 압력의 영향

V굽힘 시에는 사용하지 않지만, U굽힘 시에는 패드 압력을 이용하여 스프링 백이 적어지도록 한다.

5) 클리어런스의 영향

굽힘 가공 시 펀치와 다이의 클리어런스를 소재 두께보다 크게 주면 스프링 백 양이 증대되고 반대로 작게 주면 대체로 스프링 백은 감소하다.

6) 판 두께의 영향

동일 재질에서 같은 굽힘 반경이라면 판 두께가 얇아짐에 따라 스프링 백이 크다.

5.4.3 스프링 백 방지법

탄성회복 량을 적게 하기 위하여 그림 5.4.3과 같이 스프링 백 방지를 통한 금형 구조 변경이 필요하다.

① 그림 5.4.3(a)와 같이 펀치 측면에 3～5° 각도를 준다.(90° 굽힘 가공일 때)
② 그림 5.4.3(b)와 같이 펀치 밑면에 돌기를 주어 펀치 어깨부를 집중 가공시킨다.
③ 그림 5.4.3(c)와 같이 펀치 밑면을 오목하게 하여 탄성 회복에 의한 스프링 백 양을 방지한다.
④ 펀치와 다이의 클리어런스를 작게 한다. 굽힘 반경부에 면압을 주기 위해 클리어런스를 소재 두께 정도만 주어 측면에 면압이 가해지도록 한다.
⑤ 그림 5.4.3(d)와 같이 패드를 설치하여 패드 압을 높게 준다.

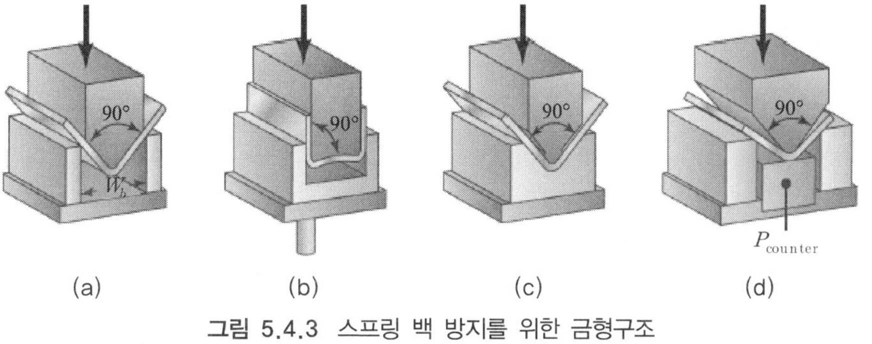

그림 5.4.3 스프링 백 방지를 위한 금형구조

⑥ 다이 측면을 Hinge나 CAM방식에 의해 가압한다.

⑦ 고강도강일수록 스프링 백 양이 크므로 가능한 저 강도강을 사용한다.

⑧ 다이 측에 구배 클리어런스를 준다.

5.5 굽힘에 필요한 힘

판 두께방향으로 압축과 인장이 각각 존재하며 두께 내에 압축과 인장상태가 없는 영역이 존재한다. 이 압축과 인장상태가 없는 영역을 “중립면(neutral plane)”이라 한다. 일반적으로 굽힘 가공은 피가공재에 탄성과 소성변형을 가하여 굽힘 가공이 진행되는데, 탄성변형만큼의 탄성 회복이 가공 후에 나타난다. 굽힘 하중을 계산하기 위해 우선 양단지지 조건에서 중앙에 집중하중이 작용하는 Beam을 고려하면 최대의 굽힘모멘트 M_{max}는 다음과 같다.

$$M_{max} = \frac{Wl}{4} \tag{5.5.1}$$

여기서, W : 집중하중, l : 지점간 거리

피가공재를 Beam으로 생각하여 단면계수를 Z로 하면

$$Z = \frac{bh^2}{6} \tag{5.5.2}$$

여기서, b : Beam의 폭, h : Beam의 높이

따라서 최대굽힘응력 σ_{max}는 다음과 같다.

$$\sigma_{max} = \frac{M_{max}}{Z} = \frac{Wl}{4} / \frac{bh^2}{6} = \frac{3Wl}{2bh^2} \tag{5.5.3}$$

따라서 집중하중 W는 다음과 같이 구해진다.

$$W = 2bh^2 \frac{\sigma_{max}}{3l} = k\sigma_{max}\frac{bh^2}{l} \tag{5.5.4}$$

이것을 굽힘 가공에 맞추어 대입해 보면 다음과 같다.

$W \cdots P$: 굽힘 하중(kgf), $b \cdots b$: 굽힘선 길이(mm)

$h \cdots t$: 판 두께(mm), $l \cdots L$: 다이 어깨 폭길이(mm)

$\sigma_{max} \cdots \sigma_B$: 재료의 인장강도(kgf/mm²), $k \cdots C$: 보정계수

$$P = \frac{Cbt^2\sigma_B}{L} \tag{5.5.5}$$

표 5.5.1은 보정계수 C의 값을 보여준다.

표 5.5.1 보정계수 C의 값

L	$5t$	$8t$	$10t$	$12t$	$16t$
C	1.45	1.33	1.28	1.24	1.20

5.6 굽힘 가공의 전개길이

전개길이 계산은 굽힘 형식에 따라 중립축 값을 경험식으로 구한 개산법이 가장 많이 사용되고 있고, 그 밖에 구하는 간편법, 내측치수 가산법, 외측지수 가산 간략법, 정밀계산법 등이 있다. 현재 가장 많이 사용되고 있는 개산법과 간편법에 대해서 살펴본다.

5.6.1 개산법(概算法)

굽힘 가공에서 전개길이는 직선부 길이에 곡변부 길이를 더하여 총 전개길이를 계산하는데, 곡변부의 길이 계산은 다음 식 (5.6.1)과 같이 최종 전개길이를 계산한다. 그림 5.6.1은 굽힘 가공의 전개길이를 나타내고, 표 5.6.1은 굽힘 가공의 보정계수 λ 값을 나타낸다.

$$L = a + b + \frac{2\pi\alpha^\circ}{360}(R + \lambda t) \tag{5.6.1}$$

여기서, L : 굽힘 가공의 전개길이(mm), a, b : 직선부 길이(mm)

R : 굽힘 반경(mm), α : 곡변부 각도, λ : 보정 계수, t : 판 두께(mm)

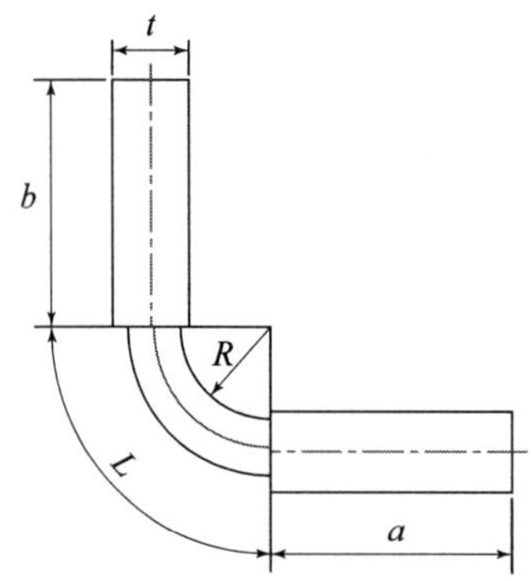

그림 5.6.1 굽힘 가공의 전개길이

표 5.6.1 굽힘 가공의 보정계수 λ

굽 힘 형 식	R/t	λ
V 굽 힘	0.5 이하	0.2
	0.5~1.5	0.3
	1.5~3.0	0.33
	3~5	0.4
	5 이하	0.5
U 굽 힘	0.5 이하	0.25~0.3
	0.5~1.5	0.33
	1.5~5.0	0.4
	5 이하	0.5

5.6.2 간편한 식에 의한 방법

1) V굽힘

$$L = a + b + \frac{2\pi\alpha^\circ}{360}\left(R + \frac{t}{3}\right) \tag{5.6.2}$$

2) U굽힘

$$L = a + b + \frac{2\pi\alpha^\circ}{360}\left(R + \frac{t}{4}\right) \tag{5.6.3}$$

5.7 굽힘 가공 설계 시 주의할 점

5.7.1 굽힘 가공의 결함 원인과 대책

① 굽힘 가공에서 피가공재는 다이 어깨부에 비벼지면서 펀치를 따라서 다이로 끌려 들어간다. 되도록 국부적인 접촉이 생기지 않도록 해야 한다.

② U굽힘 가공에서 측벽의 클리어런스가 작으면 금형에 끼여서 burnish 결함이 발생한다. 특히 전단가공의 버어나 쇳조각 등으로 금형에 상처가 생겨 면이 거칠어지기 때문에 금형관리를 확실히 하는 것이 필요하다.

③ 윤활유에 대해서는 유막이 얇기 때문에 끊어져 버려서 금속끼리 접촉해 결함이 된다. 유막이 강한 윤활유를 이용하는 것으로 마치 비닐을 덮은 것과 같은 효과가 얻어지는 것이 있다.

④ 펀치는 어떤 가공속도에서 피가공재에 접촉하고 또한 피가공재는 다이 어깨부에 어떤 속도로 충돌하고 있는 것이 된다. 즉, 속도가 빠르면 충격이 강하게 된다. 이 충돌단계의 속도를 제어할 수 있다면 다이 어깨부와의 사이에 생긴 표면 결함을 다소 막을 수 있다.

⑤ 금형재료에 TD처리, TiC, TiCN 등의 표면처리를 하여 표면조도를 좋게 하고 금형수명을 증가시킨다.

⑥ 금형 표면에 가공 현장에서 발생한 공기 중의 먼지, 전단가공에서 생긴 버어의 일부, 스케일 등에 의해 불량이 발생할 수 있으므로 작업자는 금형을 청소하거나 피가공재를 검사하고 정기적인 금형 점검이나 연마를 해야 한다.

⑦ 굽힘선을 윤곽과 일치시키면 무리한 변형 때문에 모서리에 균열이 발생하기도 한다. 그림 5.7.1과 같이 굽힘선 부근의 모서리에 노치를 주거나, 그림 5.7.2와 같이 굽힘선 가까이의 플랜지에 노치를 주어 찢어짐을 방지하도록 한다.

5.7.2 제진 강판의 굽힘

제진강판의 특징은 2장의 강판사이에 특수한 수지를 부착하여 샌드위치 구조로 되어 있어 주어진 진동에너지를 수지의 변형에너지와 열에너지로 바꾸어 진동을 감쇄시킨다. 제진

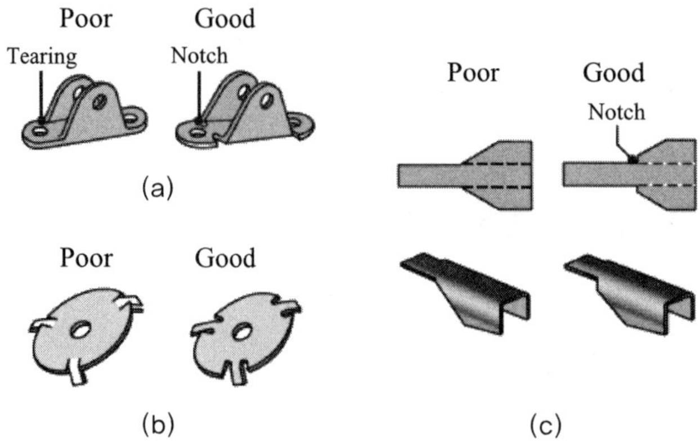

그림 5.7.1 모서리 부근의 윤곽

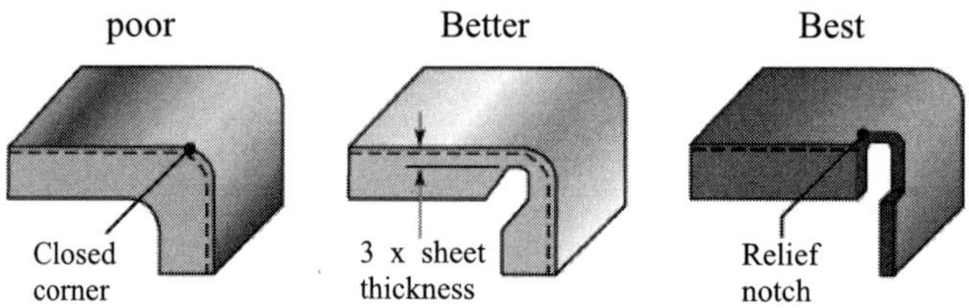

그림 5.7.2 굽힘선 가까이의 플랜지

강판에 굽힘 모멘트를 주면, 수지를 끼고 있는 표피강판에 부착된 수지의 변형저항이 작기 때문에 두 강판 사이에 큰 변형 저항의 차가 생긴다. 이때 수지에 전단변형이 생겨서 상하 피복강판이 어긋나게 되는데, 이와 같이 어긋나는 양은 표피강판이 두꺼울수록 또 수지의 변형저항이 낮을수록 크게 된다. 이들에 대한 원인과 대책에 대하여 검토하면 다음과 같다.

① 굽힘 부분에서 제진강판에 발생하는 어긋남을 해소하려고 하는 작용이 일어나며, 굽힘 방향과 반대의 구속되지 않은 방향으로 작용하기 때문에 굽힘 가공 시 플랜지가 휘는 현상이 생긴다.

② 제진강판은 일반적으로 스프링 고(spring go)의 경향을 나타낸다. 또, 굽힘 반경이 크게 되면 스프링 백으로 변화하는 경향을 나타낸다.

③ 일반적으로 가공속도를 빠르게 하면 가공속도에 의해 접착강도가 상승하는 효과에 의해 플랜지의 꺾임 등의 불량이 적어진다.

5.8 굽힘 금형 예

5.8.1 굽힘 제품의 개요

우측의 그림 5.8.1은 피어싱(piercing), 노칭, U굽힘 및 전단공정을 통해 성형된 제품이다. 그림 5.8.2~5.8.3은 이 부품을 성형하기 위한 상 형금형 및 하형 금형이다.

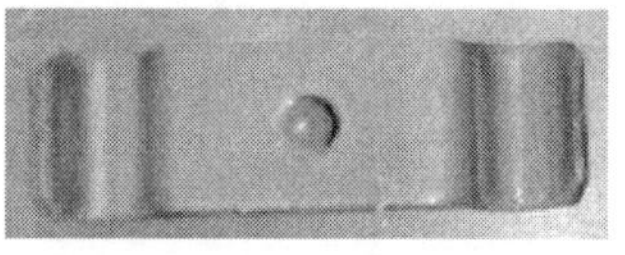

그림 5.8.1 굽힘 부품

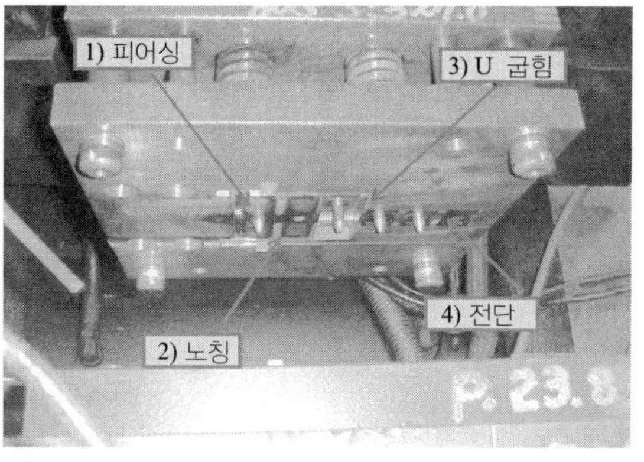

그림 5.8.2 상형 금형(upper die)

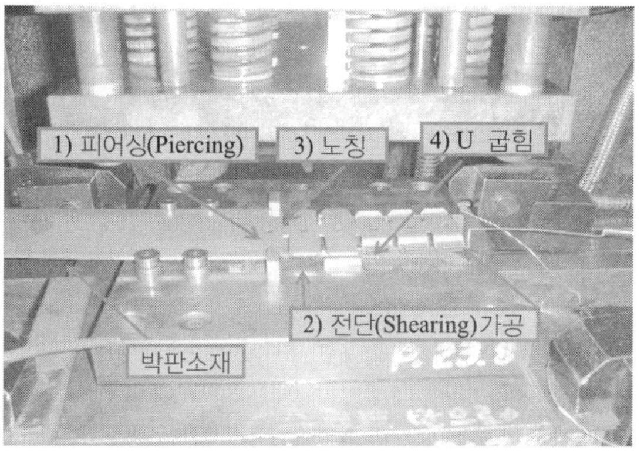

그림 5.8.3 하형 금형(lower die)

Chapter
06 드로잉 금형(Drawing Die)

6.1 드로잉 가공의 개요

1장의 판으로 이음매가 없는 용기 모양의 제품을 만드는 가공이며, 금속의 성질과 프레스가공의 특징을 최대한 활용한 뛰어난 가공법이다. 가공 원리는 재료를 둘레 방향으로 압축하여 수축되면서 깊이 방향으로 잡아당겨서 용기 모양이 되는 것이다.

즉 드로잉 가공은 평판으로 바닥이 있고 이음매가 없는 원통 혹은 각형으로 용기를 만드는 가공이며 이 때 재료를 다이 구멍 방향으로 이동시키기 위하여 원주방향으로 수축시키려는 압축력이 작용한다.

원통 드로잉의 경우 원주 방향으로 압축된 재료의 대부분은 원통부 측벽이 되는데 다른 부분은 원주 방향으로 모이면서 재료의 두께 방향으로 흡수되어서 두꺼워진다. 이 2가지 작용으로 원반 모양의 면적이 서서히 축소하면서 이음매가 전혀 없는 용기 모양이 된다.

성형가공과의 차이는 수직인 통 모양의 측벽이 있다는 점이고, 제품과 펀치의 측벽부에 대한 마찰력으로 인장하중을 지지함으로써 깊은 용기 형태의 제품을 만들 수 있다.

그림 6.1.1은 자동차용 드로잉 성형 제품을 보여준다.

6.1.1 드로잉 가공의 종류와 특징

드로잉 가공은 제품 형상에 따라서 다음과 같은 종류가 있다.

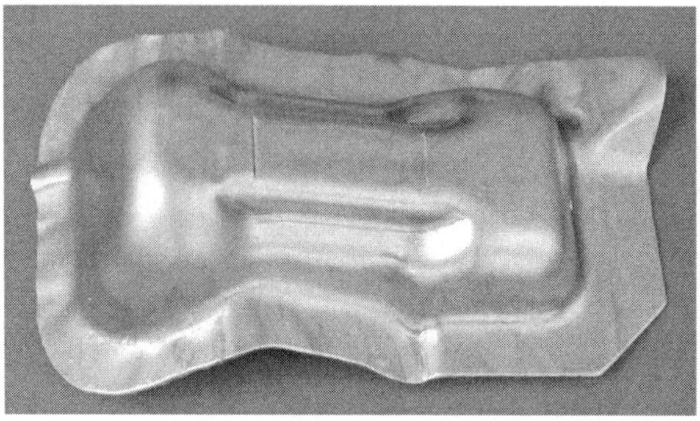

그림 6.1.1 자동차용 드로잉 성형 제품

1) 각통 드로잉

각통 드로잉은 네모통이 코너반경 부분은 원통 드로잉의 1/4, 직선부는 U 굽힘을 조합한 것이다.

2) 이형 드로잉

큰 제품으로는 자동차 보디와 관계있는 패널이 있고, 작은 것으로는 정밀기기 및 전자부품 등 그 형상은 다양하다.

3) 원통 드로잉

원통 드로잉은 글자 그대로 원통 모양의 제품을 가공하는 것인데, 제품 종류 및 가공 사례가 가장 많다. 또한 드로잉 가공의 요소 기술이 집약되어서 실무에서도 드로잉 가공을 배우는 기초로 중요하다. 드로잉 가공 후에는 플랜지를 편평하게 하거나, 각 부분의 R을 작게 하기 위해서 리스트라이크(restrike, 다듬질 성형)를 하는 예가 많다. 그림 6.1.2는 다단계로 원통 드로잉이 진행되는 과정을, 그림 6.1.3은 원통 컵 드로잉시의 발생 하중을 나타내는데, 반경 방향으로 인장응력을 받고, 원주 방향으로 압축응력을 받는다.

그림 6.1.2 다단계에 의한 원통 드로잉

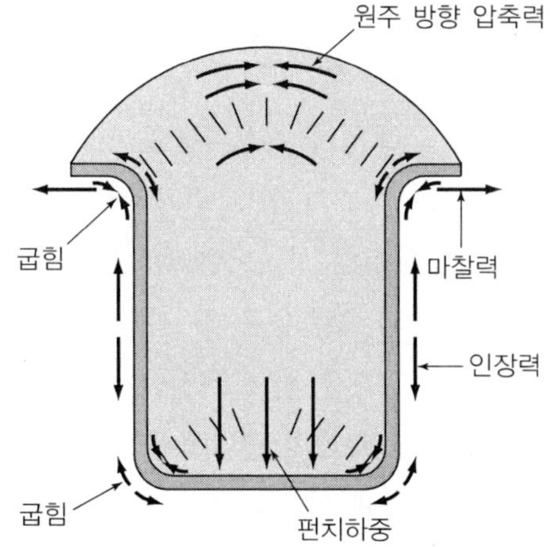

그림 6.1.3 원통 컵 드로잉시의 발생 하중

그림 6.1.2는 원통 컵 드로잉시의 발생 하중을 나타내는데, 반경 방향으로 인장응력을 받고, 원주 방향으로 압축응력을 받는다.

6.2 딮 드로잉(deep drawing)

딮 드로잉이란 립스틱(lip stick), 탄피, 자동차 판넬 등 그림 6.2.1(a)와 같이 평판에서 이음부없이 컵 형상의 제품을 만드는 성형법이다. 이것은 적절한 크기의 평판을 다이 위에 올려놓고 펀치로 누르면 금속박판이 원주방향으로 압축되면서 다이안으로 들어가 측벽을 만드는 가공법이다. 이 때 주름현상(wrinkling)을 방지하기 위하여 블랭크를 잡아주는 블랭크 홀더(blank holder)가 필요하고, 균일한 금속 유동을 위해 그림 6.2.1(b)와 같이 플랜지

(a) 사각통 딮 드로잉 제품

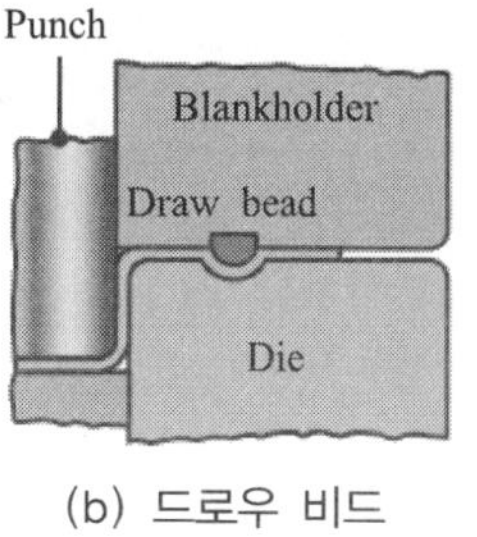

(b) 드로우 비드

그림 6.2.1 드로우 비드

부에 드로우 비드(draw bead)를 넣는다.

딥 드로잉에서 클리어런스 적용 기준 및 영향을 살펴보면 다단계 드로잉 공정이 진행되면 여러 공정으로 분산되어 최종 드로잉이 완성되므로 펀치와 다이 사이의 클리어런스는 초드로잉 공정에서 소재 두께의 1.3～1.5배 정도 주고 다음 공정이 진행됨에 따라 클리어런스를 줄여 나간다. 최종 드로잉 공정의 클리어런스는 보통 1.0～1.1배를 준다. 특히 딥 드로잉 공정에서 클리어런스는 인장과 압축응력 등 복잡한 성형 메커니즘이 되므로 적정 클리어런스의 선정이 요구된다. 표 6.2.1은 컵 드로잉에서 펀치와 다이 사이의 클리어런스를 나타내고, 표 6.2.2는 여러 가지 드로잉의 클리어런스를 나타낸다.

딥 드로잉 금형에서 판 두께 불균일에 의한 제품의 불량 문제 발생 시 불량 형태에 따른 해결 대책은 다음과 같다.

1) 측벽부의 판 두께가 테이퍼 모양으로 된다.

아이어닝(ironing) 가공을 하여 측벽부 두께의 불균일을 균일하게 한다. 측벽부의 두께가 두꺼워 지는 것은 재료가 원주 방향에 압축되기 때문이고, 펀치 밑바닥이 얇아지는 것은

표 6.2.1 컵 드로잉에서 펀치와 다이 사이의 클리어런스

공정수	공정수				
	1	2	3	4	5
	클리어런스				
1	1.0～1.1 t	–	–	–	–
2	1.1～1.3 t	1.0～1.1 t	–	–	–
3	1.3～1.5 t	1.1～1.3 t	1.0～1.1 t	–	–
4	1.3～1.5 t	1.3～1.5 t	1.1～1.3 t	1.0～1.1 t	–
5	1.3～1.5 t	1.3～1.5 t	1.3～1.5 t	1.1～1.3 t	1.0～1.1 t

표 6.2.2 여러 가지 드로잉의 클리어런스

드로잉 상태	클리어런스
블랭크 홀더가 없는 초드로잉	(1.00～1.05) t
블랭크 홀더가 있는 초드로잉	(1.05～1.15) t
재드로잉	(1.10～1.20) t
아이어닝	(1.05～1.10) t
균일 벽 두께를 가진 아이어닝	(0.90～1.00) t
아이어닝 없는 드로잉	(1.40～2.00) t

인장에 의하여 늘어나기 때문이다.

2) 판 두께의 불균일

클리어런스의 한쪽 편심, 중간 공정에서의 재료의 경사 등이 주원인이고 프레스 기계의 정밀도, 금형 준비 시에 센터 맞추기에 주의한다. 대책으로는 펀치와 다이 사이의 클리어런스를 균일하게 하여 제품 판 두께를 균일하게 한다.

3) 측벽부에 단차가 생긴다.

발생원인은 프레스 기계의 정도 불량과 능력 부족 때문이다. 대책은 프레스 기계를 점검하고 정도를 향상시키고, 프레스 능력이 큰 프레스 기계를 사용하도록 한다.

4) 펀치 머리부에 국부적인 두께 감소가 생긴다.

딥 드로잉 가공 시 펀치 머리부에서 국부적인 두께 감소가 발생되었다는 것은 이미 재료에 네크가 진행되어 크랙이 발생되었다는 것이다. 그러므로 이미 성형 한계를 넘어 있으므로 딥 드로잉 가공 시 성형 높이를 낮게 하거나 공정을 추가하여 성형 한계 내에서 성형이 되도록 한다.

6.3 아이어닝(ironing)

드로잉 가공으로 성형된 제품을 보면, 용기의 바닥부로부터 위로 갈수록 벽 두께가 두꺼워져 있는 것을 알 수 있다. 이와 같이 드로잉 가공에서 플랜지부, 펀치 R부, 성형품의 벽부에서의 응력상태가 서로 다르기 때문에 최종 성형용기의 벽두께 변화를 초래하게 된다. 그러나 정확한 정도나 형상을 필요로 하는 제품에 있어서는 성형품의 일정한 벽 두께가 요구되는 경우가 있다. 이와 같은 목적을 위해 아이어닝(ironing) 가공을 한다. 일반 드로잉 가공에서는 펀치와 다이의 간격(clearance)을 소재 두께보다 크게 하여 가공이 수행된다.

그러나 이 간격을 판 두께 이하로 설정하면 피가공재가 좁은 틈새를 통과하면서 그림 6.3.1과 같이 균일한 판 두께로 아이어닝 성형된다. 아이어닝 공정은 변형이 정상상태(steady state) 하에서 진행되지만 드로잉 공정의 경우는 변형영역이 계속적으로 변하게 된

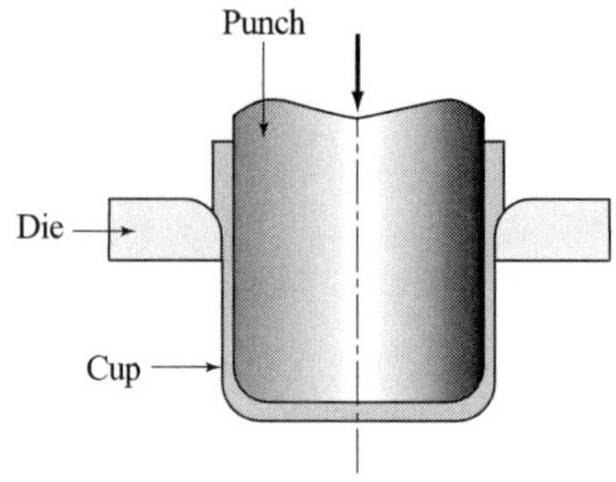

그림 6.3.1 아이어닝 가공

다. 또, 드로잉 공정에서는 소재와 공구간의 접촉압력이 작지만 아이어닝의 경우는 소재의 항복응력 크기의 높은 접촉압력을 받게 된다. 이러한 점에서 아이어닝은 대변형을 받는 압출, 선재 인발, 튜브 공정과 유사하다고 할 수 있다. 드로잉 공정은 그 표면의 변화가 거의 일정하지만, 아이어닝 공정에서는 심한 두께 감소가 생기고 그로 인해 균일한 판 두께로 성형된다.

6.3.1 그리드(grid) 해석을 이용한 변형난이도 분석

1) 개요

그리드 해석(circle grid analysis)은 금형 시제품 트라이아웃 공정에서 가공 중의 재료 흐름과 변형 집중부의 변형량을 알아내어 금형수정을 용이하게 하기 위하여 개발된 것으로 성형한계도 즉 변형 난이도(forming severity)를 과학적으로 예측할 수 있는 수단으로 사용할 수 있다.

2) 변형측정

변형해석은 기본적으로 2.54 mm(0.1") 또는 5.08 mm(0.2") 직경의 원형 그리드나 사각형 그리드를 에칭으로 강판에 입혀서 가공하여 그리드 변형량을 측정한다. 그림 6.3.2는 변형 전후의 원형 그리드 형상을 보여준다. 그리드 에칭은 전기 화학적 에칭 방식으로 장비는 직류 컨버터, 롤러 전극, 패드, 전기 에칭액, 세정액, 스텐실(원형 또는 사각 그리드), 강판 시편이 필요하다. 그림 6.3.3은 원형 그리드 블랭크와 에칭 후의 성형품을 보여준다. 변형된 그리드는 여러 형태로 변형하므로 측정하여 변형률을 구할 수가 있다. 측정은 투명한 비닐로 된 전용자를 이용하거나, 자가 달린 확대경을 이용할 수도 있으며, 컴퓨터를 이용

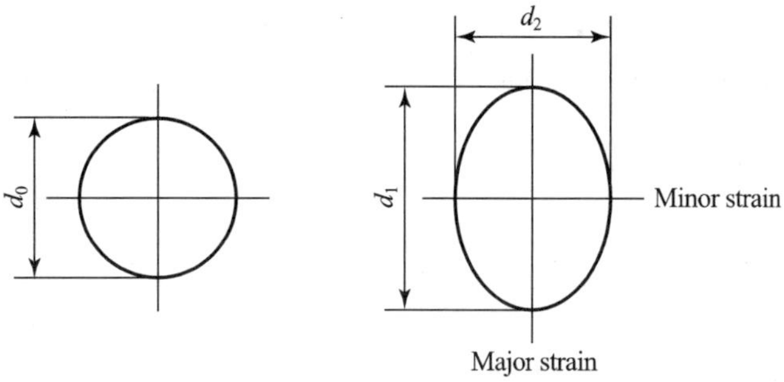

그림 6.3.2 변형 전후의 원형 그리드 형상

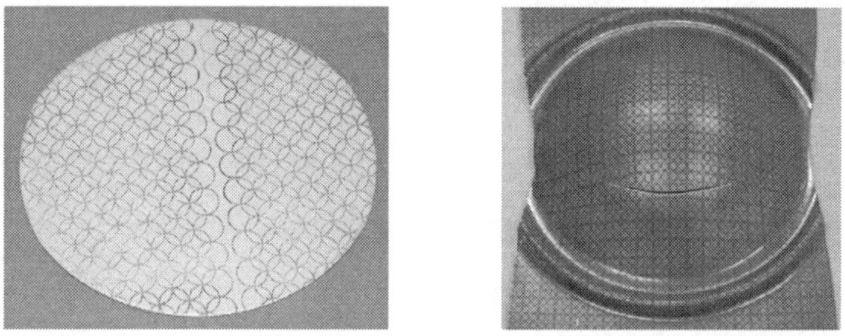

(a) 원형 그리드 블랭크　　(b) 에칭 후 성형 시험품

그림 6.3.3 원형 그리드 블랭크와 성형 시험품

한 화상처리장치로 측정하는 것이 편리하고 측정오차도 줄일 수 있다.

3) 성형한계도의 결정

성형한계도(Forming Limit Diagram ; FLD)는 판재에 파단이 발생할 수 있는 변형영역에 대하여 파단시의 변형이 얼마인지를 나타내는 도표로서 FLD(Forming Limit Diagram) 선도를 구하기 위한 성형시험은 그림 6.3.4와 같이 만능 박판 성형 시험기를 사용한다.

그림 6.3.4 만능 박판성형 시험기(경북하이브리드부품연구원)

표 6.3.1 냉연강판의 대체적인 성형한계 수준(FLDo)

재질(두께 : 0.7~1.5 mm)	FLDo
EDDQ(Extra Deep Drawing Quality)	45~46 %
DDQ(Deep Drawing Quality)	44~45 %
DQ(Drawing Quality)	42~43 %
CQ(Commercial Quality)	40~41 %
CHSP35E(고가공용 35 kg/mm^2 고장력강)	38~39 %
CHSP35R(일반용 35 kg/mm^2 고장력강)	35~36 %
CHSP40E(고가공용 40 kg/mm^2 고장력강)	30~32 %
CHSP40R(일반용 40 kg/mm^2 고장력강)	28~30 %
CHSP60C(60 kg/mm^2 고장력강)	23~25 %
STS304	46~47 %
Al5xxx	23~25 %

즉, FLD 선도는 소재가 네킹이나 크랙 없이 변형할 수 있는 최대 한계로서 냉연강판의 경우 부변형률(minor strain)이 0인 경우의 주변형률(major strain)을 FLDo라고 하는데 재질에 따라서 FLDo 값이 다르고 형상은 주변형률 축을 따라서 평행 이동하여 구할 수 있다. 따라서 재질별 FLDo 값과 성형한계도 형상을 알고 있다면 그 재질의 성형한계도를 예측할 수 있다. 실험적으로 구한 대체적인 냉연강판의 FLDo 값은 다음 표 6.3.1과 같다.

그림 6.3.5는 FLD 선도의 예를 보여준다. 이 FLD 선도에서 오른쪽은 장출 영역이고, 왼

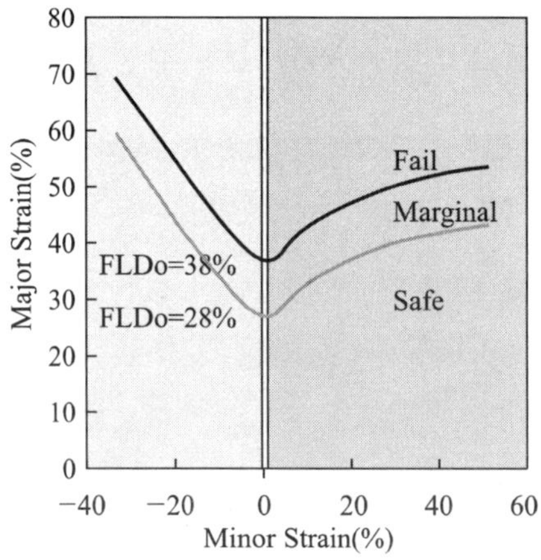

그림 6.3.5 FLD 선도

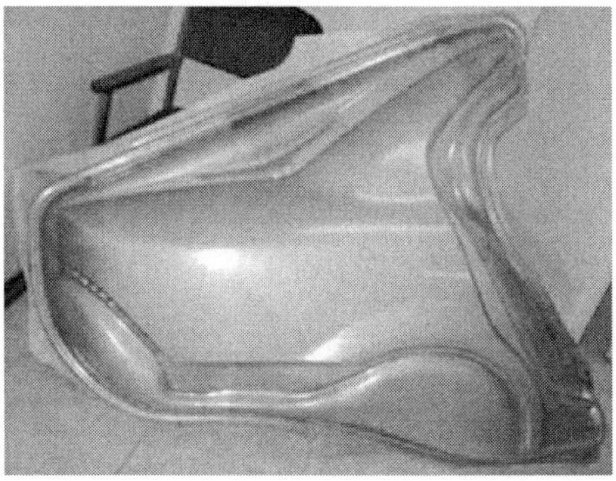

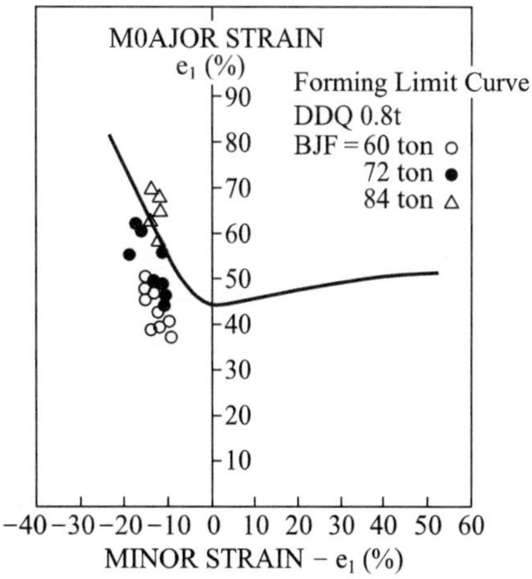

그림 6.3.6 자동차 외판 제품의 FLD 선도

쪽은 드로잉 영역을 나타내는데, FLDo 값은 38 %로 여백(margin)을 10 % 정도 주면 28 %에서 FLDo 값을 나타낸다. 우리가 일반적으로 여백을 10 % 주는 것은 안전을 고려하기 때문이다. 즉, 실제적으로 FLDo 값이 38 % 이상일 때 크랙 및 네크가 발생하지만, 안전을 고려하여 10 % 정도 여백을 주어 FLDo 값이 28～38 %이라면 크랙 및 네크가 발생하기 쉽고, FLDo 값이 28 % 이하라면 성형이 가능하다는 의미이다.

그림 6.3.6과 같이 자동차 외판 제품의 FLD 선도에서 블랭크 홀더력(Blank Holder Force ; BHF)이 84톤으로 높을 때는 FLD 선도 위쪽에서 터짐이, 60톤으로 낮을 때는 FLD 선도 아래에서 성형이 가능하다는 것을 알 수 있다.

6.3.2 드로잉 성형 모드의 분류

드로잉 성형 후에는 주 · 부 변형률(major · minor strain)의 3가지 변형 모드를 나타낸다. 그림 6.3.7과 같이 주부 변형률의 3가지 변형 모드를 나타낸다. 변형된 그리드는 변형 전의 원형 그리드 크기를 기준으로 하여, 주변형량이 양(positive)이고 부변형량이 0(zero)인 평면 변형 모드(plane strain mode), 주 · 부 변형량이 모두 양(positive)으로 되는 스트레치 모드(stretch mode) 그리고 주변형량이 양(positive)이고 부변형량이 음(negative)인 드로우 모드(draw mode)의 3가지 변형 모드가 관찰 된다. 주로 제품의 펀치 머리부에서는 평면 변형 모드, 코너부에서는 스트레치 모드, 벽부에서는 드로우 모드가 나타난다.

드로우 모드에서 주된 변형은 벽부에서 연신과 압축 변형이 번갈아 생기는 것인데 이러

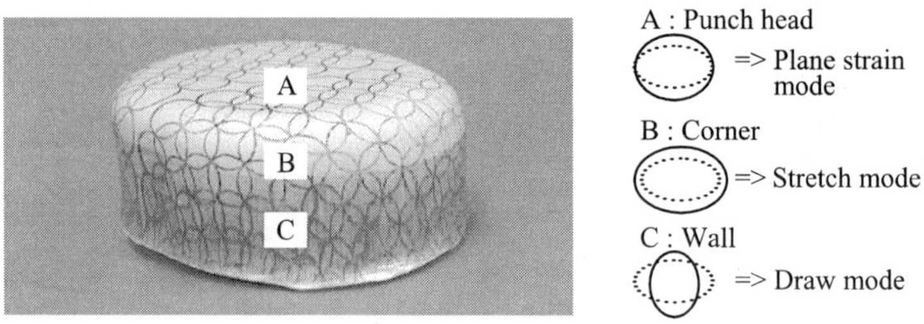

그림 6.3.7 주부 변형률의 3가지 변형 모드

한 변형이 용이하게 하려면 드로잉력이 작게 소요되는 것이 바람직하다. 스트레치 모드는 연신과 연신 변형에 의해 성형품의 표면적을 확대시키는 성형으로 성형품의 응력이나 변형 분포를 얼마만큼 균일화 하는 것이 중요하다.

6.4 한계 드로잉비(Limit Drawing Ratio; LDR)

복잡한 형상의 드로잉 가공에 대하여 성형 공정수를 정확하게 결정하는 것은 대단히 어렵다. 예를 들면, 가공 전의 블랭크 치수를 직경 D로 하고, 이 블랭크를 d 직경의 펀치로 드로잉 가공하여 크랙이나 주름이 발생하지 않고 가공된다고 하면, 이 때의 블랭크 직경과 펀치 직경 사이의 드로잉비(drawing ratio)는 다음과 같다.

$$\text{드로잉비}(m) = \frac{\text{블랭크 직경}(D)}{\text{펀치 직경}(d)} \tag{6.4.1}$$

드로잉비가 큰 수치일 경우 제품 직경에 비하여 깊게 드로잉 될 수 있다는 의미이다. 드로잉비의 역수는 "드로잉률"로서 정의한다. 드로잉률은 1보다 작은 수치로 그 값이 작을수록 제품 직경에 비하여 깊이 드로잉된다.

$$\text{드로잉률}(Z) = \frac{1}{m} = \frac{d}{D} \tag{6.4.2}$$

표 6.4.1은 연강판, 스테인리스 강판, 황동판의 최적 드로잉률을 나타내고, 표 6.4.2는 실용 한계 드로잉률, 표 6.4.3은 각종 재질의 평균 드로잉률, 표 6.4.4는 연강판의 원통 드로잉률, 표 6.4.5는 비철계 금속의 원통 드로잉률을 보여준다.

표 6.4.1 연강판, 스테인리스 강판, 황동판의 최적 드로잉률(Romanowski table)

드로잉률	$t/D \times 100$					
	2.0~1.5	1.5~1.0	1.0~0.6	0.6~0.3	0.3~0.15	0.15~0.08
m_1	0.48~0.50	0.50~0.53	0.53~0.55	0.55~0.58	0.58~0.60	0.60~0.63
m_2	0.73~0.75	0.75~0.76	0.76~0.78	0.78~0.79	0.79~0.80	0.80~0.82
m_3	0.76~0.78	0.78~0.79	0.79~0.80	0.80~0.81	0.81~0.82	0.82~0.84
m_4	0.78~0.80	0.80~0.81	0.81~0.82	0.82~0.83	0.83~0.85	0.85~0.86
m_5	0.80~0.82	0.82~0.84	0.84~0.85	0.85~0.86	0.86~0.87	0.87~0.88

표 6.4.2 실용 한계 드로잉률

재질	실용 한계 드로잉비	실용 한계 드로잉률
연강판	1.8~2.0	0.50~0.55
스테인리스 강판	1.8~2.0	0.50~0.55
황동	1.8~2.0	0.50~0.55
동	1.7~2.0	0.50~0.60
알루미늄	1.7~2.0	0.50~0.60
알루미늄 합금	1.5~1.8	0.55~0.65
아연판	1.4~1.5	0.65~0.70

표 6.4.3 각종 재질의 평균 드로잉률

재질	드로잉률	재드로잉률
드로잉 강판	0.55~0.60	0.75~0.80
깊은 드로잉 강판	0.48~0.55	0.75~0.80
스테인리스 강판	0.50~0.55	0.80~0.85
동	0.53~0.60	0.70~
황 동	0.50~0.55	0.75~0.80
알루미늄	0.53~0.60	0.75~0.85
듀랄루민	0.55~0.60	0.85~0.90
아연판	0.65~	0.85~

표 6.4.4 연강판의 원통 드로잉률

No.		$t/D \times 100$				
		2.0~1.5	1.5~1.0	1.0~0.6	0.6~0.3	0.3~0.15
1	m_1	0.48~0.50	0.50~0.53	0.53~0.55	0.55~0.58	0.58~0.60
2	m_2	0.73~0.75	0.75~0.76	0.76~0.78	0.78~0.79	0.79~0.80
3	m_3	0.76~0.78	0.78~0.79	0.79~0.80	0.80~0.81	0.81~0.82
4	m_4	0.78~0.80	0.80~0.81	0.81~0.82	0.82~0.83	0.83~0.85
5	m_5	0.80~0.82	0.82~0.84	0.84~0.85	0.85~0.86	0.86~0.87

표 6.4.5 비철계 금속의 원통 드로잉률

No.		$t/D \times 100$				
		2.0~1.5	1.5~1.0	1.0~0.6	0.6~0.3	0.3~0.15
1	m_1	0.50~0.50	0.51~0.52	0.52~0.54	0.54~0.56	0.56~0.58
2	m_2	0.70~0.71	0.71~0.72	0.72~0.73	0.73~0.74	0.74~0.76
3	m_3	0.71~0.72	0.72~0.73	0.73~0.74	0.74~0.75	0.75~0.77
4	m_4	0.72~0.73	0.73~0.74	0.74~0.75	0.75~0.76	0.76~0.78
5	m_5	0.74~0.75	0.75~0.76	0.76~0.77	0.77~0.78	0.78~0.80

이와 같이 어떤 펀치 직경에 대하여 드로잉이 가능한 최대 블랭크 직경을 구한다면 소재의 최대 드로잉비인 한계 드로잉비 LDR(Limit Drawing Ratio)를 구할 수 있다.

$$\text{한계 드로잉비(LDR)} = \frac{\text{최대 블랭크 직경}}{\text{펀치 직경} } \tag{6.4.1}$$

이 값은 딥 드로잉 시험에서 블랭크 직경을 작은 사이즈에서 큰 사이즈로 변화시켜 성형 실험을 행하여 성형 가능 영역과 파단 영역의 교차점에서의 블랭크 직경을 최대 블랭크 직경으로 한계 드로잉비를 구할 수가 있다.

표 6.4.6은 컵 드로잉의 한계 드로잉비를, 표 6.4.7은 한계 재드로잉비를 나타낸다. 한계 드로잉비를 초과했을 때 그림 6.4.1과 같이 터짐이 발생한다.

표 6.4.6 컵 드로잉의 한계 드로잉비

한계 드로잉비(LDR)	
재질	LDR
드로잉용 림드 강판	2.15
딥 드로잉용 알루미늄 강판	2.20
딥 드로잉용 냉연강판	2.25
딥 드로잉용 열연강판	2.25
오스테나이트 스테인리스 강판	2.20
동 및 황동	2.20
알루미늄 1100 계열	2.10

그림 6.4.1 터짐이 발생한 드로잉 제품

표 6.4.7 한계 재드로잉비

한계 재드로잉비					
$t/D \times 100$		1st	2nd	3rd	4th
over	under				
0.15	0.3	1.28	1.25	1.22	1.19
0.3	0.6	1.30	1.27	1.24	1.20
0.6	1.0	1.33	1.28	1.25	1.21
1.0	1.5	1.35	1.30	1.27	1.24

6.5 초드로잉, 재드로잉

컵 드로잉에서 직경이 작고 성형 깊이가 깊은 원형 용기를 성형하는 경우 큰 블랭크 소재에서 1회의 드로잉 가공을 하면 파단이 발생한다. 이러한 경우 1회로 가공하는데 필요한 가공 에너지가 성형 한계를 넘는 경우에 가공을 2회 또는 여러 회로 분할하여 소재 가공한계 내에서 가공이 가능하도록 설계함으로써 드로잉 가공을 여러 공정으로 나누어 목적하는 형상의 제품을 만들 수가 있다. 이와 같이 한 번 초드로잉한 가공품을 다시 드로잉 가공을 하는 것을 재드로잉(redrawing) 가공이라 한다. 재드로잉 방법은 대표적으로 재드로잉과 역재드로잉의 두 가지 방법이 있다. 두 가지 재드로잉 방법의 특징은 다음과 같다.

6.5.1 재드로잉(direct redrawing)

드로잉 성형품의 직경을 작게 하기 위하여 같은 방향으로 재드로잉을 하는 방법이다. 재드로잉에는 블랭크 홀더를 필요로 하는 타입과 필요로 하지 않는 타입이 있으며, 블랭크 홀더를 사용하지 않는 방법은 마찰저항이 작으므로 드로잉성의 향상이 기대된다. 그림 6.5.1은 재드로잉 공정 전후의 판재의 성형과정을 보여준다.

6.5.2 역 재드로잉(reverse redrawing)

드로잉 성형품의 바닥 반대 측에서 펀치를 압입하여 성형품의 내측 면과 외측 면이 반대

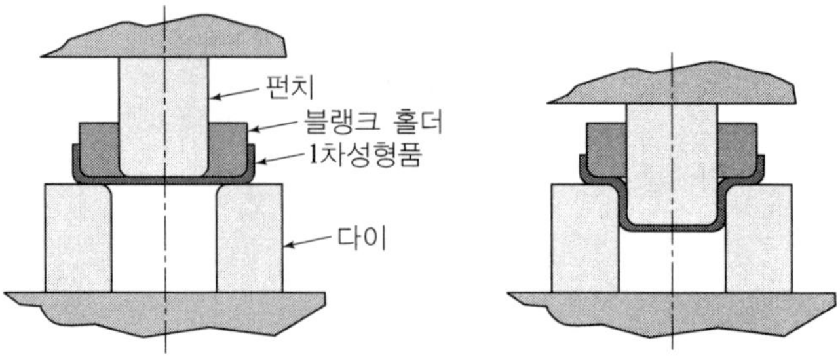

(a) 공정 전 (b) 공정 후

그림 6.5.1 재드로잉 공정

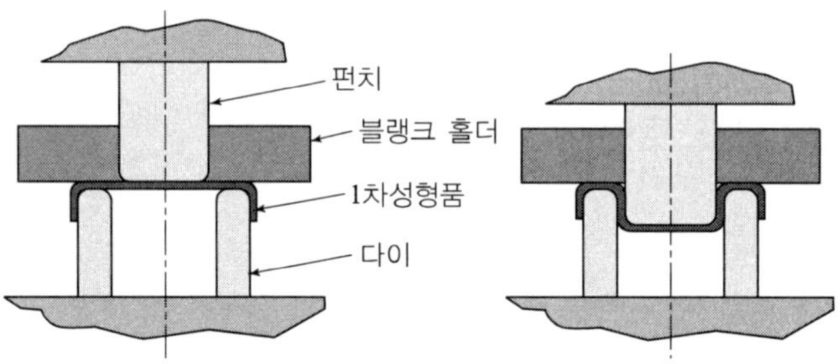

(a) 공정 전 (b) 공정 후

그림 6.5.2 역재드로잉 공정

로 되게 하는 방법이 역 재드로잉이다. 이 방법에 있어서도 블랭크 홀더를 이용하는 것과 그렇지 않은 것이 있다. 그림 6.5.2는 역재드로잉 공정 구조를 나타낸다.

재드로잉 가공에서는 성형품의 측벽부가 굽힘과 굽힘 풀림 변형을 2회씩 받지만, 역 재드로잉에서는 굽힘과 굽힘 풀림이 1회만으로 가공이 가능하게 된다. 재드로잉 가공에 있어서 펀치하중은 재드로잉이 수행되는 부분으로 한정되므로 드로잉 공정이 진행하여도 성형 초기만 펀치하중이 증가하고 그 후는 그다지 변화하지 않는다.

6.6 곡률반경

드로잉 가공을 처음으로 하는 성형 가공에 있어서 펀치 및 다이 곡률부의 반경(R)을 조정함으로써 블랭크 홀더로 가압되어 있는 플랜지부의 유입량을 어느 정도 제어할 수 있다.

6.6.1 펀치 곡률반경(R_p)

펀치 바닥부에서는 피가공재가 거의 고정 상태로 인장력이 작용하고 있으므로 재료가 얇게 되어 파단하기 쉽게 된다. 이것은 펀치 어깨반경(punch shoulder radius) 부분에서 드로잉 하중의 대부분을 지지하고 있기 때문이다. 실제 생산현장에서 이용되고 있는 펀치 곡률반경 R_p는 다음과 같다.

$$(4\sim6)\times t_0 \leqq R_p \leqq (10\sim20)\times t_0 \tag{6.6.1}$$

여기서, t_0는 초기 판 두께이다. 판 두께 1 mm이라면 펀치 곡률반경을 최저 4 mm에서 6 mm 정도에서 최고 10 mm에서 20 mm까지 사용되고 있다. 다단 공정의 드로잉 가공을 하는 경우 펀치 곡률반경 부분에서 판 두께가 심하게 감소하므로 펀치 곡률반경을 공정 진행에 따라 비례적으로 줄여 설계하는 것이 필요하다.

6.6.2 다이 곡률반경(R_d)

다이 곡률반경 R_d가 작으면 플랜지부 재료의 다이 유입이 억제되어 굽힘, 굽힘 풀림 등에 의한 가공경화가 일어나고 R_d가 크면 블랭크 홀더에서 블랭크 홀더력이 작용하지 않는 영역이 크게 되어 주름이 발생하기 쉽다. 실제 생산현장에서 이용되고 있는 다이 곡률반경 R_d는 다음과 같다.

$$(4\sim6)\times t_0 \leqq R_d \leqq (10\sim20)\times t_0 \tag{6.6.2}$$

다단 공정의 드로잉 가공에 있어서 다이 곡률반경(R_d)을 공정 진행에 따라 비례적으로 줄여가는 것이 일반적이다. 그 기준이 되는 계산식은 다음과 같다.

$$R_{dn} = (0.6\sim0.8)\times R_{dn-1} \tag{6.6.3}$$

여기서, R_{dn}은 현재 공정 다이 곡률반경이고, R_{dn-1}은 이전 공정 다이 곡률반경이다.

각형 드로잉에서 다이 곡률반경 R_d는 기본적으로는 원형과 같으나 재료의 흐름을 전체 외주에 균일하게 하기 위하여 직선 부근에서는 곡선 부근보다도 R_d를 작게 함으로써 곡선 부근에서의 재료 흐름이 원활하도록 설정한다. 각형 드로잉에서 직선부는 굽힘변형으로 생각할 수 있으며, 곡변부는 원형 드로잉의 1/4로 생각할 수 있다. 또, 원형 드로잉 가공으로 한정하면 R_p와 R_d는 다음의 Kaczmarek의 실험식에서 구할 수 있다.

$$R_d = 0.8\sqrt{(D-d_d)\times t} \tag{6.6.4}$$

여기서, R_d는 다이 곡률반경, D는 블랭크 직경, d_d는 다이 내경, t는 판 두께이다.

6.7 드로잉에 필요한 힘

원형 드로잉의 성형 공정에 있어서 드로잉에 필요한 힘은 다음과 같다.

① 플랜지부를 수축하는데 소요되는 힘

② 펀치와 다이 곡률부에서 굽힘(bending)과 굽힘 풀림(unbending)에 소요되는 힘

③ 블랭크 홀더에서 마찰력

등이 작용하며 이들 3가지 힘의 합이 가공력이 된다. 그러나 실제 가공에서는 플랜지부의 수축 변형에 사용되는 힘이 대부분이므로 드로잉 가공력 P는

$$P = A\times Y \tag{6.7.1}$$

여기서 A는 플랜지부의 면적, Y는 플랜지부의 변형저항이다.

일반적으로 드로잉 가공에서 드로잉력(P)은 간략하게 다음과 같이 사용하기도 한다.

$$\text{드로잉력}(P) = \text{드로잉 가공길이}(l)\times t(\text{판 두께})\times \sigma(\text{인장강도}) \tag{6.7.2}$$

드로잉 가공 한계는 원형 드로잉 경우에 플랜지부에서 변형에 소요되는 인장력이 펀치에 의해 측벽부에 전달할 수 있는 힘이 한계 드로잉 하중이 된다. 측벽부의 최대 하중은 파이프를 인장하고 있고 있는 상태이기 때문에 다음과 같다.

$$P_z = \pi\times d\times t\times \sigma \tag{6.7.3}$$

여기서, P_z : 측벽력(kg), d : 펀치 직경(mm), t : 판 두께(mm), σ : 인장강도(kgf/mm^2)

따라서 드로잉 가공력이 어느 일정한 측벽력에 달했을 때 판 두께가 가장 얇은 펀치 곡률부 부근에서 파단이 발생한다. 드로잉 가공은 복잡한 공정을 거쳐서 성형되므로 최대 드로잉 가공력은 일반적으로 실험식이 이용되고 있으며 원형 드로잉 가공에서 최대 드로잉력

은 다음과 같다.

$$P_{max} = 3(\sigma_b + \sigma_r)(D - d_d - R_d)\, t_1 \tag{6.7.4}$$

여기서, P_{max} : 최대 드로잉력(kgf), σ_b : 인장 강도(kgf/mm^2),

σ_r : 항복 강도(kgf/mm^2), D : 블랭크 직경(mm), d_d : 다이 내경(mm),

R_d : 다이 곡률반경(mm), t_1 : 판 두께(mm)

드로잉 가공 시에 블랭크 홀더력이 과소할 때 플랜지부의 재료유입에 따른 압축변형을 이기지 못하여 주름이 발생한다. 금형 설계에 있어서 최적 블랭크 홀더력은 주름이 발생하지 않고 네크 및 크랙 등이 없는 성형 가능한 블랭크 홀더력이다. 표 6.7.1은 각종 소재의 블랭크 홀더 압력을 보여준다. 블랭크 홀더력은 주로 실험식이 이용되고 있다. 원형 드로잉 성형에 있어서 블랭크 홀더력 Q는 다음과 같다.

$$Q = \frac{(S \times q)}{1{,}000} \tag{6.7.5}$$

블랭크 홀더 압력

$$q = 0.25\left[\left(\frac{D}{d} - 1\right)^2 + 0.005\frac{d}{t}\right]\sigma_b \text{ [Siebel의 이론식]} \tag{6.7.6}$$

여기서, Q : 블랭크 홀더력, S : 블랭크 홀더 면적(cm^3)

q : 블랭크 홀더 압력, σ_b : 인장강도(kgf/cm^3)

D : 블랭크 직경(cm), d : 다이의 직경(cm), R_d : 다이 곡률반경

표 6.7.1 블랭크 홀더 압력

재질	q [N/mm^2]
연강 $t < 0.5$ mm	2.5～3.0
연강 $t > 0.5$ mm	2.0～2.5
알루미늄	0.3～0.7
동	0.8～1.4
황동	1.1～2.1
스테인리스 강판	3.0～4.5
청동	2.0～2.5
알루미늄 합금	1.4～7.0

6.8 드로잉 가공의 불량과 대책

원통 드로잉에서 블랭크는 원형이고 축대칭 형상이 되어 원주방향으로 압축응력이, 반경방향으로 인장응력이 발생된다. 펀치 반경부와 다이 반경부는 굽힘 응력이 동시에 작용된다. 반면에 사각용기의 드로잉은 블랭크의 형상이 우선 비축대칭으로 되고 직선부와 코너부가 상이하다. 직선부에서는 굽힘 응력이 코너부에서는 원주방향의 압축응력, 반경방향의 인장응력이 중첩되어 나타나므로 복잡한 성형 메커니즘이 된다. 그림 6.8.1은 원통 및 사각 드로잉 시 주로 발생하는 불량인 주름과 파단이다.

(a) 주름 발생 (b) 파단 발생

그림 6.8.1 드로잉 제품의 불량 사례

6.8.1 주름 발생 원인과 대책

① 블랭크의 크기가 너무 크거나 직선부와 코너부에서 블랭크 크기가 적당하지 않다. 이 코너부에서 재료의 유동이 직선부보다 원활하지 못하므로 코너부의 블랭크 크기를 약간 줄여 준다.

② 블랭크 홀더력이 부족하다. 스프링식이라면 스프링의 갯수와 종류를 달리하여 스프링 압을 높여 블랭크 홀더력을 높여 준다. 일반적으로 블랭크 홀더력은 펀치력의 1/3 이상을 주고 있지만 금형 트라이아웃시 적절한 조건을 선정해야 한다.

③ 다이 반경부가 너무 크다. 다이 반경부가 너무 크면 소재의 유동은 원활하게 진행하지만 플랜지와 접촉하는 면적이 작아 쉽게 주름이 발생된다. 다이 변경부는 일반적으로 소재 두께의 4배에서 10배 이내로 주고 있는데 적당한 다이 변경을 주는 것이 필요하다.

6.8.2 균열 발생 원인과 대책

① 블랭크가 너무 크다.

각통 또는 원통 드로잉에서 블랭크의 크기가 크면 한계 드로잉비를 벗어나게 되므로 펀치 머리부나 다이 어깨부에서 균열이 발생된다. 따라서 블랭크의 크기를 적당하게 조정하여 드로잉 할 필요가 있다.

② 블랭크 홀더력이 너무 높다.

블랭크 홀더력이 너무 높으면 소재의 유동이 힘들어져서 모서리에 균열이 발생하므로 블랭크 홀더력을 적절히 조정하여 균열 발생을 방지해야 한다.

③ 펀치 및 다이의 반경이 너무 작다.

펀치 및 다이의 반경부가 너무 작으면 소재의 유동이 원활하게 들어가지 못하므로 균열 발생이 높다. 따라서 펀치 및 다이의 반경을 적당하게 조정하여 균열 발생을 방지해야 한다.

④ 펀치와 다이 사이의 클리어런스가 너무 작다.

⑤ 드로잉 가공 속도가 너무 빠르다.

⑥ 윤활유가 부적당하다.

⑦ 펀치, 다이, 블랭크 홀더의 표면 가공 상태가 불량하다.

⑧ 드로잉률이 너무 작다. (한계 드로잉률을 벗어난다.)

⑨ 재료의 성형성이 나쁘다.

재료에 따라서 성형성이 다르므로 성형성이 좋은 재질을 선정하여야 한다.

⑩ 쿠션핀의 불균일

⑪ 금형의 정밀도

6.8.3 펀치 곡률반경(R_p)에서 파단 원인과 대책

① 딮 드로잉 깊이와 딮 드로잉비가 너무 크거나 장출비가 너무 크다. 드로잉비가 너무 크면 공정을 추가한다.

② 펀치곡률(R_p), 다이곡률(R_d), 각형의 코너 곡률(R_c)이 너무 작다. R_p, R_d, R_c를 적당하게 수정한다. 변경이 불가능하면 공정을 추가한다.

③ 블랭크 홀더력이 너무 크면, 블랭크 홀더 압력을 조절한다.

④ 윤활 불량 또는 윤활유 선택이 부적당하면, 윤활유의 종류, 도유 장소, 도유량을 검토한다.

⑤ 블랭크 형상이 부적당하거나 블랭크를 놓는 위치가 잘못되면 블랭크 형상과 놓는 위치를 변경한다.

⑥ 쿠션핀의 위치가 잘못되었거나 길이가 적당하지 않다. 금형의 정도와 쿠션핀의 정도를 보정한다.

⑦ 프레스 기계의 정밀도가 불량하다. 딮 드로잉이 심한 경우 프레스 기계의 정도를 보정할 필요가 있다.

⑧ 다이 표면의 거칠기가 너무 거칠다. 다이 표면의 거칠기를 개선한다.

⑨ 클리어런스가 너무 작다. 클리어런스를 적정한 값으로 조정한다.

⑩ 재료의 딮 드로잉성이 부족하거나 판이 너무 얇다. 재료의 적정성을 재검토한다.

6.8.4 다이 곡률반경(R_d)에서 파단 원인과 대책

① 다이 곡률반경(R_d)이 너무 작다. 다이 곡률반경을 적정 값까지 증가시키고 변경이 불가능한 경우 공정을 추가한다.

② 블랭크 홀더력이 너무 작으면 플랜지 부분에 주름이 발생한다. 블랭크 홀더력을 증가하여 주름발생을 방지하고 다이 곡률반경의 거칠기를 개선한다. 그래도 파단이 발생하면 다이 곡률반경을 증가시킨다.

③ 재료의 가공경화로 인하여 파단이 발생한다. 스테인리스 강판과 같이 가공경화가 심한 재료를 이용하여 딮 드로잉 성형을 하게 되면 성형성이 극단적으로 저하되고 다이 곡률반경에서 심한 굽힘 변형을 받게 되면 파단이 일어난다.

④ 블랭크의 형상이 적당하지 않거나 놓는 위치가 부적당하다. 특정한 장소에서만 파단이 일어나는 것은 그 부분만이 조건이 다르기 때문이다. 그러므로 이 부분의 조건들에 대해서 고려하여야 한다.

⑤ 공기구멍(air vent)의 역할은 딮 드로잉(deep drawing) 성형 시 다이 내부나 펀치 내에 공기가 충만되어 압축되면 제품에 영향을 미치게 된다. 이것을 방지하기 위해 펀치 내에 공기구멍을 뚫어 공기 배출을 시키도록 한 것이다. 물론 다이도 사방이 막혀있다면 공기 배출이 어려워 공기 흐름이 생기도록 구멍을 뚫어 공기 배출이 쉽도록 한다. 공기구멍은 제품의 찍힘 등에 문제가 없는 범위 내에서 구멍은 제품의 크기에

따라 크기를 달리하고, 가능한 공구 구멍 수를 많게 하고 공기구멍 크기는 작게 하는 것이 유리하다.

6.8.5 스테인리스 강판의 특성과 가공 시 주의 사항

① 인장강도가 강하다.

스테인리스 강판은 연강판의 2배의 인장강도를 가지고 있으므로 금형의 강성에 대해서는 충분한 검토가 필요하다. 또 블랭크 홀더의 강성에 대해서도 주의할 필요가 있다. 이들의 강성이 부족하면, 금형 본체나 블랭크 홀더가 변형되어 주름이 발생하며 파단이 일어나는 수가 있다.

② 가공속도에 영향을 받는다.

오스테나이트계 스테인리스 강판은 펀치 등을 냉각하지 않고 빠른 속도에서 가공을 하면 파단하는 경향이 있다. 유압프레스의 이용이나 적극적인 냉각이 필요하다.

③ 성형 후의 표면 상태

스테인리스 강판은 외장부품이 많기 때문에 표면 불량이 중요하다.

④ 자성

스테인리스 강판 중에서 페라이트계와 마르텐사이트계는 자성을 가지나 오스테나이트계는 자성을 갖지 않는다. 그러나 오스테나이트계에 대해서도 국부적으로 상당한 가공이 행해지면 가공 유기 변태가 일어나 이 현상이 생긴 영역은 자성을 갖게 된다.

⑤ 열전도율

스테인리스 강판의 열전도율은 연강판에 비하면 나쁘고 오스테나이트계는 연강판의 1/3정도이다. 스테인리스 강판은 프레스 가공력, 블랭크 홀더력이 크므로 열이 많이 발생한다. 발생한 열의 확산이 나빠서 열의 집중이 일어나 윤활유 등의 유막이 끊겨 일어나는 드로잉 손상이 발생하기 쉽다.

⑥ 수직 크랙

오스테나이트계 스테인리스의 딮 드로잉 가공에 생기는 현상이다. 이 대책으로서는 잔류응력을 제거하는 것이다. 리스트라이크(restrike) 공정과 중간 소둔 공정 등을 하여, 가공변형을 조금이라도 제거하여 수직 크랙을 방지한다.

6.9 드로잉 가공 금형 설계 및 공정 설계

6.9.1 금형 설계의 합리화

① 설계기간의 단축 : 그림 6.9.1은 3D CAD를 활용한 드로잉 금형 설계 사례를 보여준다.

② 설계제도의 생력화

③ 설계자의 효과적 활용

CAD/CAM 시스템의 활용으로 설계자를 필요한 부분에만 집중시킬 수 있다.

④ 도면 실수의 삭감

⑤ 견적의 합리화 : 금형의 견적, 가공 공정, 재료 사용량, 금형구조 및 부품 가공시간 등 시간이 많이 소요되는 표준화 자료 및 과거의 데이터 등을 컴퓨터에 파일해 두면 단시간에 견적을 완료할 수가 있다. 또 정보가 정비되면 설계자 이외의 사람이라도 정밀도 높은 견적이 가능해 진다.

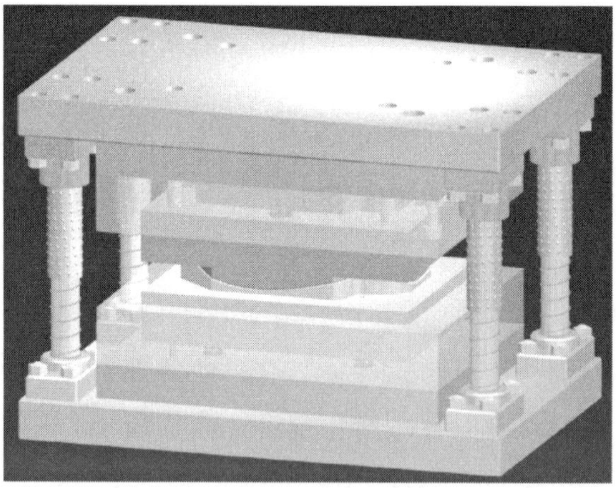

그림 6.9.1 3D CAD를 활용한 드로잉 금형 설계

6.9.2 드로잉 가공 공정 설계

드로잉 가공에서 공정설계는 주어진 블랭크의 크기로 한 번에 성형이 가능한가를 검토하여 그 가공 단계를 결정하는 것으로 제품 형상을 고려하여 공정마다의 성형량을 결정하여

공정설계를 진행한다. 드로잉 가공 제품의 형상은 다양하므로 공정마다의 성형량을 결정하여 공정설계 작업에서 성형한계의 목표로서 드로잉비가 이용되고 있다. 드로잉 가공인 원형 드로잉에서 드로잉비 m 은 다음과 같다.

$$\text{드로잉비}(m) = \frac{D}{d} \tag{6.9.1}$$

여기서, D : 블랭크 직경, d : 펀치 직경이다.

한계 드로잉비(LDR)는 다음과 같다.

$$\text{한계 드로잉비(LDR)} = \frac{D_{max}}{d} \tag{6.9.2}$$

블랭크 직경을 구하는 방법은 블랭크 표면적과 가공 제품의 표면적이 같다고 가정하여 블랭크 직경을 구한다. 트리밍 여유를 준다면 블랭크 직경은 다음과 같이 계산한다.

$$\text{블랭크 직경}(d) = \text{제품 표면적} + \text{트리밍 여유} \tag{6.9.3}$$

만일 원통 드로잉에서 트리밍 여유를 주지 않는다면, 다음과 같이 블랭크 직경을 구할 수가 있다.

$$\text{블랭크 직경 표면적} = \pi R^2 = \frac{\pi D^2}{4} \tag{6.9.4}$$

$$\text{제품 표면적} = \frac{\pi D^2}{4} + \pi d h \tag{6.9.5}$$

$$\frac{\pi D^2}{4} = \frac{\pi d^2}{4} + \pi d h \tag{6.9.6}$$

$$D = \sqrt{d^2 + 4dh} \tag{6.9.7}$$

그림 6.9.2는 플랜지 없는 원통 드로잉 제품을 보여준다. 원통 드로잉 공정설계에서 스테인리스 강판으로 판 두께가 0.5 mm인 경우에 트리밍 여유(편측 1 mm)를 고려한다면 블랭크 직경은 Ø117 mm로 하고, 트리밍 여유를 고려하지 않는다면 Ø115 mm로 해도 무방하다. 여기서 트리밍 여유(양측 2 mm)를 고려한다면 블랭크 직경은 Ø117 mm이므로 공정설계를 진행하면 스테인리스 강판인 경우 초드로잉 공정에서 평균 드로잉률은 0.5∼0.55를 주는데, 0.53을 적용하면 초드로잉 공정의 직경은 Ø62 mm가 된다.

다음 2공정부터는 재드로잉률을 적용하는데, 스테인리스 강판의 평균 재드로잉률은 0.80∼

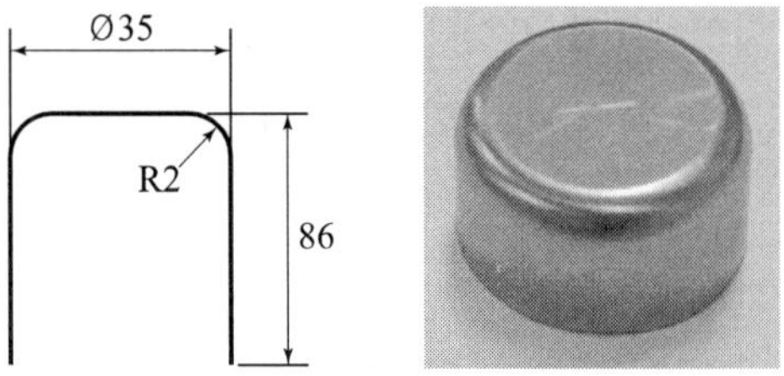

그림 6.9.2 플랜지 없는 원통 드로잉 제품

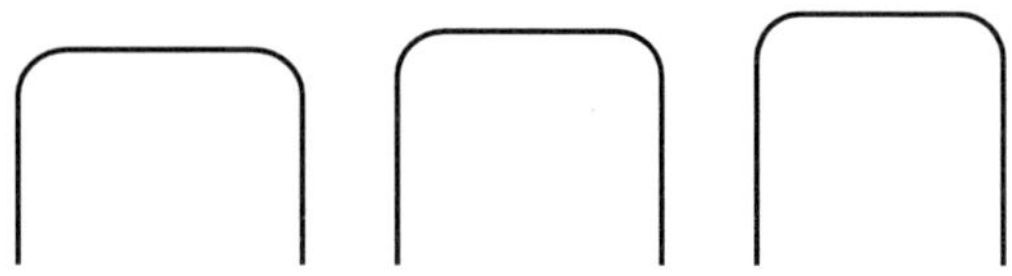

(a) 초드로잉 (b) 제2 드로잉 (c) 제3 드로잉

그림 6.9.3 공정별 원통 드로잉 제품

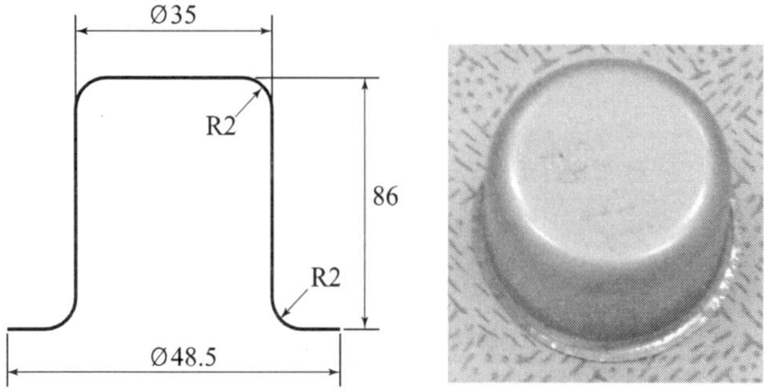

그림 6.9.4 플랜지가 있는 원통 드로잉 제품

0.85를 주는데, 여기서 0.82를 적용하면 2공정의 직경은 Ø50.8 mm, 3공정에서 0.82를 적용하면 3공정의 직경은 Ø41.7 mm, 4공정에서 0.84를 적용하면 4공정의 직경은 최종 제품 크기인 Ø35 mm를 얻을 수가 있다. 따라서 여기의 원통 드로잉 공정은 드로잉 공정이 총 4공정으로 설계할 수 있다. 그림 6.9.2는 공정별 원통 드로잉 제품을 보여준다. 제3 드로잉 가공 후에 최종 드로잉 제품은 그림 6.9.3과 같은 치수를 갖는 제품을 성형하게 된다.

그림 6.9.4는 플랜지가 있는 원통 드로잉 제품을 나타낸다. 플랜지가 있는 제품인 경우에 아래와 같이 블랭크 직경(D)을 계산할 수 있다. 여기서 d_2는 플랜지 직경으로 Ø48.5 mm 이고, d_1은 원통의 몸통 직경으로 Ø35 mm이다.

$$D = \sqrt{{d_2}^2 + 4 d_1 h} \tag{6.9.8}$$

펀치 곡률부(r_1)와 다이 곡률부(r_2)를 고려한다면, 다음 식에서 블랭크 직경(D)을 보다 정확히 계산할 수 있다.

$$D = \sqrt{{d_2}^2 + 4 d_1 [h - 0.43 (r_1 + r_2)] + 0.57 (r_2^2 - r_1^2)} \tag{6.9.9}$$

6.9.3 드로잉 금형 설계

1) 드로잉 금형 설계

드로잉 금형은 금속 박판을 원형, 각형 등으로 가공하기 위한 것으로 여러 가지 공정변수가 존재한다. 그 주요한 공정 변수로는 펀치와 다이의 클리어런스(clearance), 블랭크 홀더력(blank holder force), 블랭크 크기, 마찰계수, 윤활, 펀치와 다이의 재질, 표면조도 등이다. 블랭크 홀더의 역할은 드로잉 공정에서 소재가 다이 위에 놓여있고 펀치가 하강하면 다이 안쪽으로 들어가게 되는데 블랭크 홀더가 있어서 주름 발생을 방지하고 플랜지부의 금속 유동이 원활하고 균일하게 다이 안쪽으로 진행되도록 한다. 블랭크 홀더는 다이와 맞닿으면서 소재를 적당히 가압하여 플랜지에서 주름 발생을 적게 하고 균일하게 금속 유동이 되도록 한다. 너무 과한 블랭크 홀더력은 터짐이 발생한다.

드로잉 가공 후에 제품 가장자리에서 凹凸이 생겨서 재료의 낭비가 심하게 되는 문제와 판 두께가 부분적으로 달라지는 문제가 종종 발생한다. 그 원인으로서는 재료의 "이방성"을 들 수 있다. 이것은 재료의 방향에 따라 재료가 다르게 거동되는 현상이다. 여기에서 이방성은 소성이방성에 대해 고려한다. 이방성을 정량적으로 나타내는 방법으로서, Lankford 값이 이용된다. 실제 성형에 있어서 가장자리의 凹凸을 귀(ear)라고 부른다. 그림 6.9.5는 드로잉 금형 부품인 블랭크 홀더, 다이, 펀치를 보여주고, 그림 6.9.6은 프레스에 클램핑된 드로잉 금형을 보여주고, 그림 6.9.7은 드로잉 금형 위에 놓인 성형 부품을 보여준다.

2) 3D CAD 금형 설계

3차원 금형 설계는 금형 설계에서 가공 및 조립까지 일관된 생산시스템이 가능하고, Strip Lay-Out 설계부터 Die Set 설계까지 쉽고 빠르게 작업 할 수 있으며, 특히 대형 금형 어셈블

블랭크 홀더 다이 펀치

그림 6.9.5 드로잉 금형 부품

그림 6.9.6 프레스에 클램핑된 드로잉 금형

그림 6.9.7 드로잉 금형 위에 놓인 성형 부품

리에 대한 강력한 능력을 발휘할 수 있다. 그림 6.9.8은 3D CAD를 활용한 금형설계 조립도를 보여주고, 그림 6.9.9는 3D CAD를 활용한 상형과 하형 금형을 분해한 부품을 보여준다.

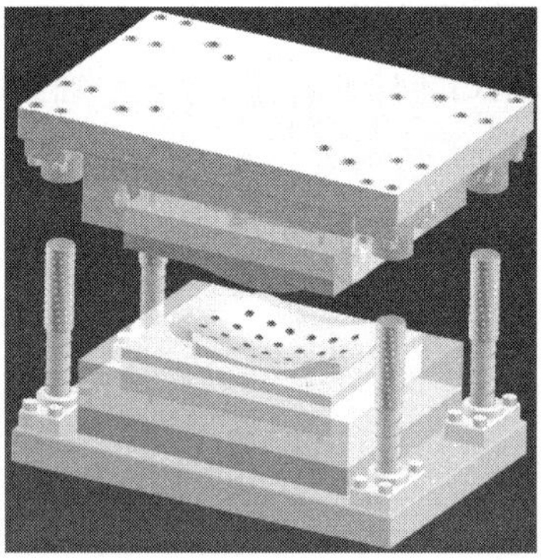

그림 6.9.8 3D CAD를 활용한 금형설계 조립도

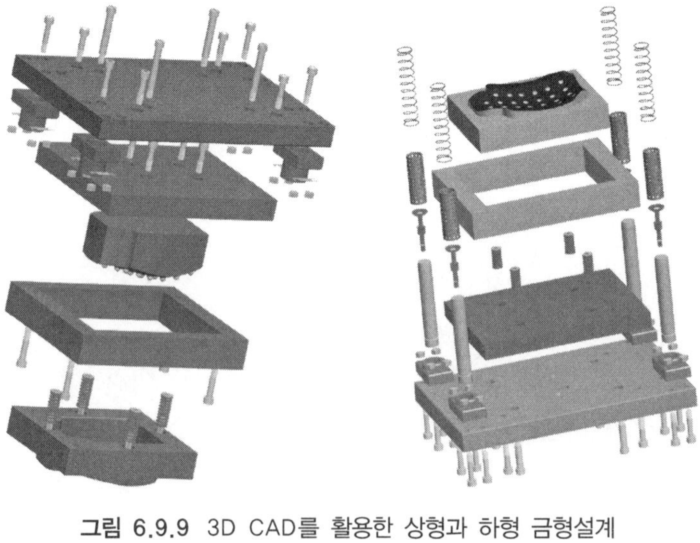

그림 6.9.9 3D CAD를 활용한 상형과 하형 금형설계

Chapter

07

자동화 금형(Automation Die)

공정수가 많은 다공정 가공을 연속자동화 했을 경우에 재료의 공급과 이송 자동화에 대한 장점이 가장 크다. 자동화를 이루는 대표적인 방식이 프로그레시브(progressive) 금형과 트랜스퍼(transfer) 금형 방식이다.

프로그레시브(progressive) 금형은 여러 공정의 프레스 부품을 프레스 1대로 여러 공정을 동시에 최종까지 가공하는 고능률의 프레스 가공 방식이다. 또한, 가공물이 최종 공정까지 코일재로서 이어져 있어 판 두께가 두꺼운 복잡한 모양의 가공은 어렵지만, 판 두께가 얇을 때에는 딮 드로잉도 쉽게 가공할 수 있다. 이 가공법은 비교적 저렴한 설비로 생산성이 높은 다공정의 연속자동 가공을 고속으로 할 수 있다.

트랜스퍼(transfer) 금형은 각 공정마다 금형이 별도로 제작되어 있어 1대의 프레스 내에서 각 공정의 금형이 있거나 1대의 금형이 있는 경우가 있다. 일반적으로 블랭킹과 피어싱 가공일 경우는 프로그레시브 가공을 하며, 아래 위 또는 반전해서 가공할 필요가 있는 부품은 트랜스퍼 가공이 적당하며, 어느 쪽 가공법을 채택해야 할 것인가의 판정 기준이 되는 것은 그 공장의 경험 및 기술 수준과 생산량 등이 있다. 즉, 두 가공법의 경계에 있는 많은 부품에 대하여 어느 쪽의 가공법이 유리한지의 판정은 그 공장 고유의 조건에 의해 좌우되는 수가 많다. 표 7.1.1은 프로그레시브 가공과 트랜스퍼 가공, 수작업에 의한 단발 가공을 비교하였다.

표 7.1.1 프레스 금형 가공 비교

구 분	프로그레시브 가공	트랜스퍼 가공	수작업
가공에 적합한 공정수	−15	4−10	1
제품 형상 제한	있다	약간 있다	없다
재료 제한	있다	약간 있다	없다
재료 이용률	나쁘다	좋다	좋다
생산 Cycle Time	빠르다	약간 빠르다	늦다
설비 비용	약간 높다	높다	싸다
금형제작 난이도	어렵다	어렵다	용이
금형비	높다	높다	싸다
설계 변경	어렵다	약간 어렵다	쉽다
설비 범용성	약간 제한한다	제한한다	쉽다
공간	소	소	대
소량생산 대응	없다	약간 있다	있다
제품 크기 제한	있다	약간 있다	없다
유리한 가공	소물, 박판, 고정도, 대량생산, 다공정	대형물, 깊은 드로잉, 다공정, 중 · 대량생산	복잡형상 소량생산, 단공정
자동화 설비례	롤 피더, 그립퍼 피더	트랜스퍼 프레스, 트랜스퍼 라인	에어 이젝터

7.1 프로그레시브 금형(Progressive Die, 순차이송 금형)

7.1.1 프로그레시브 금형의 개요

프로그레시브 금형은 여러 프레스 가공 공정을 순차적으로 이송시키며 연속 작업을 하는 가공 방식으로 가공효율이 높고, 또한 생산성이 상당히 높은 금형이라 할 수 있다. 종래 단발 금형에서 여러 가공 공정을 자동화 금형에 의한 자동화로 안전성 있게 생산량을 대폭 증가시킬 수 있고, 품질향상을 기할 수 있는 가공 방식이며, 순차이송 금형 또는 프로그레시브 금형(progressive die)이라 부른다.

이러한 프로그레시브 금형은 스트립 재료에 피어싱 또는 노칭 가공을 한 다음 최종적인 위치 결정을 정확하게 하기 위하여 파일럿 핀(pilot pin)을 설치하며, 또한 스트립의 이송을 일정하게 하고 일정한 이송 잔폭을 남겨 정확한 위치결정을 위하여 스토퍼(stopper)를 설치한다. 스트립 재료의 이송은 피더에 의해 피치 단위로 이송되며, 1공정부터 마지막 공정까지 프레스 가공을 1 Set의 금형과 1대의 프레스 내에서 가공할 수 있는 금형이다. 그림 7.1.1은 프로그레시브 금형을 보여주고, 그림 7.1.2는 프로그레시브 프레스를 보여준다. 일반적으로 프로그레시브 프레스는 일반 프레스에 그림 7.1.3과 같은 롤 피더 자동화 장치를 부착한 것으로 코일재를 펼치면서 롤 피더에 의해 코일을 자동 이송시키면서 프로그레시브 금형 가공을 할 수 있다.

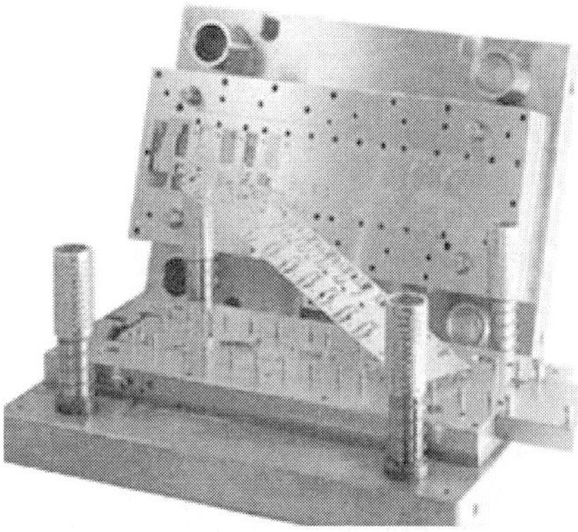

그림 7.1.1 프로그레시브 금형 그림

그림 7.1.2 프로그레시브 프레스

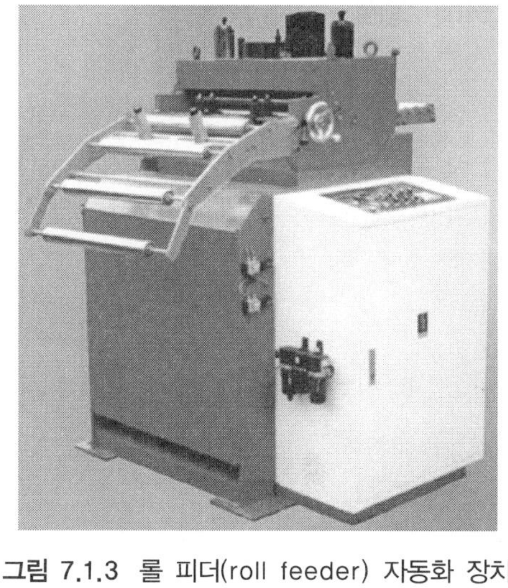

그림 7.1.3 롤 피더(roll feeder) 자동화 장치

프로그레시브 금형의 특징은 다음과 같다.

① 여러 공정(stage)으로 나누어 작업하기 때문에 견고하고 단단한 금형 구조가 된다.
② 대형보다는 중, 소형 제품의 가공에 적합하다.

1) 장점

① 소재의 자동공급, 제품의 배출, 회수가 가능하다.
② 프레스 기계 가공이 고속화된다. (단, 순송형 부품인 경우 300～500 spm)
③ 제품의 가공 정밀도가 향상된다.
④ 타 부품과의 복합 가공이 가능하다.

2) 단점

① 금형 제작비용이 높다.
② 피더 장치 등으로 사용 프레스에 제한을 받는다.
③ 제품 형상에 따라 고정밀도의 제품은 가공에 제한을 받는다.
④ 가공 중의 변형 가능성이 있다.
⑤ 사용 재료에 제약이 있다.
⑥ 자동화 장치, 자동화 프레스 등이 필요하며 금형 제작도 고가이다.

7.1.2 파일럿 핀(pilot pin) 설계

파일럿 핀(pilot pin)은 피어싱, 블랭킹, 벤딩, 프로그레시브 금형, 트랜스퍼 금형 등에 사용되며 스토퍼(stopper)에 의해 위치 결정된 블랭크를 이용하여 제품의 최종적 위치 결정을 정확하게 하기 위하여 사용된다.

1) 직접 파일럿 방식

제품 가공 시 타발 펀치에 설치하여 직접 안내하는 것을 말하고 별도로 파일럿 핀 구멍을 가공할 필요가 없다. 파일럿 지름은 피어싱 펀치보다 0.02～0.05 mm 작게 한다.

2) 간접 파일럿 방식

일반적으로 가공 소재의 스크랩이 되는 부분에 제1 공정에서 독립하여 가공된 구멍을 제

2 공정 이후의 공정이나 제품이 되는 구멍을 이용하여 위치 결정할 경우에도 사용한다. 상형 하강 시 펀치보다 먼저 가공 소재의 위치결정이 되어야 하므로 피어싱 펀치와 파일럿 핀의 길이를 정확하게 유지시켜야 한다. 다이 치수는 파일럿 핀의 치수보다 0.02～0.05 mm 크게 한다.

7.1.3 프로그레시브 금형 설계

프로그레시브 금형 설계 시에는 한 금형 내에서 Piercing 가공, Blanking 가공, Cutting 가공, Bending 가공, Forming 가공, Drawing 가공 등 여러 공정을 분할하여 2공정(stage) 이상 각 공정을 적절히 분할하여 배치해야 한다. 그림 7.1.4의 우측 그림들은 좌측 그림들에 비해 재료이용률을 향상시키기 위해 효과적으로 설계된 것이다. 그림 7.1.5는 3D CAD를 활용한 프로그레시브 금형 조립도를 보여준다.

프로그레시브 금형을 설계하기 위해서는 먼저 제품에 대한 정보와 제품 생산량에 대한 정보를 입수한 후 그림 7.1.6과 같이 금형 설계 순서에 의해 프로그레시브 금형을 설계한다.

1) 제품도 검토

- 전단 후 버어 방향 및 전단면 길이 지정 여부
- Bending, Drawing 높이 등 성형 유무
- 피가공 재료의 재질, 두께, 기계적 성질

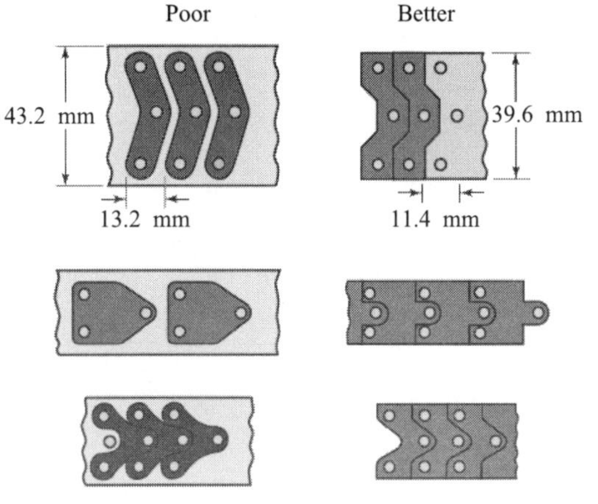

그림 7.1.4 재료이용률 향상 방안

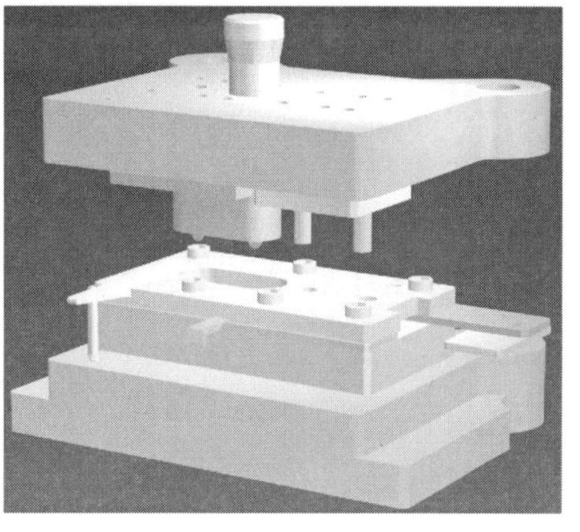

그림 7.1.5 프로그레시브 금형

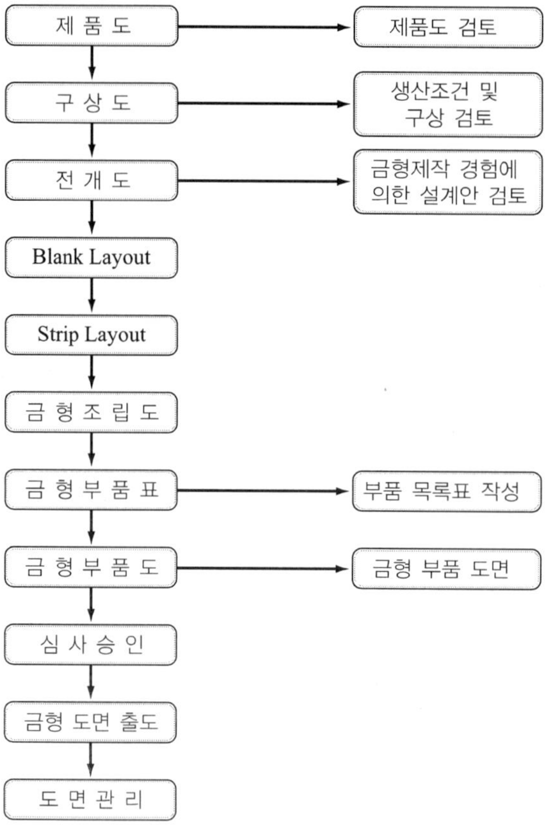

그림 7.1.6 프로그레시브 금형 설계 순서

- 재료의 방향성 지정 여부
- Bending, Drawing의 내측 R 지정 여부
- 전단 부품의 코너부 R 지정 여부
- 공차 등 치수 정밀도
- 제품의 기능 및 역할 파악

2) 생산 조건 및 구상 검토

- 생산 수량에 관한 검토(생산량)
- 정밀도의 등급에 관한 검토
- 프레스 기계 용량(다이하이트, 다이쿠션, 볼스타 등)
- 피가공 재료 구매(판 두께, 재료 폭, 공차 등)
- 안전 조건(프레스 기계, 금형)

3) 전개도 작성

- 제품의 성형과정을 나타낸다.
- 각 부분의 공차를 없애고 목표치수를 바꾼다(피어싱일 경우 플러스(+), 블랭킹일 경우 마이너스(−), 굽힘은 스프링 백을 고려한 치수로 결정).
- Bending이 있는 부품에 대한 전개도
- Drawing 공정이 있는 경우에 부품 전개도

4) 블랭크 레이아웃(blank layout) 작성

- 재료 이송 방향의 통일
- 사이드 커터(side cutter) 필요성
- 재료 이송 방법
- 다이의 강도 보강을 위해 외팔보 구조는 가능한 피한다.
- 제품에 파일럿 구멍이 없는 경우 간접 파일럿을 설치한다.
- 엄격한 치수가 요구되는 경우에 동일 공정에서 동시 가공을 한다.

5) 스트립 레이아웃(strip layout) 작성

- 제품에 따른 각 스테이지(stage)에 알맞은 가공을 정하고 재료 폭을 정한다.
- 전단가공인 경우에 파일럿 구멍 가공 후 다음 스테이지에서 파일럿 핀을 넣는다.
- 고정밀도를 요구하는 중요 부분은 동일 공정에서 가공한다.
- 각 공정의 강도 밸런스를 고려한다.
- 최종 제품 회수 및 스크랩 배출 방법
- 가공형상과 이송방향의 관계에 주의한다.
- 미스피드(misfeed) 검출은 변형이 생기지 않는 스테이지에 설치한다.
- 여러 공정의 드로잉 가공인 경우에 아이들 공정을 넣어 다이 강도 등을 고려해야 한다.
- 또한, 펀치와 다이의 강도 및 수명을 고려하여 아이들(idle) 공정을 둔다.

6) 금형 조립도 작성

- 상하형 평면도, 측면 조립도 등 조립도를 작성한다.
- 프레스 램, 볼스타 규격 및 생산량에 대해 고려한다.
- 금형 부품의 호환성, 분해 조립의 용이성, 스크랩 배출 용이, 다이 분할 방식 등에 대한

고려가 필요하다.

- Pilot Pin은 처음 공정에서 피어싱 후 다음 공정부터 재료 이송 시에 최초로 위치를 결정하는 역할을 한다.
- 금형 높이, 크기, 볼스타에서 하형 금형 높이 즉, 피더 레벨 높이를 표시한다.
- 각 부품에 대해 부품번호(품번)를 표시하고 구매품일 경우 주문이 가능하도록 규격을 기입한다.
- 볼트와 맞춤핀의 크기 및 위치를 지정하고, 각 부품의 고정방법을 표시한다.
- 분해 조립이 용이한 금형 구조와 기계 가공법을 고려하여야 한다.

7) 금형 부품도 작성

- 조립도에 작성된 부품 전체에 대한 도면을 부품도라 부른다.
- 가능한 한 시판되는 표준 부품을 사용하고, 표준 부품이 없을 경우 부품도를 작성한다.
- 조립도를 기준으로 가능한 큰 부품부터 즉, 사용 용지가 큰 도면부터 작성하고 마지막에 A4 용지 도면을 작성한다.
- 표준화한 금형제작용 표준재료 규격, 부품 품번 목록 등 표준화 규격을 활용하여 작성한다.
- 필요하다면 열처리 및 다듬질 정도를 표시한다.

7.2 트랜스퍼 금형(Transfer Die)

7.2.1 트랜스퍼 금형 개요

재료 두께가 두꺼운 경우, 드로잉 성형 깊이나 성형의 정도가 큰 경우, 재료 이용률 등으로 인해 각 작업 공정을 개별적으로 나누어 작업하도록 한 것이 트랜스퍼 금형이다. 많은 공정을 요하는 제품을 생산하는 경우 트랜스퍼 프레스에서 자동 이송장치로 재료를 이송하여 각 공정을 연속해서 능률적으로 가공하는 방법이 트랜스퍼 가공 방식이다. 트랜스퍼 가공 방식에는 트랜스퍼 프레스 라인(Transfer Press Line ; TPL) 가공과 트랜스퍼 프레스(Transfer Press ; TP) 가공의 두 가지 방식으로 나눈다.

표 7.2.1 트랜스퍼 프레스(TP)와 트랜스퍼 프레스 라인(TPL)의 비교

특성항목 \ 가공방식	트랜스퍼 프레스(TP)	트랜스퍼 프레스 라인(TPL)
최대 공정수	11～18	6～8
생산 속도	빠르다	느리다
작업성	좋다	나쁘다
가공 시 얻는 형상 범위	거의 제한 없다	거의 제한 없다
금형취부와 준비시간	좋다	좋지 못하다
보 존 성	양호	그다지 양호하지 않다
범용성	적다	매우 크다
설치 면적	작다	넓다
설비비	고가이다	낮다
종합 판정	8공정 이상의 중대형 부품 생산에 유리하다.	8공정까지의 면적이 큰 가공제품에서 범용성이 요구될 때 유리하다

소요 공정수에 상당하는 대수의 프레스 기계를 병렬로 배치한 프레스 라인을 통해 가공 부품을 이송하여 각 프레스 기계 사이에 흐르게 하여 가공하는 방법을 트랜스퍼 프레스 라인 가공이라 하고, 한 대의 트랜스퍼 프레스 내에서 가공 공정에 상당하는 금형을 세팅해 트랜스퍼 바에 연결된 핑거(finger)에 의해서 가공 부품을 피치 단위로 이송하여 가공하는 방법을 트랜스퍼 프레스 가공이라고 한다. 표 7.2.1에 트랜스퍼 프레스(TP)와 트랜스퍼 프레스 라인(TPL)을 비교하였다.

단발성 금형은 1대의 프레스에 금형을 설치하여 수작업에 의한 프레스 작업이 되는데 비하여 자동화 가공은 1대나 여러 대의 프레스에 금형을 설치하고 자동화 장치 즉 Finger, Feeder, Vacuum 등을 사용하여 작업을 한다. 그림 7.2.1은 트랜스퍼 프레스에 장착된 트랜스퍼 금형을 보여주고, 그림 7.2.2는 프레스에 장착된 대형 금형을 보여준다.

7.2.2 트랜스퍼 프레스 가공의 장점과 단점

트랜스퍼 금형의 사용 빈도는 연속으로 고속 가공하기 때문에 높고 금형의 파손이나 마모는 단발형에 비하여 많아지므로 파손 시에 부품교환이 쉬운 금형구조로 하고 예비 부품을 항상 제작 보관하여 긴급 시에 교환할 수 있도록 한다. 장단점으로는 다음과 같다.

그림 7.2.1 트랜스퍼 프레스에 장착된 트랜스퍼 금형

그림 7.2.2 프레스에 장착된 대형 금형

1) 장점

① 안정성이 높고, 생산성이 높다.

② 생력화와 재료 절약

③ 설치 공간 및 금형 가공 준비시간 절약

④ 중간 풀림이 불필요하다.

⑤ 프레스 작업에 숙련을 필요로 하지 않는다.

⑥ 생산 기술의 습득

⑦ 생산성이 높고 공정 단축으로 생산관리가 쉽다.
⑧ 제품의 정밀도가 균일하고 품질관리가 쉬워진다.
⑨ 프로그레시브 가공에 비해서 구조가 간단하고 금형의 제작 보수가 쉽다.
⑩ 대형 금형의 대량 생산용으로 적용된다.

2) 단점

① 기계 설비가 고가이고, 금형 가격이 높다.
② 위치결정 분리, 스크랩 처리가 중요하므로 주의를 요한다.
③ 제품 설계에서부터 가공성 검토가 필요하다.
④ 핑거(finger)가 필요하다.
⑤ 설비 투자 규모가 크고 생산 규모가 일정량이 되어야 한다.

7.2.3 트랜스퍼 가공 공정 설정

트랜스퍼 금형은 단발 금형을 병렬로 조합하여 프레스 기계에 설치하며 각 공정별로 이송 피치, 이송 높이를 균일하게 하여야 하며, 스크랩 처리를 할 수 있는 금형 구조로 제작하여야 한다. 트랜스퍼 금형의 종류로는 각 공정별로 가공 내용에 따라서 블랭킹, 드로잉, 트리밍, 피어싱 공정으로 분류하기도 한다. 트랜스퍼 프레스 라인 가공은 제품의 형상, 공정수, 생산량 등에 의해 공정 설정이 이루어져야 하며 가공되는 제품의 크기가 비교적 크고, 프레스 대수만큼의 공정수는 5～6공정 내에서 완료하는 것이 적합하다.

가공을 위해서는 프레스 기계와 트랜스퍼 피드 장치의 타이밍을 잘 맞추어야 하며 원활한 가공을 위해서는 가공 제품의 안정이 가장 중요하다. 가공 공정 설정 시에 유의할 사항으로는 다음과 같다.

① 드로잉 가공의 경우 드로잉 깊이에 대한 프레스 스트로크
② 블랭크에 대한 피더 스트로크
③ 가공제품의 형상 변화에 대한 이송 피더의 클램프 스트로크
④ 가공 전후 및 이송 중 제품의 안정성
⑤ 가공 제품의 위치결정

7.2.4 트랜스퍼 금형의 부대장치

트랜스퍼 가공은 재료 공급에서 완성품의 회수까지 전자동 프레스 작업이므로 각 공정 간의 가공품의 반송이 확실하며 정확한 것이 중요하다. 금형에는 위치 결정을 위한 파일럿 핀이 들어가고, 블랭크는 핑거에 의해 반송되어 금형에 놓을 때는 하형에 위치한 네스트 안내에 의해 정확하게 위치결정을 한다. 리프트(lifter)는 가공품을 금형에서 일정 높이만큼 들어 올리는 역할을 하여 핑거가 가공품을 잡고 피치만큼 반송할 수 있도록 지원한다. 또한, 핑거는 다음과 같은 조건을 갖추어야 한다.

① 가공품을 확실하게 클램프하고 다음 공정의 금형에 정확하게 반송하여 가공품을 놓았을 때 센터의 어긋남이 없도록 한다.

② 이송 레벨에서 원활하게 이송하고 금형과 간섭을 체크하여야 한다.

③ 연속운전 도중에 부조화가 있을 때는 미스 검출 장치로 자동적으로 정지시킨다.

④ 핑거는 가볍고 강성이 있고 미세 조정을 쉽게 할 수 있도록 한다.

⑤ 핑거는 착탈(着脫), 교환(交換)하기 쉽고, 변형하지 않고 보관이 간편하도록 한다.

⑥ 핑거는 현장 작업의 상황에 따라 개조하기 쉬운 구조로 한다.

Chapter 08

특수 금형(Special Die)

8.1 하이드로 포밍 금형(Hydro-forming Die)

고강도 철강재를 활용하여 경량화하는 기술로는 Hydro-forming, TWB(Tailor welded blank) 기술 및 Hot Press Forming법 및 고 에너지 성형기술 등이 있다.

8.1.1 하이드로 포밍 개요

하이드로 포밍은 소재 내부에 액체를 고압으로 가하여 일체 성형을 실시하는 가공 기술로서 형상이 불규칙하고 비대칭인 복잡한 부품 가공에 적용되고 있다. 일반적으로 그 종류는 그림 8.1.1과 같이 Tube Hydro-forming과 Sheet Hydro-forming이 있는데 Tube Hydro-forming이 가장 많이 사용되고 있다.

Tube Hydro-forming은 Tube 내부에 액체를 고압으로 가하여 일체 성형하는 기술로서 적용 가능 범위는 직경이 Ø25～Ø150 mm, 길이가 1～3 m 정도이다. 그림 8.1.2는 Engine

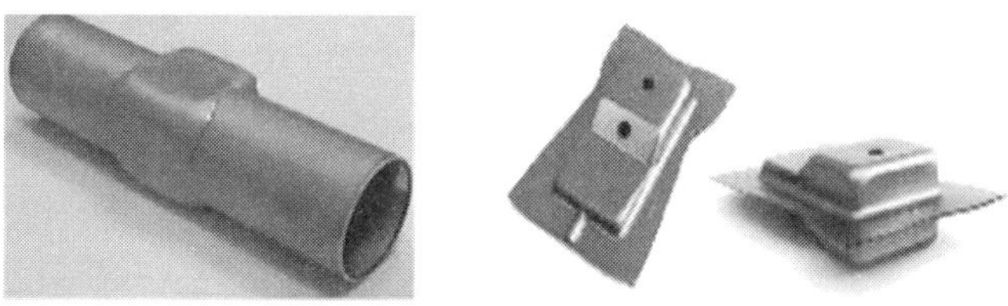

Tube Hydro-forming　　Sheet Hydro-forming

그림 8.1.1 Hydro-forming 제품

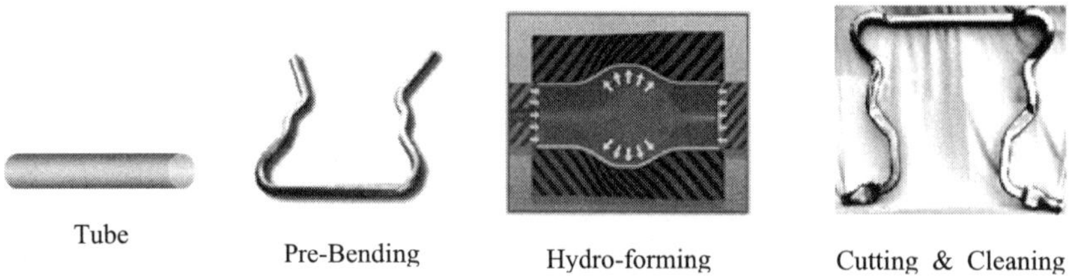

그림 8.1.2 Engine Cradle 부품의 Hydro-forming 공정

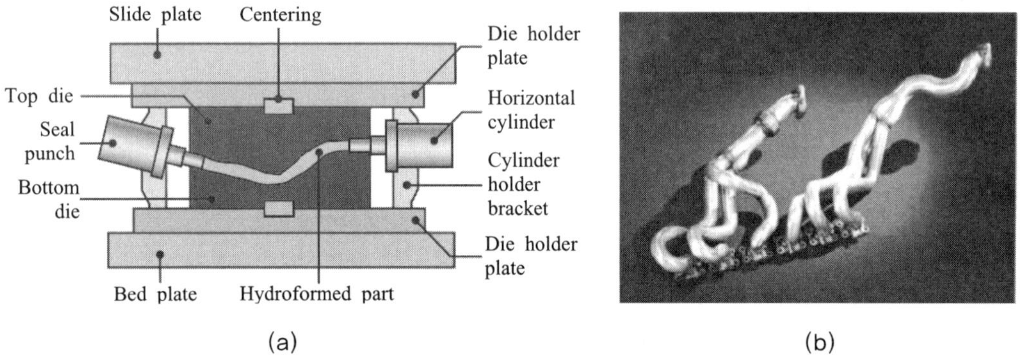

그림 8.1.3 Tube Hydro-forming 금형(a)과 제품(b)

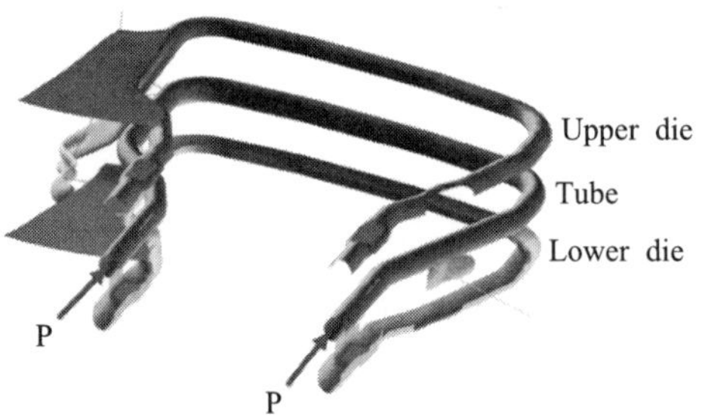

그림 8.1.4 Tube Hydro-forming 금형 모델

Cradle 부품의 Hydro-forming 공정 순서를, 그림 8.1.3과 8.1.4는 Tube Hydro-forming 금형 구조 및 모델을 보여준다.

튜브 하이드로포밍은 여러 형태의 프레스로 가공한 뒤 용접하는 기존 기술과 달리 강판을 튜브 형태로 만든 뒤 물과 같은 액체를 강한 압력으로 밀어넣어 가공하는 공법이다. 튜브 내에 압력이 고르게 작용하므로 제품의 두께와 강도를 균일하게 만들 수 있고, 부품을 한 번에 가공하기 때문에 약 원가 15 %, 무게 30 % 정도를 절감할 수 있다. 복잡한 형상의 자동차 부품을 만들 때 여러 형태의 프레스로 따로 가공한 후 용접하지 않고, 강판을 튜

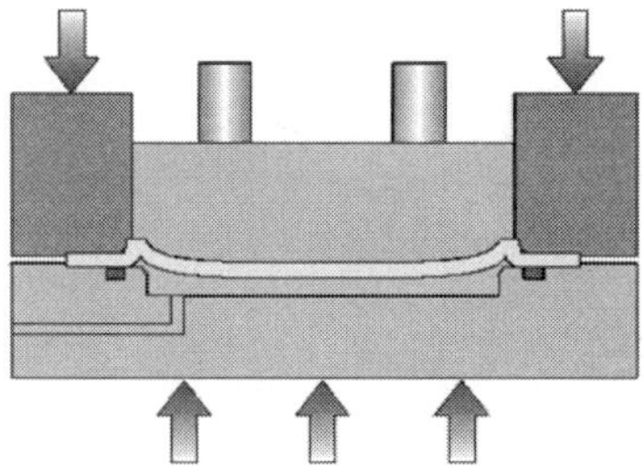

그림 8.1.5 Sheet Hydro-forming 금형

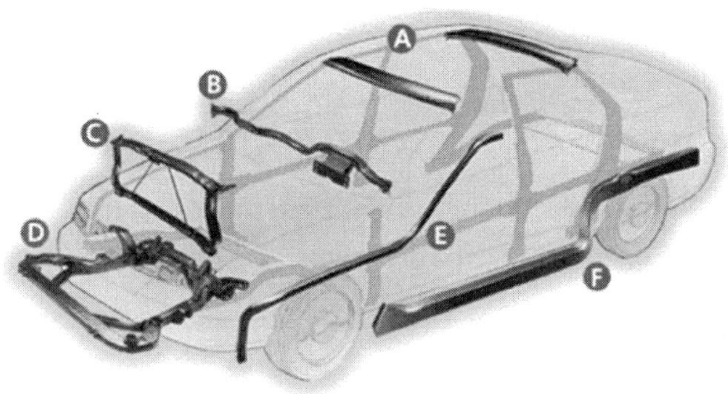

그림 8.1.6 Hydro-forming 기술이 적용되는 자동차 부품 예

브 형태로 만들어 튜브 안으로 물과 같은 액체를 강한 압력을 주어 가공하는 기술이다. 이 기술은 형태가 복잡하더라도 액압이 고르게 작용하기 때문에 두께와 강도가 균일한 자동차 부품을 생산할 수 있는 장점이 있다.

Sheet Hydro-forming은 Pre-Stretching을 가한 후 Sheet에 내압을 가하는 성형 기술로서 그림 8.1.5는 Sheet Hydro-forming 금형을, 그림 8.1.6은 Hydro-forming 기술이 적용되는 자동차 부품 예를 나타낸다. 표 8.1.1은 Hydro-forming 기술의 종류별 장단점에 대해 나타낸다.

표 8.1.1 Hydro-forming의 종류와 장단점

구 분	Tube Hydr-oforming	Sheet Hydro-forming
장 점	• 부품 일체화로 경량화 효과 • 강도 및 강성 증가 • 부품수 감소로 원가절감 • 프레스 가공, 용접 공정 감소로 생산 비용 절감	• 깊은 드로잉 가공 • 잔류응력의 최소화 • 제품 표면 품질이 우수 • 균일 두께 분포
단 점	• 낮은 사이클 타임 • 장치 비용이 고가 • 금형설계 제작 경험 부족	• 고압력 시에 Sealing 문제 • 낮은 사이클 타임 • 장치 비용이 고가

8.2 핫 프레스 포밍 금형(Hot Press Forming Die)

8.2.1 핫 프레스 포밍 개요

Hot Press Forming 성형법은 보론강과 같이 경화능이 큰 재료의 판재를 고온상태로 가열한 후 냉각라인을 설치한 금형을 이용하여 성형 공정과 열처리 공정을 동시에 실시함으로서 고장력 강판보다 높은 기계적 특성을 얻을 수 있는 성형법이다. 이 성형법은 일반적으로 900 °C 이상의 고온에서 성형이 이루어지며 금형과의 접촉에 의해 급냉되어 열처리 효과를 얻어야 하기 때문에 고온과 급냉에 견딜 수 있는 재료기술, 금형에 대한 최적 온도 제어 등이 필요하다. Hot Press Forming 공정을 거친 보론강 부품은 자동차에 사용되는 고장력 강판의 2.5배 수준의 강도를 가지므로 현재의 강도를 유지하면서 제품의 두께를 줄이는 경량화 및 원가절감 문제를 동시에 해결 할 수 있다. 표 8.2.1은 기존 방법과 Hot Press Forming 기술을 비교하였다.

표 8.2.1 기존 방법과 Hot Press Forming 기술 비교

구 분	기존 방법의 문제점	Hot Press Forming 기술
제조 공정수	• 강도가 매우 높아 여러 공정을 거쳐야만 원하는 형상 제작 가능.	• 열간 성형을 통하여 성형 공정과 열처리 공정을 동시에 수행. • 산화 방지를 위하여 특수처리된 소재를 가열, 성형, 냉각의 연속 공정을 통하여 제품을 생산함.
성형성	• 인장강도 60 kgf/mm^2 이상의 소재는 성형이 매우 어렵고 스프링 백 발생.	• 900~1,100 °C에서의 항복(인장) 강도는 상온에 비하여 1/4, 연신율은 3배 정도이므로 복잡한 형상도 한 번의 성형공정으로 제작 가능함. • 냉간 공정상의 중요한 변수인 스프링 백이 없음.
소재 변형	• 박판 소재이므로 성형 후 열처리 시에 비틀림 발생으로 인해 원하는 형상을 얻기가 어려움.	• 성형을 하면서 금형을 통하여 열처리를 하므로 변형발생이 거의 없음.
용접성	• 탄소 함유량이 높으므로 용접성이 떨어짐.	• BASE 금속으로 저탄소강을 사용하므로 용접성이 우수함.

8.2.2 Hot Press Forming 기술 특징

사용되는 재료는 열간성형 중에 급냉하게 되므로 높은 경화성(hardenability)을 가지고 있어야 한다. 보론은 약 3～30 ppm의 극히 적은 양이 첨가되어도 강의 경화능과 압출성, 고온가공 특성 그리고 크리프 강도 등을 향상시킬 수 있다. 인성과 내충격성이 우수하며 특히 고강도, 고경도, 내마모성을 갖는 우수한 강종으로 인장강도가 60～70 kfg/mm^2 정도의 열연 또는 냉연제품이나 프레스 경화 공정을 거치면 140～160 kfg/mm^{2}에 이르는 열처리강으로 변화한다. Hot Press Forming 기술의 특징으로는 다음과 같다.

① 열간 성형시 항복강도와 인장강도 및 연신율이 프레스 성형에 최적인 상태가 되어 성형 불량이 최소화된다.

② 프레스의 용량을 줄일 수 있으며 금형의 수명도 증대시킬 수 있는 등 열간 성형의 장점을 확보할 수 있다.

③ 고온 성형을 통해 항복강도가 약 2～2.5배, 인장강도가 약 3배 정도 증가하는 고장력 강의 특징을 확보할 수 있다.

④ 열간성형 후 소입 열처리를 하거나 금형 내에서 소입을 수행하여 제품의 치수정밀도를 확보할 수 있다.

8.2.3 적용 부품

Hot Press Forming 기술은 소재를 약 900 °C 이상의 고온에서 가열한 후 프레스 작업을 통한 열간 성형을 함과 동시에 냉각수가 순환하는 금형을 이용하여 판재를 급랭함으로서 열처리 효과를 통해 기계적 특성을 향상시키는 공법이다. 그림 8.2.1은 범퍼 보강재 부품이고, 그림 8.2.2는 컨트롤 아암 부품을 보여준다.

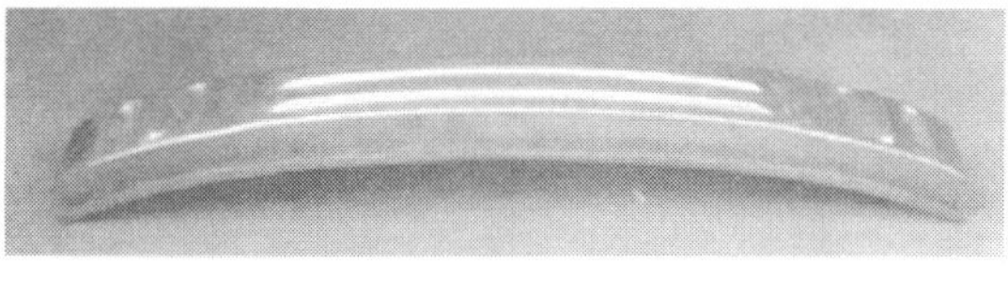

그림 8.2.1 범퍼 보강재 부품

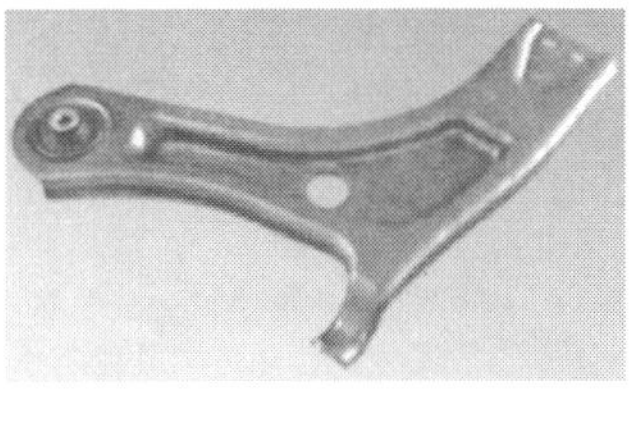

그림 8.2.2 컨트롤 아암 부품

8.3 TWB(Tailor Welded Blank)

8.3.1 TWB 개요

두께나 종류가 다른 강판을 적절한 크기와 형상으로 절단한 다음에 레이저 용접이나 시임 용접 등으로 연결한 후 프레스 성형 가공하여 부품으로 가공하는 기술을 TWB(Tailor Welded Blank)라 한다. 그림 8.3.1은 레이저 용접기로 판 두께가 서로 다른 강판을 용접하는 모습을 보여주고, 오른쪽은 TWB를 적용한 자동차 Tailgate 부품을 보여준다. 그림과 같이 이종소재나 판 두께가 다른 강판을 원하는 크기와 형상으로 절단하여 용접한 뒤 프레스 성형 가공하는 작업으로서 용접 작업 후에 성형 가공하므로 용접조립 비용이 절감되고, 강도가 요구되는 부위에만 고강도강이나 판 두께가 두꺼운 재료를 사용하므로 중량이 감소하고, 품질향상의 효과가 있다.

8.3.2 TWB 기술 특징

표 8.3.1에서 보는 바와 같이 TWB 기술은 조그만 소재의 블랭크를 서로 용접 접합하므로 버려지는 스크랩 부분이 적어 수율 면에서 좋다. 또한, 강도가 요구되는 부위와 요구되지 않는 부위에 두께나 재료를 달리할 수 있으므로 재료 선택의 자유도가 높다고 할 수 있다.

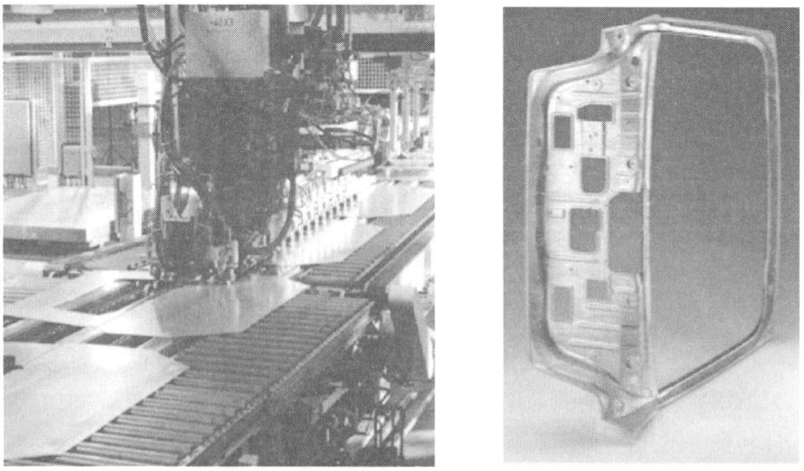

그림 8.3.1 레이저 용접 작업과 TWB 적용 부품

표 8.3.1 자동차 TWB 기술의 특징

구분	종래 일체화 방식 기술	TWB 성형 기술
개략도		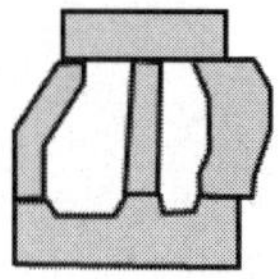
재료 수율	×	◎
재료 선택 자유도	×	◎
패널/금형수	1/4	5/4
외관	○	○
치수정밀도	○	○
강성, 강도	○	◎

(◎ 매우 우수 ○ 우수 × 불리)

8.3.3 TWB 적용 부품

기존의 성형방법에 비해 부품수 감소, 차체 경량화, 제조원가 절감, 품질 향상, 충돌 안전성 향상, 차체구조의 단순화라는 장점을 얻을 수 있다. 응력이 집중되는 부분에 두꺼운 강판을 사용하고 응력 집중이 보다 적은 부분에 얇은 강판을 사용함으로써 최적의 효과를 얻을 수 있는데, 현재 그림 8.3.2와 같은 자동차 각 부위에 TWB 적용 부품이 있다. 그림

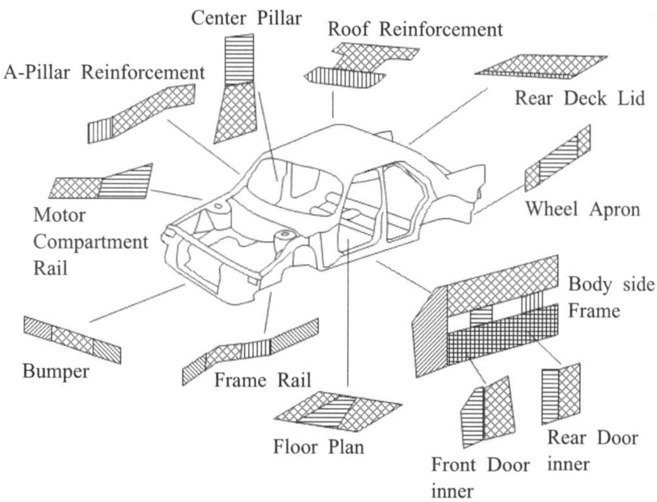

그림 8.3.2 자동차 TWB 적용 부품

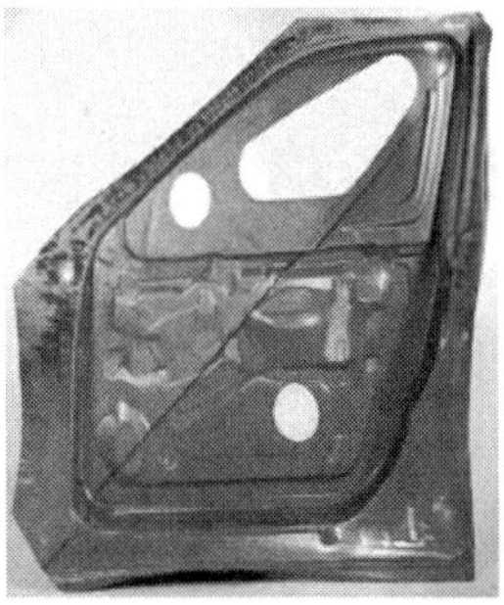

그림 8.3.3 TWB를 적용한 자동차 Door Inner

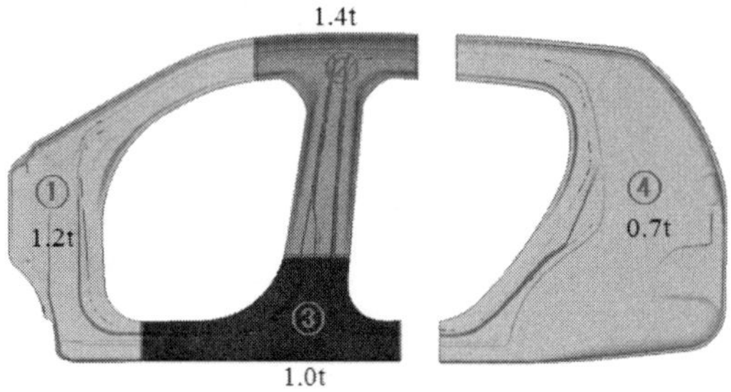

그림 8.3.4 자동차 Side Outer 부품의 TWB 적용

8.3.3과 8.3.4는 TWB를 적용한 자동차 Door Inner 부품과 Side Outer 부품을 보여준다.

8.4 고 에너지 성형 금형

고 에너지 성형법(High-Energy Rate Forming process ; HERF)은 고압을 고속으로 작용시켜서 생긴 고 에너지를 이용하기 때문에 고속 성형법(High Velocity Forming process ; HVF)이라고도 한다. High Energy 발생원에 따라 폭발 성형, 액중 방전성형, 자력성형, Gas성형 등이 있다. 고 에너지 성형법을 이용하면 고장력 합금과 같이 강도가 큰 재료와 형상이 복잡한 것도 1회에 완전 성형이 가능하고 시설비가 비교적 적으므로 제조 수량이 적을 때 유리하다. 그러나 시간당 생산량이 적으므로 대량생산에는 비경제적이다.

8.4.1 폭발 성형법

폭발 성형은 그림 8.4.1과 같이 폭약의 폭발로부터 얻어지는 순간적인 고압을 이용하여 금속 소재나 예비형상(preform)을 성형하는 방법이다. 고 에너지 폭약을 점화시켰을 때의 충격파를 이용하는 방법으로서 Open Die와 Closed Die의 2종류의 방식이 있다. Open Die 방식에서는 폭발로부터 얻은 충격파(shock wave)가 통상 성형에서 펀치의 역할을 한다. 하나의 다이를 설치하고 그 위에 소재를 놓고 일정 거리 위치에 폭약이 매달려 구성된 전체 시스템을 수조에 침적시키거나 물로 채워진 플라스틱 가방을 피가공재 위에 놓고 폭발 성형한다. 보통 상온 폭발 성형에서는 물을, 고온 성형에서는 용융 알루미늄을 매개체로 사용

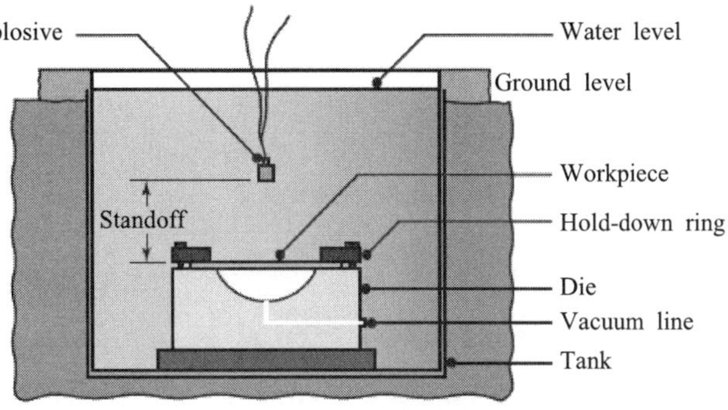

그림 8.4.1 폭발 성형

하고 있다.

Closed Die 방식에서는 두 개 또는 그 이상의 파트로 구성된 하나의 다이로 피가공재를 완전히 구속하여 성형하는 방법으로 박판제품을 정확한 공차범위 내로 성형할 수 있는 장점을 가지고 있다 그러나 이 방법은 비교적 소재의 크기가 작은 제품성형에만 국한하여 사용된다.

8.4.2 액중 방전 성형법

폭약 대신에 10～20 KV의 고압으로 충전된 콘덴서가 대전류로 액중의 전압에서 방전시켜 6～172 KJ의 높은 에너지로 액체를 급격히 가열하면 기화시킬 때 물이 팽창하고 그 충격으로 인하여 성형되는 것이다. 항공기 제작회사 등에서 Forming, Drawing, Blanking 가공 등에 많이 이용한다. 전기 방전 성형(electro spark forming)으로 전기적 에너지를 직접적으로 일로 변환하여 행해지는데, 폭약 대신 전기적 스파크로부터 압력을 얻을 수 있다.

이것은 가공물을 형상에 맞게 성형하는데 필요한 힘을 제공하면서 높은 속도로 불꽃에서 반경방향으로 나아가는 충격파를 생성한다. 다이와 장비의 비용이 저렴하고 에너지 속도는 정확하게 조절할 수 있다. 그림 8.4.2는 액중 방전 성형 공정을 보여준다.

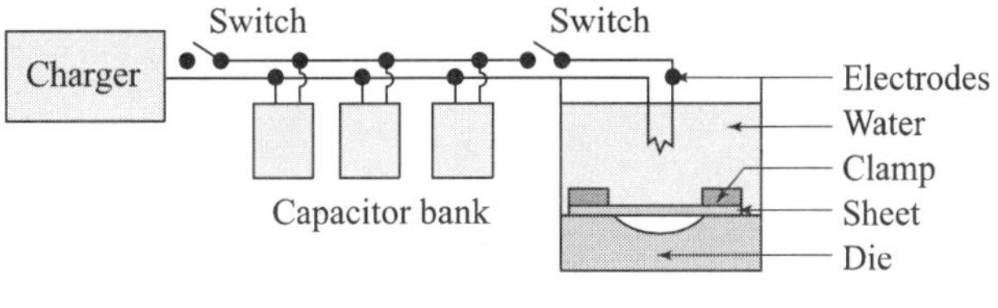

그림 8.4.2 액중 방전 성형

8.4.3 자력 성형법

전기적 에너지를 유용한 일로 변환하는 것으로 고강도의 자기장을 형성하면서 코일을 통하여 저장된 전기적 에너지를 유발시킨다. 이 자기장은 코일 안이나 근처에 있는 전도성의 가공물에 전류를 유도하여 어떤 힘이 가공물에 작용하도록 한다. 이러한 힘은 성형 재료의 탄성한계를 초과할 때 영구 변형을 일으킨다.

도전성이 좋은 가공재에 대해서는 전자력을 이용하여 직접 성형을 하고 도전성이 불량한 가공재에 대해서는 도전성이 좋은 보조 재료를 사용하여 성형한다. 콘덴서에 충전된 고압의 전류를 단시간에 방전할 때 고밀도의 자장이 생겨서 강력한 힘으로 성형하게 된다. 그림 8.4.3은 자력 성형 공정과 제품을 보여준다.

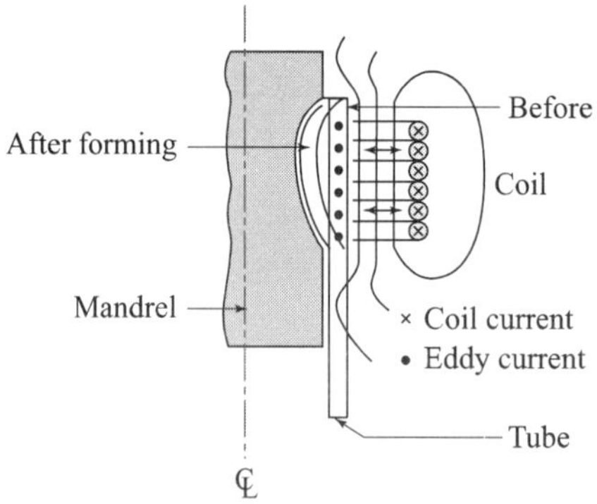

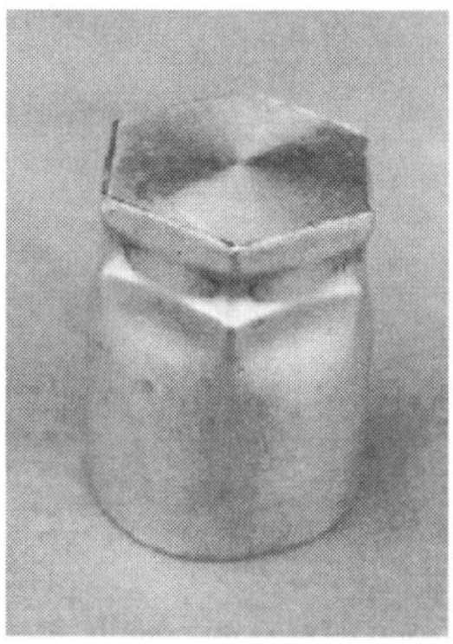

그림 8.4.3 자력 성형

8.4.4 Gas 성형법

고 에너지 연료 Gas에 점화하여 폭발 압력을 이용하는 방법으로서 폭발이 안정되어야 한다. 이러한 연료 Gas에는 H_2, 에탄, 메탄, 천연 Gas 등이 있다.

8.5 스피닝(Spinning)

스피닝(spinning)은 그림 8.5.1과 같이 판재금속이나 주조 혹은 단조에 의하여 만들어진 예비형상으로부터 축대칭형의 제품을 만드는데 이용되는 공정이다. 회전축에 제품형상의 맨드렐(mandrel)과 소재를 고정시켜 놓고 회전시키면서 공구로써 소재를 맨드렐 쪽으로 밀어붙임으로써 점차적으로 성형하는 공정이다. 이 공정에서 변형은 공구와 판재가 접촉하는 부위에서 국부적으로 일어나므로 성형에 필요한 힘이 크지 않으며 공구도 크지 않아도 되는 장점이 있다.

스피닝 과정에서 공구를 수동으로 작동하는 경우를 수동 스피닝, 동력에 이해서 작동하는 경우를 동력 혹은 전단 스피닝(power or shear spinning)이라고 부른다. 공구는 마찰저항을 줄이기 위하여 공구 끝에 롤러(roller)를 달게 되었다. 동력 스피닝은 정밀한 축대칭 제품 즉 탄피 혹은 탄체, 미사일의 앞부분(nose cone), 대형 압력용기 등의 생산에 이용된다. 공구 작동 동력으로서 유압실린더를 이용하는 경우가 많은 이유는 압력의 제어가 용이하기 때문이다. 동력 스피닝은 관의 두께를 감소시키면서 길이를 늘이는 데에도 이용이 되고 있으며 이것을 튜브 스피닝이라 부른다. 그림 8.5.2는 스피닝 공정 제품을 나타낸다.

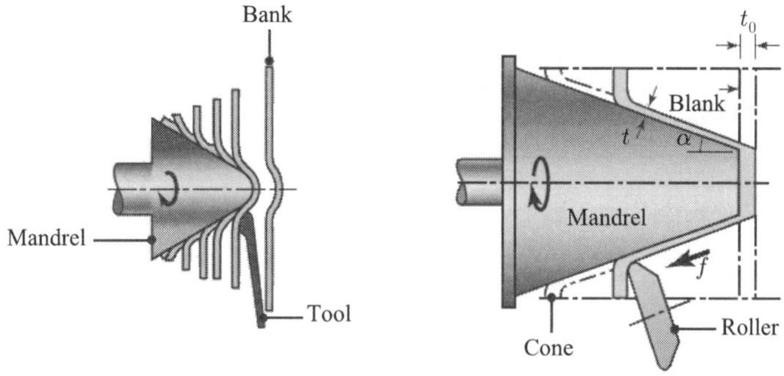

그림 8.5.1 스피닝 공정

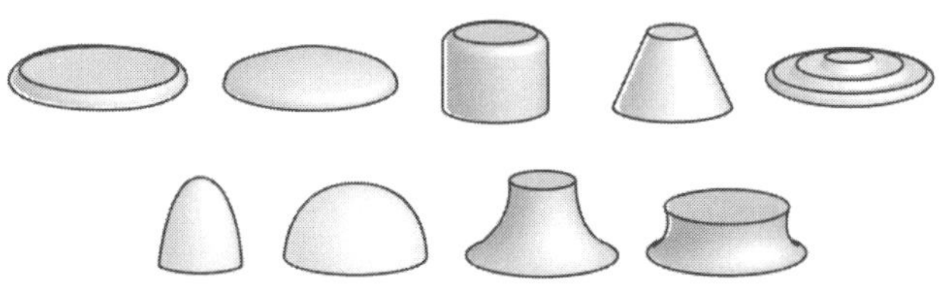

그림 8.5.2 스피닝 공정 제품

8.6 고무 성형 금형

고무성형법에는 고무 등의 흡압재를 내장한 방법, Die 위에 블랭크를 놓고 고무 Die로 가압하는 방법, 고무 대신에 액체를 이용하여 판재를 가공하는 방법 등이 있다. 이러한 고무 성형은 그림 8.6.1과 같이 성형 블록(form block) 위에 소재를 놓고 하강하는 램(ram)에 부착된 고무 패드로 눌러 성형 블록의 외형형상을 따라 성형이 되는 방법으로 소재의 전체 표면에 거의 일정한 압력이 가해지는 특징을 가진다. 고무 성형 방법 중에서 가장 오래된 것이 게린 법(Guerin process)으로 장치가 매우 단순하며 소량 생산에 적합하고 금형 교체가 쉬운 장점을 가진다.

8.6.1 Marform Process

Marform에 의하여 개발된 방법으로 Punch를 아래쪽에, 고무 등의 흡압재를 내장한 Die가 위쪽에 놓여 있다. 이 방법의 특징은 Flange가 작아져 소재 파열의 위험이 적어짐에 따라 모서리 반경을 작게 할 수 있다는 것과 가공 중 Punch의 측면에 수평 압력이 작용하는 것이다.

8.6.2 Guerin Process

게린 법은 현재 쓰이고 있는 거의 모든 유압프레스에 적용할 수 있다. 가장 기본이 되는 구성은 고무 패드와 성형 블록이다. 고무 패드는 아주 연질이며 보통 성형품 깊이의 3배

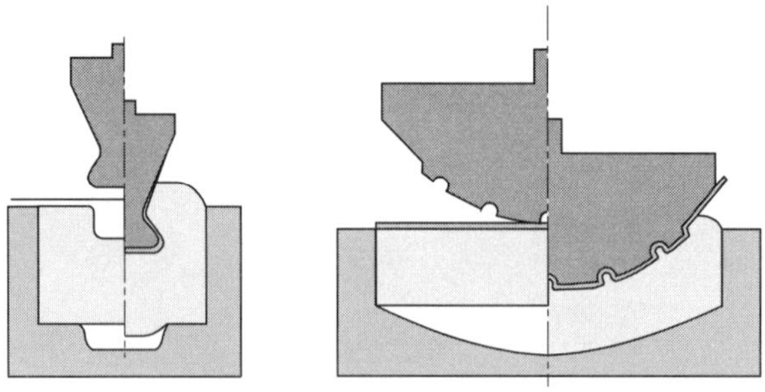

그림 8.6.1 고무 성형 공정

정도의 두께를 가지며 성형 블록은 압반(platen) 위에 올려져서 성형 도중에 고무가 압출되어 나오는 것을 방지하기 위하여 리테이너(retainer)를 설치한다. 보통 성형블록에는 위치핀(locating pin)을 설치하여 소재의 중심을 정확히 설정해 주는 기능을 가지도록 한다. Die 위에 블랭크를 놓고 고무 패드로 가압하여 제품을 얻는 방법으로 특징은 금형비가 싸고 Die를 고정할 필요 없이 놓기만 하면 되나, 소재 지지구가 없어 주름이 생길 수 있다.

Chapter

09

판재 성형 해석
(Metal Forming Analysis)

9.1 판재 성형성 평가 방법

판재의 성형성(formability)이란 벌크(bulk)재의 가공성(workability)과 유사한 개념으로 재료가 네크 및 크랙없이 소성변형 될 수 있는 능력 또는 재료가 상대적으로 소성변형되기 쉬운 정도를 나타내는 것으로서, 강판의 성형 적합여부를 규명하는데 이용되고 있다. 또한 최근에는 스템핑 공정에서 재료가 받는 각각의 변형모드 혹은 혼합된 변형모드를 잘 재현하는 모사시험(simulative test)과 유한요소해석을 이용한 판재의 스탬핑 성형 해석을 활용하여 원인규명에 활발히 적용되고 있다.

9.1.1 인장 시험 평가

프레스 가공의 구성 요소로는 프레스 기계, 금형, 소재를 들 수 있는데 그 중 중요한 인자의 하나가 소재이다. 프레스 가공에서 다루는 소재의 종류는 다양하며 가공성을 평가하는 방법도 컵 드로잉시험(cup drawing test), 장출시험(stretching test), 굽힘시험(bending test), 구멍넓힘 시험(hole expansion test) 등 여러 가지가 있다. 이와 같은 시험법들은 강판의 성형성을 종합적으로 나타낼 수 있는 범용성을 가진 시험방법이 아니며, 관심의 대상이 되는 변형모드(deformation mode)에서 성형능력을 재현하는데 적합한 시험이다. 그러나 이에 비해 현재 전세계의 프레스 가공에 관한 제철소 및 가공업체에서 널리 쓰이고 있는 인장시험(tensile test)은 변형모드에 관계없이 소재의 기본 물성 및 성형성을 평가할 수 있으며 인장시험 결과에서 얻어진 인장 곡선으로부터 재질 특성을 파악하는데 유용한 여러 가지 기계적 특성치(mechanical properties)를 얻을 수 있다.

1) 영율(Young's Modulus, E)

응력-변형률 곡선으로 나타낸 인장특성에서 탄성영역의 기울기를 영율 E로 정의한다. 즉, 탄성변형에서의 응력-변형률간의 관계식 $\sigma = E\varepsilon$의 계수이다. 강의 영율은 일반적으로 21,000 kgf/mm^{2}이며, 영율이 클수록 탄성변형에 소요되는 하중이 많다는 것을 의미한다.

2) 항복강도(Yield Strength, Y_S)

인장 시험 시 탄성에서 소성으로의 천이구간이 분명하게 드러나는 경우는 다음과 같이 항복하중을 초기 시편단면적으로 나눈 값이 항복응력이 된다. 즉,

$$Y_S = \sigma_y = \frac{P_y}{A_0} \tag{9.1.1}$$

그러나 일반적인 강의 인장시험에서 탄성-소성 천이구간이 점진적으로 변하게 되면 항복점을 정확히 찾을 수가 없게 되며 따라서 내력(proof stress)의 개념이 도입된다. 즉, 0.2 % 연신을 나타내는 점에서부터 탄성을 나타내는 직선부와 평행한 선을 그어 하중-변위곡선과 만나는 점에서의 하중을 초기 시편 단면적으로 나눈 것이 0.2 % 항복응력이 된다. 즉,

$$0.2\,\%\,Y_S = \frac{P_{0.2}}{A_0} \tag{9.1.2}$$

인장강도(T_S)는 최대하중값 P^*을 초기단면적으로 나눈 값으로 다음과 같다.

$$T_S = \frac{P^*}{A_0} \tag{9.1.3}$$

3) 연신율(elongation)

인장시험의 하중-변위선도에서 파단까지의 변형률을 총 연신율(total elongation), 최대하중점까지의 변형률을 균일 연신율(uniform elongation) 로 정의한다. 연신율은 강판의 성형성과 밀접한 관계를 가지는 소재 특성치로 일반적으로 그 값이 클수록 성형성이 좋다. 연신율은 항복강도 및 인장강도와 상관성을 가지는데 소재의 항복비(Y_S/T_S)가 작을수록

연신율이 증가한다.

4) 소성이방성계수(plastic anisotropy, r)

판재의 압연 방향과 폭 방향 그리고 두께 방향으로 서로 다른 소성유동 특성을 가진다. 판재가 가지는 이방성은 생산과정에서 받은 압연과 소둔의 반복에 의해서 금속 내부조직이 결정학적으로 방향성을 가지고 배열되어 있기 때문에 기인한다. 판재의 평면 내에서 유동 특성이 다르다면 이는 평면 이방성(planar anisotropy) 또는 직교이방성(orthotropy)이라 부른다. 평면 내에서 방향에 관계없이 특성이 같고 두께 방향으로 유동의 성질만 다르다면 이는 수직이방성(normal anisotropy) 또는 평면등방성(planar isotropy)이라 부른다. 주어진 방향에 대하여 소성이방성은 항상 소성이방성계수 r로 표시되며 인장시험에서 다음 식으로 구해진다.

$$r = \frac{\epsilon_w}{\epsilon_t} \tag{9.1.4}$$

여기서 ϵ_w는 시편 폭방향의 자연변형률이고, ϵ_t는 두께방향의 자연변형률이다. 등방성 재료의 경우에는 모든 방향에서 $r=1$로 변형저항이 방향에 따라 변하지 않음을 의미한다. 판재의 r값이 1보다 크면 두께방향의 변형저항이 큰 재료임을 의미하고 1보다 작은 경우는 두께방향으로의 변형이 쉽게 일어날 수 있음을 의미한다. 판재의 이방성을 실제 판재 성형 시 쉽게 확인할 수 있는 것이 딥 드로잉과 같은 원통 용기를 성형할 때이다. 즉, 판재의 이방성에 의해 성형이 완료된 용기의 높이가 원주둘레를 따라 일정하게 얻어지는 것이 아니고, 방향 별로 용기의 높이가 다르게 나타난다. 이와 같은 현상을 귀(earing)로 부르며 귀 발생은 판재의 평면이방성과 관련이 있다.

5) 가공경화지수(work hardening exponent, n)

성형가공을 받고 있는 부분 중에서 외력이 집중되어 두께감소가 일어나고 있는 부위는 재질이 경화되는 가공경화 특성으로 인하여 더 이상의 변형이 억제되며 보다 연한 인접부위로 변형이 전파된다. 따라서 한 부분으로의 변형이 집중되어 조기에 파단이 생기는 현상을 방지하며 하중을 받는 전체 성형영역에 골고루 변형을 분산시켜 더욱 균일한 두께 감소를 촉진하는 역할을 하게 된다. 가공경화는 미시적으로 보면 금속 내에서 전위들이 축적되고 이에 의해 전위들의 이동이 억제되어 나타나는 현상이다. 변형이 커지면 전위의 소멸,

재배치, 슬립 등에 의하여 가공경화율이 줄어들고 결국에는 두께감소율과 균형을 이루게 된다. 인장시험에서 얻어지는 응력-변형률이 $\sigma = K\epsilon^n$(Holloman의 식)를 따른다고 가정하면 가공경화지수 n은 다음의 식으로 얻어진다.

$$n = \frac{\ln\sigma - \ln K}{\log\epsilon} \quad \text{or} \quad n = \frac{\ln\sigma_1 - \ln\sigma_2}{\ln\epsilon_1 - \ln\epsilon_2} \tag{9.1.5}$$

9.1.2 판재의 성형성 시험

얇은 판을 매끈하고 결함없이 성형할 수 있는가를 시험한다. 이것은 일종의 연성시험이며 인장시험과 같이 1축 상태가 아니고 소성변형으로 평판을 입체화(컵 모양)하기 때문에 응력상태가 복잡하다. 성형 시험법은 코니컬 컵 시험과 같은 Cupping 성형법과 한계 드로잉비를 구하는 Deep Drawing 성형법 등이 있다.

1) 코니컬 컵 시험(conical cup test)

시험편은 원칙적으로 타발에 의한 원판상으로 제작한 것을 사용한다. 압연 방향이 어느 방향인가를 기입해 두고 결과 해석을 참고로 한다. 펀치로 압입하여 바닥이 파단하기까지 원추컵 모양으로 성형한다. 이 때 외경의 최대 최소치를 0.05 mm까지 측정하고 5회 이상 평균값을 코니컬 컵 값(C.C.V)으로 나타낸다.

2) 에릭슨 시험

Die와 주름 누르기 사이에 시험편을 끼우고 펀치가 시험편을 누르기 시작하여 시험편의 후면에 Crack이 나타나는 것을 거울로 확인하고 크랙이 나타나면 작업을 중단하고 펀치가 이동한 거리를 에릭슨 값으로 나타낸다. 펀치의 속도는 0.1 m/sec를 표준으로 한다. 크랙이 생길 때까지 펀치가 이동한 거리를 소수점 이하 2자리에서 반올림한다.

3) 액압 벌지 시험

판상 시험편의 둘레에 액압을 가하여 파단 시 팽창된 높이를 구한다.

4) 한계 드로잉비

박판성형 시험기를 사용하여 여러 가지 지름의 원반 시험편을 준비하고 딮 드로잉 가공이 된 최대의 원반의 지름과 펀치와의 비를 한계 드로잉비(Limit Drawing Ratio ; LDR)라고 하며 그의 역비를 한계 드로잉률이라고 한다.

9.2 판재 성형 해석 방법

9.2.1 이론적 해석

판재 성형 자체에 영향을 주는 인자들의 수가 너무 많고 수학적인 묘사가 어려운 것이 대부분이므로 판재 성형 공정을 정확하게 해석하기는 어렵다. 판재 성형 공정에 대한 연구는 크게 두 가지 즉, 첫째는 판재의 성질을 어떻게 수학적으로 잘 표현하느냐는 것이고 둘째는 성형공정 자체를 어떻게 해석하느냐 하는 것이다. 판재의 성질을 수학적으로 묘사하는 방법 중에서 가장 널리 사용되는 이론은 Hill이 제안한 2차 이방성 항복 함수이다. 재료의 모든 점에서 서로 수직인 3개의 대칭면을 갖는 이방성 재료에 대해서 Hill의 2차 이방성 항복 함수는 다음과 같이 표현된다.

$$
\begin{aligned}
2f(\sigma_{ij}) = \overline{\sigma^2} = F(\sigma_y - \sigma_z)^2 + G(\sigma_z - \sigma_x)^2 + (\sigma_x - \sigma_y)^2 \\
+ 2L\tau_{yz}^2 + 2M\tau_{zx}^2 + 2N\tau_{xy}^2
\end{aligned}
\tag{9.2.1}
$$

여기서 F, G, H, L, M, N 등은 재료의 이방성을 표현하는 상수로서 금속의 종류와 소성 가공된 정도에 따라 결정되는 값이다. 평면 응력 상태에서의 위의 식은 다음과 같이 표현된다.

$$
2f(\sigma_{ij}) = \overline{\sigma^2} = F\sigma_y^2 + G\sigma_x^2 + (\sigma_x - \sigma_y)^2 + 2N\tau_{xy}^2 \tag{9.2.2}
$$

이 식을 다시 수직 이방성에 대하여 나타내면 다음과 같다.

$$
2f(\sigma_{ij}) = \overline{\sigma^2} = \sigma_x^2 + \sigma_y^2 - \frac{2r}{1+r}\sigma_x\sigma_y \tag{9.2.3}
$$

일반적인 판재 성형해석에서는 재료의 성질을 수직이방성으로 가정하여 사용하기 때문에 판재 성형 해석에 위의 식이 널리 사용되고 있다.

9.2.2 판재 성형 해석 방법

판재 성형공정 해석에는 유한차분법, 상계해석법, 유한요소법 등이 있으며 이들 방법 중에서 유한 요소법이 가장 널리 사용되고 있다. 판재 성형 공정을 유한 요소법으로 해석하는 데에는 크게 3단계로 구분할 수 있는데 전처리 과정, 성형해석, 후처리 과정이다.

1) 전처리 과정(pre-process)

① 성형용 금형의 형상 묘사

성형하고자 하는 제품의 형상을 성형해석에 필요한 금형형상으로 변환한다. 이 형상으로부터 실제 성형에 사용될 다이, 펀치, 블랭크 홀더 그리고 드로우 비드의 형상을 결정하게 된다.

② 성형용 판재의 유한 요소 격자망 구성

제품의 성형에 사용될 블랭크의 형상과 크기를 결정하고 결정된 블랭크에 대하여 유한 요소 격자망을 구성한다. 이때 격자의 크기가 작을수록 그리고 격자의 수가 많을수록 성형 해석결과는 정확해지나 해석에 소요되는 계산 시간은 급격히 커지므로 자신의 컴퓨터에 맞는 적정 수준의 격자수와 크기를 선택한다.

③ 판재의 물성치 입력

제품의 성형에 사용될 판재의 물성치 즉, 항복점, 인장곡선, 이방성 계수, 마찰특성, 두께, 성형한계선도 등을 입력한다.

④ 경계 조건 입력

제품 성형에서의 여러 가지 조건들 즉, 펀치의 속도 곡선, 펀치의 행정, 블랭크 홀더의 가압력 등의 값들을 입력하여 준다.

2) 성형 해석(forming analysis)

① 재료의 물성치 묘사방법

성형 해석에는 주로 상용 해석 소프트웨어가 사용되는데 재료의 성질을 묘사하는 방법에 따라서 다른 특성들을 보인다. 재료의 물성치를 묘사하는 방법에는 재료의 탄성변형과 소성변형을 모두 고려한 탄소성 프로그램과 탄성변형 성분을 무시한 강소성 프로그램이 있다. 판재 성형 해석에는 탄소성 프로그램이 주로 사용되며 강소성 프로그램은 단조, 압연 등의

해석에 주로 사용된다.

② 컴퓨터 프로그램 종류

성형 해석을 하는 도중에 변형 속도를 적분할 필요가 있는데 적분하는 방법에 따라 Implicit Code, Explicit Code로 구분한다. Implicit Code는 성형 해석의 결과를 구하기 어려우나 일단 구하여진 결과는 정확성이 뛰어나다. 그리고 Explicit Code는 거의 모든 경우에 대하여 해석이 가능하나 해석결과의 정확성은 Implicit Code에 비하여 떨어진다.

3) 후처리 과정(post-process)

① 해석결과 출력

성형에 필요한 펀치 하중과 변형률 분포, 성형 형상 등을 그래프와 3차원 형상으로 출력한다. 성형 하중에 대한 결과로부터 성형에 사용할 프레스의 용량을 결정한다. 성형 해석결과의 성형 형상과 변형률 분포 그리고 변형률을 성형한계도와 비교하여 나타낼 수 있다.

② 성형 형상의 적정성 판단

제품 성형해석결과에서 원하는 형상대로 잘 성형되었는지를 판단하여 금형의 형상이나 재질 선정에 사용한다. 성형 형상에 영향을 미치는 인자로는 스프링 백과 주름 등이 있다. 성형 해석된 형상을 3차원으로 나타내어 주름 등의 발생 여부를 판단하며 성형 후 스프링 백의 양에 대하여서도 해석하여 형상 동결성에 대하여서도 재료의 적정성을 판단한다.

③ 성형한계도를 이용한 가공 불량 예측

성형에 사용된 판재의 성형한계도 상에 각 부위의 변형률 상태를 나타내어 위험 정도에 의한 가공 불량의 발생여부를 판단한다. 취약부의 변형률이 성형한계도 윗부분에 존재하면 파단이 발생하고 있음을 나타낸다. 이 결과로부터 재질의 변경이나 금형 형상의 변경 등의 조치가 필요함을 알 수 있다. 그림 9.2.1은 자동차 Fender 부품을 보여주고, 그림 9.2.2는 자동차 Tailgate 부품을 보여준다.

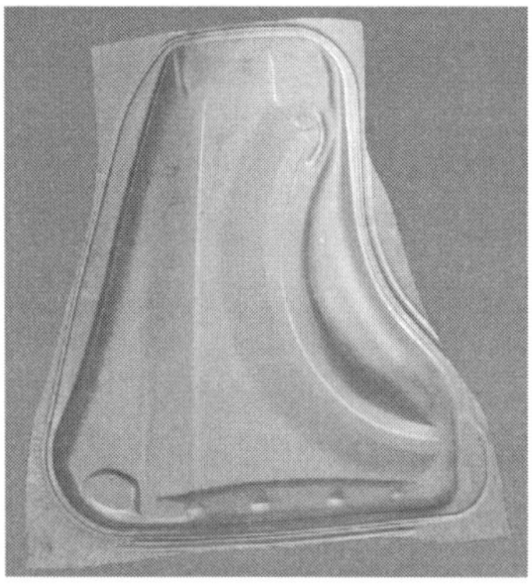

그림 9.2.1 Fender 부품

그림 9.2.2 Tailgate 부품

9.3 판재 성형 해석 사례

9.3.1 개요

판재 성형 해석은 상용 패키지 소프트웨어를 이용하여 제품 설계 단계에서 성형 가능성 평가, 금형 공법에 대한 성형성 평가, 트라이아웃 단계에 대한 성형성 평가, 스프링 백 및 자동 금형 보정, 시제품 제작시 품질 불량, 치수 정밀도 오차 등의 문제점을 미리 평가하여 수정 보완할 수 있다. 즉, 판재 성형해석 전용 프로그램을 사용하여 금형설계 제작 및 금형 트라이아웃으로 발생하는 문제를 사전에 성형성 평가를 수행하여 금형설계 및 제작 시에 수정 보완할 수 있어서 최종적으로는 원가 절감 효과를 얻을 수 있다.

9.3.2 판재 성형해석 절차

그림 9.3.1은 판재 성형해석 절차로서 ① 기존 성형제품 입수 ② 스캐닝 수행 ③ CAD 모델 생성 ④ CAE 해석 모델 작성 ⑤ 해석 수행 및 결과 분석 등의 판재 성형해석 절차를 살펴보면 다음과 같다.

1) 기존 성형제품 입수

기존에 성형된 제품을 입수하여 스캐닝 준비를 한다. 성형된 제품은 주로 드로잉 성형이

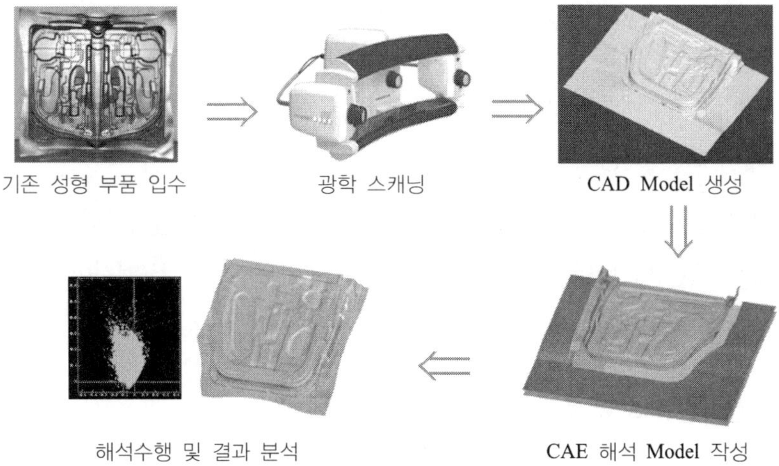

그림 9.3.1 판재 성형해석 절차

끝난 후의 성형 부품을 말하는 것으로 공정별로 성형해석이 필요하다면 공정별 부품을 입수하거나 최종 제품을 입수하여 공정을 구성하여 성형해석을 수행할 수도 있다.

2) 스캐닝 수행(레이저 스캐닝, 광학 스캐닝)

스캐닝은 카메라가 달린 광학식 스캐닝과 그림 9.3.2와 같이 레이저를 이용한 레이저 스캐닝을 사용하여 스캐닝 할 수 있다.

3) CAD 모델 생성

모기업으로부터 받은 제품도 CAD 모델이 있다면 별도로 위와 같은 스캐닝을 할 필요가

그림 9.3.2 3차원 레이저 스캐너 장비

없다. 제품도 CAD 모델이 없을 경우에 스캐닝에 의해서 얻은 데이터를 CAD 모델로 사용한다.

4) CAE 해석 모델 작성

CAE 해석 모델은 판재 성형해석을 수행하기 위한 실제 금형을 모델로서 제작하는 것으로 복잡한 금형, 펀치와 다이 형상 등 금형 부품에 대한 유한요소 메시(mesh)를 구성할 때 세밀한 묘사가 필요하고, 이것이 더욱 정확도를 높일 수 있다.

5) 해석 수행 및 결과 분석

제품 데이터, 제료 물성, 판 두께 등을 이용하여 초기 블랭크를 예측할 수 있으며, 제품의 성형가능성을 평가할 수 있다. 또한, 드로잉 공정에서부터 플랜지 공정 등의 전 공정해석에 대한 성형성 평가 및 스프링 백 해석을 수행하여 각 단계에서 제품 성형불량 및 치수 정밀도를 평가하여 최적 제품생산을 위한 판재 및 금형 조건을 평가하여 결과를 분석할 수 있다. 그림 9.3.3은 자동차용 강판을 이용한 자동차 차체 구조를 보여준다.

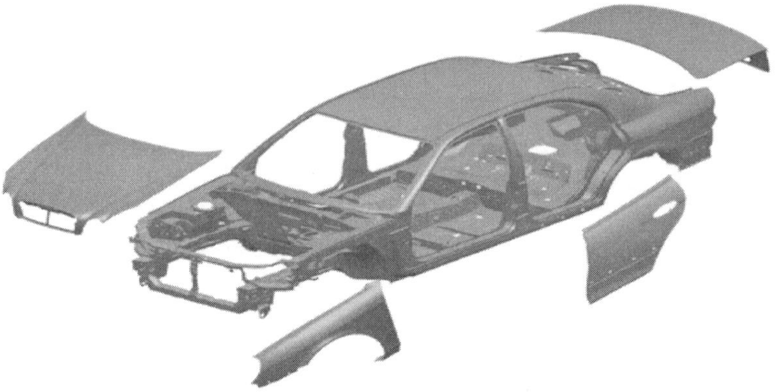

그림 9.3.3 자동차용 강판을 이용한 자동차 차체 구조

9.3.3 판재 성형해석 사례

1) 판재 성형해석 모델

판재 성형해석을 위해서는 블랭크 소재 물성에 대해 인장시험에 의해 얻은 데이터를 입력해야 한다. 소재 물성은 일반적으로 기본적인 물성 데이터가 필요하다. 아래에 일반적으

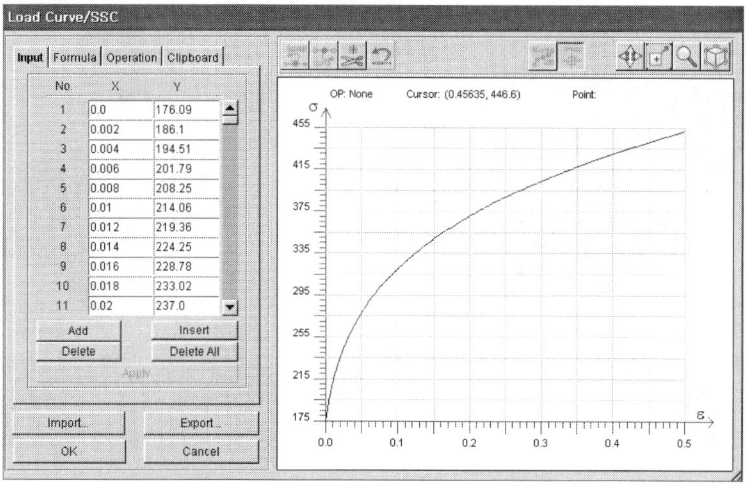

그림 9.3.4 판재 소재 물성 데이터 입력 예(Pam-Stamp)

로 사용되는 소재 물성에 대해 나타낸다. 그림 9.3.4는 소재 물성 데이터를 입력한 예를 나타낸다.

- 소재 밀도(density) = 7.8 e − 06 kg/mm^3
- 영률(Young's Modulus) = 206 Gpa
- Poison's Ratio = 0.3
- Thickness = 1.0 mm
- Stress-Strain Curve(Krupkowsky Model) $\sigma = K(\epsilon + \epsilon_0)^n$
- $K = 0.5653$ GPa, ε_0 : 0.007117, $n = 0.2589$
- 이방성 계수(anisotrophy coefficient) $R_0 = 1.79$, $R_{45} = 1.51$, $R_{90} = 2.27$

블랭크 홀더력 등 프레스 및 금형 등의 공정 조건에 대한 입력이 필요하다. 또한 블랭크와 다이, 블랭크와 펀치, 블랭크와 블랭크 홀더 등이 접촉되어 성형이 되므로, 접촉면의 거칠기와 윤활에 의한 마찰계수가 중요하다. 일반적으로 윤활일 경우 0.1 이하를 주기도 하는데, 여기서는 0.12로 하였다. 그림 9.3.5는 레일 모양의 판재 성형해석 금형 모델을 보여주고, 그림 9.3.6은 구형상의 판재 성형해석 금형 모델을 보여준다.

해석에 사용된 성형조건은 다음과 같다.

- BHF(Blank Holding Force) = 1,000 kN
- Friction Coefficient = 0.12
- Stamping Velocity = 5 m/sec

그림 9.3.5 레일 모양의 판재 성형해석 금형 모델

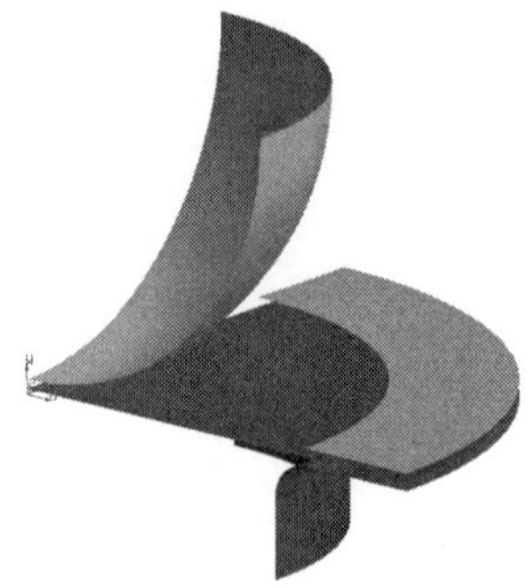

그림 9.3.6 구형상의 판재 성형해석 금형 모델

2) 판재 성형해석결과

그림 9.3.7은 레일 모양의 판재 성형해석결과를 보여주고, 그림 9.3.8은 구형상의 판재 성형해석결과를 보여준다. 그림 9.3.7에서 왼쪽은 FLD선도 상에 각 부위의 변형량을 표시한 것으로 10 % 여백의 FLD 선도 가까이까지 변형량을 보이고 있음을 알 수 있고, 오른쪽에는 플랜지부에 주름이 다수 발생하고 있음을 알 수 있다. 그림 9.3.8에서 블랭크 판 두께가 1 mm일 경우에 성형해석결과 각 부위의 두께 변화를 알 수 있다.

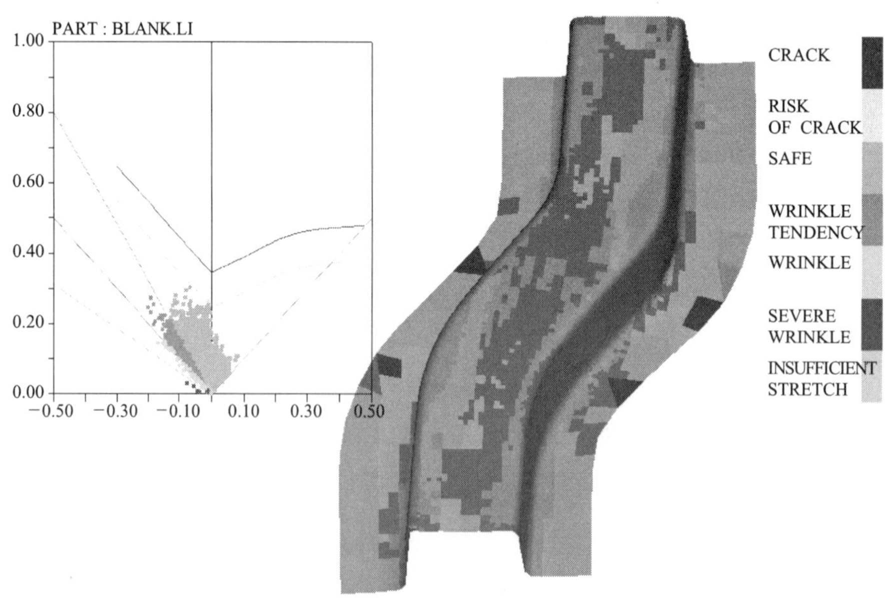

그림 9.3.7 레일 모양의 판재 성형해석결과

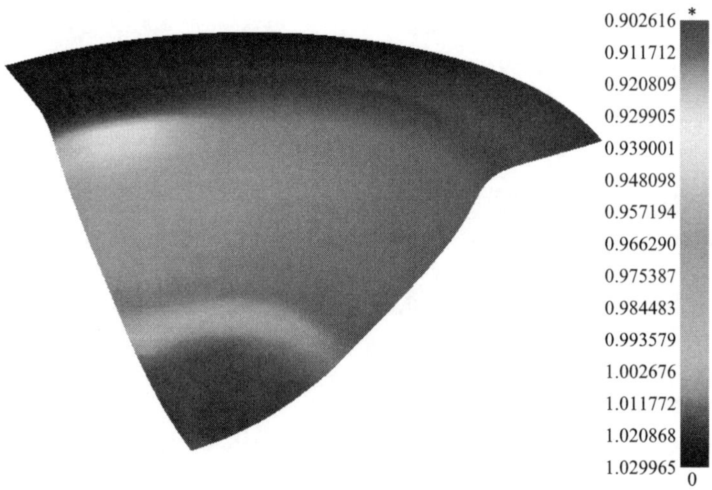

그림 9.3.8 구형상의 판재 성형해석결과

9.4 프레스 금형 설계 시 검토 항목

9.4.1 제품도 검토 항목

① 도면대로 제품가공이 가능한가?

- 공차(정밀도)는 가공 가능 및 경제성 면에서 용이할 것.
- 가공 가능한 형상일 것.
- 금형 가공상 문제가 없을 것.
- 제품의 버어는 가공이 용이할 것.
- 판금 작업시 변형이 없을 것

② 판금 작업에 필요한 설비는 있는가?

- 알맞은 프레스가 있을 것.
- 코일(coil)재 사용시 프레스 부속설비(에어 피딩 장치 등)가 있을 것.

③ 공차 범위는 적당한가?

- 필요 이상의 정도는 수정할 것.
- 금형제작에 용이한 공차 범위일 것.

④ 배열 관계는 좋은 현상인가?

- 전개 후 형상을 고려할 것.
- 불필요한 공간을 없앨 것.

⑤ 버어 방향의 지시는 적당한가?

- 버어방향의 지시를 확인할 것.
- 지시된 방향대로 가공이 용이할 것.

⑥ 귀(ear)의 크기는 지시되어 있는가?

⑦ 금형이 제작하기 쉬운 형상인가?

- 금형부품에 약한 곳이 없을 것.
- 금형제작에 어려운 점이 없을 것.
- 금형구조상 적당한 형상일 것.

⑧ Progressive Die 금형 제작의 경우 제품 형상에 문제는 없는가?

- 파일럿 구멍 선정이 용이할 것.
- 밀핀(ejector pin) 설치가 용이할 것.
- 제품 추출이 용이할 것.
- 최종 절단이 용이할 것.

⑨ 가공성과 제품 기능을 동시에 만족하는 재료인가?

- 박판(0.3 t 이하)을 이송(feeding) 시에 또는 제품 취출 시에 변형 및 버어에 주의할 것.
- 도금 기준에 주의할 것.
- 연질재는 휨에 주의할 것.
- 경질재는 금형 인선부의 마모 및 파손에 주의할 것.
- 후판은 금형 인선부의 마모 및 파손에 주의할 것.

⑩ 가공성과 제품기능을 만족하는 보다 값싼 재료는 없는가?

- 도금까지 감안하여 생각할 것.
- 1종, 2종 등 재질의 선택이 적당해야 할 것.
- 좀 더 얇게 될 수 있도록 할 것.

⑪ 재료 종류의 질별 구분은 어떠한가?
- 벤딩 또는 드로잉 할 때 재료의 제작처(maker)를 변경하지 말 것.
- 연질, 반경질 등이 경도 구분은 어떠한가?

⑫ 재료 두께의 변화는 문제되지 않는가?
- 제품의 기능을 고려할 것.
- 제품의 가공성을 고려할 것.

⑬ 재료의 시장성은 좋은가?
- 제작처에서 대량으로 생산되는 재료일 것.
- 제작처의 규격은 재료구격을 만족할 것.
- 제품납기가 사내요구에 만족할 것.

⑭ 치수관리에는 문제가 없는가?
- 측정기구를 고려할 것.
- 치수측정이 용이할 것.
- 측정오차를 고려할 것.

⑮ 도금상의 문제는 없는가?
- 도금 때문에 벤딩 각도의 변형은 없어야 할 것.
- 도금 얼룩이 생기지 않아야 할 것.

⑯ Tapping 및 Spot 용접은 하지 않으면 안되는가?

9.4.2 공정도 검토 항목

① 이송은 용이한가?
- 밀핀의 배열이 좋을 것.
- 이송 시에 걸리는 곳이 없을 것.
- 돌출부와 버링(burring) 및 벤딩 부위를 피난하는 홈은 가공되어 있을 것.

② 제품 취출은 안전한가?
- 스크랩과 제품의 분리를 고려할 것.

- 에어(air)를 사용하지 않고 제품을 취출할 수 있는지를 고려할 것.

③ 스크랩(scrap)의 회수는 간단한가?

④ 치수 정도는 만족 되는가?

- 피치 정도가 필요한 곳은 동일 스테이지(stage)에서 가공할 것.
- 벤딩 각도는 재질, 판 두께 변화, 금형 마모가 있어도 만족하도록 할 것.
- 평행도, 평면도 및 진원도를 만족할 것.

⑤ 외관 문제는 없는가?

- 이중절단 방법이 적정할 것.
- 변형이 생기지 않을 것.
- 휨이 발생하지 않을 것.
- 버링 구멍이 터지지 않을 것.

⑥ 절단하기 좋은가?

- 클리어런스(clearance)가 적당할 것.
- 재질 선택과 열처리 지정이 알맞을 것.

⑦ 금형구조 선택은 좋은가?

- 비용, 품질로서 적당한 구조일 것.
- 제품수명을 만족 할 것.

⑧ 금형 구조상 동작 상태는 양호한가?

- 금형의 강도는 충분할 것.
- 불합리한 동작부분은 없을 것.

⑨ 안전성은 고려되었는가?

- 미스 피드(miss feed)를 방지할 것.
- 안전 커버를 부착할 것.
- 20 kg을 넘는 금형부품에는 운반용 Tap을 가공할 것.

⑩ 블랭크 레이아웃 (blank layout)을 좋게 했는가?

- 이송간의 잔폭을 최소로 할 것.

- 블랭크 레이아웃이 좋게 배열될 것.
- 배열과 제품기능을 생각해서 형상 변경을 고려할 것.

⑪ 기능에 따라 각 부품이 작용 되겠는가?
⑫ 금형에 조정봉을 설치하지 않아도 스트로크 조정이 용이한가?
⑬ 조립 치공구의 확인을 했는가?
⑭ 유사 제품의 문제점은 개선했는가?

9.4.3 금형 구조 및 성능 검토 항목

① 공정순위는 적당한가? 후 공정의 작업성은 고려되었는가?
② 시간당 생산수량은 적당한가?
③ 금형구조는 생산량에 맞는 구조인가? 재료 이용률은 좋은가?
④ 제품 취출과 Slug 처리는 쉽게 되어 있는가? Scrap 상승 방지책은 세워져 있는가?
⑤ 각 공정에서 자동화는 가능한가? 금형의 단납기 수단은 강구되어 있는가? 무인화가 가능한가?
⑥ Gauge에 무리는 없는가? Guide부의 마모 대책은 세웠는가?
⑦ 재료이송 삽입이 용이한가?
⑧ 금형 높이는 적당한가?
⑨ 제품정도를 유지할 수 있겠는가? 클리어런스는 적당한가?
⑩ 제작에 무리는 없겠는가?
⑪ 쉬운 구조로 될 수 있는가?
⑫ 조립상의 문제는 없겠는가?
⑬ 사용 프레스에 적당한가? Stroke의 조정관계는 되어 있는가?
⑭ 급유 방식은 맞게 되어 있는가?
⑮ 가이드 포스트, 가이드 부시의 크기 및 수량은 적당한가?
⑯ Cushion Pin의 위치 및 힘은 적당한가?
⑰ Press에 Setting 방법은 좋은가?
⑱ Block의 위치 및 크기는 적당한가?
⑲ 밀림의 방지책은 세워졌는가?
⑳ 부품의 체결부는 원만한가?

㉑ 재료 이송선(feed line)은 알고 있는가?
㉒ Slide 방식은 좋게 되어 있는가?
㉓ Press 부속설비 이용은 되었는가? Knock Out의 방법은 좋은가?
㉔ 금형의 보관 및 이동상에 문제는 없는가? 금형의 마모시 대책은 세워져 있는가?
㉕ 안전 S/W는 필요한가?
㉖ Pilot 방식 및 수량은 좋게 되었는가? Pilot와 각각의 펀치길이는 알맞은가?
㉗ 최종 절단에 문제는 없는가?
㉘ 재료 이송방법은 좋은가?
㉙ Ram의 구조는 타당성 있게 되어 있는가?
㉚ Lifter의 배열은 좋은가? 공기 구멍은 뚫려 있는가?
㉛ 제품의 중요 Point는 알고 있는가?
㉜ 후 공정에서 변형발생은 없겠는가?
㉝ Pilot는 내장형인가? 외장형인가? 제품의 위치결정은 안정적인가?
㉞ 제품의 진원도, 평탄도, 직각도는 만족 되겠는가?
㉟ 재료 폭의 변화를 알고 있는가?
㊱ 힘은 계산되었는가? 전개장의 문제는 생기지 않겠는가?
㊲ 스프링 사용량과 길이를 계산했는가?
㊳ 펀치, 다이의 고정방법에 이상은 없겠는가? 분할 방법은 좋은가?
㊴ Air의 사용은 필요한가?
㊵ 위험 돌출부는 없는가?
㊶ 버어의 제거 방법은 고려되었는가? 버어 방향대로 설계되어 있는가?
㊷ 금형의 보수성은 좋은가?
㊸ 제작시 NC기계의 이용도는 좋은가?
㊹ 금형은 예산 범위 내에서 제작 되었는가?
㊺ 용접 변형을 방지 했는가? 누적공차 발생 시에 방지책은 세워져 있는가?
㊻ 강도는 충분한가? 제품의 치수가 내측인가, 외측인가에 따라 감안되어 있는가?
㊼ 프레스 작업의 안전성은 고려되었는가? Quick Die Change(QDC) 장치의 이용은 되어 있는가? 프레스에 걸리는 힘의 균형은 잡혀있는가?
㊽ 재질에 따른 변형문제는 없겠는가? 부품의 재질과 열처리는 적당한가? 와이어 커팅 가공 시 Start Hole의 위치는 적당한가? 와이어 커팅 가공 시 변형은 고려되어 있는가?

㊾ 제품의 용도와 기능이 만족되겠는가? 버링 시 Tap의 높이는 나오겠는가? 버링 펀치의 Slug처리 방안은 삽입 되었는가?

㊿ 표준 구매품 이용이 가능한가?

9.5 프레스 작업 현장의 낭비 사례

프레스 작업 현장의 낭비사례는 다음과 같이 생각할 수 있다.

① 공구대의 정리정돈 미비
공구를 정위치하여 필요한 때에 찾아서 사용

② 금형 교환 시간의 단축 미비
Auto Clamping 장치로 개선

③ 금형내 풀 프루프 (fool proof)장치
가이드 핀을 설치하여 블랭크가 뒤집어 놓이지 않게 개선하고, 금형 조립 시(상형과 하형)에 가이드 포스트의 직경을 좌우에 달리하거나 위치를 달리하여 상형이 반대로 조립될 수 없게 한다.

④ 재료의 이용률 향상
금형 Layout 개선 — 최소한의 여유폭과 잔폭 결정

⑤ 운반작업 개선
금형 부품 가공 시 각 부품마다 공정작업이 다르므로 각 가공기계로 이동시켜 가공작업을 진행한다. → 가능한 운반 길이가 작게 가공설비의 Layout 배치가 필요하다.

⑥ 대기 시간의 단축
가공기계의 가동률을 향상시키기 위해 Neck 가공기계에 대한 작업시간을 조사하여 Neck 가공기계의 물량이 과다할 때에는 그 가공기계를 1대 더 추가 설치하든지, 외주 가공기계를 활용한다.

⑦ 프레스 다이 하이트의 통일, 클램핑 높이 등의 표준화 미비로 발생

⑧ 금형 표준화 미비

⑨ 금형 설계시간 과다

⑩ 금형 구조개선 및 성형 공법 개선

⑪ 프레스 가공재료 관리방법의 개선
Sheet, Coil재에 마크를 하여 관리
⑫ 제조 공정의 표준화
⑬ 재고의 감소
⑭ 기업 내의 정보처리 개선
⑮ 품질개선 준비 작업 중 조정의 감소로 인한 품질개선
⑯ 안전성 향상

9.6 판재 금형 표준화

9.6.1 표준화의 목적

CAD에 의해 금형을 설계 제도한다는 것은 기억력이 좋고 계산은 빠르지만 CAD를 효과적으로 활용하는 것은 초보자인 설계자에게 자신과 동일한 정도의 일을 시키는 것이라고 생각하면 된다. CAD/CAM 시스템에 있어서는 사람의 뇌에 상당하는 부분에 중앙연산장치가 있으며 이곳에서 데이터베이스 내의 정보를 꺼내고 처리하며 이 데이터베이스 내에 축적된 정보는 전부 어떠한 형태로 표준화된 것이다. 따라서 CAD/CAM은 표준화 위에 성립되어 있다고 해도 과언이 아니며 데이터베이스 내의 데이터는 공통으로 이용할수록 효과가 크기 때문에 총합적인 표준화가 필수적이다. 금형제작과정에서 설계자 및 제작자는 대단히 많은 선택이나 판단을 하고 있다. 데이터는 수치화함으로써 공통화가 가능하고 기업 내 전체의 레벨링이 가능해 진다.

9.6.2 표준화의 진행방법

1) 정보 수집과 정리

만일 과거의 실적이 없거나 새로이 규격을 만들거나 도입하는 경우 관리 서클(계획 PLAN → 실행 DO → 검토 CHECK → 수정 ACTION)을 시행하고 규격화하여야 한다. 표준화는 개개인이 가지고 있는 정보 하나하나의 사례에서 공통사항을 끄집어내는 것으로서

재현성이 높은 규칙이나 수치를 찾아내는 것이다. 이들 정보는 각각의 담당자가 시행착오나 고생 끝에 얻는 것이며, 또한 모은 정보를 정리할 필요가 있다. 즉, 흐트러진 상태에 있는 것을 바르게 하고 불필요한 것을 제거하여 정리한 후 사용하기 쉬운 상태로 유지하는 것이 필요하다.

2) 사내규격의 작성

규격의 양식, 도면 작성방법, 용어, 작업공구 등이 타부분과의 공통성이 없다면 불편하며 후에 큰 장애가 된다. 사내에서 규격을 제정하는 경우는 사내의 정식 규격인 것이 명확해야 하며 한국공업규격(KS)과 동일하게 생각하여야 한다.

3) 금형제작의 시스템화

금형제작에 CAD/CAM을 도입하는데 관계되는 각각의 업무를 표준화할 뿐 아니라 금형제작 전체를 하나의 규칙에 따라 진행하여야 한다. 우선 생각하여야 할 것은 어떤 제작공정으로 작업을 진행하는가 하는 프로세스의 설계이다. ① 어떠한 금형을(금형의 종류와 정밀도) ② 어느 정도(생산액 또는 생산량) ③ 어떠한 설비(종래 설비와 도입예정 설비) ④ 어떠한 사람(인원수, 조직) ⑤ 어떻게(생산 프로세스) 만드는가를 생각하고 결정한다. 이 프로세스가 기업마다의 승부이고 프로세스의 설계야말로 경영에 직결되는 가장 고도의 설계이다. 동일한 금형구조, 부품형상이라도 가공공정은 각각 기업 제작 시스템에 따라 크게 달라진다.

4) GT화

제품을 구분하는 방법으로 그룹 테크놀리지(GT)가 있다. 기업 내의 GT화는 현재 또는 가까운 장래에 생산할 가능성이 있는 제품에 대해서 ① 제품의 크기 ② 판 두께 ③ 형상 및 가공 공정 ④ 생산량을 각각 4～10 종류로 구분하면 좋다.

GT화의 효과는 다음과 같다. ① 정보의 표준화 ② 정보를 찾는 것이 용이 ③ 생산방법의 선택과 라인화 ④ 개선의 파급효과 ⑤ 기업방침 결정의 지침을 세우기 쉽다. 표준화는 목표달성을 위한 도구이며 목표달성에 맞지 않는 표준화는 할 필요가 없다. 무리하게 사용하는 것이 아니고 편리하므로 사용한다는 것이 이상적이다.

9.6.3 금형구조의 표준화

1) CAD/CAM과 금형구조의 표준화

금형의 CAD/CAM을 진척시키는 경우 기본이 되는 금형구조를 표준화하여야 한다. 따라서 구조의 표준화를 진척시키는 경우는 그 때까지 만들어 왔던 금형을 중심으로 종래의 설비나 기술을 살린 형으로 사내에서 자신들이 만들지 않으면 안된다. 타사의 예를 참고로 하는 것은 좋으나 그대로 채택하여서는 안된다.

2) 표준형 구조

프레스 금형의 종류는 각각 독특한 기능을 가지며 구조도 상이하여 단공정형, 복합형, 프로그레시브형, 트랜스퍼형 등으로 분류한다. 여기서 단공정형은 타발형, 굽힘형, 성형형, 드로잉형, 압축형 등으로 나눈다.

3) 유닛화(unit)

구조를 표준화하는 것만으로는 치수가 정해져 있지 않고 추상적인 개념에 불과하기 때문에 구체적인 수치를 뒷받침하고 활용하는 것이 유닛화이다. 동일한 금형구조라도 각 크기마다 유닛(unit)으로 통합한다. 금형을 구조별로 유닛화하여 등록해 두면 코드 번호로 유닛을 호출하는 것만으로 여러가지의 정보가 자동적으로 즉시 얻어진다.

유닛화는 범용성이 있고 반복 사용할 가능성이 많은 것으로부터 순차 작성, 코드 번호를 붙여 등록해 나간다. 금형구조를 하나의 유닛으로 할 수 없는 프로그레시브 금형 등은 제품마다 상이한 부분을 개별 유닛으로 합쳐서 표준화시켜 두면 일괄처리를 할 수 있어 편리하다. 주요 부분 유닛으로는 ① 원형 피어싱용 유닛 ② 가동 스트리퍼용 스트리퍼 볼트 및 스프링의 유닛 ③ 가이드 포스트와 부시의 유닛

4) 금형부품의 표준화

금형부품의 표준화는 일반적으로 널리 알려져 있고 시판부품으로서도 널리 유통되고 있으며 이용되고 있다. 표준부품의 규격으로서 다음과 같은 것을 생각할 수 있다. ㉠ 국제 규격(ISO) ㉡ 국내 규격 ㉢ 단체 규격 ㉣ 기업 내 규격 ㉤ 개인 규격 등으로 이들 규격은 대별하면 기업 외의 것과 기업 내의 것이 ① 프레스용 플레이트 ② 표준 원형 펀치 ③ 다이세트 등이 표준 프레스 금형부품으로서 사용되고 있다.

5) 표준화 이점

금형은 가능한 한 적은 비용으로 빨리 안정된 품질을 얻을 수 있기를 바라며, 이러한 목적에 부응하기 위해 금형구조, 사용되는 부품 및 설계조건의 통일을 이루는 표준화를 하는 것이 좋으며 표준화 시에 얻을 수 있는 이점은 다음과 같다.

① 생각하는 시간이 적어진다.

② 부품의 호환성이 높아 품질이 안정된다.

③ 부품의 구입이 빨라져 금형 제작기간을 단축할 수 있다.

④ 개인차, 숙련도의 차가 적어진다.

⑤ NC 공작기계의 이용이 쉬워진다.

⑥ 금형의 수리시간을 단축할 수 있다.

9.6.4 표준화의 종합 효과

1) 회사의 표준화 추진

표준화는 단순히 형상이나 치수를 통일하는 것만이 아니라 생각방식, 판단방법에 이르기까지 CAD/CAM을 추진해 나가는 과정에서 표준화의 본질을 알게 된다. 프로세스를 표준화하고 결과를 변화시키는 표준화의 진수는 CAD/CAM을 통해서 절실히 실감할 수가 있고 개인차, 착오, Try and Error의 반복 등과 같은 불확정 요소를 적게 할 수 있다.

2) 금형제작 시스템의 개선

3) 인재의 확보

4) 신뢰성 향상

① 납기가 정확해진다.

② 품질이 안정된다.

③ 코스트의 변동이 적어진다.

5) 기업체질의 개선

6) 시대에의 대응

7) 기업의 경쟁력 강화

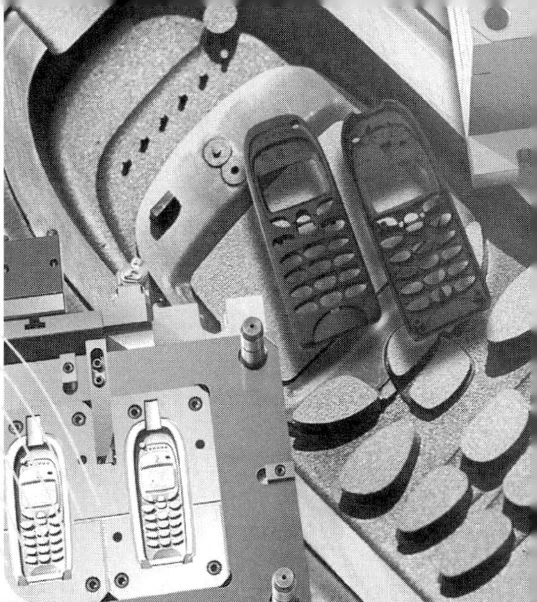

3 PART

체적 성형
Bulk Metal Forming

Chapter 10. 단조가공(Forming)

Chapter 11. 준축대칭 제품의 냉간단조 공정설계 및 금형설계(I)

Chapter 12. 분할다이를 갖는 준축대칭 제품 냉간단조용 공정설계 및 금형설계

Chapter 13. 다단 포머

Chapter 14. 압출가공

Chapter

10

단조가공(Forming)

단조는 여러 가지 금형 및 공구로 소재에 압축하중을 가하여 성형하는 공정이다. 단조공정은 가장 오래된 금속가공공정의 하나로, 그 기원이 적어도 기원전 5,000년경까지 거슬러 올라가며, 각종 금속재료를 다양한 크기와 형상을 가진 제품으로 가공하는데 이용된다. 전형적인 단조제품에는 엔진부품인 크랭크축과 커넥팅로드, 터빈 디스크, 기어, 휠, 볼트머리, 수공구 등과 기타 여러 가지 기계 및 수송장비의 구조용 부품들이 있다.

동 · 서양의 대장간 모습

10.1 단조가공의 종류

단조는 금속의 재결정 온도(recrystallization temperature)이상에서 행하는 단조를 열간단조(hot forging), 상온에서 작업하는 것은 냉간단조(cold forging), 상온보다 높고 재결정온도보다 낮은 온도에서의 작업을 온간단조라고 한다. 아주 간단한 단조공정은 대장간에서 수세기 동안 행해 온 것처럼 무거운 손 해머와 앤빌을 사용하여 작업되기도 하지만, 보통은 금형세트와 프레스를 사용한다. 단조는 작업방식에 따라 크게 자유단조, 형단조, 패쇄단조로 구분된다.

10.1.1 자유단조(open-die forging)

자유단조는 가장 간단한 단조공정으로 속이 찬 원주형 소재를 마찰이 없는 2개의 평금형 사이에 올려놓고, 압축하중을 가하여 높이를 감소시켜 형태를 변형하는 것이다. 원주형 소재를 가공할 때 이상적인 변형방법이다. 또한 자유단조는 가장 간단한 단조공정으로 속이 찬 원주형 소재를 2개의 평금형 사이에 올려놓고 압축하여 높이를 감소시키는 것이다.

자유 단조시 금형표면에는 원추형이나 곡면부와 같은 간단한 공동부를 만들어 비교적 간단한 모양의 단조품을 만들 수도 있다.

이상적인 조건에서 원주형 소재의 변형일 때, 소재가 보여주는 변형을 균질변형(homogeneous deformation)이라고 한다. 작업중에 체적이 일정하게 유지되므로 소재의 높이가 감소하면 직경이 늘어나게 된다. 높이가 h_0인 소재를 압축하여 h_1으로 감소시키는 경우의 높이 감소율은 아래와 같다.

$$\text{높이 감소율} = \frac{h_0 - h_1}{h_0} \times 100\,\% \tag{10.1.1}$$

자유단조 공법이 적용된 사례를 아래의 그림에 나타내었다(그림 10.1.1). 그림 10.1.1(a)는 이음새 없는 둥근 링을 단조하는 링 단조공정을, 10.1.1(b)는 실린더를 여러 단계의 공정으로 단조하는 그림을 보여준다.

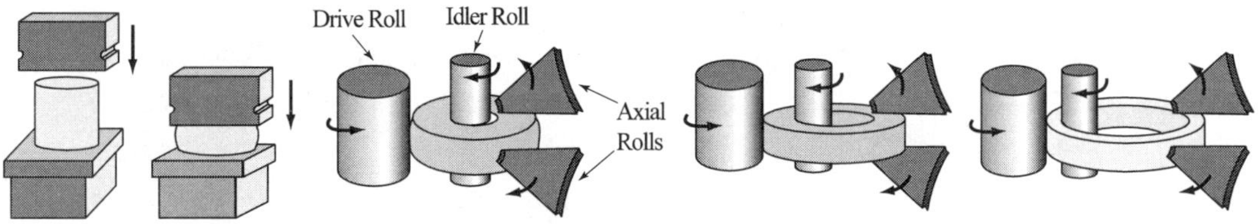

(a) The Seamless Rolled Ring Forging Process

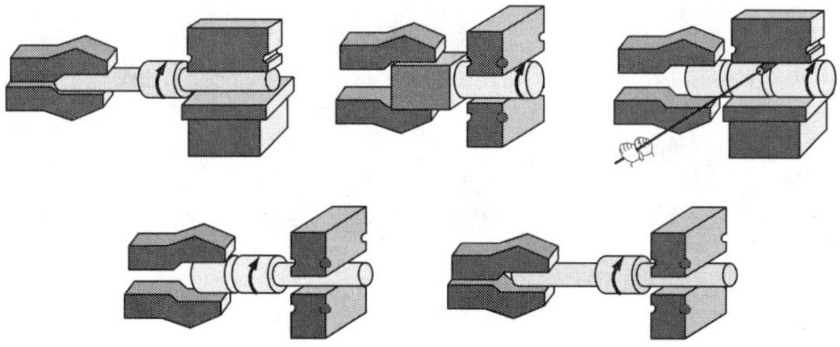

(b) Steps to produce a typical spindle

그림 10.1.1 자유단조의 적용사례

10.1.2 형단조(impression-die 및 closed-die forging)

형단조에서는 소재가 두 개의 금형에 의해 압축되면서 금형공동부(cavities 혹은 impressions)의 모양으로 만들어지는데, 전형적인 예를 그림 10.1.2에 나타내었다.

단조가 진행되는 동안, 재료의 일부는 밖으로 유동되어 그림 10.1.2와 같이 플래쉬를 형성한다. 플래쉬(flash)는 길이 대 두께비(업세팅에서의 a/h 비와 같음)가 높으므로 높은 압력을 받고 플래쉬 간극에서 재료유동에 대한 마찰저항 또한 높게 된다. 마찰이 크면 금형공동부에 있는 재료에 높은 압력을 가하여 금형 공동부를 충전시킬 수 있도록 해주므로,

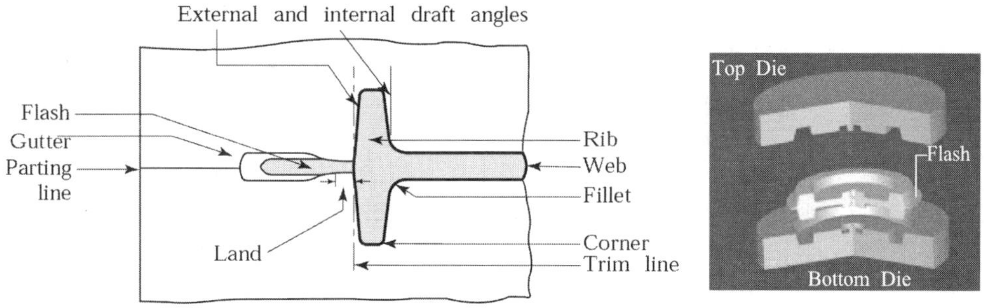

그림 10.1.2 철도차륜의 단조금형 및 CAE 결과

그림 10.1.3 형단조 제품

플래쉬는 형단조시 재료의 유동에 있어서 매우 중요한 역할을 한다.

플래쉬는 단조후 트리밍 작업으로 절단되며 금형과 일정한 길이만큼 접촉하도록 금형에 랜드부를 둔다. 랜드부를 둠으로 해서 플래쉬는 재료의 바깥방향 유동에 대한 저항을 주어 금형을 채울 수 있게 하면서 단조하중이 너무 커지지 않도록 한다.

형단조는 주로 열간단조에 이용되는 공법으로서 이를 적용하여 제작된 제품의 종류에는 축대칭 부품류, 터빈 블레이드, 크랭크축, 너클, 연결봉, 기어류, 체결 부품 등이 있다(그림 10.1.3 참조).

10.1.3 폐쇄단조(closed-die forging, flashless forging)

그림 10.1.4에 보인 예는 형단조로서, 진정한 의미의 폐쇄단조는 플래쉬를 발생하지 않고 소재가 금형공동부를 완전히 채우는 밀폐단조(flashness forging) 공정이다.

형단조에서는 금형공동부를 채우고 남은 여분의 재료가 플래쉬를 형성하지만 폐쇄단조에서는 여분의 재료를 허용하지 않으므로, 원하는 치수를 얻으려면 소재의 체적을 정확히 계량하고 적절한 금형설계가 필수적이다. 부족하게 계량된 소재로는 금형공동부를 완전히 채울 수 없게 되고, 과다한 소재는 과도한 압력을 발생시켜 금형을 파손시키거나 기계를 고장나게 한다.

정밀단조(precision forging) 또는 밀폐단조(flashless forging)라고도 불리는 이 공법은 성

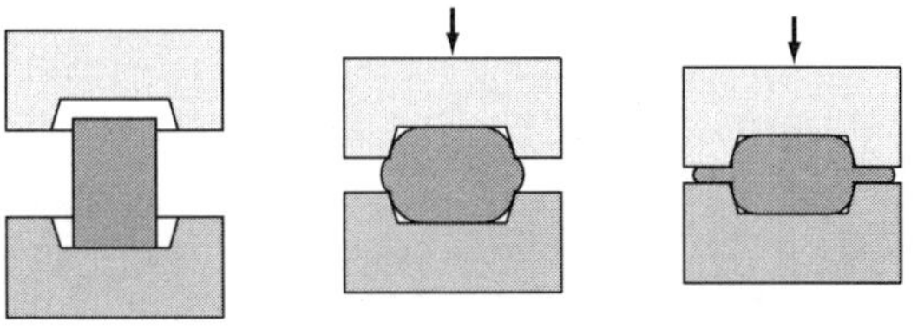

그림 10.1.4 형단조 공정의 개략도

형되는 제품이 원하는 최종제품의 치수와 거의 같도록 하는, 준정형(near net-shape)가공이다. 단조제품에 남는 여분의 재료는 보통 매우 적은 양이며 트리밍이나 연삭으로 쉽게 제거된다.

정밀단조에서는 특수한 금형을 사용하며 형단조에서보다 훨씬 높은 정확도로 기계가공하여 금형을 만든다. 정밀단조공정에서는 제품의 구체적인 최종 형상까지도 얻어야 하므로 매우 높은 단조하중이 필요하여, 큰 용량의 기계가 필요하다. 알루미늄이나 마그네슘 합금은 단조 하중과 온도가 낮으므로 정밀단조에 적합하다.

또한 이들 재료를 단조할 경우에는 금형마모가 적고 표면정도가 우수하다. 강이나 기타 합금은 정밀단조하기가 어려운 편이다. 일반단조와 정밀단조간의 선택은 경제성을 분석하여 이루어진다. 그러나 정밀단조에서는 재료의 낭비가 적고 부차적인 절삭공정이 생략되어 제품은 원하는 최종제품의 형상에 거의 가깝게 만들어 진다.

10.1.4 기타의 단조가공

1) 헤딩(heading)

헤딩은 기본적으로는 업세팅(upsetting) 작업이며, 둥근 봉이나 선의 한쪽 끝에 원소재보다도 단면적이 큰 부분을 만드는 데 적용된다. 전형적인 예로 볼트, 스크류, 리벳, 못 기타 체결용 부품들의 머리 부분을 들 수 있다(그림 10.1.5 참조). 헤딩 작업 시 유의해야 할 것은 소재의 구속되지 않은 부분의 길이가 직경에 비해 너무 길면 소재에 좌굴이 일어나기 쉽다는 것이다. 헤딩 작업은 냉간, 온간, 열간에서 이루어지며, 헤더(header)라고 불리우는 매우 자동화된 기계에서 이루어진다.

힘은 일반적으로 이동하는 펀치에 주어져서 다이 내에 있던 소재의 일부가 펀치의 형상대로 머리 부분이 성형된다. 그림 10.1.5(a)와 같이 제품은 펀치 혹은 다이 내에서 성형되는 헤딩작업의 원리를 보여준다.

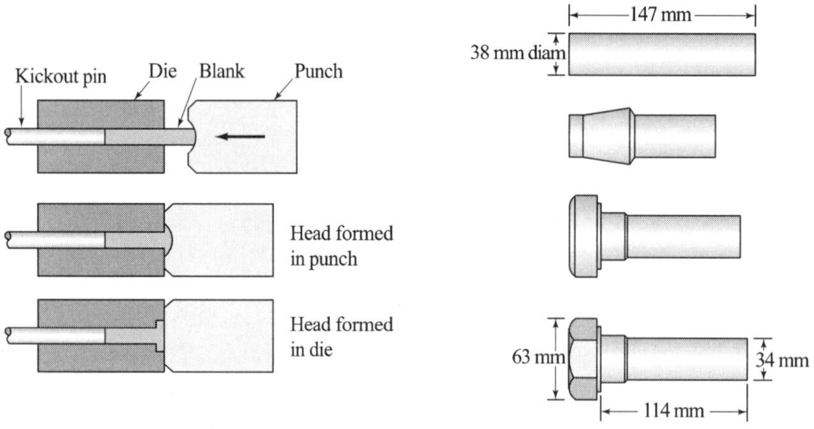

(a) 펀치 혹은 다이에서 머리부가 성형되는 업셋팅의 종류

(b) 육각볼트헤드의 헤딩 공정 순서

그림 10.1.5 헤딩 공정의 개략도

그림 10.1.5(b)는 원통 소재(ϕ38×147 mm)로부터 육각볼트머리의 볼트용 예비 성형체를 4공정으로 업셋팅 성형하는 공정 순서를 보여준다.

2) 천공(piercing)

천공은 소재의 중앙에 펀치를 압입시켜 구멍을 뚫거나 중앙이 오목하게 압입된 형상을 만드는 공정이다(그림 10.1.6). 소재는 금형공동부내에 구속되는 경우와, 금형을 사용하지 않고 그대로 천공하는 경우가 있다. 천공하중은 펀치 단면적 및 끝부분의 형상, 재료의 유동응력, 접촉면에서의 마찰에 따라 다르다. 천공압력은 재료의 유동응력의 3~5배 정도이다. 천공은 펀치와 다이로 구멍을 절단하여 만드는 공정을 지칭하기도 한다.

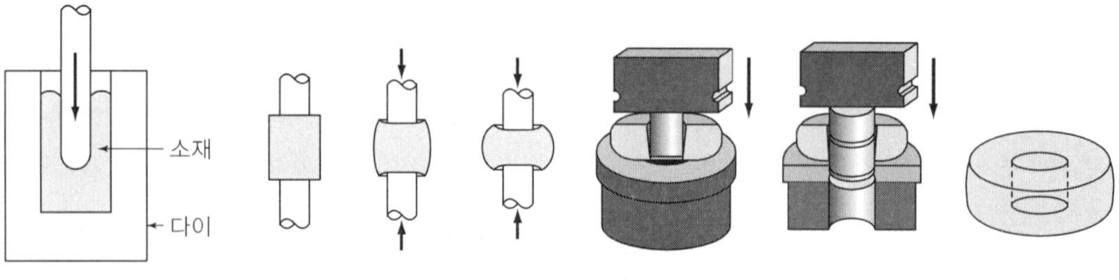

그림 10.1.6 천공 공정의 개략도

3) 궤도단조(orbital forging)

궤도단조는 비교적 새로운 공정으로, 금형이 정해진 궤도(그림 10.1.7)를 따라 움직이며 소재를 점차적으로 성형해 나가는 작업이다. 따라서 단조하중이 작고 작업은 조용하며, 생산품목에 대한 유연성이 높다.

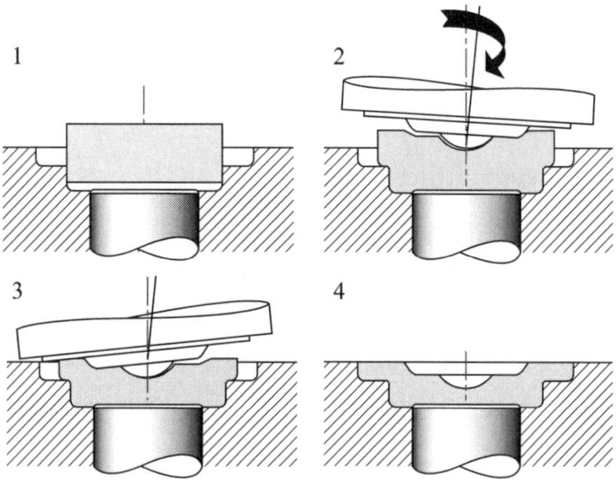

그림 10.1.7 궤도단조 공정의 개략도

10.2 단조용 기계

10.2.1 유압프레스(hydraulic press)

유압프레스는 일정한 속도로 작동되고 제한하중을 갖고 있다. 일정한 하중으로 소재에 큰 에너지를 전달할 수 있는 특징이 있으며, 램속도는 행정이 진행되는 동안 변화시킬 수 있고, 자유단조 및 형단조에 사용된다. 용량은 최대 670 MN(75,000톤)까지의 것이 있다.

10.2.2 기계프레스(mechanical press)

기계프레스는 행정이 제한되며, 기본적으로는 크랭크 또는 편심형 기구로 행정의 중간에서는 속도가 최대이고 하사점에서는 영이 된다. 기계프레스에서 얻을 수 있는 하중은 행정 위치에 따르고 하사점 부근에서는 하중이 매우 커지게 된다. 따라서 금형이나 장비의 부품

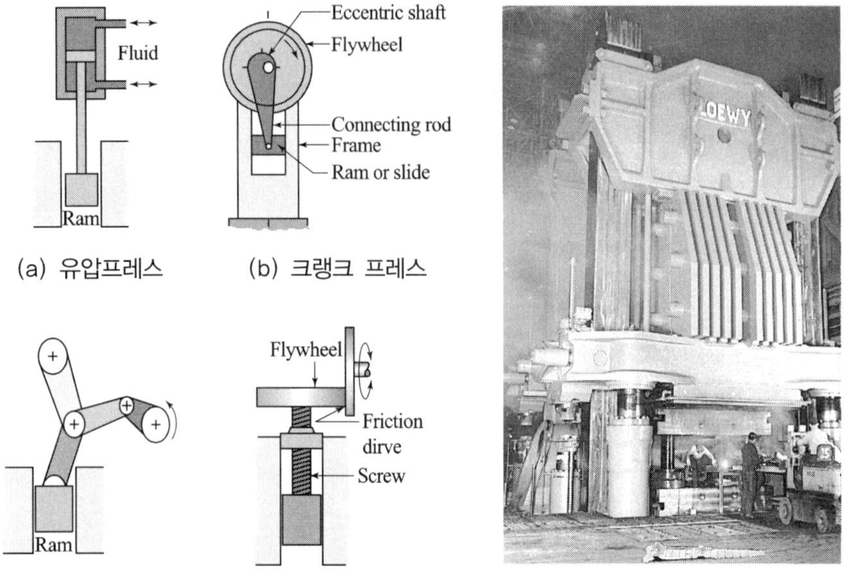

(a) 유압프레스 (b) 크랭크 프레스

(c) 너클조인트 프레스 (d) 나사프레스 (e) 실제프레스

그림 10.2.1 금속가공에 사용되는 각종 프레스의 개략도 및 실제의 프레스

의 파손을 피하려면 적절하게 정렬시켜야 한다. 프레스의 용량은 최대 107 MN(12,000톤)에 이른다(그림 10.2.1(b)).

10.2.3 나사프레스(screw press)

나사프레스는 플라이휠로부터 에너지를 전달받으므로 제한된 에너지를 가지며, 여러 가지 단조작업에 사용된다. 특히, 터빈 블레이드와 같이 램속도를 조절해야 하는 소량의 정밀한 제품의 단조에 적절하다. 단조하중은 수직으로 놓여진 나사를 통하여 전달된다. 용량은 최대 280 MN(31,500톤)까지 다양하다(그림 10.2.1(d)).

10.2.4 해머(hammer)

해머는 램의 위치에너지를 운동에너지로 변환시킨 후 에너지를 얻어내므로 제한된 에너지를 갖는 방식이다. 해머는 고속으로 작동하여 작업시간이 짧으므로 열간 단조시에 냉각속도를 최소화할 수 있어서 복잡한 형상, 특히 얇고 깊은 부분이 있는 단조품의 단조에 사용될 수 있다. 단조 종료 시까지 동일한 금형에 수회의 타격이 가해지는 것이 보통이다. 동력해머(power hammer)는 램의 낙하행정 동안 중력 외에도 증기압이나 공기압 등에 의해 가속된다. 에너지 용량은 최대 1,150 kJ에 이른다.

10.2.5 카운터블로우(counter blow) 해머

카운터블로우 해머는 동시에 접근하는 두 개의 램으로 소재를 단조한다. 보통 기계-공업식 및 기계 유압식이 사용된다. 카운터블로 해머는 고속으로 작동되지만 지지대에 진동을 많이 주지 않는다. 용량은 최대 1,200 kJ까지이다.

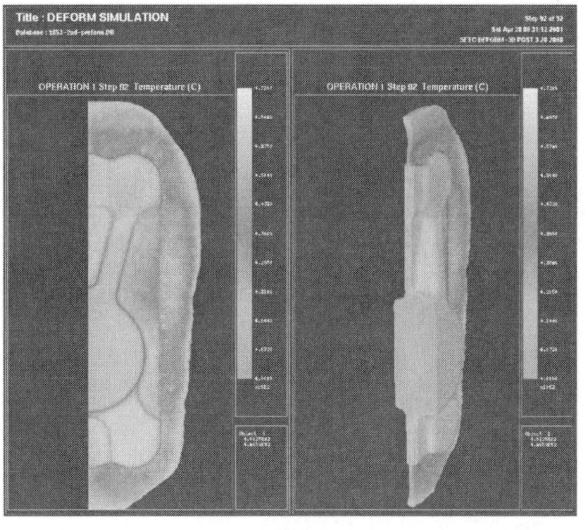

그림 10.2.2 단조공정설계를 위한 3차원공정해석

10.3 단조가공을 위한 공정 및 금형설계

소성가공에서의 공정설계는 원하는 부품 형상을 가장 경제적으로 생산할 수 있는 방법을 찾는데 그 목적이 있다. 이를 위하여 적절한 가공공정의 선택과 가공 순서의 결정, 예비 형상의 설계, 가공조건의 결정 및 가공 장비의 선정 등이 공정설계에서 고려되어야 한다. 딥드로잉(deep drawing), 인발, 압출, 박판성형, 단조 등 대부분의 소성가공에서 공정의 수를 줄여서 생산성을 높일 수 있는 공정설계가 절실히 필요하나 아직까지 기술자의 경험이나 실험 또는 간단한 해석에 의존하고 있는 실정이다. 이와 같은 방법들은 다양한 소재의 형상을 가지는 여러 가지 소성가공 공정에 적용하기에는 한계가 있으며 많은 시행착오와 시간낭비가 따르게 된다.

최근 들어 유한요소법에 의한 단조부품에 대한 예비성형체 설계와 공정설계에 관한 연구는 완성된 부품의 형상에서 비교적 간단한 초기의 형상을 유추해 내는 것이다. 이것은 Knowledge-based 방식으로서 고전적 의미의 컴퓨터 원용설계(computer-aided design)라 할 수 있다. 또 다른 공정설계의 예로서 헤드포밍 공정을 유한요소법으로 해석하여 4개의 가공단계에 대한 최적의 형상과 치수를 구하였다. 또 3차원의 복잡한 형상을 가진 가공물에 대한 예비성형체의 설계에서는 유한요소법을 이용한 전방 및 후방추적기법이 많이 사용되었다.

일반적으로 냉간단조의 제품설계 시 다음과 같은 항목을 검토해야 한다.

1) **형상**: 재료가 유동하기 쉬운 형상으로 하고 재료의 도피장소를 설계한다.(shape : geometry)
2) **정도**: 각 공법에 적합한 정도를 설정한다.(precision)
3) **재질**: 제품강도, 성형성, 금형수명, 윤활성을 고려한 재질의 선정을 실시한다.(material)
4) **코스트**: 모든 기술과 설비의 자료 및 데이터 정립을 통하여 산출해야 하는 항목이다.(cost)

10.3.1 통합적 공정관리시스템(Integrated Computer Aided Process Planing System : 통합적 CAPP)

산업기계의 주요한 많은 부품들의 가공방법이 절삭가공에서 소성가공으로 이행되었으며 소성가공에 주로 사용되는 금형은 절삭가공에서의 공구에 해당되므로 제품의 형상이 바뀌면 금형을 새로 제작하여야 하는 일품 일형의 다품종 소량생산품목으로 그 제작의 다양성이 날로 증가하고 있다. 또한 공업제품에 대한 고도화, 다양화, 제품의 수명의 단축화로 인하여 소성가공에 의해 생산되는 제품에 대한 요구도 더욱 엄격해지고 있으며 이러한 요구와 생산성을 향상 기키기 위하여 프레스의 고속화와 자동화가 추진되고 있으며, 공정 및 금형설계의 표준화 또한 절실히 요구되고 있다. 그러나 실제 생산현장에서는 냉·열간단조, 딮드로잉 및 블랭킹과 같은 소성가공에 의해 제작되는 프레스 제품에 대하여 숙련된 기술자의 경험과 직관적 판단에 의해 수행되어지므로, 공정 및 금형설계 시에 시간이 많이 소요되어 급변하는 소비시장에 공급시기를 놓치는 등 문제점을 지니고 있다.

이러한 문제점을 해결하기 위해 냉·열간단조에 딥드로잉 및 블랭킹과 같은 소성가공에 의해 제작되는 프레스 제품에 대하여 숙련된 기술자의 경험, 축적되어온 연구결과, 소성가공 이론 등을 정식화하였다. 이러한 이론적 지식과 Windows 환경 하에서 통합적으로 수행되어질 수 있도록 개발된 통합적 공정관리시스템(통합적 CAPP 시스템)의 실행화면은 아래의 그림과 같다(그림 10.3.1). 이 공정설계시스템은 10.3.1의 (a), (b)와 같이 냉간단조 모듈과 열간단조 모듈로 구성되어 있다.

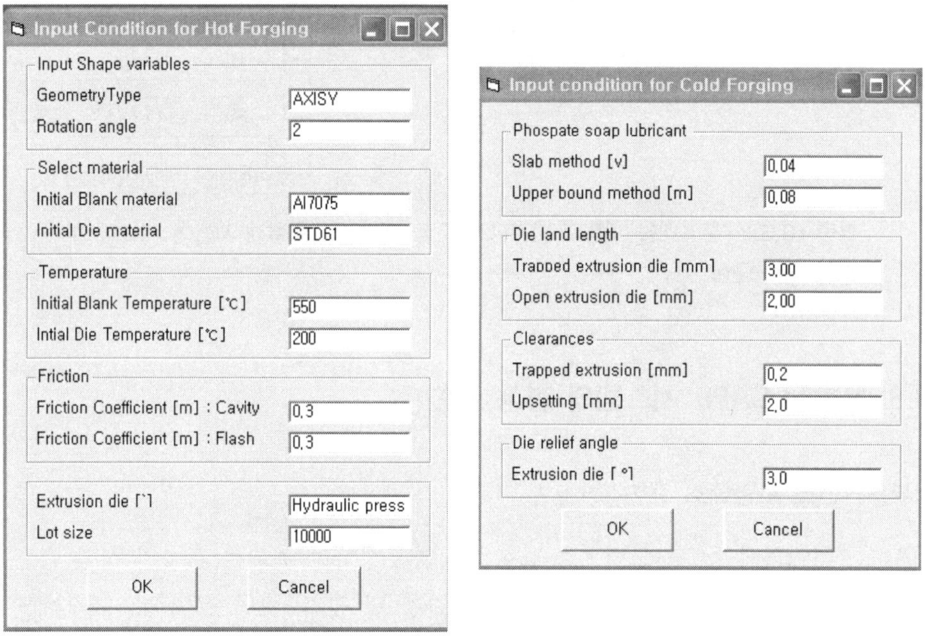

(a) 냉간단조 모듈 (b) 열간단조 모듈

그림 10.3.1 통합적 CAPP 시스템

10.3.2 통합적 CAPP 시스템의 작동원리

통합적 CAPP 시스템은 그림 10.3.2와 같이 냉간단조(cold forging) 모듈과 열간단조(hot forging) 모듈로 구성되어있다. 냉간단조 모듈은 단조품 설계(forging design), 성형시퀀스 설계(forging sequence design) 공정해석(process analysis) 및 설계 모듈의 검증으로 이루어진다.

열간단조 모듈은 단조품 설계(forging design), 피니셔 금형설계(finisher design), 블락커 설계(blocker design)한 뒤 응력과 하중의 계산 및 설계 모듈의 검증으로 구성된다.

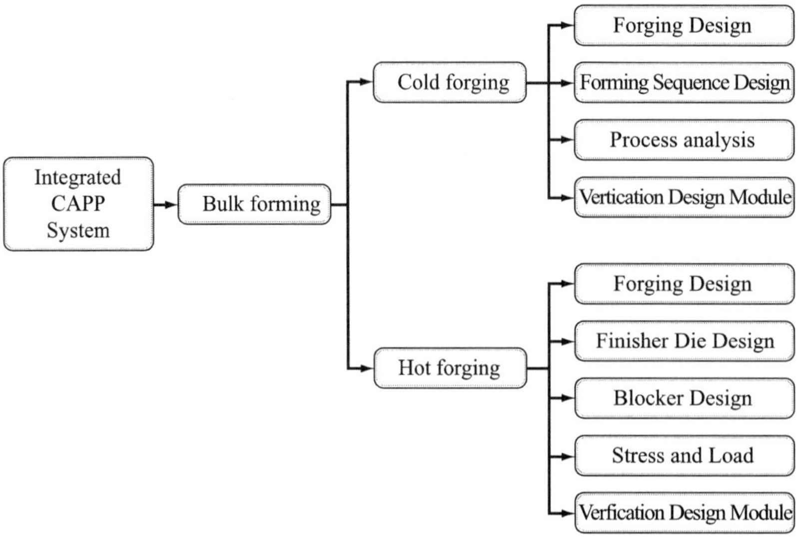

그림 10.3.2 준축대칭 제품의 냉간단조 공정설계 및 금형설계 자동화 시스템 개발의 모듈 구성

10.3.3 통합적 CAPP 시스템의 형상 표현

1) 부품단면의 도면요소 표현

도면요소 데이터베이스를 도면요소 표현으로 재구성하기 위해서 각각의 직선 혹은 원호 등의 도면요소를 검색하여 직선에 대해서는 시작점 및 끝점, 그리고 원호인 경우에는 시작점, 끝점 및 중심점 등으로 부품단면을 변환한다. 이때 분할선을 기준으로 각각의 도면요소들은 단면의 상부 및 하부로 나뉘어지며 펀치부는 해당하는 상단면에, 다이부와 녹아웃부는 하단면으로 분할하여 저장하게 된다.

① 단면의 상부 : 펀치부

(0, 0) (“L” S_p E_p) (“A” S_p E_p C_p) (“L” S_p E_p) ……

② 단면의 하부 : 다이부 및 녹아웃부

(0, 0) (“L” S_p E_p) (“A” S_p E_p C_p) (“L” S_p E_p) ……

여기서 “L”은 도면요소상 직선이며 “A”는 원호이다. 그리고 S_p(시작점) : (xs ys zs), E_p(끝점) : (xe ye ze), C_p(중심점) : (xc yc zc)을 나다낸다.

2) 부품단면의 좌표반경 표현

인접한 두 직선이 만나는 점의 좌표와 그 점에서의 반경으로 표현되는 단면의 좌표반경 표현은 필렛/코너반경(fillet/corner radius)을 부여하고 부분단면으로 분할하는 것도 쉽게 구현할 수 있다.

① 단면의 상부

(0, 0 $xyrU_1$ $xyrU_2$ $xyrU_3$ $xyrU_4$ $xyrU_5$……)

② 단면의 하부

(0, 0 $xyrL_1$ $xyrL_2$ $xyrL_3$ $xyrL_4$ $xyrL_5$……)

여기서 N번째 정점을 나타내는 xyrN(xN yN zN)에서 xN, yN, zN은 단면의 각 절점(분할선과 만나는 점 또는 인접한 직선의 두 도면요소가 만나는 점)의 좌표를 나타내며, rN은 그 절점에서의 반경을 나타낸다.

3) 부품단면의 기본형상 표현

단면의 도면요소 표현이나 좌표반경 표현은 단지 단면의 윤곽형상 만능을 나타내므로 단면의 기하학적 특성을 표현할 수 있도록 나타내어야 한다.

① 단면의 기본형상 표현의 형식

(FBsType (PrG1 Hei1 DaU1 Dal1 Ri1 Ro1 Rcv1)
(PrG2 Hei2 DaU2 Dal2 Ri2 Ro2 Rcv1)
.......)

여기서 FBsType는 내부에 단이 있는 형상인지 외부에 단이 있는 형상인지를 나타내는 단면형상이며, PrG는 기본형상의 리스트이다. 그리고 Hei1, DaU1, Dal1은 각각 부품단면의 높이, 상부직경 및 하부직경, R_i, R_o는 필렛/코너의 내측 및 외측반경을, R_{cv}는 오목/볼록원추의 반경을 각각 나타낸다.

10.3.4 냉간단조 모듈

냉간단조 모듈의 부모듈인 단조품설계 모듈의 수행결과를 알아보기 위하여 냉간단조용

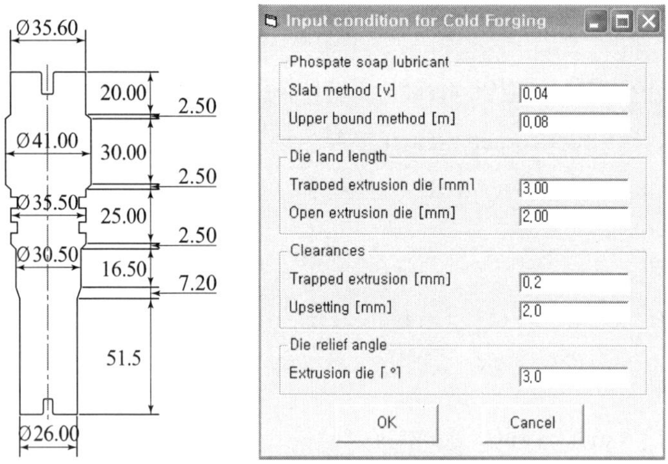

그림 10.3.3 냉간단조 모듈의 실행 창

공정설계 모듈을 수행하였다. 그림 10.3.3은 선정된 부품단면과 초기사용자입력부분을 나타낸 것이다.

사용된 재질은 AISI 1010이며, 초기 소재는 절단 후 상온에서 풀림처리와 윤활처리를 한 것으로 가정하였다.

1) 냉간단조 공정설계 규칙

규칙 ① 다단압출이 요구될 때 1회 가공한계를 만족하면, 즉 SS ≤ LSOS 혹은 LSTS가 제일 작은 직경부터 순차적으로 압출한다.

여기서, SS : 중실주대수변형률($= \ln(d_{02}/d_{12})$)

LSOS : 한계중실 비구속 주대수변형률

LSTS : 한계중실 구속 주대수변형률

d_0 : 가공전의 직경(mm)

d_1 : 가공후의 직경(mm)

규칙 ② 중실압출시 한 부분의 최대 성형한계는 LSTS + 2 × LSOS를 초과할 수 없다.

규칙 ③ SS가 LSTS보다 크면, 처음 압출공정은 내부 결함을 피하는 각도로 압출하고, 다음 작업에서 최종제품의 각도를 맞춘다.

규칙 ④ SS가 LSTS + LSOS보다 작으면, 먼저 LSTS까지 예비성형하고 그 다음 비구속 압출한다.

규칙 ⑤ SS가 LSTS + 2 × LSOS보다 작으면, 먼저 LSTS까지 예비성형하고 그 다음 비구속 압출로 작업을 완성한다.

규칙 ⑥ 강에서 ULDR ≤ 2.25이면 한번에 업세팅한다.

여기서, l_0 : 가공정의 길이(mm)

ULDR : 중실 업세팅 길이대 직경비($= l_0 / d_0$)

규칙 ⑦ 강에서 2.25 < ULDR ≤ 4.5이면 한번에 업세팅되어서 만들어질 직경이 소재직경의 1.3배를 초과하지 않으면 한번에 가공이 되며, 그렇지 않으면 예비 업세팅 공정이 필요하다.

규칙 ⑧ 강에서 4.5 < ULDR ≤ 6.5일 경우 업세팅 되어서 만들어 질 직경이 소재직경이 1.3배를 초과하지 않으면 한번에 가공이 되며, 그렇지 않으면 예비 업세팅 공정이 필요하며 업세팅되는 길이가 직경의 2배가 되도록 한다. 예비 업세팅 공정 시 등가직경을 사용하며, 등가직경(*ED*)은 다음과 같이 계산된다.

$$ED = \sqrt[4]{\frac{d_0^4 + d_1^4}{2}} \tag{10.3.1}$$

모듈이 실행된 후, 언더컷을 방지하지 위해 형상을 수정한 후의 단면형상은 그림 10.3.4에 나타내었다. 그림 10.3.4에서는 부품단면에 예리한 모서리가 존재하여 필렛반경과 코너반경이 부여되었고, 재료유동방향으로 가공여유를 부여하였으며, 부품단면의 깊고 좁은 구멍에 대하여 후방압출로 성형할 수 없으므로 구멍이 제거되어진 것을 보여준다.

입력된 소재직경 35.60 mm의 구속압출 시에 소재와 금형 사이의 간극이 고려된 소재의

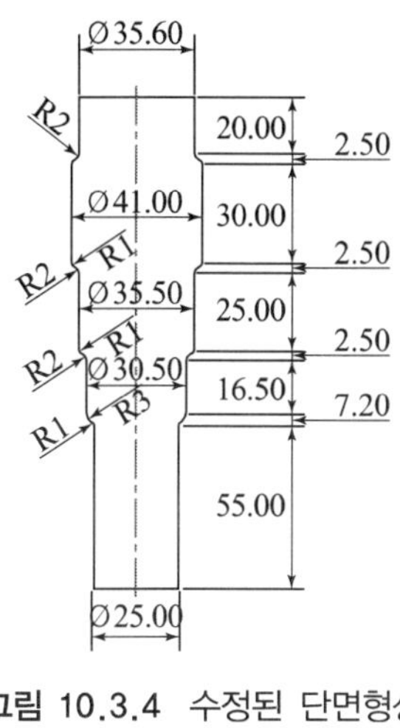

그림 10.3.4 수정된 단면형상

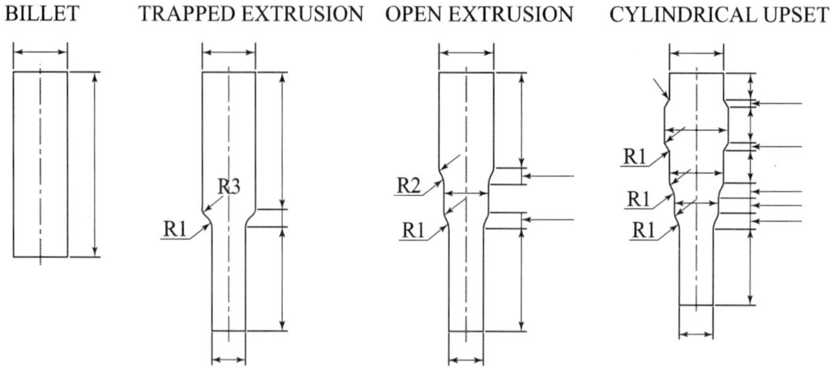

그림 10.3.5 자동창출 도면

직경은 35.40 mm이며, 단조품으로 변화된 중실부품에 대하여 공정설계 규칙에 의하여 자동적으로 창출되어진 공정설계 도면의 출력결과는 그림 10.3.5에 나타내었다. 첫 번째 공정에서는 압출반각 15°로 비구속 압출 되었다. 세 번째 공정에서는 한번에 양단 업세팅 공정이 수행되어 우리가 원하는 제품을 얻을 수 있다.

각 공정의 변형률, 펀치압력, 다이압력 및 하중과 같은 공정변수들은 중간단계 열처리 유무에 따라 상계법 및 슬래브법에 의해 계산되어지고 그 결과는 표 10.3.1과 표 10.3.2와 같다.

표 10.3.1 직경 35.6 mm 소재의 풀림처리 후 결과값 비교

Process \ Variables	Strain	Punch pressure (kg/mm^2)	Die pressure (kg/mm^2)	Forging load (tons)
cropping				41.18
Trapped extrusion	0.63	67.92	46.26	67.61
Open extrusion	0.31	25.08	3.42	24.97
Cylindrical upsetting	0.68	133.75	68.78	176.59

표 10.3.2 직경 35.6 mm 소재의 결과값 비교

Process \ Variables	Strain	Punch pressure (kg/mm^2)	Die pressure (kg/mm^2)	Forging load (tons)
cropping				41.18
Trapped extrusion	0.63	67.92	46.26	67.61
Open extrusion	0.31	37.5	15.84	37.33
Cylindrical upsetting	0.68	218.21	153.23	288.08

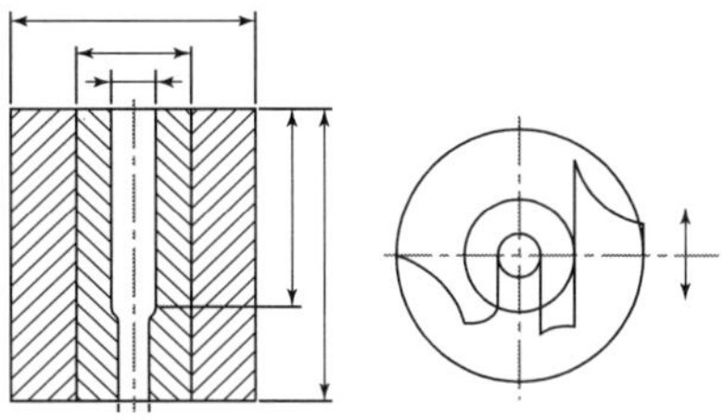

그림 10.3.6 금형의 응력분포

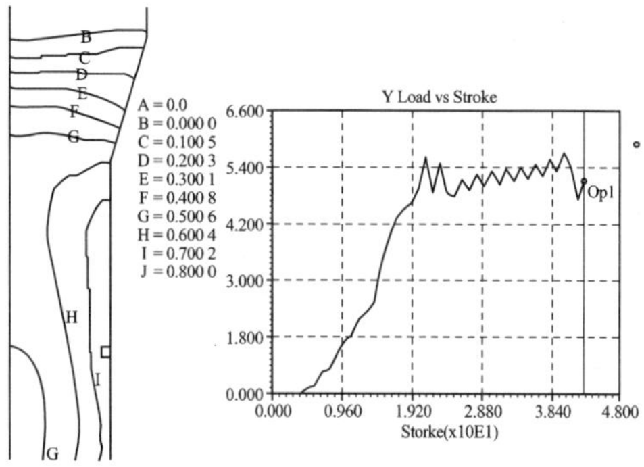

그림 10.3.7 구속압출 유한요소해석 결과

또한 두 번째 공정의 비구속 압출에 대하여, 인서트의 재질을 STD11으로, 보강링의 재질을 STD61로 선택하여 공정해석 부모듈을 수행시킨 결과 출력된 금형도면과 응력분포도는 그림 10.3.6에 나타내었다. 공정설계의 출력결과에 대하여 구속압출공정을 검증하기 위한 유한요소해석검증 부모듈을 수행하여 그 결과를 그림 10.3.7에 나타내었다.

10.3.5 열간단조 모듈

부품의 단면은 축대칭형태로서 부품의 최대직경이 100 mm이고, 상・하부단면은 끝단면에만 리브가 있고 중앙에 한정된 웨브가 있는 단면형상이다. 재료를 입력하면 그와 관련된 재료의 기계적 성질이 데이터베이스로부터 얻어진다. 만약 부품단면 중에서 언더컷의 발생이 예상되는 부분이 존재한다면 그것을 방지하기 위하여 형상을 수정한 후, 단조품설계를 수행한다.

그림 10.3.8과 같은 제품에 대하여 단조품설계 부모듈(sub module)을 수행함으로서 얻은 단조품 단면을 그림 10.3.9에 나타내었다.

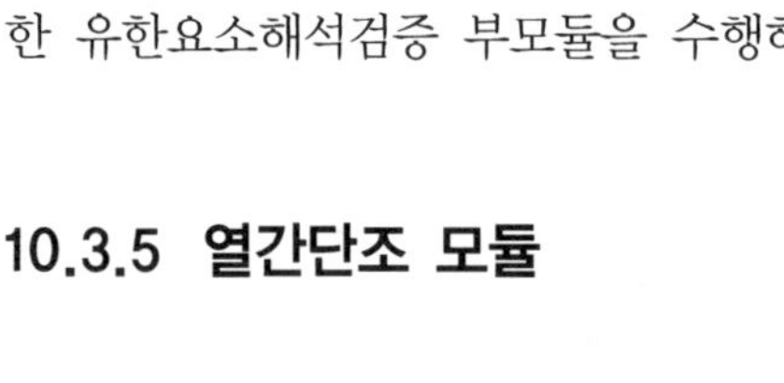

그림 10.3.8 예비성형체 형상

그림 10.3.9 부모듈 실행 후 단조품 단면형상

1) 열간단조 공정설계 규칙

INPUT INFORMATION
- forging type
- forging material
- forging geometry
- forging equipment
- production lot size

↓

PRE-DESIGN MODULE
- geometry decomposition and recognition
- parting line and forging plane
- prevention of undercuts
- plan area, volume and area of the part
- maximum height and width of the part
- estimation fo various process variables

↓

FORGING DESIGN MODULE
- allowances and tolerances
- draft angle
- minumum web thickness
- minumum rib thickness
- corner and fillet radius
- rib height and width
- rib height/width ratio
- web-widt to rib-height ratio

↓

FORGING VERIFICATION MODULE
- initial design of forging geometry(iteration)
- geometry verification

↓

FINISHER DIE DESIGN MODULE
- shape difficulty factor
- dimensions of flash and flash gutter
- scale and flash loss
- dimensions of workpiece
- dimensions of die block layouts

↓

OUTPUT INFORMATION
- forging process variables
- allowances and tolerances
- forging, billet and finisher-die drawing
- etc

그림 10.3.10 Block diagram of the forging-die design

규칙 ① 빌렛의 직경(혹은 폭)과 높이는 단면 감소율, 소재비(높이 대 직경) 및 사용자 입력으로 결정하고, 소재비 한계값은 성형재료가 강이면 2.25이며 알루미늄합금이면 1.8이고 구리합금이면 2.1이다.

규칙 ② 생산개수가 10,000개 이상이면 최종다이의 마모를 줄이기 위하여 블락커가 필요하다.

규칙 ③ 종방향 형상난이도인자 (α)는 다음과 같다.

$$\alpha = \frac{P_f^2 / A_f}{P_c^2 / A_c} \tag{10.3.2}$$

여기서, P_f : 단조품의 축방향 단면의 원주(mm)

P_c : 단조품을 둘러싼 원통의 축방향 단면의 원주(mm)

A_f : 단조품의 축방향단면의 단면적(mm^2)

A_c : 단조품을 둘러싼 원통의 축방향 단면의 단면적(mm^2)

규칙 ④ 횡방향 형상난이도 인자(β)는 다음과 같다.

$$\beta = \frac{2R_g}{R_c} \tag{10.3.3}$$

여기서, R_c : 단조품을 둘러싼 원통의 반경

R_g : 단조품의 중심에서 도심까지의 거리

규칙 ⑤ 형상난이도 인자(S_f)는 다음과 같다.

$$S_f = \alpha \cdot \beta$$

규칙 ⑥ 생산개수가 10,000개 이하이고 형상난이도 인자가 2.5 이상이면 블락커가 필요하다.

규칙 ⑦ 생산개수가 10,000개 이하이고 형상난이도 인자가 2.5 이하이면 블락커를 필요로하지 않는다.

규칙 ⑧ 블락커의 형상난이도인자가 2.5 이상이면 블락커공정의 전단계인 예비성형공정을 추가한다.

규칙 ⑨ 블락커의 형상난이도인자가 2.5 이하이면 블락커공정의 전단계인 예비성형공정을 추가하지 않는다.

규칙 ⑩ 성형중 결함 혹은 공구의 파손이 예상되거나 장비의 유효하중이 최대 단조하중보다 크면 블락커가 필요하다.

최종다이설계 부모듈에서는 빌렛을 소재로 하여 최종다이에서 한 공정으로의 성형가능성 유무를 판단하여 빌렛을 한 공정으로 성형하였을 때의 최대하중, 응력분포 및 그 때의 유동모델, 최종다이의 설계에 필요한 여러 공정변수를 출력할 수 있다.

블락커설계 부모듈에서는 결함의 발생으로 인하여 한번에 성형하기 어려울 때와 생산개수가 대량인 경우에 최종다이의 수명을 유지하기 위하여 리브 입구에 있는 필렛부분의 다이마모를 감소시키고자 블락커 공정을 수행한다. 축대칭 형태인 그림 10.3.9의 단조품 Al 7075에 대하여 블락커공정설계 부모듈에서 성형가능성 유무를 판단한 결과, 단조품의 형상난이도인자가 1.645이고, 생산수량이 10,000개이므로 공정설계 규칙에 의해서 블락커의 공정이 필요하지 않다. 그러므로 최종다이설계 부모듈이 수행되어 자동적으로 창출된 공정설계 도면의 출력결과는 그림 10.3.11에 나타내었다.

그림 10.3.11은 초기 빌렛에서 업세팅으로 펜케익 공정을 수행한 후 최종다이에서 단조품을 성형하는 과정을 나타낸 것이며, 최종다이설계 부모듈이 수행되어 계산된 공정변수들의 결과는 표 10.3.3과 같다.

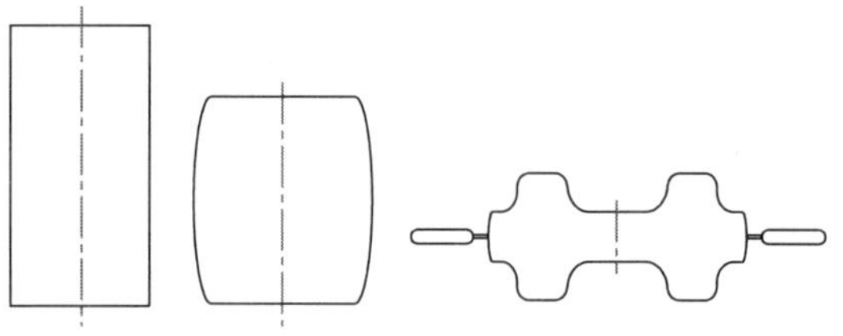

그림 10.3.11 자동 창출된 공정설계 도면

표 10.3.3 최종단계의 공정변수 결과값

Process Variables	
Shape factor	1.645
Flash landwidth	12.152
Flash weight	0.424
Blank heigh	206.492
Blank weight	4.990
Die height	200.000
Flash thickness	3.169
Flash volume	151395.303
Blank width	104.822
Blank volume	1781969.947
Die width	300.000

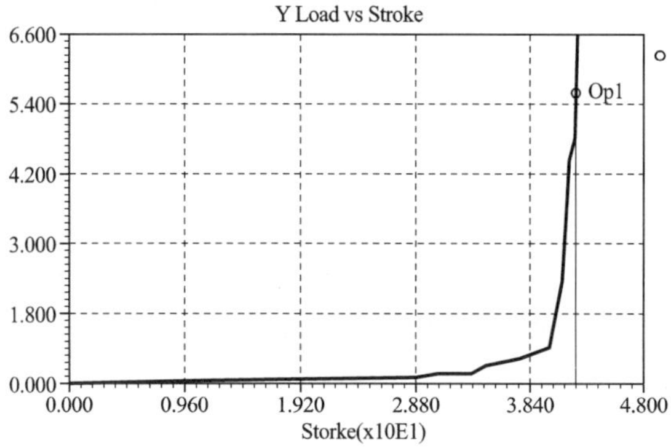

(a)

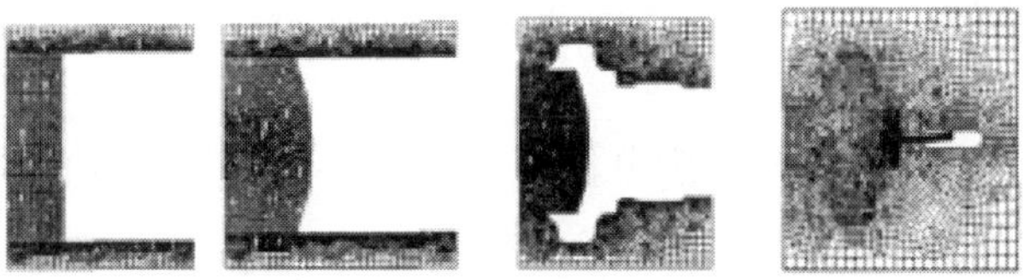

(b)

그림 10.3.12 열간단조 유한요소해석 검증 결과

그림 10.3.11의 공정설계 출력결과에 대하여 유한요소해석검증 부모듈이 수행되어 창출된 결과를 그림 10.3.11에 나타내었다. 그림 10.3.11에서 제시된 열간 단조품 공정설계의 결과는 유한요소해석 검증모듈에서 그림 10.3.12와 같이 금형의 코너부에서 소재의 필링이 잘 이루어짐을 알 수 있다.

10.4 냉간단조용 가공소재의 준비

냉간가공을 위해서는 소재의 인발가공과 소재절단, 열처리, 윤활, 선삭 및 연삭 등의 기계가공, 스케일제거 등이 포함된다.

10.4.1 인발 사이징 공정

플래시나 다이 파손 없이 모서리 부를 채우기 위하여 치수를 잘 맞춘 다이에서 균일한 단면의 소재를 제조하게 된다. 치수 맞추기용 인발은 강도와 경도가 냉간 가공에 의해 개선된다.

10.4.2 길이 절단공정

전단형태의 절단도구를 가지는 헤더기계에서, 전단에 의해서 길이를 절단하는 것은 순차적인 작업 중 하나이다. 큰 직경의 소재는 톱 작업이나 가스절단 혹은 연마제 휠을 이용하여 절단한다.

10.4.3 선삭과 연삭

인발된 와이어는 파손과 접힘 결함이나 원 재료에 갈라진 틈은 냉간 헤딩 동안 볼트의 몸체나 자루에 충분히 깊지 않지만 냉간가공 제품에 균열을 야기할 수 있으므로 와이어제조공정 후 선삭, 연삭 혹은 세이빙으로 제거한 뒤 사용하기도 한다.

10.4.4 열처리

대부분 강의 냉간가공 성질은 풀림 열처리(annealing), 구상화 처리(spheroidizing) 혹은 응력이완 공정(stress relaxation)으로 개선된다. 일반적으로 풀림열처리는 저탄소강과 중탄소강에 대해 행해진다.

0.25 %까지의 탄소를 함유한 저탄소강은 풀림열처리 조건에서 풀림한 뒤 보통 냉간가공하고 조건이 심하면 재풀림 열처리될 수 있다. 탄소함유량 0.25 %에서 0.44 %의 중탄소강은 풀림처리 된다.

그러나 탄소 0.44 % 이상의 고탄소강은 가공성을 감소시키기 때문에 상태변환 온도 이상으로 불림처리 혹은 풀림처리하려면 완전 구상화시킨다.

10.4.5 윤활공정

냉간가공될 대부분의 금속은 가공소재가 금형 내에 눌러 붙는 고착현상이나 지나친 마모를 방지하기 위해서 윤활 처리된다. 인발용 와이어는 스케일, 오염물과 이전의 피복들을 제거하기 위해서 산세척 한 뒤 석회석, 인산염, 혹은 붕사로 피복한다.

윤활제들은 바탕 피복재에 부착되고, 와이어가 인발다이를 통과하여 지나갈 때 발생하는 열에 의해 융합된다. 윤활제는 석회 피복, 인산염 피복, 스테알산염과 오일, 구리 주석 혹은 카드뮴 같은 연질의 금속으로 도금한 것이 사용된다. 칼슘이나 알루미늄 스테알산염이 건조 윤활제로서 추가된다. 냉간가공으로 사용될 강이나 알루미늄은 스테알산 비누와 아연 산염으로 피복한다.

탄소강과 합금강 와이어의 냉간 헤딩에서는 인발과정 동안 건조한 윤활제로 가공금속을 칼슘 스테알산염 혹은 알루미늄 스테알산염으로 피복한다. 스테인레스 스틸은 구리로 보통 전기도금 처리한 뒤 오일이나 이황화 몰리브덴으로 윤활처리한다.

비철금속은 금속에 따라서 다르며 니켈합금 특히 인코넬(Inconel) 같은 고강도 합금은 보통 구리로 도금하고 스테알산염으로 피복한다. 그 피복은 나중에 질산염으로 제거하면 된다. 더 성형성이 좋은 모넬 같은 니켈합금도 보통 구리 도금하지만 헤딩 조건이 크게 심하지 않으면 스테아르산염 피복만으로 헤딩할 수 있고, 온수로 제거될 수 있다. 질산이 니켈 기지재료에 해를 끼치기 때문 질산은 모넬 합금에는 사용될 수 없다.

구리 기지(matrix) 합금은 윤활이 거의 필요하지 않지만 와이어의 최종 인발동안 스테알산염 피복이 추가될 수 있다. 알루미늄 헤더 와이어는 일반적으로 스테알산염으로 피복한다.

10.4.6 스케일 제거공정

스케일(scale)은 일종의 녹으로 표면에 심각한 결함과 가공물의 치수정밀도에 문제를 야기할 수 있으므로 제거해야 한다. 스케일 제거 방법에는 연마제 블라스트 공법(blasting), 워트 제트(water jetting), 산 처리, 와이어 브러싱(wire brushing), 스크래핑(scraping) 등의 방법이 있다. 산세척은 보통 심한 스케일의 완전한 제거를 위한 가장 저렴한 방법이다.

Chapter

11

준축대칭 제품의 냉간단조 공정설계 및 금형설계 (I)

본 시스템은 준축대칭 제품의 냉간단조 공정설계 및 금형설계를 자동으로 구현할 수 있는 시스템이다. 이것은 숙련된 기술자의 경험, 축적되어온 관련 연구결과, 소성가공이론, 유한요소해석을 통한 최적의 공정변수로 기술 지식베이스를 구축한 후, 컴퓨터를 이용한 준축대칭 제품의 냉간단조 공정 및 금형설계 자동화 시스템이다. 이 시스템은 2개의 모듈 즉, 공정설계 모듈과 금형설계 모듈로 구성되어 있다.

공정설계 모듈에서 자동으로 창출된 공정도면의 타당성을 소성가공 해석용 툴인 DEFORM을 이용하여 검증하였고, 산업체에서 행해지고 있는 공정설계의 해석결과와 비교하였으며 금형설계 모듈에서 자동으로 창출되는 금형도면에 따른 금형강도의 평가를 구조해석용 툴인 ANSYS로 금형의 안정성을 검토하였다. 개발된 시스템은 현장경험이 부족한 초보자라도 쉽게 공정 및 금형설계를 수행할 수 있고, 신규 모델의 준축대칭 제품의 냉간단조 공정 및 금형설계 시간을 단축시켜 수요자의 요구에 능동적으로 대처할 수 있을 것이다.

11.1 시스템의 구성 및 작동원리

AutoCAD 환경하에서 수행되는 API(Application Programmer Interface)인 AutoLiSP 언어를 이용하여 준축대칭 제품 제조를 위한 공정 및 금형설계 자동화 시스템을 구축했다. 시스템은 입력 및 형상처리 모듈, 공정설계 모듈, 금형설계 모듈로 구성되었으며, 이에 대한 개략도를 그림 11.1.1에 나타내었다.

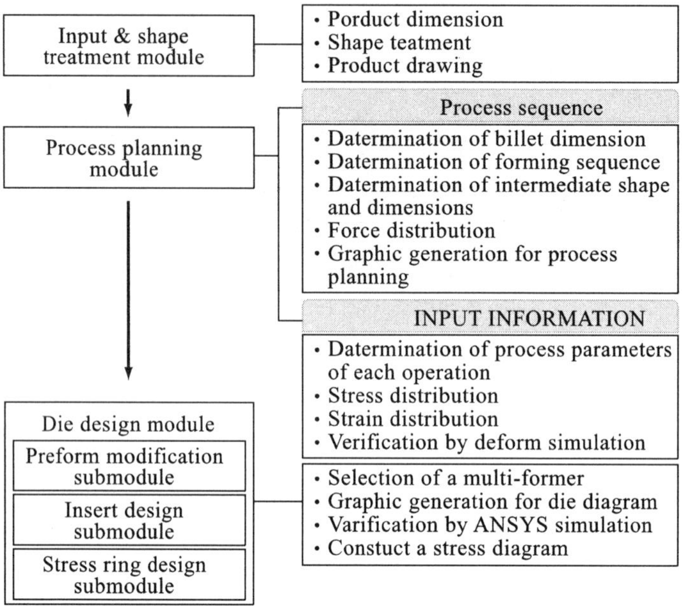

그림 11.1.1 시스템의 배치

사용자가 제품에 대한 치수 및 공차와 재질을 프로그래밍 대화상자 기능(Dialog Control Language ; DCL)을 통해 대화상자에 입력하면, 입력 및 형상처리 모듈에서는 제품을 자동으로 인식하고, 소재의 물성치와 공정 설계 시 요구되는 성형 한계치를 데이터베이스로부터 자동으로 추출하여 공정설계 모듈에 전달한다.

공정설계 모듈에서는 인식된 제품에 대해 소재직경을 계산하기 위한 기준이 되는 부분을 선택하여 공정설계규칙에 의해 가공가능한 공정도면을 창출시키고, 그 결과를 금형설계 모듈에 넘긴다. 금형설계 모듈에서는 자동적으로 창출된 공정도면의 정보를 가지고 예비성형체 수정, 금형인서트 설계, 보강링 설계 부모듈을 통하여 금형도면을 자동으로 창출시킨다.

그림 11.1.2는 육각볼트를 제조하기 위해 볼트 블랭크(bolt blank)를 4단 포머로 실제 성형하기 위한 공정순서이다.

그림 11.1.3과 같이 한 곳 이상의 업셋팅된 부분을 가지는 냉간 헤딩 제품들을 보여주는 것으로 2행정 헤더의 1회 작업으로 제작될 수 있다. 부분적으로 업셋될 수 있는 소재의 길이는 일반적으로 와이어 직경의 5배로 제한된다. 단지 다른 제한은 헤더가 가공물에 요구되는 와이어의 직경과 길이를 수용할 수 있어야한다.

이중 행정 개방 다이 헤더로, 완전히 1회 작업으로 만들어지는 양쪽 말단의 업셋이 포함된 3 부분이 그림 11.1.3(a)와 같다. 비록 대부분의 냉간 헤딩은 봉이나 와이어의 끝 단면

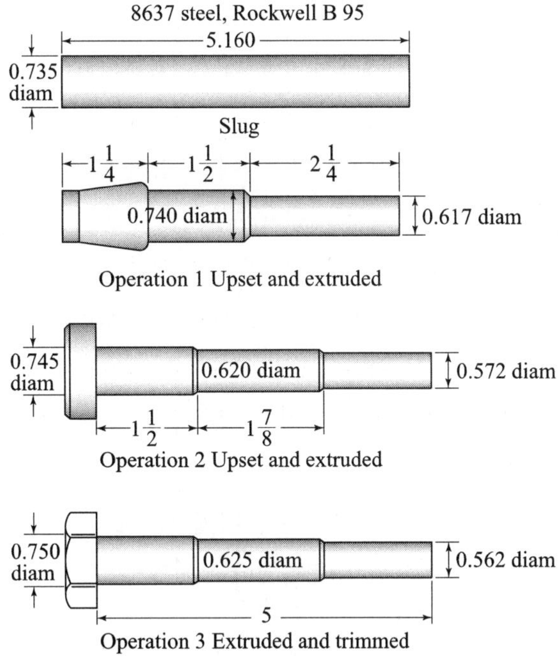

그림 11.1.2 볼트블랭크용 다단 포머 공정

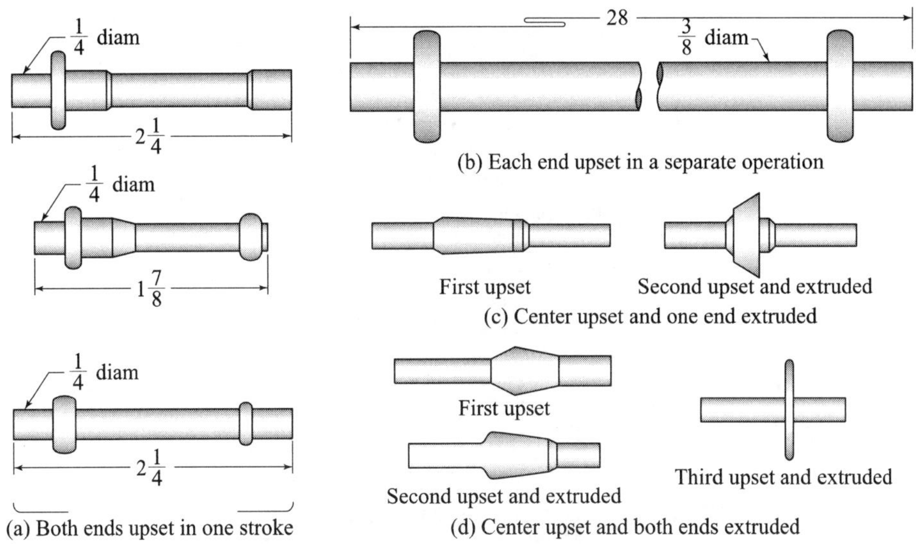

그림 11.1.3 양 끝 혹은 중심부의 업셋 제품

에서 업셋 성형을 수행하지만, 그림 11.1.3(b)와 같이 끝단에서 약간 떨어진 위치에서 업셋 성형을 실행하기도 한다.

그림 11.1.3(c)는 와이어의 양쪽 끝 사이의 중앙에서 스터드 볼트를 업셋한 대표적인 것으로 스터드 볼트는 일체형 다이 기계에서 2행정으로 업셋되고 압출가공 되었다.

그림 11.1.3(d)는 또 다른 중심부 업셋의 예로서 순차이송 형 헤더에서 3행정으로 가공되었다. 스터드의 양끝 쪽은 초기 와이어 크기보다 직경이 작게 압출되고, 반면에 중심부 컬러는 초기 와이어 직경의 3배로 확장 가공되었다.

그림 11.1.4는 2회 타격공정에 의해 제작된 자전거 페달 볼트를 보여주고 있다.

자전거 페달 볼트를 위한 블랭크는 가장자리에 예리한 모서리가 요구되고, 컬러부(collar)에 버(burr)나 핀(fin)이 전혀 없어야한다. 그리고 체적을 정확하게 제어하기 위해서는 초기 소재 절단과 첫 번째 타격에서 성형되는 컬러가 정확해야 한다. 헤딩공정에서, 4각 부분의 모서리와 가장자리를 채우기 위해서 컬러부에 과도한 가압은 컬러부에 과 충전이나 플래시를 초래한다. 이 부분을 성공적으로 마무리하기 위해서는 컬러부분을 한번의 타격으로 업셋하고, 두 번째 타격에서 4각 부분을 성형하였다.

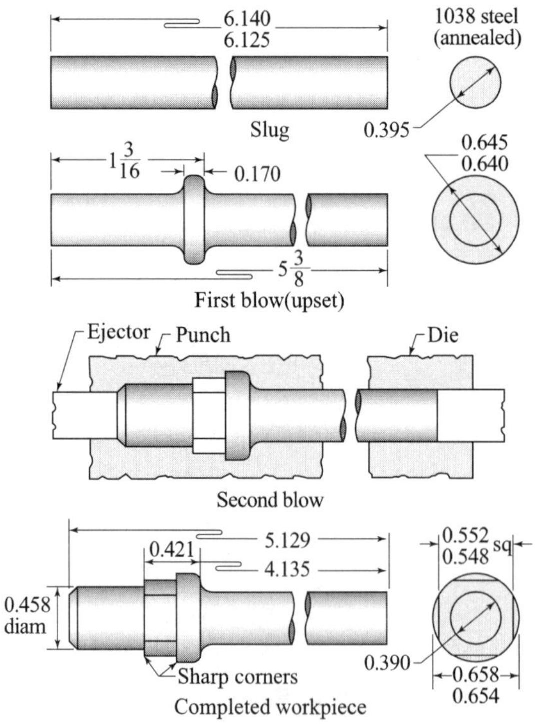

그림 11.1.4 자전거 페달 볼트의 제조 공정

11.2 입력 및 형상처리 모듈

11.2.1 입력 부모듈(input sub module)

입력 부모듈은 냉간 가공될 제품의 재질과 치수 및 공차를 입력하는 모듈로서, 소재 리스트에서 사용자가 원하는 소재의 규격을 선택하면 하중 계산에 이용될 소재의 물성치와 공정설계 시 요구되는 성형 한계치가 데이터베이스로부터 자동으로 입력된다. 제품의 각 부분이 변수로 처리되어 화면상에 나타난 최종형상의 치수와 공차를 입력함에 따라 크기가 결정된다. 입력될 제품의 치수는 직경(diameter), 높이(height), 경사각(angle), 필렛반경(filet radius), 제품의 각 치수에 대한 양의 공차량(positive tolerance) 및 음의 공차량(negative tolerance)이다.

11.2.2 형상처리 부모듈

사용자가 제품의 치수를 입력시키면 형상처리 부모듈에서는 제품의 형상 데이터를 설계에 용이한 수치 데이터로 변환시킨다. 변환된 수치 데이터로부터 형상에 관한 데이터를 찾아내어 각단의 변수 리스트를 구성한 후 자동적으로 인식한다.

11.2.3 도면요소 표현

DCL에 입력된 제품의 치수는 다음과 같은 도면 요소표현을 갖는 직선(line)과 원호(arc)를 이용하여 제품단면의 외각형상을 표현한다. 단, 중심점은 도면요소가 원호인 경우이다.

(“LINE” S_p E_p)

(“ARC” S_p E_p C_p)

여기서, S_p(시작점) : (x_s y_s z_s), E_p(끝점) : (x_e y_e z_e), C_p(중심 점) : (x_c y_c z_c)을 나타낸다.

11.2.4 기본형상(basic geometry) 표현

제품의 형상은 그림 11.2.1과 같이 중실부분인 외형과 중공부분인 내형으로 구분된다. 외형 및 내형의 높이 에 따라 윗부분부터 단수번호를 지정한다.

제품단면은 원통(cylinder), 원추(cone), 오목원추(concave) 및 볼록원추(convex)이고 헤드부의 특수 형상인 육각 볼트형(hexagon head bolt), 플렌지 볼트형(flange bolt) 등과 같은 형상의 리스트로 이루어졌으며, 각 단의 기본형상은 높이, 외경, 내경, 필렛/코너반경 및 오목/볼록 원추반경 등의 기하학적 특성을 가진다.

도면요소표현을 통해 기본형상으로 변환되는 각 단의 변수의 리스트는 다음과 같다.

(list n (bg h_j dl_j d2_j r_j))

여기서, n : 외형단수, bg : 각 단의 기본형상(cy－원통, cn－원추, cc－오목원추, cv－볼록원추, hb－육각 볼트형, fb－플렌지 볼트형), h : 높이, dl : 상부직경, d2 : 하부 직경, r : 필렛/코너 반경 및 오목/볼록 원추반경, j : 단 이들은 규칙 및 데이터베이스를 공유한 각 모듈에서 프로그램을 수행시키기 위하여 사용된다.

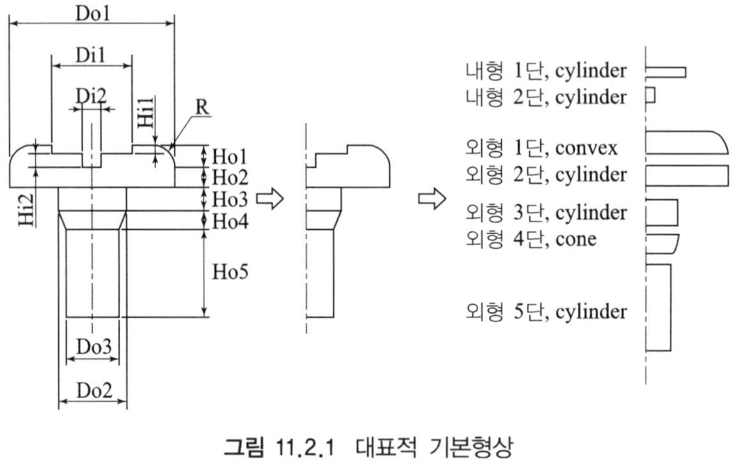

그림 11.2.1 대표적 기본형상

11.3 공정설계 모듈

공정설계 모듈은 공정순서를 결정하는 모듈로서, 설계 자동화를 위하여 기본형상표현으로 변환된 리스트를 다음과 같이 각 단의 형상리스트로 재구성한다.

(list n (bg h_ij dl_ij d2_ij r _ij))

여기서, n : 외형단수, bg : 각 단의 기본형상(cy-원동, cn-원추, cc-오목원추, cv-볼록원추, hb-육각볼트형, fb-플렌지 볼트형), h : 높이, d1 : 상부직경, d2 : 하부 직경, r : 필렛/코너 반경 및 오목/볼록 원추반경, i : 공정, j : 단

각 공정 단계마다 주어지는 공차와 예비 업세팅시 원추형 예비성형체의 원추각을 입력하면, 이 모듈에서는 기본 형상 표현에 의한 기하학적 특성과 공정 설계 규칙을 이용하여 소재로부터 최종제품까지 결함이 없는 공정순서, 공정수, 중간단계의 기하학적 형상 및 작업 방법 등을 결정한 후 공정도면을 창출한다.

11.4 금형설계 모듈

금형설계를 위해서는 공정설계 모듈에서 작업한 최종적인 제품의 형상 정보가 필요하다. 제품의 형상 정보가 공정설계 모듈로부터 금형설계 모듈로 이동되어 금형설계를 수행하는 과정을 그림 11.4.1에 나타내었다.

성형공정 중 금형설계의 대상이 되는 공정을 선택하여 해당 공정의 형상 정보를 읽고 새로운 작업 공간으로 읽어 들인 공정의 형상정보를 가져와 90° 회전시킨다. 그 후 선택한 포머에 맞는 금형설계 및 보강링 설계를 자동으로 수행한다.

금형설계 모듈은 창출된 공정도면에 대해 예비 성형체 수정 부모듈, 금형인서트 설계 부모듈, 보강링 설계 부모듈을 동하여 최적 분할비, 최대 허용내압, 간섭량, 반경 및 접선방향 응력 등의 금형설계에 필요한 최적의 설계 변수값 계산하여 이를 토대로 금형 도면을 자동적으로 창출시킨다. 금형설계 모듈을 구성하는 각 부모듈의 기능적인 설명을 아래에서 다루고자 한다.

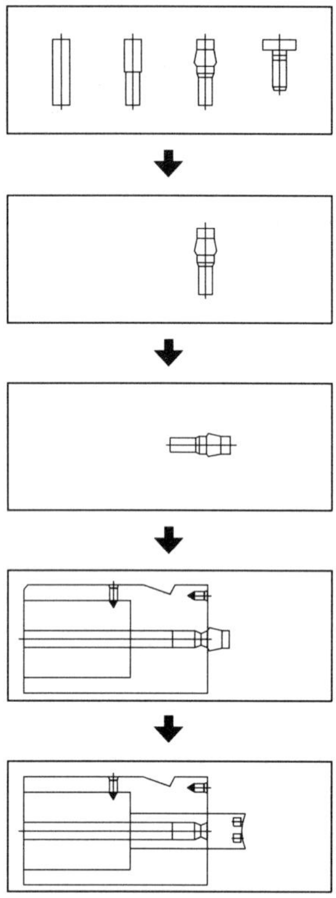

(a) Selecting the stage of product

(b) Reading the information of the product

(c) Moving and rotating the shape of product into the fixed point

(d) Adding the shape of die suitable to the former selected

(e) Design of insert and stress ring

그림 11.4.1 금형설계 절차에 따른 형상정보

11.5 예비성형체 수정 부모듈

예비성형체 수정 부모듈은 창출된 공정설계 도면의 각 예비성형체를 선택하여 수정하는 모듈로서 수정은 미소요소(단과 단 사이의 라운드 량 등)에 국한된다.

11.5.1 금형인서트 설계 부모듈

금형인서트 설계 부모듈은 공정설계 모듈에서 창출된 공정도면에 대한 정보를 가지고 빠른 시간 내에 정확한 금형인서트를 설계하는 모듈이다. 금형인서트 설계를 위해 원하는 공정단계를 선택하여, 각 공정을 수행할 수 있는 다단 포머의 종류가 데이터베이스로부터 제시되고, 이들 가운데 사용자가 원하는 포머를 선발하여 선택된 포머의 성능에 관한 값들과 제품의 외형치수들을 통해서 금형인서트를 설계한다.

11.5.2 보강링 설계 부모듈

보강링 설계 부모듈은 금형 수명의 연장과 비용 절감을 위해 보강링을 설계하는 모듈로서, 사용자가 원하는 공정단계, 인서트의 내경, 보강링의 개수, 인서트와 보강링의 재질을 입력하면, 입력된 보강링의 개수와 재질에 따른 최적의 분할비, 인서트의 내·외경, 반경 및 접선방향 응력, 최대 허용내압과 간섭량을 자동적으로 계산한다.

11.6 설계규칙

11.6.1 성형성 및 결합 판정조건에 대한 규칙

규칙 ① 나사부와 나사부 상단의 압출비가 18 % 이하인 경우에는 전방압출과 예비 업세팅을 동시에 수행할 수 있다.

규칙 ② 재질에 따른 성형 한계값은 데이터베이스로부터 구한다.

규칙 ③ 중실 변형률(SS)이 한계 비구속 변형(LSOS)보다 작으면 비구속 압출로 성형한다.

11.6.2 공정순서 결정에 대한 규칙

규칙 ④ 결정된 소재직경으로부터 최종제품을 만들기 위해서 소재직경보다 작은 제품직경은 압출공정을 한다.

규칙 ⑤ 결정된 소재직경으로부터 최종제품을 만들기 위해서 소재직경보다 큰 제품직경은 업세팅공정을 한다.

규칙 ⑥ 중실제품의 성형순서는 압출공정, 업세팅 공정이며, 규칙 1에 해당하는 경우는 이들을 동시에 성형한다.

규칙 ⑦ 중실 업세팅 직경비(ULDR)≤한계 중실 업세팅 직경비(LULDR) 이거나 ULDR > LULDR이고 업세팅 되어서 만들어질 직경이 소재직경의 1.3배를 초과하지 않으면 한번에 가공이 가능하나 준축대칭 볼트제품의 성형을 위해서는 예비 업세팅 공정을 거친다.

규칙 ⑧ ULDR > LULDR일 경우 업세팅 되어서 만들어질 직경이 소재직경의 1.3배를 초과하지 않으면 한번에 가공이 되며, 그렇지 않으면 예비 업세팅 공정이 필요하며 업세팅되는 길이가 직경의 2배가 되도록 한다. 예비 업세팅 공정시 등가직경을 사용하며, 등가직경(ED)은 다음과 같이 계산된다.

$$ED = \sqrt[4]{\frac{d_0^4 + d_1^4}{2}} \tag{11.6.1}$$

여기서, d_0 : 가공전 직경, d_1 : 가공후 직경

규칙 ⑨ 중실 비구속압출의 압력 및 하중계산식은 다음과 같다.

1) 슬래브법(α < 45°)

$$P_{so} = \sigma_{im}\left[\frac{\beta}{(\beta-1)} \cdot \left[\frac{d_0}{d_1}\right]^{2(\beta-1)} - 1 + \frac{2}{3}\alpha\right] \tag{11.6.2}$$

여기서, P_{so} : 압출압력, Φ : 주 대수변형률, Φ_0, Φ_1 : 전가공에 의한 변형률

$$\sigma_{fm} = \frac{1}{(\Phi_0 - \Phi_1)}\int_{\Phi_1}^{\Phi_2}\sigma_f \cdot d\Phi \text{ (압출)} \tag{11.6.3}$$

$$\sigma_f = K(\Phi_0 + \Phi)^n \text{ (업세팅)} \tag{11.6.4}$$

$$\beta = (1 + \mu \cdot \cot\alpha)/(1 - \mu \cdot \tan\alpha) \tag{11.6.5}$$

2) 상계법($\alpha \geq$ 45°)

$$\begin{aligned} P_{so} = \sigma_{fm}\Bigg[& 2f(\alpha)\ln\left(\frac{d_2}{d_1}\right) + \frac{2}{\sqrt{3}}\frac{\alpha}{\sin^2\alpha} \\ & - \cot\alpha + m \cdot \cot\alpha \cdot \ln\frac{d_0}{d_1} + m\frac{2L_d}{d_1}\Bigg] \end{aligned} \tag{11.6.6}$$

여기서, m : 원뿔면에서의 전단마찰계수, L_d : Die land 길이

규칙 ⑩ 중실 업세팅의 압력을 구하는 식은 다음과 같다.

$$P_u = \sigma_t\left(1 + \mu\frac{d_1}{3l_1}\right) \tag{11.6.7}$$

3) 보강링 설계에 관한 규칙

규칙 ⑪ 금형인서트의 재질이 보강링의 재질과 다른 경우의 설계계산식은 다음과 같다.

• 최적 분할 직경비 : $Q_1 = \sqrt{Q^2 + Q\sqrt{(1+Q^2)}}$ (11.6.8)

• 최대 허용내압 : $P_{iopt} = \dfrac{\sigma_{y2}}{(1+2Q^{2_{iopt}})}$ (11.6.9)

• 접촉면압 : $P_1 = \dfrac{1}{2}\dfrac{(1+Q^2)(1-Q^{2_1})}{(1-Q^2)(1+Q^{2_1})}\left[\sigma_{y2}(1-Q^{2_2})\right]$ (11.6.10)

• 공차 : $Z_1 = \left[\dfrac{(1-\upsilon_2)Q_2^2+(1+\upsilon_2)}{E_2(1-Q_2^2)} + \dfrac{(1-\upsilon_1)+(1+\upsilon_1)Q_1^2}{E_1(1-Q_1^2)}\right]P_1\, d_1$ (11.6.11)

규칙 ⑫ 축대칭 원통 부재에서 반경방향과 원주방향의 응력계산식은 다음과 같다.

$$\sigma_r = \frac{r_1^2 P_i - r_2^2 p_o}{r_2^2 - r_1^2} - \frac{(P_i - P_o)r_1^2 r_2^2}{(r_2^2 - r_1^2)r^2} \quad (11.6.12)$$

$$\sigma_\theta = \frac{r_1^2 P_i - r_2^2 P p_o}{r_2^2 - r_1^2} + \frac{(P_i - P_o)r_1^2 r_2^2}{(r_2^2 - r_1^2)r^2} \quad (11.6.13)$$

여기서, r_1 : 금형의 내경, r_2 : 금형의 외경, r : 펀치의 반경

σ_r : 반경방향 응력, σ_θ : 원주방향 응력

규칙 ⑬ 금형인서트와 보강링의 재질이 다른 경우 즉, 금형인서트의 재질이 초경합금(WC)이면, 다이 인서트가 인장응력에 취약하므로 작업중에 금형인서트에 인장응력을 허용하지 않는다.

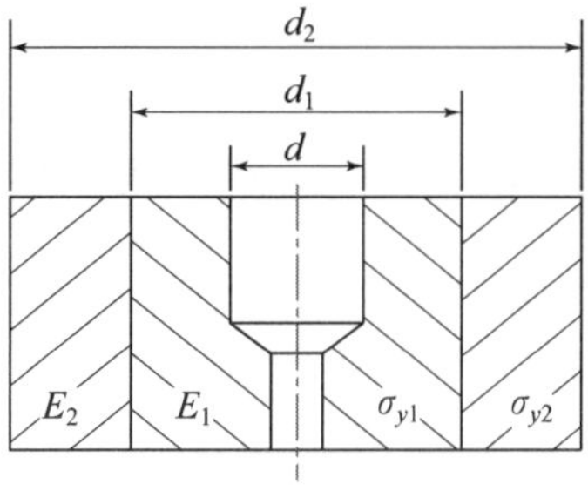

$Q = \dfrac{d}{d_2}$, $Q_1 = \dfrac{d}{d_1}$, $Q_2 = \dfrac{d_1}{d_2}$

σ_{y1} : yield stress of insert

σ_{y2} : yield stress of stress ring

그림 11.6.1 다이 및 보강링

11.7 시스템의 적용 및 고찰

육각머리 볼트(hexagon head bolt), 플렌지 볼트(flange bolt) 등과 같이 준축대칭 형상의 헤드부와 필요에 따라 헤드부 아랫단에 세레이션 가공을 하는 각종 준축대칭 제품들 가운데 본 연구에서는 현재 산업현장에 생산중인 그림 11.7.1과 같은 재질이 S45C인 M18 휠 볼트 제품을 적용시켜 각 모듈에서 수행된 단조품 설계의 경과를 고찰하고자 한다.

11.7.1 입력 및 형상처리 모듈에의 적용

AutoCAD상에서 그림 11.7.2와 같은 소재입력 대화상자로부터 소재를 선택하고 그림 11.7.3(a)의 최종제품 이수입력 대화상자에서 제품의 직경, 높이, 경사각, 필렛반경 및 공차량을 입력하면, 형상처리모듈은 제품의 형상을 도면요소 표현을 통해 그림 11.7.3(b)와 같은 각 단의 기본형상 리스트로 변환하여 설계에 용이한 수치 데이터의 리스트를 인식하는데, 이를 그림 11.7.3(c)에 나타내었다.

11.7.2 공정설계 모듈에의 적용

공정설계 모듈에서는 입력 및 형상처리 모듈에서 인식된 단조품의 형상과 관련된 각 치수들을 가지고 체적일정조건에 따라 소재직경을 계산한다. 소재직경이 결정되면 각단의 외

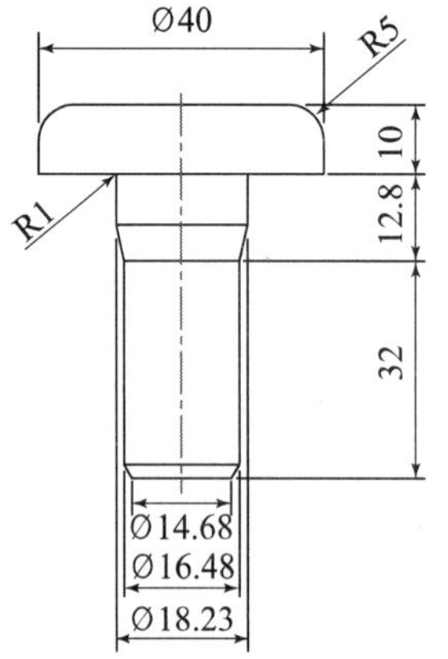

그림 11.7.1 시제품의 예

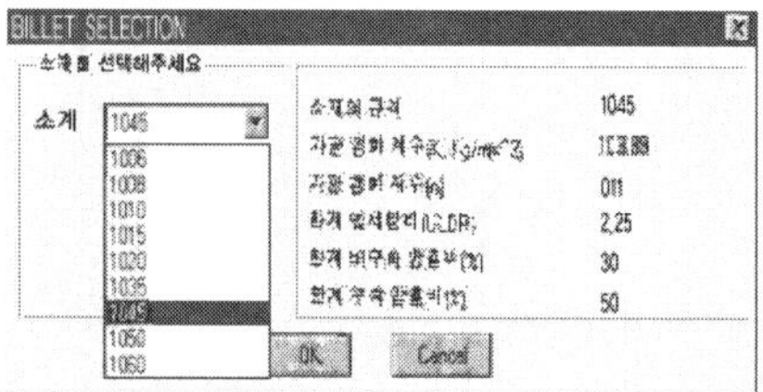

그림 11.7.2 시제품의 소재 선택

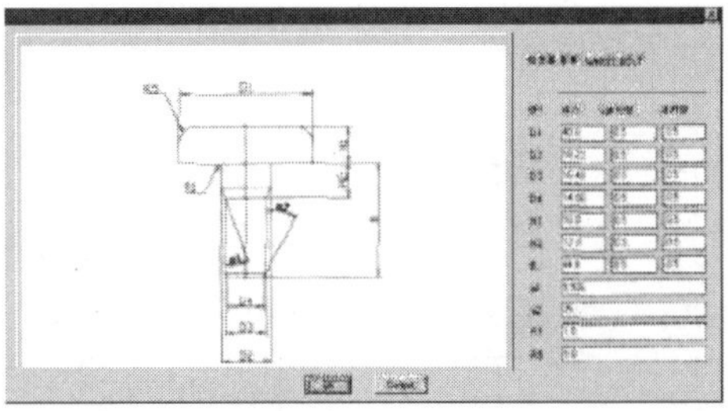

(a) Input of dimensions and tolerances of the sample product

⇩

(list n (bg h_j dl_j d2_j r_j)

(b) Form of basic geometry list

⇩

(1 ("cv" 5.0 30.0 40.0 5.0))
(2 ("cy" 5.0 40.0 40.0 0.0))
(3 ("cc" 1.0 20.23 18.23 1.0))
(4 ("cy" 6.8 18.23 18.23 0.0))
(5 ("cn" 5.0 18.23 16.48 0.0))
(6 ("cy" 30.7 16.48 16.48 0.0))
(7 ("cn" 1.93 16.48 14.68 0.0))

(c) Basic geometry list of the sample product

그림 11.7.3 입력에 대한 형상 처리 모듈의 결과

부형상에 의한 체적계산을 수행하고 체적일정조건으로 변경된 직경 및 높이 등을 계산할 수 있다. 이때 각 공정 단계마다 제품과 금형 사이에는 0.02~0.04의 클리어런스를 적용했으며 이는 각 공정 중 제품의 원활한 로딩과 녹아웃을 위한 것이다. 공정설계의 현장 적용성을 높이기 위해 이와 같은 클리어런스의 부여가 필요하며, 각각의 공정에서 제품의 치수를 계산할 때 시스템은 이러한 클리어런스의 양을 감안하였다.

본 제품을 성형하기 위한 여러 공정들은 그림 11.7.4에 나타내었다. 그림 11.7.4(a) 공정은 Φ16.48 mm인 최소직경부위를 먼저 압출한 후 Φ18.23 mm인 중간직경 부위와 예비업세팅 부인 콘 형상부위를 동시에 업세팅해야 하므로 실제로 성형이 매우 어려운 공정이다.

(b) 공정은 중간직경 부위를 먼저 구속압출한 후, 최소직경 부위를 압출하도록 되어있다. 여러 단의 압출이 요구될 때 1회 가공한계를 만족하는 제일 작은 직경부터 순차적으로 압출하는 것이 좋은데, 이는 가공경화에 의해 더 많은 성형압력이 요구되는 것을 막기 위함이다.

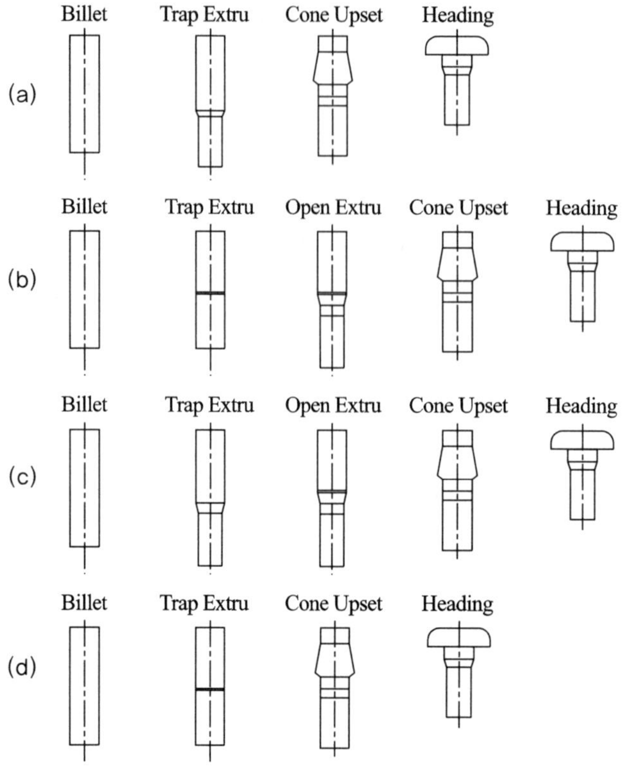

그림 11.7.4 볼트의 공정절차

(c) 공정은 현장의 설계 전문가에 의한 공정설계 결과이며, (d) 공정이 개발된 시스템의 공정설계 모듈에서 수행한 결과이다.

최종 제품의 형상에서 구한 체적, 21932.0 mm^3으로부터 실제로 현장에서 생산되는 공정과 비교검토를 위하여 소재직경을 Φ19.68 mm로 결정했다. 그림 11.7.4(b)와 같이 예비 업세팅시 원추형 예비 성형체의 원추각 25°를 입력한 후, 기본 형상 표현에 의한 기하학적 특성과 각 성형단계의 공정설계 규칙을 이용하여 자동으로 창출된 공정도면을 그림 11.7.5에 나타내었다.

그림 11.7.5의 첫 번째 공정에서는 중실 변형률(SS)이 0.16으로 한계 비구속 변형률(LSOS) 0.357보다 작으므로 설계규칙(2), (3), 그리고 (4)에 의하여 빌렛은 압출부의 직경이 Φ18.14인 비구속 전방압출을 수행한다. 두 번째 공정에서는 설계규칙(1)과 (5)~(8)에 의하여 전방압출 부위의 압출비가 15 %로서 소재하부의 전방압출이 완료된 후 금형 내부에 재료가 충만됨으로써 발생한 지지력에 의해 소재 상부의 예비 업세팅이 행해진다. 최종 공정에서 볼트의 헤드부위가 업세팅되는데, 일반적으로 볼트의 헤드부위는 강도를 높이기

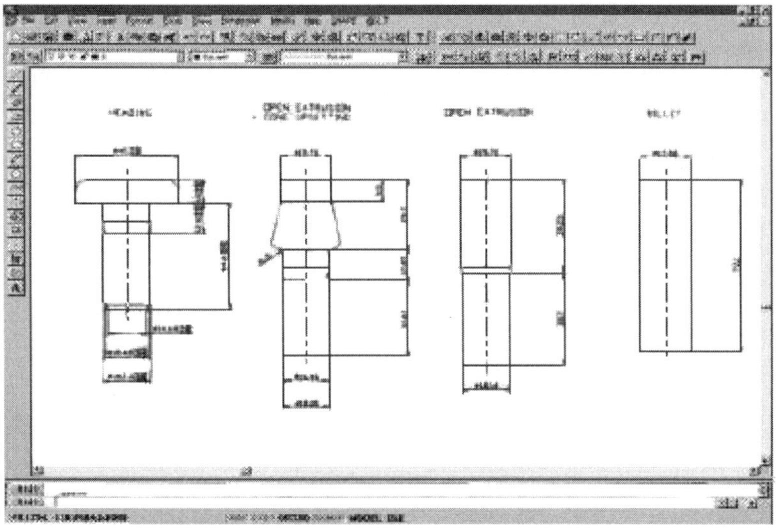

그림 11.7.5 자동 공정설계에 의한 도면 창출

위하여 변형률을 크게 함으로써 요구되는 기계적 성질을 갖게 한다. 공정설계 모듈에서 창출된 공정도는 공차 및 기호 등이 기입되어 현장에서 바로 사용할 수 있는 설계도면으로, 설계시간의 단축과 공정수 및 시행착오의 감소를 가져올 수 있다.

개발된 시스템의 공정설계 모듈에서 창출된 공정설계의 타당성을 검증하기 위하여 deform으로 각 공정에 대한 시뮬레이션을 수행했다. 특히, 두 번째 스테이지의 복합공정(전방압출 + 예비업세팅)시 제품에 작용하는 응력분포와 소요하중 그래프를 그림 11.7.6에 나

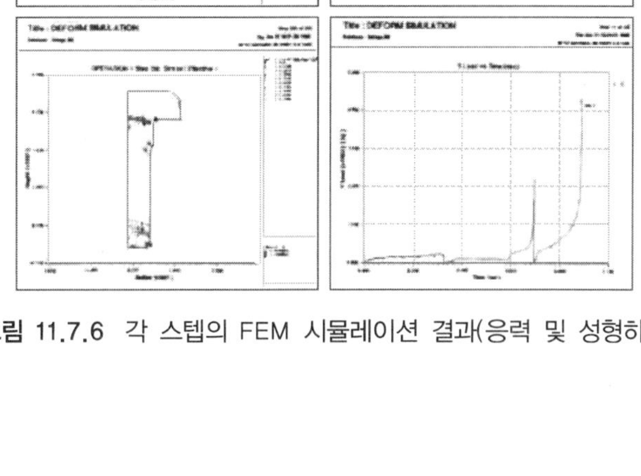

그림 11.7.6 각 스텝의 FEM 시뮬레이션 결과(응력 및 성형하중)

표 11.7.1 두 번째 스텝의 공정설계 모듈과 DEFORM의 성형하중값 비교

(단위 : ton)

	the second stage
Process planning module	31.5
DEFORM simulation	23.0

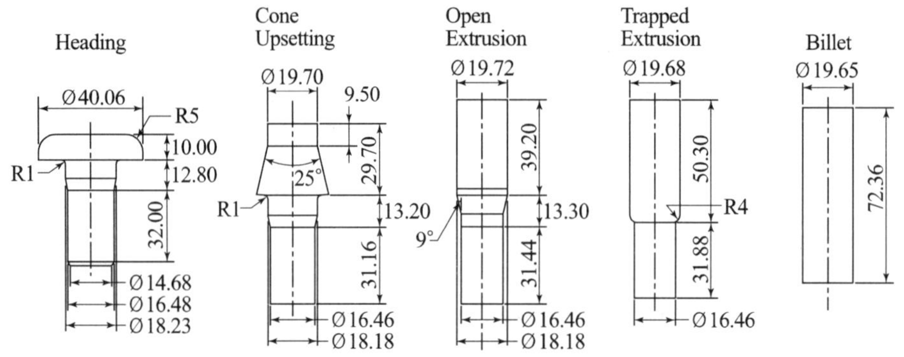

그림 11.7.7 실제 현장의 공정설계 도면

타내었고, 시뮬레이션의 결과 원활한 성형이 이루어짐을 확인할 수 있다. 설계규칙(9)와 (10)에 의하여 공정설계 모듈에서 계산한 성형하중 값을 표 11.7.1에 나타내었는데, 이들로부터 각각 계산된 값들이 잘 일치함을 알 수 있다.

또한 공정설계 경험이 풍부한 숙련된 설계자에 의해 실제로 현장에서 수행되고 있는 공정설계 도면을 그림 11.7.7에 나타내었는데, 이 모듈에서 소재로부터 제품을 성형하기까지의 공정을 오른쪽으로부터 왼쪽까지 나타내었다. 자동으로 창출된 도면과 비교해 볼 때 현장에서 사용되고 있는 공정은 4단계로 개발된 시스템의 공정수보다 한 공정이 더 많음을 알 수 있다.

11.7.3 금형설계 모듈에의 적용

1) 예비성형체 수정 부모듈에의 적용

예비성형체 수정부모듈은 공정설계 도면의 각 예비성형체를 선택하여 수정하는 모듈로서, 공정설계 모듈에서 창출된 공정설계 도면 가운데 두 번째 스테이지(전방압출 및 업세팅 공정)의 예비성형체에 대하여 헤드부의 코너반경 R 1.1을 R 1.5로 수정한 도면을 그림 11.7.8에 나타내었다.

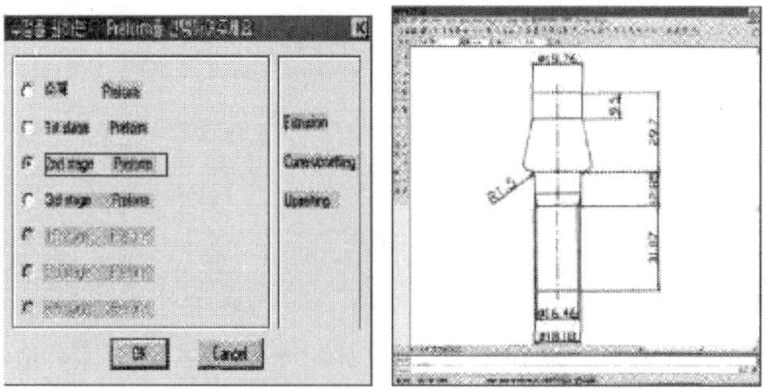

그림 11.7.8 예비성형체의 수정 도면

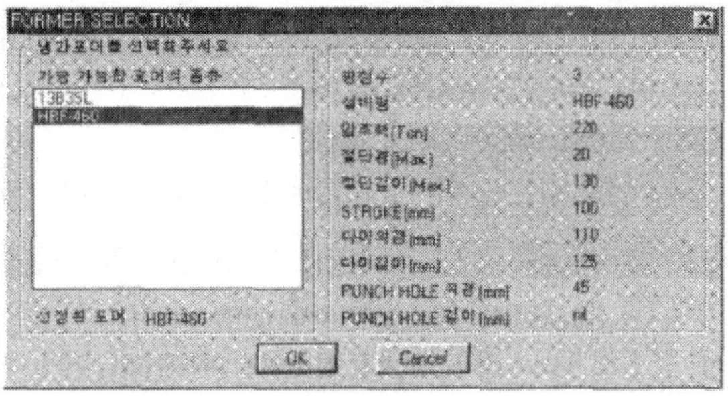

그림 11.7.9 사용자 선택에 의한 포머 선택

2) 금형인서트 설계 부모듈에의 적용

두 번째 스테이지(전방압출 및 업세팅 복합공정)의 금형인서트 설계를 수행하기 위하여 DCL창에서 두 번째 스테이지를 선택하면, 이 공정을 수행할 수 있는 포머의 종류가 데이터베이스로부터 그림 11.7.9와 같이 제시된다.

이때 사용자가 포머(HBF 460)를 선택하면 공정수, 설비명, 압조력, 절단경, 절단길이, 스트로크, 금형외경, 금형길이, 펀치 홀 직경, 펀치 홀 길이와 같은 포머의 성능에 관한 데이터가 데이터베이스로부터 구해진다. 이를 토대로 이 부모듈에서 금형인서트 설계가 수행되기까지의 과정을 그림 11.7.10에 나타내었다.

공정설계 모듈에서 창출된 공정도면으로부터 두 번째 공정을 선택하여 그림 11.7.10(a)와 같이 선택된 공정의 제품 형상이 금형인서트 설계를 위한 새로운 도면 작업공간으로 이동되어 90°만큼 회전되었다. 연이어 그림 11.7.10(b)와 같이 사용자가 선택한 포머의 치수 사양이 포함되어 있는 레이어(layer)가 제품 형상의 레이어 위에 추가되었다. 최종적으로 그림 11.7.10(c)에서처럼 금형인서트 설계가 수행되고 도면에 불필요한 엔티티(entity)들이 제거된다.

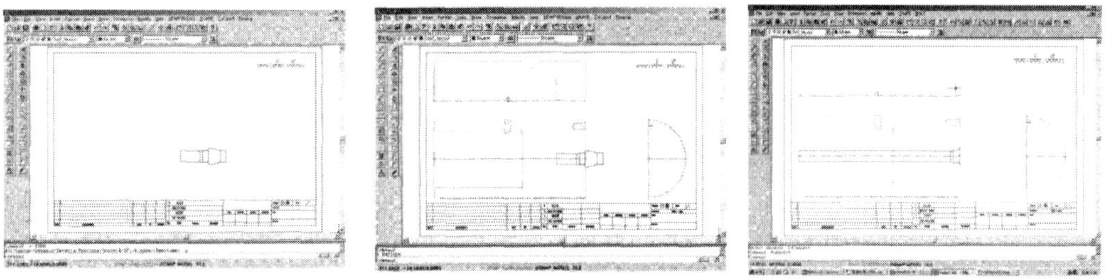

(a) Moving and rotating the shape of the process selected into the fixed point (b) Adding the shape of die suitable to the former slected (c) Designing die insert and removing useless entities

그림 11.7.10 금형 인서트 설계 모듈의 실행

3) 보강링 설계 부모듈에의 적용

세 번째 스테이지의 보강링 설계를 위해 공정단계, “3rd stage”, 세 번째 스테이지의 인서트내경, “Φ18.18”, 보강링의 개수, “2개”, 인서트와 보강링의 재질을 각각 “G7(Hrc 84)”, “SKD61(HRC 54)”로 선택하면, 이 모듈에서는 금형인서트 설계부모듈에서 창출된 인서트 설계도면으로부터 받은 정보와 보강링 설계규칙(11)에 의하여 금형의 최적분할 직경비, 최대 허용내압, 간섭량, 접촉면압, 반경 및 접선방향 응력들을 구한다.

최적분할 직경비($Q_1 = 0.44$, $Q_2 = 0.37$)로 인서트의 외경($d_1 = 41.19$ mm)에서의 간섭량(0.18 mm)을 계산했다. 또한 최대 허용내압($P_{iopt} = 107.94$k gf/mm^2)과 접촉면압($P = 46.07$ kgf/mm^2)을 구했다. 이들로부터 설계규칙(12)를 이용하여 인서트와 보강링에 각각 작용하는 반경방향과 접선방향의 응력들을 계산할 수 있다.

최대 허용내압과 접촉면압이 작용할 때 인서트 내경에 걸리는 반경방향과 접선방향 응력($\sigma_r = 107.94$, $\sigma_\theta = 0$), 인서트 외경에 걸리는 각 응력($\sigma_r = -64.49$, $\sigma_\theta = -43.46$), 보강링 내경에 걸리는 각 응력($\sigma_r = -64.49$, $\sigma_\theta = 85.51$), 보강링 외경에 걸리는 각 응력($\sigma_r = 0$, $\sigma_\theta = 21.03$)이 계산되어 그림 11.7.11과 같이 출력되었다.

최적분할비에 따른 최대 허용압력이 공정설계 모듈에서 계산된 금형내압보다 작으면 보강링의 수를 늘리거나 금형재질을 바꾸어야 하는데, 금형설계 모듈에서 창출된 금형 도면에 대한 최대 허용내압은 107.94 kgf/mm^{2}로, 공정설계 모듈에서 구한 금형내압 60 kgf/mm^{2}보다 크므로 창출된 금형도면에 대한 금형강도는 안전함을 알 수 있다.

금형설계 모듈에서 계산된 최대 허용내압과 공정설계 모듈에서 구한 금형내압을 금형설계 모듈에서 창출된 금형의 인서트 내경에 각각 작용시켰을 때 인서트 및 보강링에서의 반

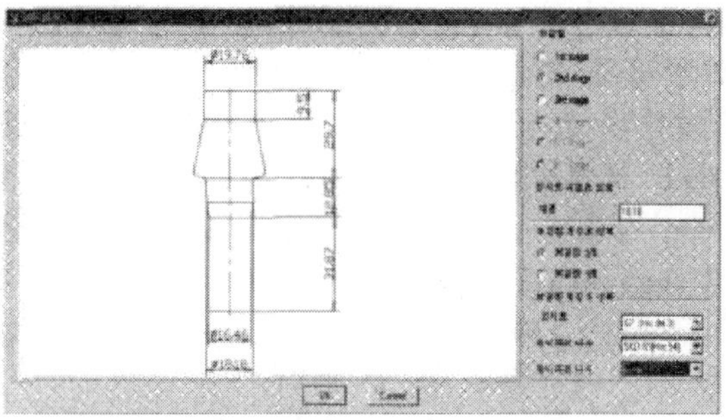

(a) Input data for designing stress ring

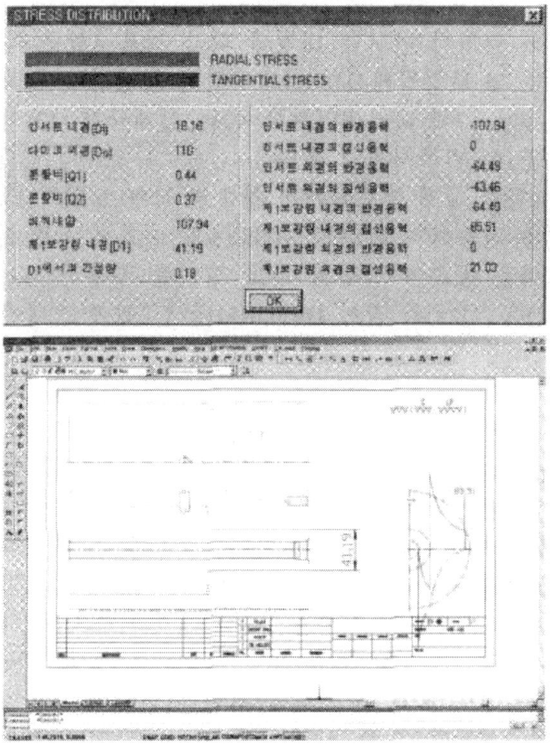

(b) The design variables and die drawing in second stage

그림 11.7.11 보강링 설계 부모듈의 실행결과

경방향과 접선방향 응력값을 그림 11.7.12에 나타내었는데 이는 설계규칙(13)의 내용을 잘 만족시키고 있다.

우선 그림 11.7.13(a)와 같이 DEFORM에서 두 번째 스테이지의 최종 단계를 선택한 다음 금형의 메쉬를 나누고 금형의 밑면을 Y방향으로 고정하도록 경계조건을 적용한 후, DEFORM 메뉴판상에 있는 보간력[Interpolate Forces] 기능을 사용하여 재료로부터 금형의

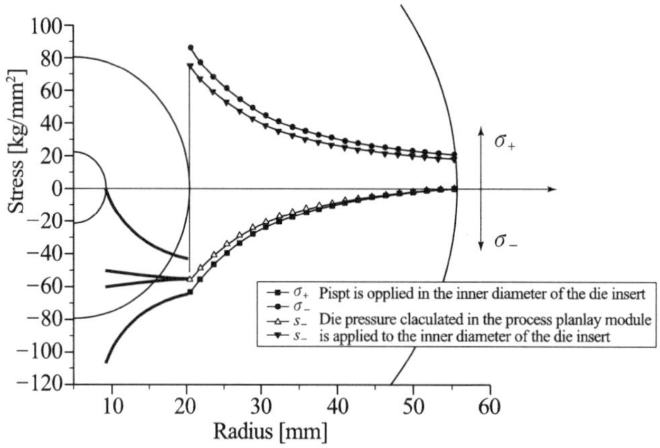

그림 11.7.12 금형 인서트의 압력 분포

(a) Interpolated forces from part to insert

(b) Die modeling & inputted value of load

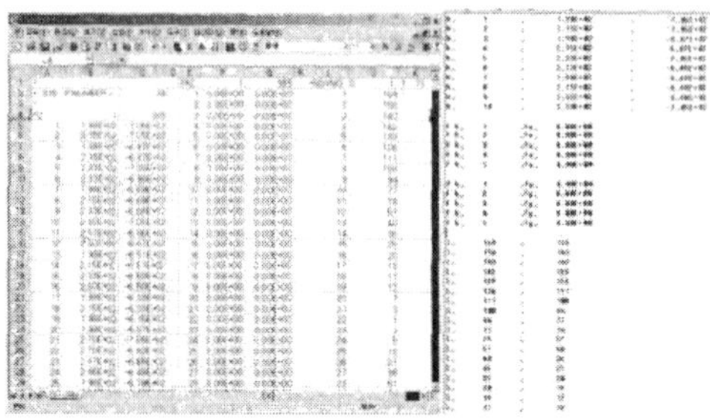

(c) Extracted data from the result of DEFORM simulation

그림 11.7.13 ANSYS 결과에 따른 DEFORM으로의 적용

물성치를 입력하고 유한요소해석을 수행하여 Post processor에서 인서트의 Keypoint 좌표, 그 포인트에서의 X, Y 방향 하중 값, 그리고 인서트의 외각형상 등의 Data를 추출하여 생성된 파일을 그림 11.7.13(c)와 같이 ANSYS 해석을 위한 입력용 로그파일로 재구성했다.

보강링 설계 부모듈에서 창출된 금형 도면의 타당성을 검증하기 위하여, ANSYS를 이용한 유한요소해석을 통하여 금형의 강도 평가를 수행하였다. 이를 ANSYS에서 읽어 들이면 인서트의 형상 모델링과 하중값의 입력이 완료된다. 그림 11.7.13(b)와 같이 최종적으로 보강링을 모델링한 다음, 인서트와 보강링은 억지끼워박음(press fitting)된 상태이므로, 이 두 면의 경계조건을 DEFORM 메뉴판상의 “접촉하는 쌍”[contact pair]로 설정하고 해석을 수행했다.

우선 DEFORM 시뮬레이션으로부터 구한 소재의 압력을 금형설계 모듈에서 창출된 금형의 인서트에 적용했을 때 반경방향의 응력과 접선방향의 응력분포를 그림 11.7.14에 나타내었다.

Tresca의 항복조건에 의하면, 절점에서 반경방향 응력이 -63.17 kg/mm^2, 접선방향 응력이 -56.57 kg/mm^{2}로서, 인서트 “G7(Hrc 84)”의 항복강도 296 kg/mm^{2}보다 낮음을 알 수 있다. 사용자는 개발된 시스템을 사용하여 제품의 수량에 따라 금형인서트와 보강링의 적절한 재질을 선택함으로써 금형의 비용을 절감시킬 수 있다. 또한 이 모듈에서는 금형의 총조립도를 출력시키는데 이를 그림 11.7.15에 나타내었다.

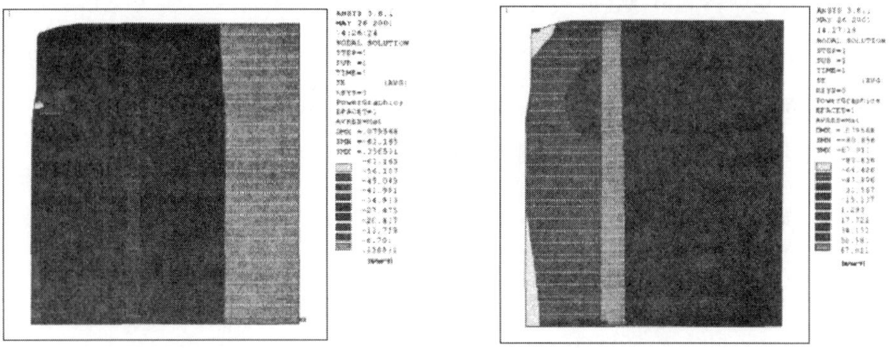

(a) Distribution of radial stress (b) Distribution of tangential stress

그림 11.7.14 ANSYS 해석에 의한 금형 인서트의 응력분포

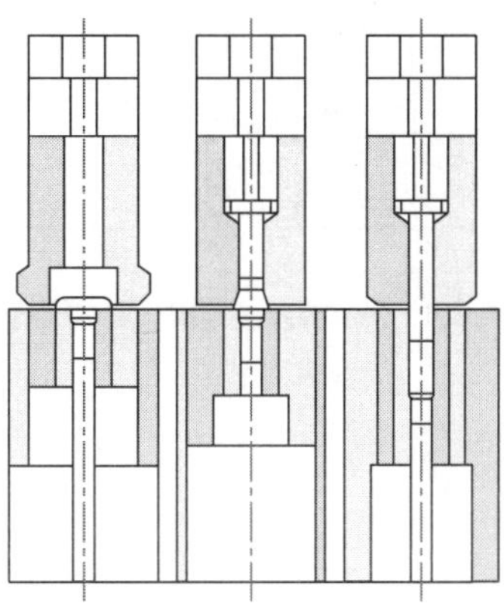

그림 11.7.15 금형의 총 조립도

11.8 전방압출 제품의 금형설계 및 해석 적용 예

초기 소재의 직경이 35.2 mm, 높이가 35.2 mm인 봉재를 압출할 때, 단면적 감소율 50 %로 압출하기 위한 금형의 치수를 그림 11.8.1에 나타내었다. 마찰상수 m은 0.1로 가정하였다. 다이이너트에 이중의 보강링으로 억지끼워 맞춘 예압된 금형에 대하여 다이인서트 및 첫 번째 보강링의 외경치수를 일정한 비율로 변경하고 최대 유효응력이 가장 적도록 최대 간섭량들을 결정한 후 유한요소해석한 결과, 다이인서트의 외경 D_1 및 첫 번째 보강링의 외경 D_2가 67.056 mm와 117.854 mm인 경우, 가장 낮았다.

선택된 설계값으로 해석한 결과를 예압된 다이인서트의 유효응력 및 평균응력분포를 그림 11.8.2에 나타내었다. 그림 11.8.2에서 최대유효응력이 1,181 MPa로 다이인서트 재료인 초경합금의 항복강도인 3,000 MPa 항복응력 값을 넘지않는 것을 알 수 있었다.

또 그림 11.8.3은 냉간공구강 소재인 SKD11로 보강링을 사용하였을 때의 반경방향 및 원주방향응력의 분포를 보여준다. 이중 보강링으로 예압된 금형을 해석하였을 때 금형인서트의 최대 유효응력이 항복응력을 초과하지 않으므로 안전한 것으로 나타났다.

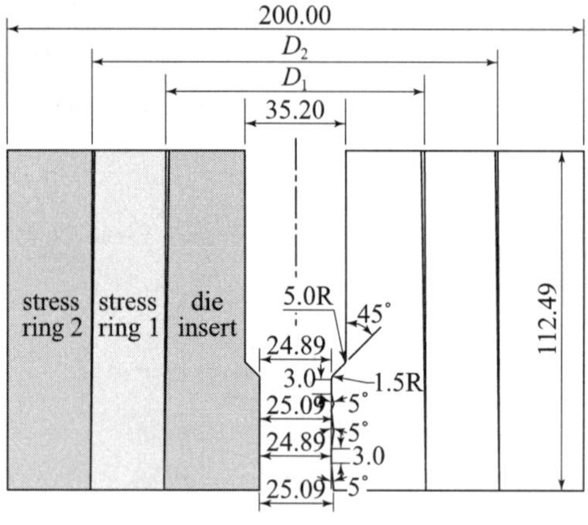

그림 11.8.1 전방압출용 다이 및 보강링 설계

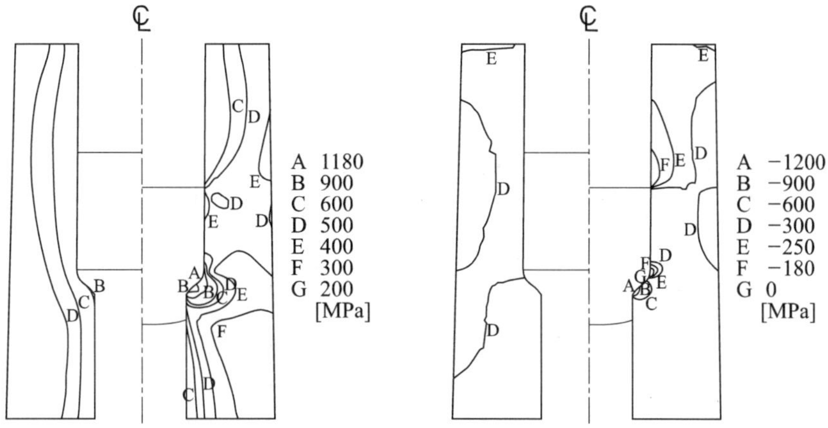

(a) Effective stress (b) Mean stress

그림 11.8.2 전방압출용 다이 내의 응력 분포

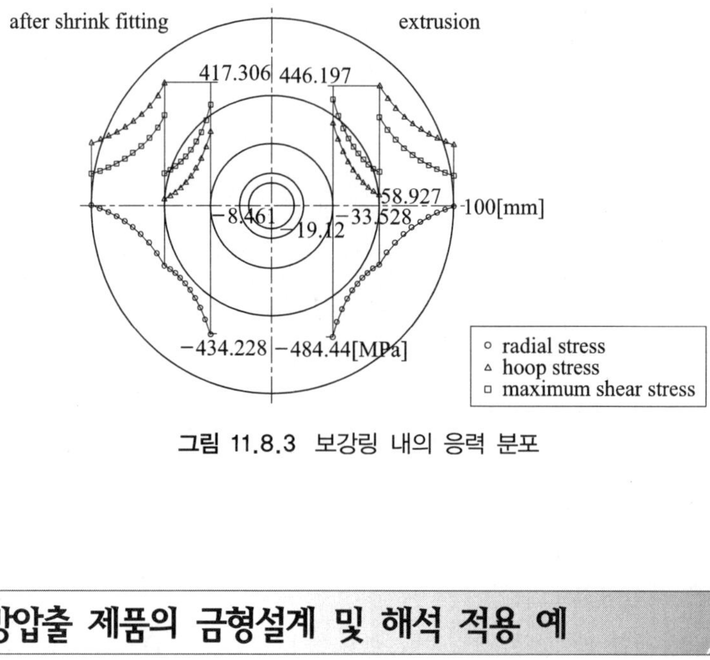

그림 11.8.3 보강링 내의 응력 분포

11.9 후방압출 제품의 금형설계 및 해석 적용 예

지름 22 mm, 높이 15 mm인 원통 빌렛의 소재로 냉간 후방압출하기 위해 보강링이 2개인 금형을 그림 11.9.1과 같이 설계하였다. 그림 11.9.2는 상용 강소성 유한요소해석 코드인 DEFORM -2D를 이용하여 냉간 후방압출공정을 해석한 결과를 보여준다. 또한 비선형 접촉을 포함하는 억지끼워맞춤과 탄성변형해석은 범용 유한요소해석 코드인 ANSYS를 이용하였다. 먼저 금형을 강체로 가정하고 다이인서트와 소재의 접촉면에서 다이인서트에 작

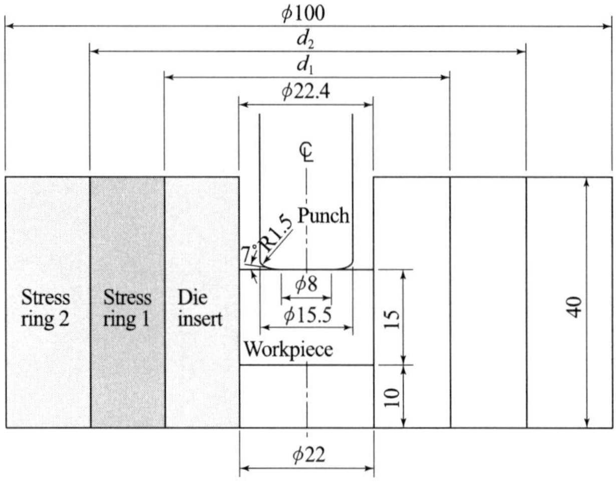

그림 11.9.1 후방압출용 금형설계 및 소재의 치수

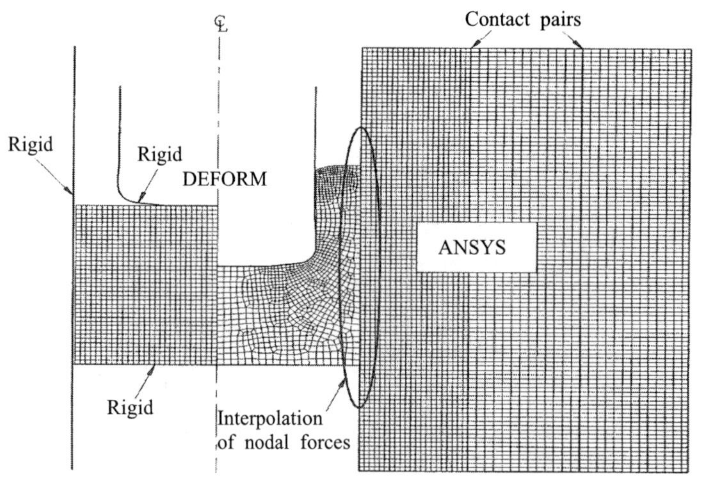

그림 11.9.2 DEFORM과 ANSYS에 의한 후방 압출공정의 유한요소해석

용하는 절점력을 계산하였다.

냉간 후방압출공정할 때 상용 강소성 유한요소해석 코드인 DEFORM -2D를 이용하여 하중-펀치행정선도와 펀치의 행정에 따른 다이인서트 내면에 작용하는 압력을 해석한 결과를 그림 11.9.3에 나타내었다. 그림에서 펀치와 이젝터의 하중은 거의 비슷하게 변하는 것을 알 수 있으며 다이인서트의 반경방향으로 작용하는 하중은 1라디안 부분에 대한 값으로 나타내었다.

펀치행정 0.9 mm인 점 A는 다이인서트 내면에 소재가 접촉하기 시작한 위치이며, 펀치행정 10 mm인 점 E는 후방압출이 종료되는 점이다. 다이인서트에 가해지는 반경방향의 하중은 펀치행정이 3.4 mm인 점 B에서 최대로, 펀치의 최대하중은 행정 8.6 mm인 점 D에서 나타났다.

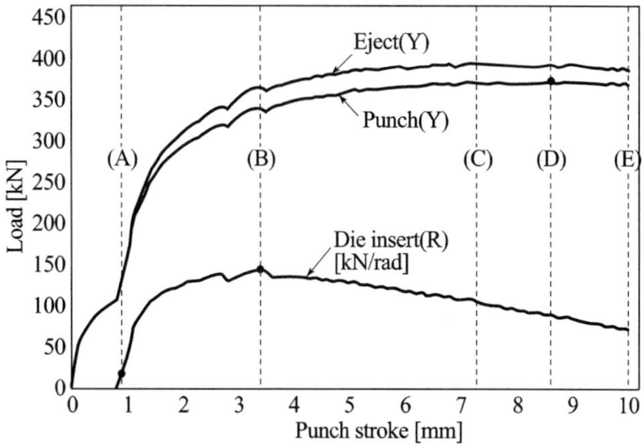

그림 11.9.3 펀치 행정의 하강에 따라 펀치, 다이인서트 내면에 작용하는 압력의 변화

Chapter 12

분할다이를 갖는 준축대칭 제품 냉간단조용 공정설계 및 금형설계

냉간단조공정은 비교적 가벼운 축대칭형 제품의 생산에 적합한 공정으로 좋은 가공표면과 높은 치수정도를 갖는 제품을 대량으로 생산할 수 있으나, 공정설계와 금형제작에 드는 비용 및 시간이 다른 공정에 비해 크다는 단점을 가지고 있다. 그래서 최근에는 공정설계 시 수반되는 반복적인 작업을 컴퓨터를 사용하여 수행함으로써 보다 효율절인 설계를 하고자 하는 노력이 계속되고 있다.

통합적 시스템의 주요 모듈인 가공기능성검사, 공정 및 금형설계를 통하여 다양한 공정 및 금형을 설계하는 냉간단조용 전문가 시스템을 개발하였다. 개발된 시스템의 가공가능성 검사모듈에서는 설계규칙에 따라 가공가능한 모든 공정을 창출한다. 공정설계 모듈에서는 초기소재 치수와 종류의 변화 및 업세팅과 전 전방압출순서의 변화를 통하여 재설계하는 기능과 가공가능성 검사모듈에서 창출된 공정을 성형단계 수 감소와 성형하중의 균일화의 관점에서 재설계하는 기능을 통하여 제품에 가장 적합한 공정을 선택한다. 금형의 최대 허용내압을 위하여 보강링의 설계, 다이의 수직 및 수평분할 등을 수행하여 최적의 설계변수값을 구하고 이를 토대로 금형설계도면을 자동적으로 창출시킨다. 창출된 공정 및 금형도면의 타당성을 DEFORM과 ANSYS로 검증했다. 공정설계 모듈에서는 탄성유한요소해석을 수행한 후 후벽원통이론의 탄성해와의 연계를 통하여 응력을 계산하였다.

12.1 시스템의 구성

시스템은 입력 및 형상처리 모듈, 가공가능성 검사모듈, 공정설계 모듈 및 금형설계 모듈로 구성되어있으며 이에 대한 알고리즘을 그림 12.1.1에 나타내었다.

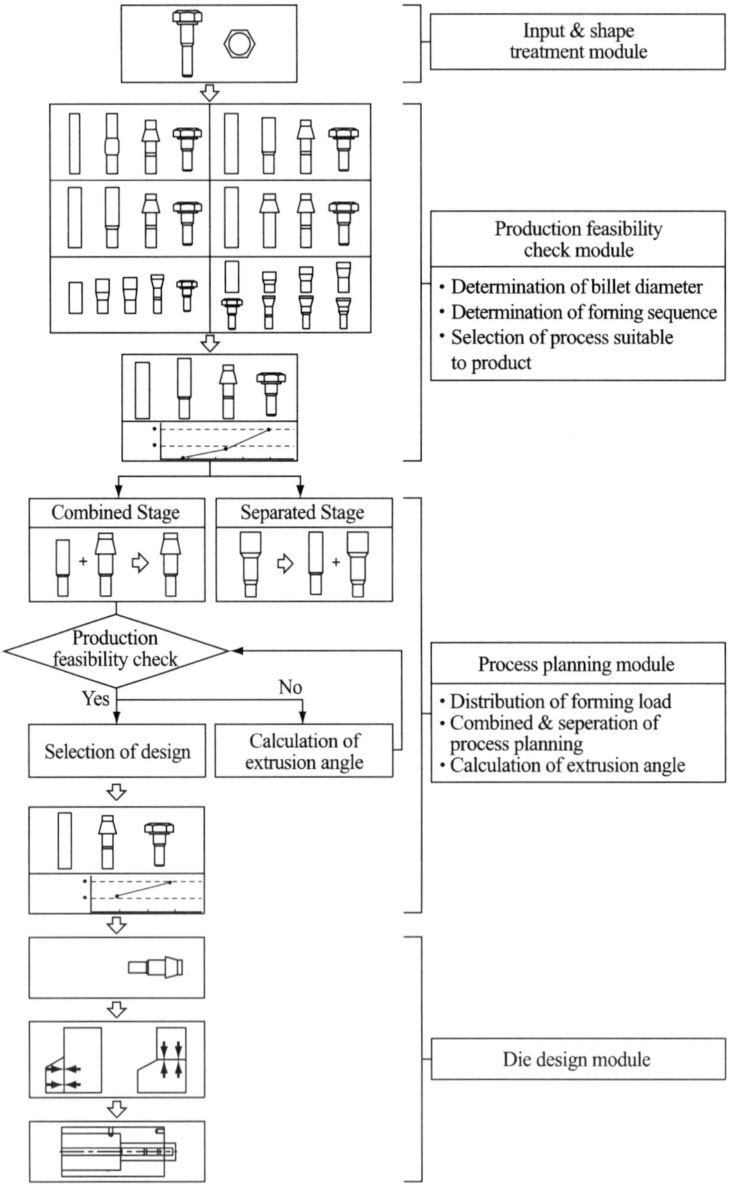

그림 12.1.1 시스템의 구성

12.2 시스템의 작동 순서

본 시스템은 제품의 형상 데이터를 입력하는 입력 및 형상처리 모듈, 단조품 형상을 성형 가능한 소재의 직경을 구하는 가공가능성 검사 모듈, 공정순서, 공정수 등을 정하는 공정설계 모듈 그리고 보강링 설계, 다이의 분할 등을 수행하는 금형설계 모듈로 진행된다. 각 모듈은 다음과 같이 진행된다.

12.2.1 입력 및 형상처리 모듈

입력 및 형상처리모듈은 냉간 가공될 제품의 재질과 치수 및 공차를 사용자로 하여금 입력시키면, 제품의 형상데이터를 설계에 용이한 수치데이터로 변환시킨다.

12.2.2 가공가능성검사 모듈

가공가능성 검사모듈에서는 입력 및 형상처리 모듈에서 인식된 단조품 형상을 성형할 수 있는 소재의 직경을 정하고 각 소재직경에 따라 가공가능한 공정도면들이 설계규칙에 의하여 창출된다.

12.2.3 공정설계 모듈

공정설계 모듈은 가공가능성검사 모듈에서 선택된 공정설계도면에 대하여 공정순서, 공정수, 성형하중, 중간단계의 기하학적 형상, 성형성, 변형률 등을 고려하여 창출된 도면들 가운데 제품에 적합한 공정설계 도면을 선택한다.

이를 위하여 2단 동시압출(double extrusion), 다단 업세팅, 복합압출과 같은 복합공정을 이용하거나 다이의 최적분할(수직분할 및 수평분할)을 통하여 금형의 최대 허용내압을 증가시켜 공정수를 감소시키고자 하였다. 또한 압출비나 업셋비의 조절, 공정의 병합 등을 통하여 성형하중을 균일화 시키도록 하였다.

12.2.4 금형설계 모듈

금형설계 모듈에서는 공정설계 모듈에서 창출된 최종적인 공정의 형강 정보를 가지고 금형에 최대 허용내압을 증가시키기 위해 보강링 설계, 다이의 분할 등을 수행하여 그림 12.2.1 나타난 설계변수에 대하여 최적변수값을 구하여 이를 토대로 금형설계 도면을 자동적으로 창출 시킨다.

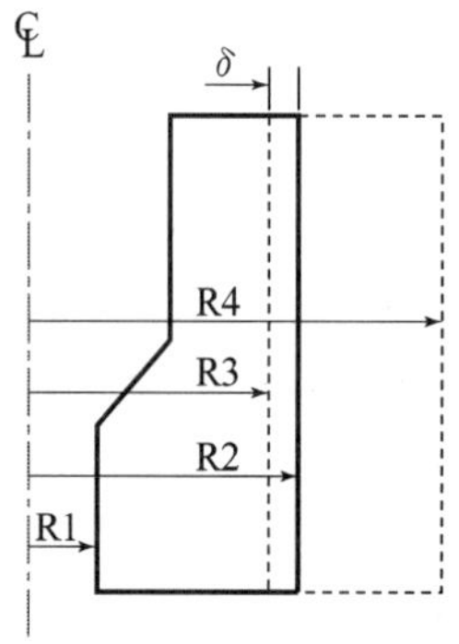

- Design variables
  : R1, R2, R3, R4
- R1 : inner diameter of Insert
- R2 : outer diameter of Insert
- R3 : inner diameter of stress ring
- R4 : outer diameter of stress ring
- Relation between parameters

$\delta = R2 - R3$

그림 12.2.1 기하학적인 최적화 변수

12.3 금형설계에 관한 규칙

규칙 ① 금형의 인서트의 재질이 보강링의 재질과 다른 경우의 설계계산식은 다음과 같다(그림 12.3.1 참조).

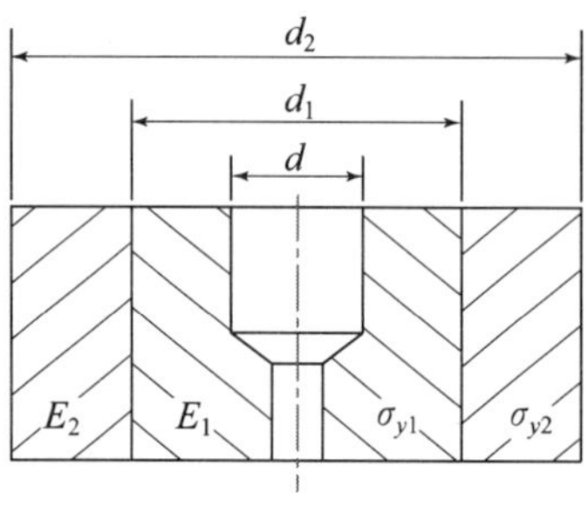

그림 12.3.1 다이 및 보강링

• 최적분할직경비 : $Q_{iopt} = \sqrt{Q^2 + Q\sqrt{(1+Q^2)}}$ (12.3.1)

• 최대 허용내압 : $P_{iopt} = \dfrac{\sigma_{y2}}{(1+2Q_{1opt}^2)}$ (12.3.2)

• 접촉 면압 : $P_1 = \dfrac{1}{2}\dfrac{(1+Q^2)(1-Q_1^2)}{(1-Q^2)(1+Q_1^2)}\left\{\sigma_{y2}(1-Q_2^2)\right\}$ (12.3.3)

• 억지끼워맞춤량 : $Z_1 = \left[\dfrac{(1-\nu_2)Q_2^2+(1+\nu_2)}{E_2(1-Q_2^2)} + \dfrac{(1-\nu_1)+(1+\nu_1)Q_2^2}{E_2(1-Q_1^2)}\right]P_1 d_1$ (12.3.4)

여기서, $Q = \dfrac{d}{d_2}$, $Q_1 = \dfrac{d}{d_2}$, $Q_2 = \dfrac{d_1}{d_2}$

σ_{y1} = yield stress of insert

σ_{y2} = yield stress of stress ring

d : 펀치직경, d_1 : die 인서트 직경, d_2 : 보강링 외경

규칙 ② 축대칭 원통 부재에서 반경방향과 원주방향의 응력 계산식은 다음과 같다.

$$\sigma_r = \frac{r_1^2 P_i - r_2^2 p_o}{r_2^2 - r_1^2} - \frac{(P_i - P_o) r_1^2 r_2^2}{(r_2^2 - r_1^2) r^2} \quad (12.3.5)$$

$$\sigma_\theta = \frac{r_1^2 P_i - r_2^2 P p_o}{r_2^2 - r_1^2} + \frac{(P_i - P_o) r_1^2 r_2^2}{(r_2^2 - r_1^2) r^2} \quad (12.3.6)$$

여기서, r_1 : 금형의 내경, r_2 : 금형의 외경, r : 펀치의 반경

σ_r : 반경방향 응력, σ_θ : 원주방향 응력

규칙 ③ 보강링의 개수를 결정하는 기준은 다음과 같다.

보강링 0개 : $P_{iopt} < 100$ kgf/mm²

보강링 1개 : 100 kgf/mm² $\leq P_{iopt} < 160$ kgf/mm²

보강링 2개 : 160 kgf/mm² $\leq P_{iopt} < 200$ kgf/mm²

규칙 ④ 금형인서트와 보강링의 재질이 다른 경우 즉, 금형인서트의 재질이 초경합금 (WC)이면, 다이 인서트가 인장응력에 취약하므로 작업중에 금형인서트에 인장 응력을 허용하지 않는다.

규칙 ⑤ 다이 인서트와 보강링의 설계한 최대의 허용내압이 작용할 수 있도록 직경을 분할하고, 최대 허용내압이 작용할 때는 보강링의 내면이 항복조건을 만족하도

록 끼워맞춤 공차를 준다.

규칙 ⑥ 보강링의 조립은 최외각링부터 순차적으로 한다.

규칙 ⑦ 보강링의 열박음 시 가열온도는 뜨임(tempering)온도(400 °C) 이하여야 한다.

규칙 ⑧ 50 % 이상의 구속압출에서는 다이의 분할이 필요하다.

12.4 시스템의 적용 및 고찰

육각머리 볼트(hexagon head bolt), 플렌지 볼트(flange bolt), 또는 각종 렌치 볼트(wrench bolt) 형상의 헤드부와 필요에 따라 헤드부 아래단에 세레이션(serration) 가공을 하는 각종 준축대칭 제품들 가운데 현재 산업현장에서 생산중인 재질이 S45C인 그림 12.4.1과 같은 육각머리 볼트 제품을 개발된 시스템에 적용시켜 각 모듈에서 수행된 결과를 참고하고자 한다.

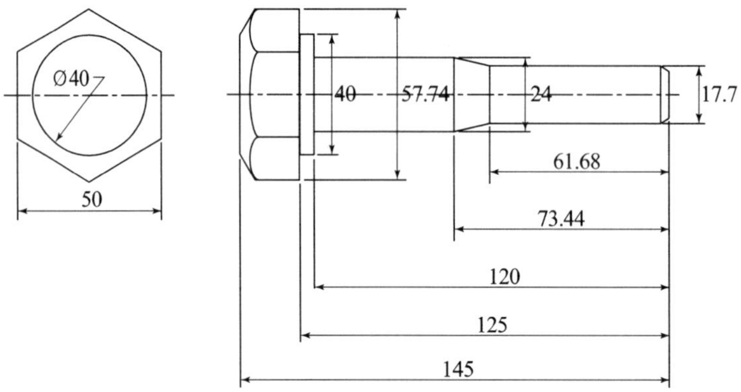

그림 12.4.1 M24 볼트 도면

12.4.1 가공가능성검사 모듈에의 적용

설계규칙에 의하여 결정된 소재의 지름(17.7 mm, 23.93 mm, 26.5 mm)으로 본 모듈에서 수행 된 공정을 그림 12.4.2(a)~(e)에 나타내었다. 그림 12.4.2(a)는 볼트의 아랫단(나사산 가공부분)을 소재의 지름 (17.7 mm)으로 하여 창출된 공정으로 모든 공정이 업세팅으로 이루어졌다. 이 공정에서는 볼트의 가장 중요한 나사부분이 한번도 가공경화를 받지 않

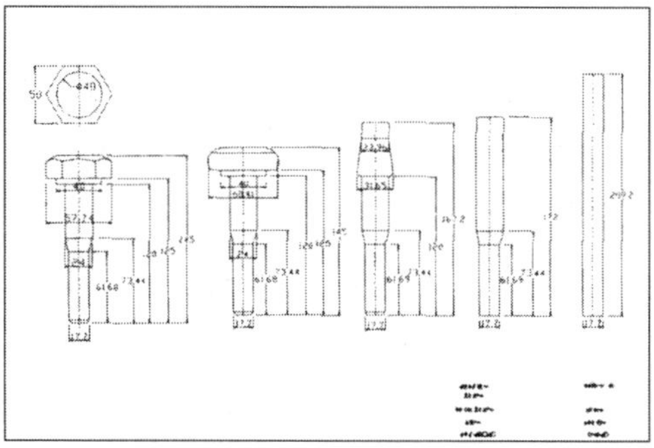

(a) In case of the billet diameter, 17.7 mm

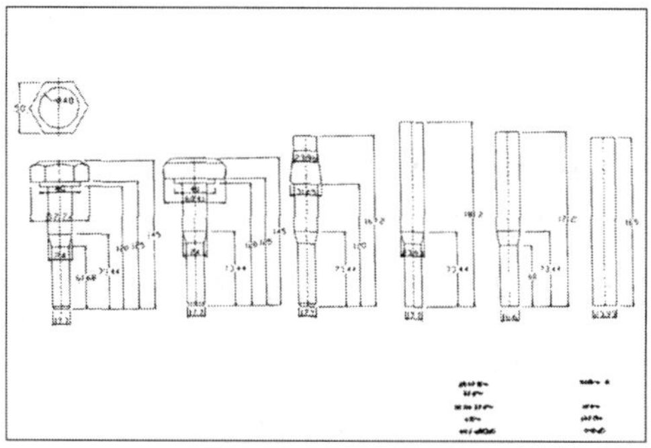

(c) In case of the billet diameter, 23.93 mm

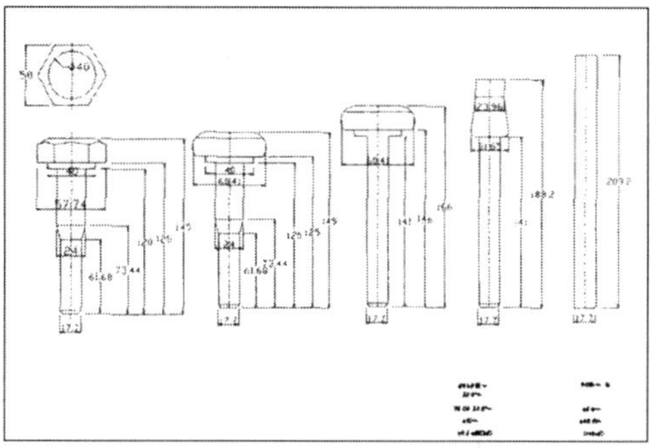

(b) In case of the billet diameter, 17.7 mm (all upsetting)

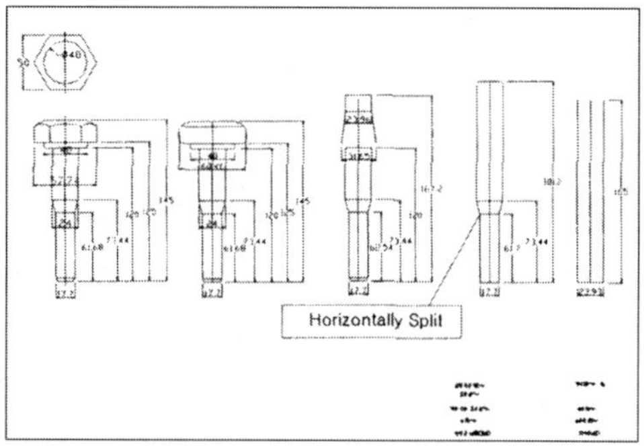

(d) The billet diameter of Combined process, 23.93 mm

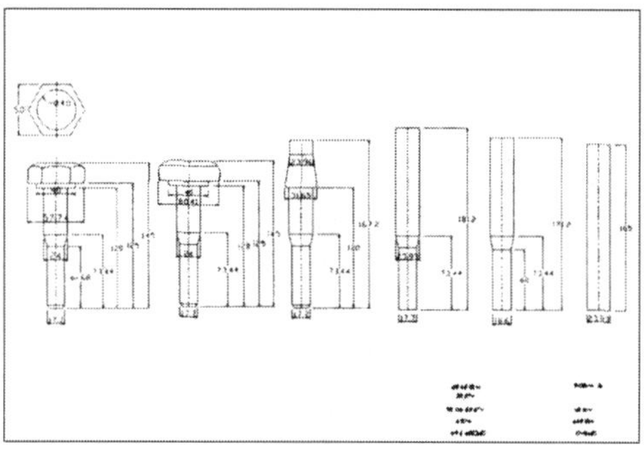

(e) In case of the billet diameter, 26.5 mm

그림 12.4.2 설계 규칙에 의해 자동 창출된 도면

기 때문에 매우 약하다.

그림 12.4.2(b)는 (a)공정과 같이 모든 공정이 업세팅으로 이루어졌으며, 볼트의 머리 부분을 먼저 성형하고 난 후 중간부분을 성형한다. 그림 12.4.2(c)는 볼트의 중간단을 소재의 지름(23.93 mm)으로 하여 창출된 공정으로 50 % 구속압출과 10 % 비구속압출로써 볼트

의 나사부를 성형하고 난 후 머리 부분은 업세팅으로 성형된다.

그림 12.4.2(d)는 중간단을 소재의 지름으로 하여 창출된 공정으로 다이의 수평분할을 통하여 금형의 최대 허용내압을 증가시켜 공정수를 감소시켰다. 그림 12.4.2(e)는 가장 균형 잡힌 공정을 수행할 수 있는 소재의 직경을 계산한 후 그것을 소재의 지름(26.5 mm)으로 하여 창출된 공정으로 압출비의 조절로 성형하중의 균일화를 시켰지만, 공정수가 늘어나는 단점이 있다.

12.4.2 공정설계 모듈에의 적용

가공가능성검사모듈에서 창출된 그림 12.4.2(a)~(e)의 공정들 가운데 중간부분의 기하학적 형상 및 나사산의 강도를 고려하여 제품에 적합한 공정은 그림 12.4.2(e)와 (d)이다. 현재 생산현장에서 다단 포머의 형태가 4단 이상이면 그림 12.4.2(e)의 공정을 사용할 수 있으나 공정수의 감소와 각 공정간의 성형하중의 균일화가 이루어진 그림 12.4.2(d)로 선택한다.

선택된 (d)공정에 대한 가공가능성을 검증하기 위하여 DEFORM으로 시뮬레이션을 수행한 결과를 그림 12.4.3에 나타내었다.

해석결과에 의하면 최대 유효응력은 62 kgf/mm^{2}로써 소재의 인장응력보다 작으므로 성형시 결함이 발생하지 않음을 알 수 있다. 해석 중 소재가 다이에 완전히 밀착하는 마지막 단계에서 하중이 비정상적으로 급격히 증가하는 현상이 발생하므로 공정의 98.7 % 단계에

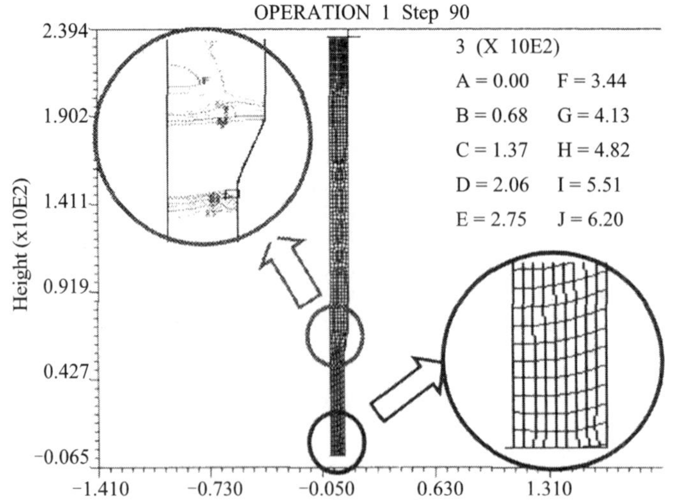

그림 12.4.3 구속 압출 시 상당응력값

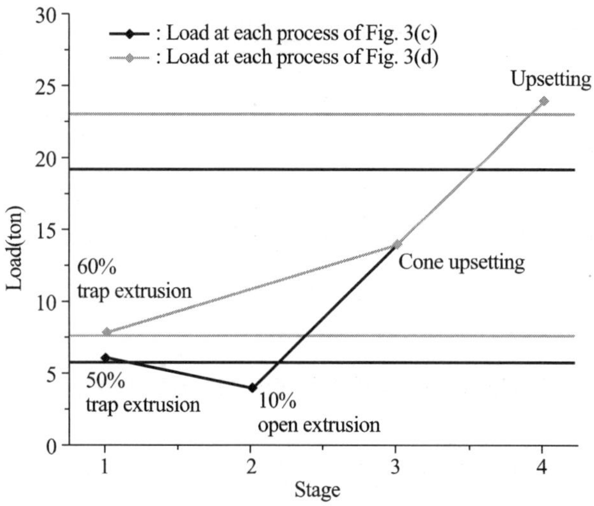

그림 12.4.4 성형하중의 면적에 대한 편차 비교

이를 때의 하중을 공정하중으로 하였다. 또한 그림 12.4.4에 의하면 12.4.4(d) 공정의 하중 영역은 8~24 kgf/mm^{2}로, 12.4.4(c) 공정의 하중영역 6~24 kgf/mm^{2}에 비하여 성형하중분포가 균일함을 알 수 있다.

12.4.3 금형설계 모듈에의 적용

공정설계도면으로부터 금형의 최적분할 직경비, 최대 허용내압, 간섭량, 접촉면압, 반경 및 접선반향의 응력을 계산한 후 다이인서트, 보강링 도면이 자동적으로 창출되어진다.

금형과 공작물의 기계적인 특성은 표 12.4.1과 같으며, 인서트와 보강링사이의 마찰조건은 전단마찰 상수를 0.1로 하였다. 금형의 수명을 향상시키는 인자로는 탄성변형, 마모, 반복응력, 열응력, 탄성계수의 변화, 소성변형, 최대응력 등 여러 가지가 있지만 피로파괴의

표 12.4.1 금형 및 공작물의 소재 물성치

	AISI 1045 (Workpiece)	WC (Insert)	SKD 61 (Ring)
Modules of Elasticity(kgf/mm^2)	20,000	465,000	212,000
Poisson Ratio	0.3	0.24	0.3
Hardness(H_{RA})	–	92.0	77.0
Yield Strength(kgf/mm^2)	54.08	273.7	117.2

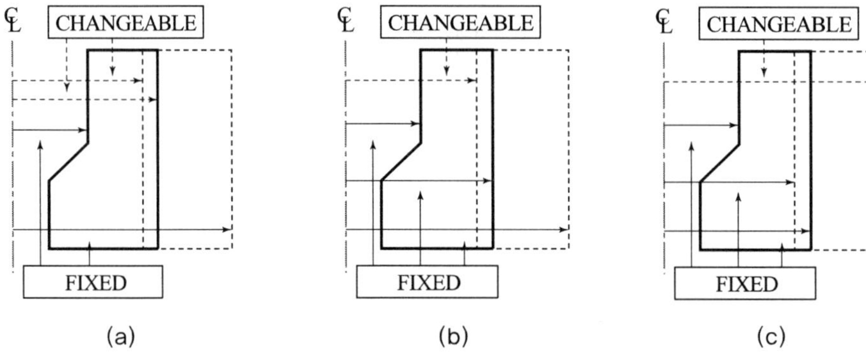

그림 12.4.5 보강링의 응력 최적화를 위한 세가지 방안

균열이 시작되는 금형 안쪽면에서의 원주방향응력을 주요인자로 했다.

그림 12.4.5는 단일 보강링의 응력 최적화를 위한 세 가지 경우를 보여준다.

그림 12.4.5(a)는 금형세트의 외경이 한정되어지고 금형의 형상은 제품의 생산치수에 의해 결정되므로 변경이 가능한 것은 인서트의 바깥반경과 보강링의 안쪽반경의 변화이며, 그림 12.4.5(b)는 인서트와 보강링간의 억지끼워맞춤양이 변화하는 경우이며 그림 12.4.5(c)는 보강링의 외경이 어느 정도 확장이 가능한 경우이다.

그림 12.4.6과 그림 12.4.7은 표 12.4.2의 조건에 따라서 직경비가 변화할 때 인서트 내경에서 발생하는 원주응력과 상당응력의 변화를 나타낸 것이다.

그림 12.4.8과 그림 12.4.9는 일정한 금형의 분할비에 대하여 공차(보강링 내경-다이인서트 외경)가 변화할 때 인서트 외경에서 발생하는 원주응력과 상당응력의 변화를 나타내었다.

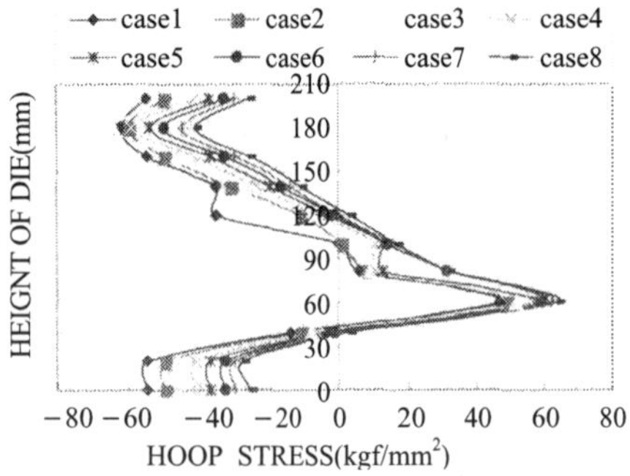

그림 12.4.6 직경비에 따른 인서트 내경의 원주응력

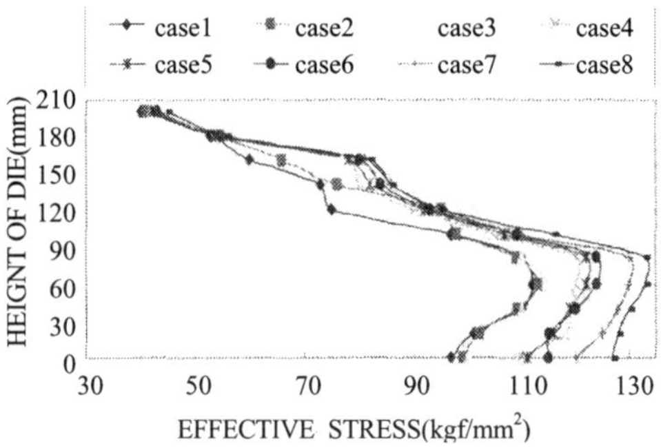

그림 12.4.7 직경비에 따른 내경의 상당응력

표 12.4.2 인서트와 보강링의 외경 (단위 : mm)

	outer diameter of insert	outer diameter of stress ring	clearance
case 1	56	110	0.14
case 2	58	110	0.14
case 3	60	110	0.14
case 4	62	110	0.14
case 5	64	110	0.14
case 6	66	110	0.14
case 7	68	110	0.14
case 8	70	110	0.14

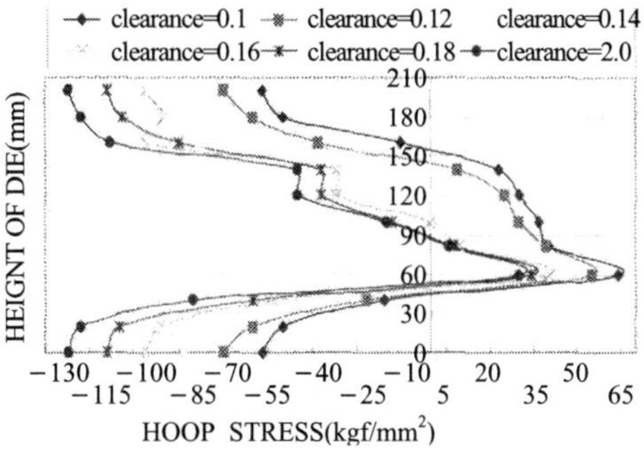

그림 12.4.8 인서트의 간섭량에 따른 내경의 원주응력

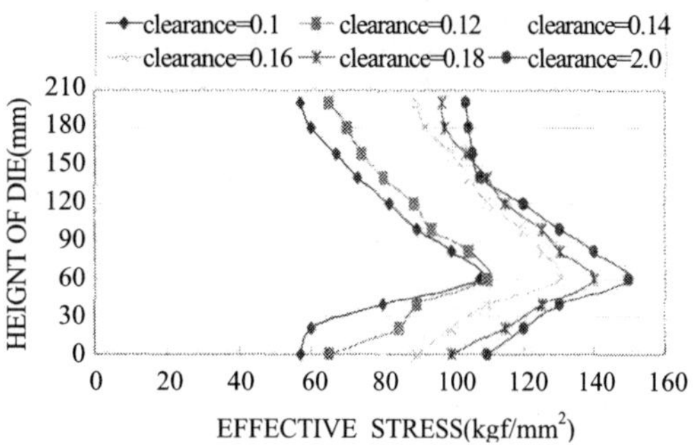

그림 12.4.7 직경비에 따른 내경의 상당응력

각각의 경우 인서트의 외경은 Φ60 mm, 공차량은 0.14 mm까지 사용할 수 있었다. 인서트에 최대의 압축잔류응력을, 보강링에는 최소의 인장응력을 발생시키는 경우 3에 대한 해석결과를 그림 12.4.10에 나타내었다.

금형설계도면의 타당성을 검증하기 위하여 ANSYS를 이용하여 금형의 강도평가를 수행했다. 우선 성형성 평가에 사용된 DEFORM 데이터를 가지고 보간력(interpolate force) 기능을 이용하여 소재로부터 금형에 전달되는 하중값을 추출하여 ANSYS의 좌표값과 하중값으로 변환하고 보강링과 다이인서트 사이의 접촉을 접촉요소(contact 72 element, target 169 element)로 모델링하여 강도해석을 수행한 결과를 그림 12.4.11에 나타내었다.

그림 12.4.11은 인서트내경에서 $\sigma_r = -98.51$ kgf/mm^2, $\sigma_\theta = 47.2$ kgf/mm^{2}이고, 인서트 외경에서 $\sigma_r = -37$ kgf/mm^2, $\sigma_\theta = -9$ kgf/mm^{2}로서 이는 작업 중에 다이인서트에 인장

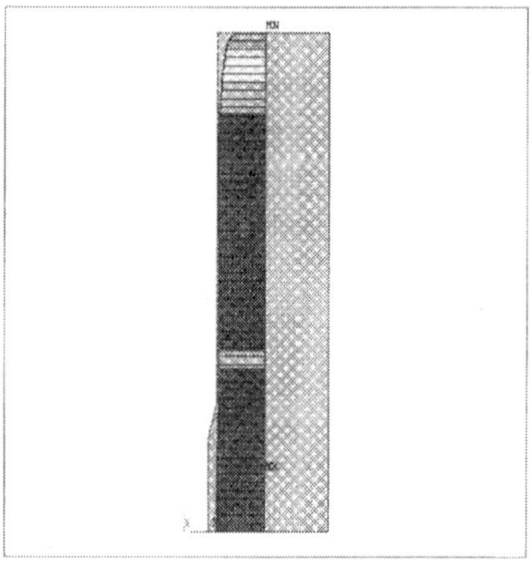

그림 12.4.10 다이 인서트와 보강링의 접촉 응력

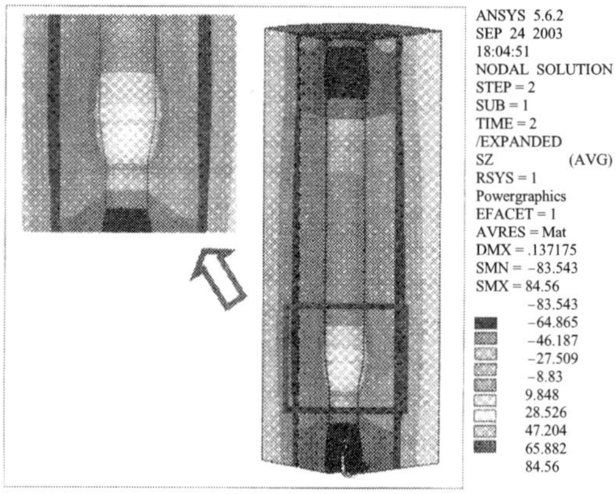

그림 12.4.11 구속 압출시 다이 인서트의 접선응력

응력을 허용하지 않는다는 설계규칙에 위배된다.

그리하여 본 모듈에서는 그림 12.4.12와 같이 다이의 수평 분할에 의한 강도해석을 수행했다. 금형의 수평 분할면의 접촉 길이가 9 mm 이상일 때는 접선방향으로 압축응력이 작용함을 그림 12.4.13에서 알 수 있다.

이때 수평분할면의 접촉 길이를 18 mm로 했을 때, 해석결과에 의하면 인서트 반경방향 응력 $\sigma_r = 77$ kgf/mm^2, $\sigma_\theta = -12$ kgf/mm^2 인서트에 압축응력인 상태로 작용하고 있으므로 금형이 안전함을 알 수 있다. 따라서 60 % 구속 압출공정도 다이의 수평분할을 통하여 한 공정으로 수행하는 것이 가능함을 알 수 있다.

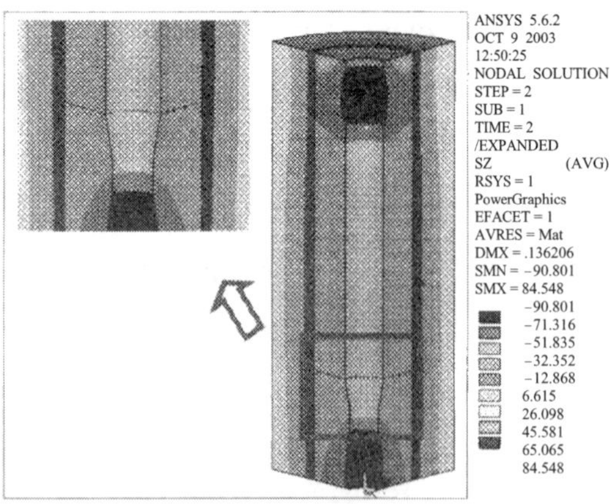

그림 12.4.12 수평 분할된 다이 인서트의 접선응력

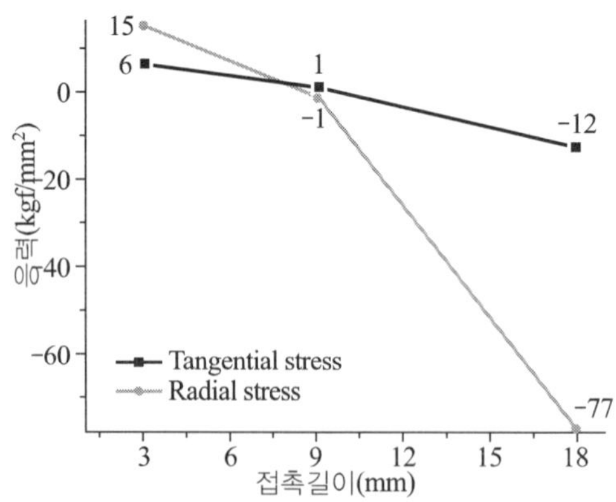

그림 12.4.13 분할된 다이의 상하부 접촉길이에 따른 응력 분포

산업체 설계전문가들의 경험 지식과 유한요소해석을 통한 최적의 공정변수를 토대로 냉간단조 성형을 위한 공정 및 금형설계자동화 시스템을 개발했다. 개발된 시스템의 공정설계 모듈에서는 공정수의 감소와 각 공정간의 성형하중 균일화를 통하여 제품에 가장 적합한 공정을 선택하며 금형설계 모듈에서는 보강링과 인서트의 억지끼워맞춤으로 발생하는 접촉면압, 변위 및 응력분포를 계산할 수 있으며, 60 % 구속압출 공정에 대하여 다이의 수평분할을 통하여 공정이 가능하도록 했다. 각 모듈에서 수행된 결과는 제품의 공정 및 금형세트의 최적설계에 활용할 수 있으리라 판단되며, AUTO CAD 시스템을 이용한 도면의 출력은 본 전문가 시스템의 유용성을 더욱 늘려 줄 것이다.

Chapter
13
다단 포머(Multi-Stage former)
- 볼트류 공정 및 금형설계 자동화 시스템

본 시스템은 숙련된 기술자의 경험, 축적되어온 관련 연구결과, 소성가공이론, 유한요소해석을 통한 최적의 공정변수로 기술 지식베이스를 구축한 후, 컴퓨터를 이용한 볼트류 제품의 제조를 위하여 다단 포머에 의한 냉간단조 공정 및 금형설계 자동화 시스템이다. 개발된 시스템의 가공가능성 검사모듈에서는 설계규칙에 의해 창출될 수 있는 가공가능한 공정도면을 창출하여 제품에 가장 적합한 공정을 선택한다. 공정설계 모듈에서는 각 스테이지의 성형하중 편차를 줄이기 위하여 공정의 결합 및 분리를 수행한다. 금형설계 모듈에서는 각 공정에 대하여 최적 분할 비, 최대 허용내압, 간섭량, 반경 및 접선방향 응력 등의 필요한 최적의 설계변수값을 계산하여 이를 토대로 금형 도면을 자동적으로 창출시킨다. 창출된 공정 및 금형 도면의 타당성은 DEFORM 및 ANSYS로 검증하였다.

13.1 시스템의 구성

시스템은 입력 및 형상처리 모듈, 가공가능성 검사모듈, 공정설계 모듈 및 금형설계 모듈 등 4개의 모듈로 구성되었으며, 이에 대한 알고리즘을 그림 13.1.1에 나타내었다.

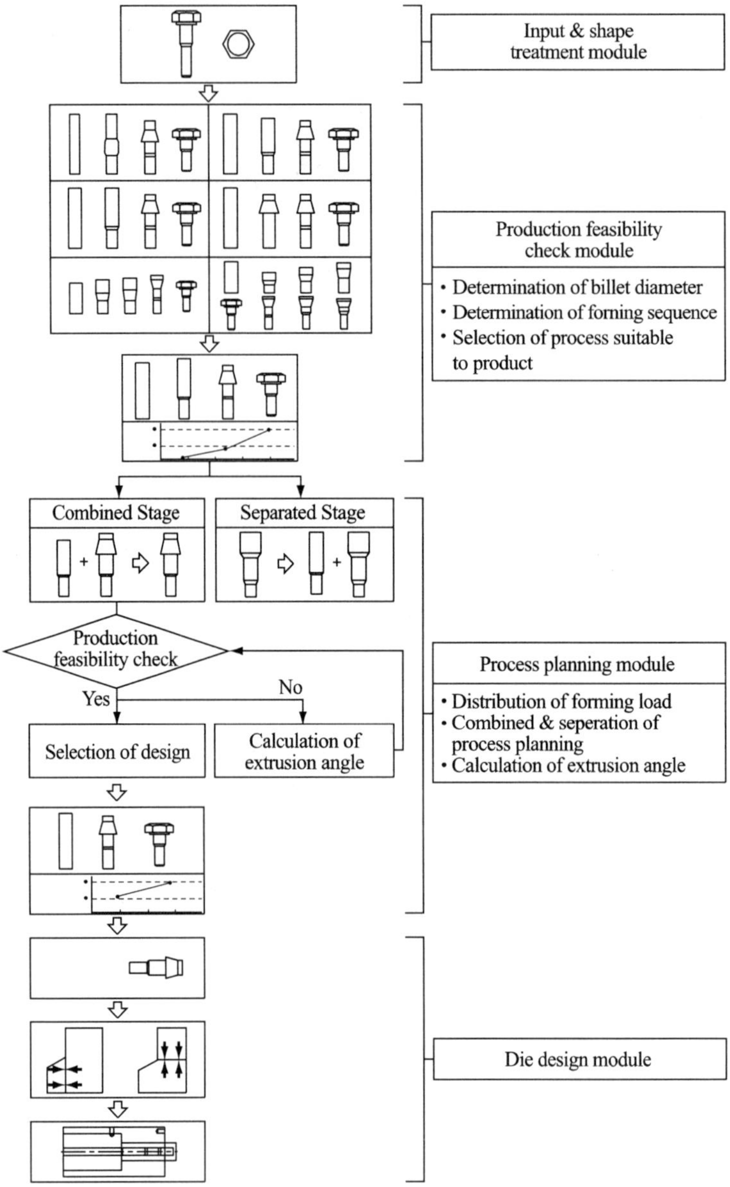

그림 13.1.1 시스템의 알고리즘

13.2 시스템의 작동순서 입력 및 형상처리 모듈

본 시스템은 제품의 형상 데이터를 입력하는 입력 및 형상처리 모듈, 단조품 형상을 성형 가능한 소재의 직경을 구하는 가공가능성 검사 모듈, 공정순서, 공정수 등을 정하는 공정설계 모듈 그리고 보강링 설계, 다이의 분할 등을 수행하는 금형설계 모듈로 진행된다. 각 모듈은 다음과 같이 진행된다.

13.2.1 입력 및 형상처리모듈

입력 및 형상처리모듈은 냉간 가공될 제품의 재질과 치수 및 공차를 사용자로 하여금 입력시키면, 제품의 형상데이터를 설계에 용이한 수치데이터로 변환시킨다.

13.2.2 가공가능성 검사모듈

가공가능성 검사모듈에서는 입력 및 형상처리모듈에서 인식된 단조품 현상을 성형할 수 있는 소재의 직경을 정하고 각 소재직경에 따라 가공가능한 공정도면들이 설계규칙에 의하여 창출된다. 이 때 각 공정 단계마다 제품과 금형 사이에는 0.02～0.05의 클리어런스를 적용했으며 이는 각 공정중 제품의 원활한 로딩과 녹아웃을 위한 것이다. 공정순서, 공정수, 성형하중, 중간단계의 기하학적 형상, 성형성, 변형률 등을 고려하여 창출된 도면들 가운데 제품에 적합한 공정설계도면을 선택한다.

13.2.3 공정설계 모듈

공정설계 모듈은 가공가능성 검사모듈에서 선택된 공정설계 도면에 대하여 각 공정의 성형하중 균일화를 위해 공정의 분리 또는 결합을 수행하는 모듈이다. 가공 가능성 검사모듈에서 선택된 공정의 성형하중 분포가 기준 하중영역(x, y)에서 벗어나는 공정에 대하여 높은 성형하중의 공정은 공정의 분리로 성형하중을 낮추고, 낮은 성형하중의 공정은 공정들을 결합하여 성형하중을 높이도록 하여 균형 잡힌 다단 포머의 공정설계를 수행한다. 결합공정 수행시 성형의 가공가능성을 확인한 후 성형이 불가능한 경에는 가공가능한 압출각을 계산하여 가공이 가능하도록 하였다.

13.2.4 금형설계 모듈

금형설계 모듈에서는 공정설계 모듈에서 창출된 최종적인 공정의 형상 정보를 가지고 최적 분할비, 최대 허용내압, 간섭량, 반경 및 접선방향 응력 등의 금형설계에 필요한 최적의 설계변수값을 계산하여 이를 토대로 금형 도면을 자동적으로 창출시킨다.

13.3 설계규칙

13.3.1 공정설계에 대한 규칙

규칙 ① 소재직경은 임의의 단에 대해 가공이 편중되지 않도록 한다.

규칙 ② 중간단계의 예비성형의 치수를 결정하려면 체적일정 법칙을 사용한다.

규칙 ③ 다음 단계의 형상이 성형되어야 하면 앞 단계의 예비성형품은 변형되는 영역과 변형되지 않는 영역으로 구성된다.

규칙 ④ 최종 제품의 단이 진 부품이연 일련의 작업순서에 의하여 생산되어야 하며 각 작업은 하나의 변형영역을 만든다.

규칙 ⑤ 다단 부품의 소재직경은 제품의 최대직경과 최소직경의 사이에 있다.

규칙 ⑥ 소재직경은 최종제품의 기계적 성질을 만족하며 제품이 생산될 수 있도록 선택한다.

규칙 ⑦ 가공공정 단축을 위하여 성형시에는 각 작업에서 한계변형률이 부품요소의 변형률보다 클 때에는 부품요소의 변형률까지, 한계 변형률이 부품요소의 변형률보다 작을 때에는 가능한 최대성형 한계까지 성형하며, 성형되지 못한 양은 다음 공정에서 수행한다.

규칙 ⑧ 중실제품에서 제일 작은 직경의 중실변형률(SS)이 한계구속 변형률(LSTS)+2X 한계비 구속변형(LSOS)보다 크면 소재경을 줄여야 한다.

규칙 ⑨ 중실제품에서 제일 큰 직경의 업세팅직경비(ULDR)가 한계 업세팅 직경비(LULDR) 보다 크면 소재경을 늘여야 한다.

규칙 ⑩ 다단제품이 중실 형상이면 압출과 업세팅의 결합으로 성형된다.

규칙 ⑪ 제품에서 제품경이 소재경보다 작으면 압출한다.

규칙 ⑫ 제품에서 제품경이 소재경보다 크면 업세팅한다.

규칙 ⑬ 제품에 내부 구멍이 있으면 캔 압출한다.

규칙 ⑭ 구속 전방압출에서 다이 벽면과 소재 사이의 틈새(clearances)는 0.02~0.05 mm 이다.

규칙 ⑮ 중실부품의 공정순서는 먼저 압출공정을 하고 업세팅 공정을 한다.

규칙 ⑯ 나사부와 나사부 상단의 압출비가 18 % 이하인 경우에는 전방압출과 예비업세팅을 동시에 수행할 수 있다.

규칙 ⑰ 재질에 따른 성형 한계값은 데이터베이스로부터 구한다.

규칙 ⑱ 중실변형률(SS)이 한계비구속변형률(LSOS) 보다 작으면 비구속압출로 성형한다.

규칙 ⑲ 중실변형률(SS)이 한계비구속변형률(LSOS) 보다 크고 한계구속변형률(LSTS)보다 작으면 구속압출로 성형한다.

규칙 ⑳ 동시에 2단 구속압출은 다이의 마모를 고려하여 한번에 성형하지 않는다.

규칙 ㉑ 한번 구속압출이나 비구속압출을 받은 부분은 다음에 구속압출로 성형할 수 없다.

규칙 ㉒ SS가 LSTS+LSOS보다 작으면 먼저 LSTS 까지 예비성형한 다음 비구속 압출로 작업을 완성한다.

규칙 ㉓ SS가 LSTS+LSOS+LSOS보다 작으면 먼저 LSTS까지 예비성형하고 그 다음 비구속 압출로 작업을 완성한다.

규칙 ㉔ 중실업세팅 길이대 직경비(ULDR)≤2.25이면 한번에 자유업세팅된다.

규칙 ㉕ 2.25<ULDR≤4.5이고 중실업세팅 직경비(UDDR)≤1.3이면, 한번에 원통업세팅된다.

규칙 ㉖ 2.25<ULDR≤4.5이고 UDDR>1.3이면, 예비업세팅을 한 다음 원통업세팅된다.

규칙 ㉗ 2회 업세팅을 수행할 경우 1차 업세팅에서 원추형 예비성형체를 성형한다.

규칙 ㉘ 4.5<ULDR≤6.5이고 UDDR≤1.3이면, 한번에 원통업세팅된다.

규칙 ㉙ 4.5<ULDR≤6.5이고 UDDR>1.3이면, 2회 예비업세팅과 원통업세팅이 필요하다.

규칙 ㉚ 업세팅 성형후의 지름은 성형전 지름의 2.2배를 초과하지 못한다.

규칙 ㉛ 동시에 양끝 단의 구속 전방압출은 결합가공할 수 없다.

규칙 ㉜ 두 단계의 연속된 전방압출 공정의 경우 하단의 전방압출이 비구속으로 수행될 때에 한하여 2단 동시 압출을 사용한다.

규칙 ㉝ 다단 업세팅은 업셋비가 2.3보다 작은 경우에 한하여 수행한다.

규칙 ㉞ 구속 전방압출과 업세팅은 결합가공할 수 없다.

규칙 ㉟ 예비업세팅과 원통업세팅은 결합가공할 수 없다.

규칙 ㊱ 비구속 전방압출과 업세팅이 결합가공이면, 금형내 일정길이의 소재 구속부가 필요하다.

규칙 ㊲ 전방압출과 후방압출이 연속으로 수행이 되며 두 공정이 모두 데이터베이스에 저장 되어 있는 소재의 제한 압출비내에서 성형이 될 경우 결합압출을 사용하여 1회에 성형한다.

규칙 ㊳ 각 공정의 기준 하중영역은 다음과 같다.

$$x = \left(\sum_{i=0}^{N} L_i\right) / N - \max(L_i)/4 \qquad (13.3.1)$$
$$y = \left(\sum_{i=0}^{N} L_i\right) / N + \max(L_i)/4$$

13.3.2 금형설계에 관한 규칙

규칙 ㊴ 보강링의 개수를 결정하는 기준은 다음과 같다.

보강링 0개 : $P_{iopt} < 100\ \mathrm{kgf/mm^2}$

보강링 1개 : $100\ \mathrm{kgf/mm^2} < P_{iopt} < 160\ \mathrm{kgf/mm^2}$

보강링 2개 : $160\ \mathrm{kgf/mm^2} < P_{iopt} < 200\ \mathrm{kgf/mm^2}$

규칙 ㊵ 금형인서트와 보강링의 재질이 다른 경우 즉, 금형인서트의 재질이 초경합금(WC)이면 다이 인서트가 인장응력에 취약하므로 작업중에 금형 인서트에 인장응력을 허용하지 않는다.

규칙 ㊶ 금형인서트에 작용하는 하중에 따라서 설계계산식은 다음과 같다.

1) 최적분할비의 결정

• 금형인서트에 항복응력까지 작용할 때

$$\sigma_{sk} \cdot Q_k^2 = \sigma_{s1} \cdot Q_1^2 \qquad (13.3.2)$$

여기서, $Q_1 = \sqrt[n]{\dfrac{Q}{\sqrt{\sum_{k=2}^{n} x_{k-1}}}}$

• 금형인서트에 압축만 작용할 때(예 인서트가 초경합금인 경우)

$$\sigma_{sk} \cdot Q_k^2 = P \cdot Q_1^2 \tag{13.3.3}$$

여기서, $Q_1 = \sqrt[n]{Q\sqrt{\dfrac{\sum_{k=2}^{n}\sigma_{sk}}{P^{n-1}}}}$

2) 인서트가 일반 공구강일 때

$$r_m = \sqrt{r_i \times r_0} \tag{13.3.4}$$

$$P_2 = \frac{\sigma_{y2}}{2}\left(1 - \frac{r_m^2}{r_0^2}\right) \tag{13.3.5}$$

단, 여기서 σ_{y2}는 보강링의 항복 강도이다.

r_m : 인서트와 보강링의 기하평균반경

3) 인서트가 초경일 때

$$r_m^4 = \frac{\sigma_{y1}}{\sigma_{y2}}(r_i^2 \times r_o^2) \tag{13.3.6}$$

여기서, σ_{y1}는 인서트의 항복강도이다. σ_{y2}는 보강링의 항복강도이다.

$$P_2 = \frac{\sigma_{y2}}{2}\left(1 - \frac{r_m^2}{r_0^2}\right) \tag{13.3.7}$$

$$\delta = \frac{2 \times r_m \times P_2}{E_{insert}} \tag{13.3.8}$$

규칙 ㊷ 축대칭 원통 부재에서 반경방향과 원주방향의 응력 계산식은 다음과 같다.

$$\sigma_r = \frac{r_1^2 P_i - r_2^2 P_0}{r_2^2 - r_1^2} - \frac{(P_i - P_0) r_1^2 r_2^2}{(r_2^2 - r_1^2) r^2} \tag{13.3.9}$$

$$\sigma_\theta = \frac{r_1^2 P_i - r_2^2 P_0}{r_2^2 - r_1^2} + \frac{(P_i - P_0) r_1^2 r_2^2}{(r_2^2 - r_1^2) r^2} \tag{13.3.10}$$

여기서, r_1 : 금형의 내경, r_2 : 금형의 외경, σ_r : 반경방향 응력, σ_θ : 원주방향 응력

13.4 시스템의 적용 및 고찰

육각머리 볼트(hexagon head bolt), 플렌지 볼트(flange bolt), 또는 각종 렌치 볼트(wrench bolt) 형상의 헤드부와 필요에 따라 헤드부 아래 단에 세레이션(serration) 가공을 하는 각종 준축대칭 제품들 가운데 본 연구에서는 현재 산업현장에서 생산중인 재질이 S45C인 그림 13.4.1과 같은 육각머리 볼트 제품을 개발된 시스템에 적용시켜 각 모듈에서 수행된 결과를 고찰하고자 한다.

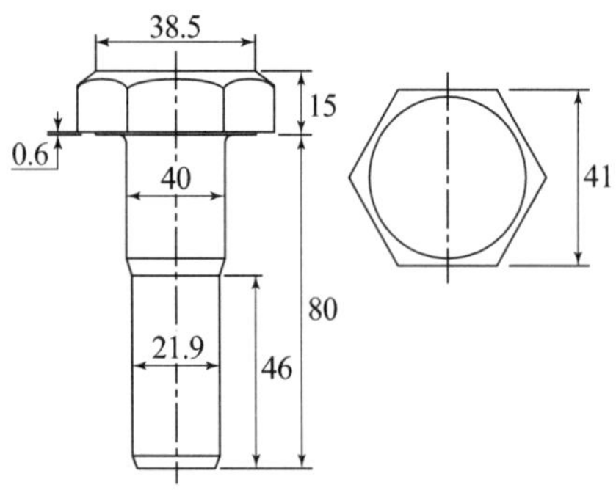

그림 13.4.1 M24 볼트의 도면

13.4.1 가공가능성 검사모듈에의 적용

입력 및 형상처리 모듈에서 입력된 M24 육각머리 볼트의 소재직경을 결정하기 위하여 설계규칙①, ②, ③에 의해 결정된 지름은 21.9 mm, 24 mm, 38 mm이다. 결정된 소재직경에 대해서 설계규칙에 의해서 창출된 가공가능한 공정도면을 그림 13.4.2에 나타내었다. 그림 13.4.2(a) 공정은 소재직경을 제품의 작은 단의 직경 21.9 mm로 설계규칙⑫에 의해 중간부분을 업세팅으로 성형하고, 설계규칙⑫, ㉖, ㉗에 의해 예비업세팅 및 업세팅 공정을 각각 수행하였다. 이러한 공정순서를 거친 제품은 나사의 아랫부분에는 변형이 일어나지

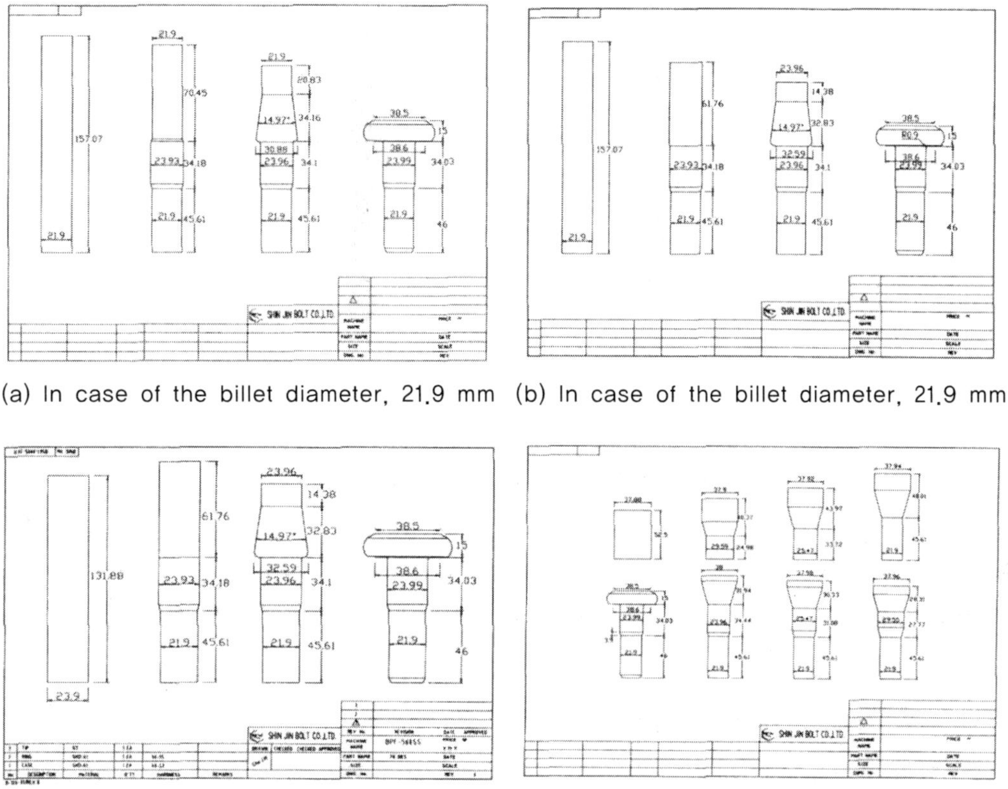

(a) In case of the billet diameter, 21.9 mm (b) In case of the billet diameter, 21.9 mm

(c) In case of the billet diameter, 24 mm (d) In case of the billet diameter, 38 mm

그림 13.4.2 설계 규칙에 의해 자동 창출된 도면

않아 가공경화 효과를 얻지 못하고, 나사 중간부분과 나사머리가 성형될 윗부분만 변형이 일어나 가공경화 효과를 얻게 된다.

그림 13.4.2(b) 공정은 소재직경 21.9 mm로 설계규칙⑫, ㉖, ㉗에 의해서 3번의 업세팅 공정으로 이루어져 있다. 그림 13.4.2(a) 공정과 같이 나사의 중간과 윗부분에만 변형이 집중되는 가공이다.

그림 13.4.2(c) 공정은 소재직경이 24 mm로, 설계규칙⑩, ⑪, ⑮, ⑱에 의해서 17.5 %의 압출비를 가지는 비구속압출로 성형하고 설계규칙⑫, ㉖, ㉗에 의하여 2회의 업세팅 공정으로 이루어져 있다. 설계규칙(18)에 의한 비구속압출을 수행하기 위하여 다이의 높이를 변화시키며 시뮬레이션을 수행한 결과를 그림 13.4.3에 나타내었다.

그림 13.4.3의 왼쪽 그림과 같이 소재를 구속하는 다이의 높이가 작은 경우, 펀치가 소재에 미치는 힘이 증가한 소재는 어느 정도 압출된 후 그림과 같이 배부름 현상이 발생한다. 오른쪽 그림은 다이가 소재를 비구속하는 부분이 9 mm일 때 배부름 현상이 발생하지 않음

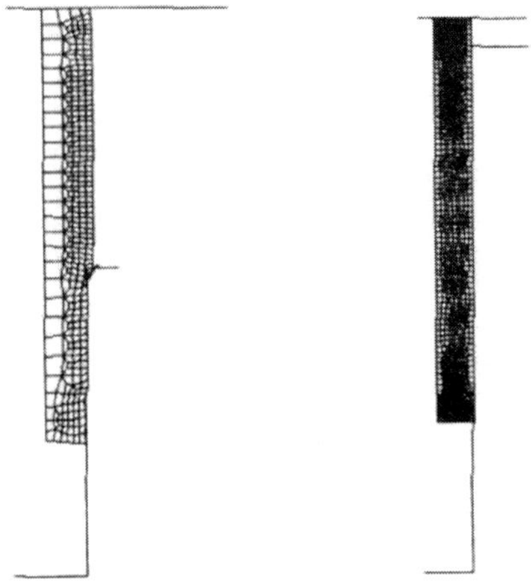

그림 13.4.3 비구속 압출의 적절한 다이 높이 선정

을 보여주고 있다.

그림 13.4.2(d)공정은 설계규칙⑤, ⑧, ⑨에 의하여 110 %의 압출비를 갖는 소재직경 37.88 mm로 정했으며 설계규칙⑦, ⑩, ⑪, ⑫, ⑱, ⑲, ㉑, ㉒, ㉓에 의하여 6번의 압출공정과 설제규칙⑫, ㉖, ㉗에 의해서 업세팅공정으로 이루어져 있다. 여기서 6번의 압출공정은 50 %의 구속압출과 30 %의 비구속압출을 2번하여 제품의 아랫부분을 성형하고 중간부분을 성형하기 위하여 50 %의 구속압출과 30 %, 12 %의 비구속압출과 마지막 업세팅공정으로 성형한다.

이 공정의 경우 성형한계까지 소재직경을 선택한 경우로 7번의 공정과 너무 많은 변형으로 인하여 제품에 결함이 발생할 소지가 있다. 설계규칙에 의하여 창출된 4종류의 공정을 비교할 때 (c)공정은 (a), (b)공정과 달리 소재전체에서 변형을 일으키고 (d)공정을 비교해서 공정수가 적다. 이는 제한된 공정수를 가지는 다단 포머류 금형에서 큰 장점으로 작용한다. (c)공정은 소재 전체의 변형으로 가공경화 효과를 충분히 얻을 수 있고 제품의 강도 향상에도 기여하므로 육각머리 볼트제품에 적합한 공정으로 선택하였다. (c)공정의 DEFORM 해석결과 각 스테이지 하중을 그림 13.4.4에 나타내었다.

해석 중 소재가 다이에 완전히 밀착하는 마지막 단계에서 하중이 비정상적으로 급격히 증가하는 현상이 발생하므로 공정의 98.7 % 단계에 이를 때의 하중을 공칭하중으로 선택했다.

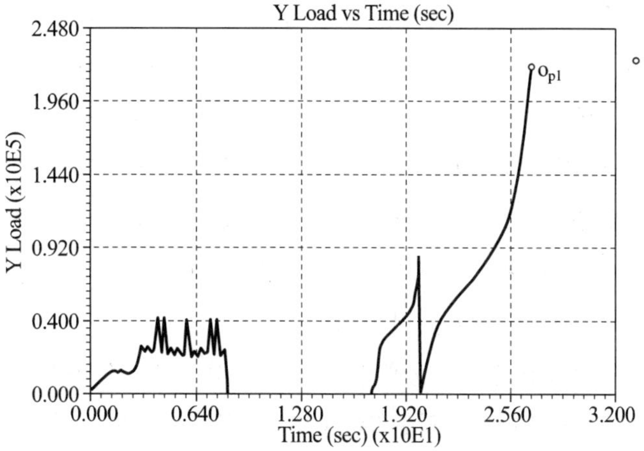

그림 13.4.4 소재직경 24 mm의 하중 분포

13.4.2 공정설계 모듈에의 적용

가공가능성 검사모듈에서 선택된 그림 13.4.2(c)의 공정에 대한 DEFORM 해석결과를 토대로 각 공정 하중분포를 살펴보면 마지막 업세팅 하중이 나머지 두 곳의 하중에 비해 높은 값을 나타내고 있다. 이로 인하여 다단 포머를 이용한 성형 중 펀치의 기울어짐이 일어나 소재와 금형의 마찰이 증가하여 금형의 일부분에 응력이 집중되고 금형의 마모로 제품치수의 변화와 금형 수명이 감소된다. 이러한 문제점을 해결하기 위해 공정설계 모듈에서는 압출과 예비업세팅공정을 결합한 결합공정을 수행했다. 이를 그림 13.4.5에 나타내었다.

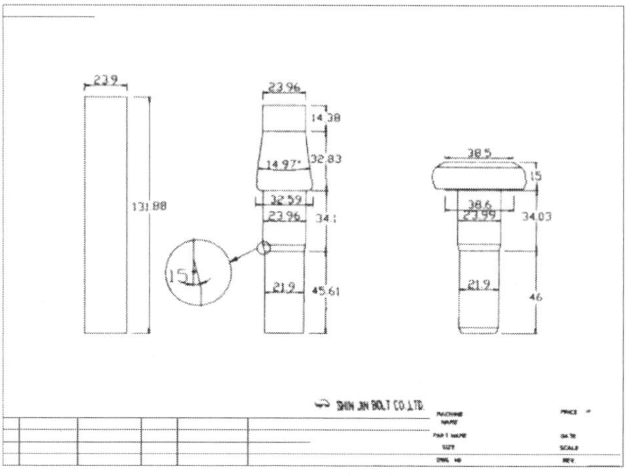

그림 13.4.5 압출과 예비업세팅공정의 결합공정

성형하중이 낮은 압출과 예비업세팅을 결합한 결합공정에 대하여 가공가능성을 수행한 결과 그림 13.4.6과 같이 배부름 현상이 발생했다. 이는 압출 성형하중이 서서히 증가하다가 어느 순간에 예비업세팅 하중보다 커지면 예비업세팅이 시작되기 때문이다.

그러므로 압출시 성형하중을 더욱 줄이기 위해 압출각을 기존의 15°에서 줄여가며 시뮬레이션을 수행하여 압출각이 6°일 때 성형 가능한 결합공정이 이루어지는 것을 알 수 있었고 그때의 결합공정도면을 그림 13.4.7에 나타내었다. 그림 13.4.8은 압출각을 6°일 때 수행된 결합공정의 하중선도를 나타낸 것이다.

그림 13.4.9는 가공가능성 검사모듈에서 창출된 여러 도면 중 가장 적합한 공정으로 선택된 그림 13.4.2(c)의 성형하중과 압출각이 6°인 결합공정도면의 성형하중을 비교한 것으

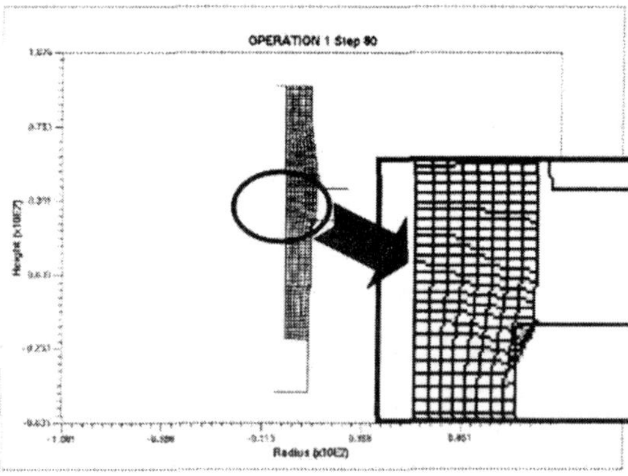

그림 13.4.6 결합공정의 성형 결함

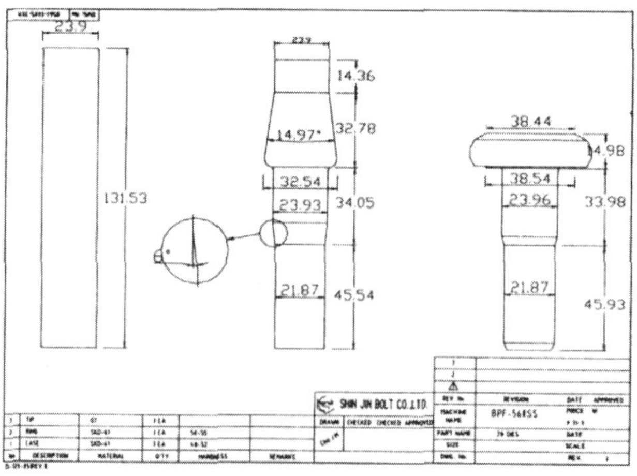

그림 13.4.7 결함없이 결합 가능한 공정도면

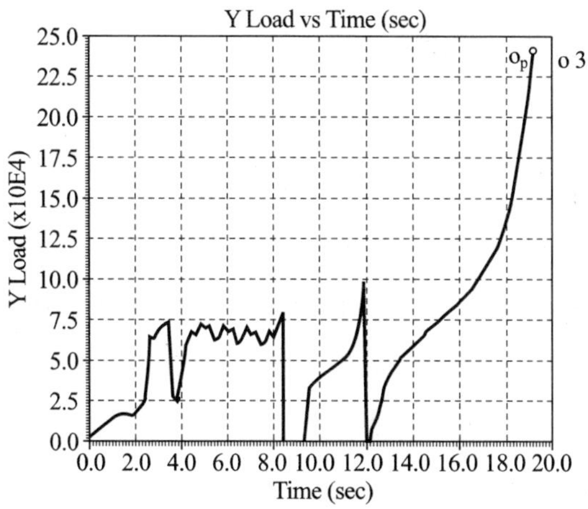

그림 13.4.8 결합공정의 하중 분포

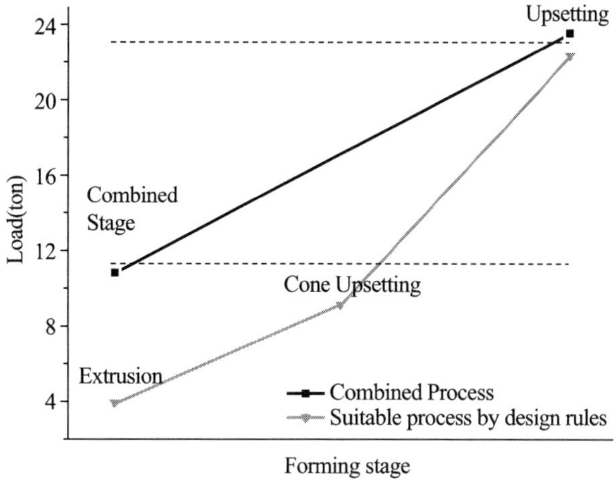

그림 13.4.9 성형하중 범위로부터 성형하중분포의 편차 비교

로 그림 13.4.2(c)의 공정은 점선으로 표시된 설계규칙㊳의 기준하중영역에 크게 벗어나고 있으나 압출과 예비업세팅을 결합한 그림 13.4.7의 결합공정은 기준 하중영역에 근접함을 알 수 있다.

또한 업세팅 공정을 통하여 6°의 압출각을 제품의 최종형상 각도 15°로 성형해야 하므로 결합공정을 갖는 업세팅 공정에서의 성형하중이 공정설계규칙에 의하여 창출된 업세팅 공정보다 하중이 높음을 알 수 있다.

13.4.3 금형설계 모듈에의 적용

공정설계 모듈에서 창출된 결합공정 도면으로부터 두 번째 업세팅공정의 금형설계를 수행하기 위하여 DCL창에서 두 번째 스테이지를 선택하고, 공정을 수행할 포머의 종류를 선택하면 공정수, 설비명, 압조력, 절단경, 절단길이, 스트로크, 금형외경, 금형길이, 펀치 홀 직경, 펀치 홀 길이와 같은 포머의 성능에 관한 데이터가 데이터베이스로부터 구해진다.

그 다음 금형 인서트 설계를 위한 새로운 작업공간으로 이동되어 포머의 치수가 작업도면에 추가되어 금형 인서트 설계가 수행되어진다. 위의 과정을 거쳐 자동으로 창출된 금형 도면을 그림 13.4.10에 나타내었고, 금형의 총조립도를 그림 13.4.11에 나타내었다.

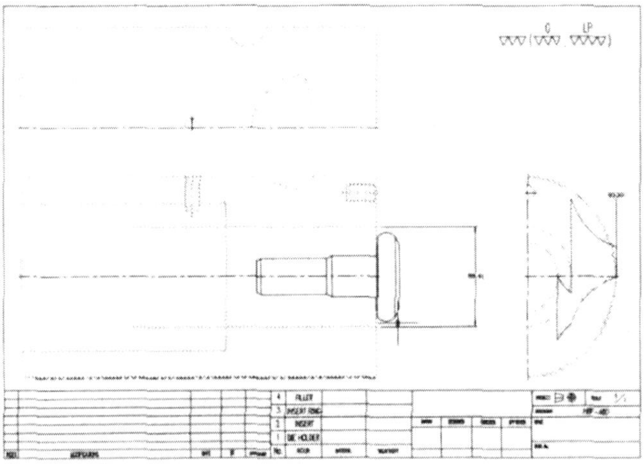

그림 13.4.10 다이설계 모듈의 수행 결과

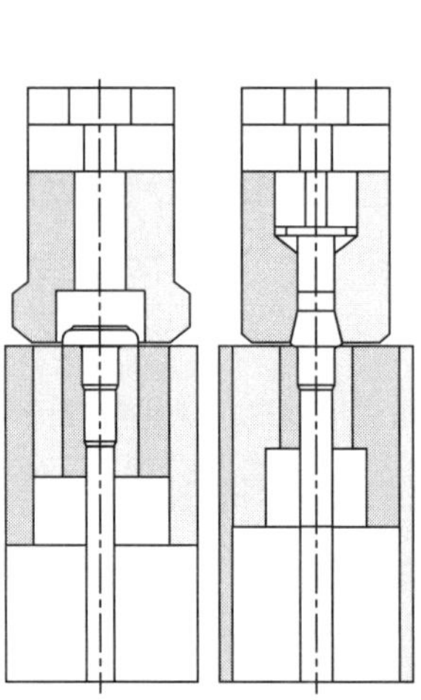

그림 13.4.11 창출된 금형의 총 조립도

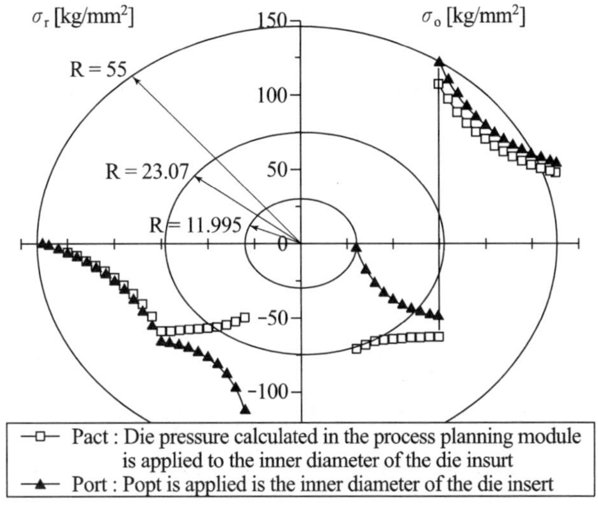

그림 13.4.12 보강링 및 다이 인서트의 응력분포

금형의 보강링 설계는 인서트 설계도면으로부터 받은 정보와 설계규칙을 이용하여 수행한다. 설계규칙㊴에 의하여 보강링의 개수는 1개이고 인서트 내경은 ϕ23.99 mm, 인서트와 보강링 재질은 G7(H_{RC} 84), SKD61(H_{RC} 54)이다. 설계규칙㊶에 의하여 최대분할 직경비 ($Q_1 = 0.404, Q_2 = 0.54$), 인서트 외경($d_1 = 59.446\,\mathrm{mm}$), 최대 허용내압($P_{iopt} = 113.08$ kgf/mm^2)과 접촉내압($P_1 = 53.1$ kgf/mm^2)을 계산하였다. 설계규칙㊷에 의하여 접촉내압이 작용한 상태에서 최대 허용내압과 작용내압이 인서트에 작용할 때 금형의 인서트와 보강링에서의 반경방향과 접선방향의 응력들을 계산할 수 있으며 그 결과를 그림 13.4.12에 나타내었다.

그림 13.4.12에서 인서트와 보강링 사이에 접촉면압이 작용한 상태에서 인서트에 내압이 작용할 때 금형의 인서트에서 압축상태에 있어야 하는데 이는 설계규칙㊵과 일치한다. 최대 허용내압이 작용할 경우

• 인서트 내경에서의 응력은

$$\sigma_r = -113.08\,\mathrm{kgf/mm^2},\ \sigma_\theta = 0$$

• 인서트 외경에서의 응력은

$$\sigma_r = -66.789\,\mathrm{kgf/mm^2},\ \sigma_\theta = -48.778\,\mathrm{kgf/mm^2}$$

• 보강링 내경에서의 응력은

$$\sigma_r = -66.789\ \mathrm{kgf/mm^2},\ \ \sigma_\theta = 121.894\ \mathrm{kgf/mm^2}$$

• 보강링 외경에서의 응력은

$$\sigma_r = 0,\ \ \sigma_\theta = -55.105\ \mathrm{kgf/mm^2}$$

이다.

설계규칙에 의하여 계산된 금형설계 도면의 타당성을 검증하기 위하여 ANSYS를 이용한 유한요소해석으로 금형의 강도평가를 수행하였다. 우선 성형성 평가에 사용된 DEFORM 데이터를 가지고 보간력(Interpolate Forces) 기능을 이용하여 소재로부터 금형에 전달되는 하중값 들을 추출하여 ANSYS의 좌표 값과 하중값으로 변환하여 강도해석을 수행한 결과를 그림 13.4.13에 나타내었다.

ANSYS 해석결과에 의하면 인서트의 반경방향 응력($-53.545\ \mathrm{kgf/mm^2}$), 접선방향의 응력($-101.327\ \mathrm{kgf/mm^2}$)이 인서트에 압축응력인 상태로 작용하므로 설계규칙㊵을 잘 만족하고 있다. 최적분할비에 따른 최대 허용내압이 금형내압보다 작으면 보강링의 수를 늘리거나 금형재질을 바꾸어야 하지만 최대 허용내압이 금형내압보다 크고, 설계규칙④에서와 같이 최대 허용내압이 작용했을 때 인서트의 내경에 인장응력이 작용하지 않으므로 금형이 안전함을 알 수 있다.

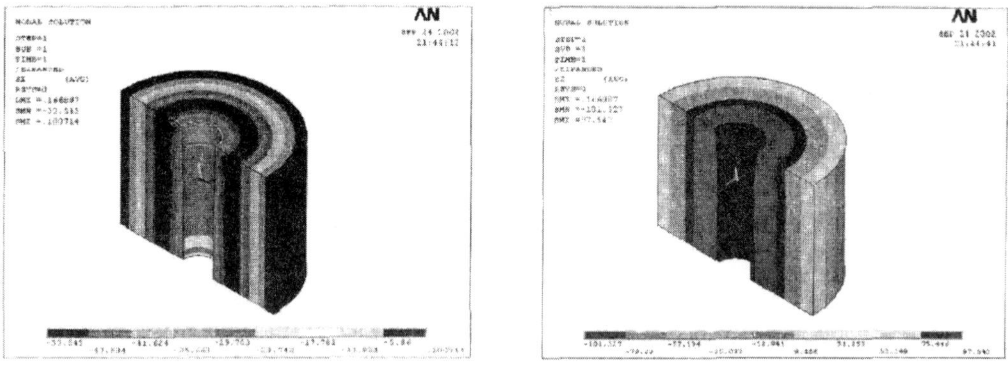

(a) Distribution of the radial stress　　(b) Distribution of the tangential stress

그림 13.4.13 다이 인서트와 보강링의 ANSYS 해석결과 비교

13.4.4 시스템의 특징

① 다단 포머에 의한 볼트류 제품의 냉간 단조 성형 시 공정에 필요한 설계규칙과 경험을 체계적으로 정량화시켰다.

② 가공가능성 검사모듈에서는 설계규칙에 의해 가공가능한 공정도면을 자동적으로 창출시킬 수 있다.

③ 공정설계 모듈에서는 각 공정의 하중편차를 줄이기 위해 결합 및 분리 공정을 수행하여 균형잡힌 성형하중으로 공정을 수행할 수 있다. 결합공정인 경우에는 성형가능성을 체크 한 후, 성형이 불가능할 경우, 성형 가능한 최적의 압출각을 다시 계산하여 성형이 가능하도록 하였다.

④ 금형설계 모듈에서는 각 공정에 대하여 최적 분할비, 최대 허용내압, 간섭량, 반경 및 접선방향 응력을 계산하여 각 공정에 대한 금형설계 도면을 자동적으로 창출시킬 수 있다.

13.5 선박엔진용 초대형 피스톤 크라운의 단조공정 및 금형설계

선박용 디젤엔진 구조를 나타내는 그림 13.5.1에 의하면 피스톤 크라운(piston crown)은 피스톤의 상면에 위치하며 엔진의 구동에 따른 진동, 고온 고압의 가혹한 환경에 노출된 부품으로 높은내열성 및 기계적 성질이 요구되어지는 초대형 부품이다.

현재 피스톤 크라운의 제조공법은 자유단조설비에서 롤링(Rolling)하여 제작한 환봉을 해당 길이만큼 절단한 후 선반가공을 통하여 최종제품을 제작하는데, 이런 공법은 원소재 비용이 과다하며 황삭의 추가 비용이 발생하게 된다. 여기서는 유한해석을 통하여 성형결함이 발생하지 않고, 최종공정에서 성형하중이 최소가 되도록 예비성형체(preform) 및 최종 금형의 플래시 랜드부 형상을 얻고자 한다.

설계하고자 하는 피스톤 크라운 제품의 단조 시 예비성형체는 유압프레스에서 한번에 성형을 하고 최종제품은 해머로 성형을 하게 되므로 예비성형체 설계 시에 유압프레스에서 한번에 성형이 가능하며 최종공정에서 최소하중이 요구 되는 팬케익(Pancake) 형상을 구하였다. 최종 금형의 플래시 랜드부의 최적 형상은 실험계획법을 적용 하여 70 MC Type 피스톤 크라운 초대형 단조 제품에 대한 공정 및 금형설계가 가능하게 된다.

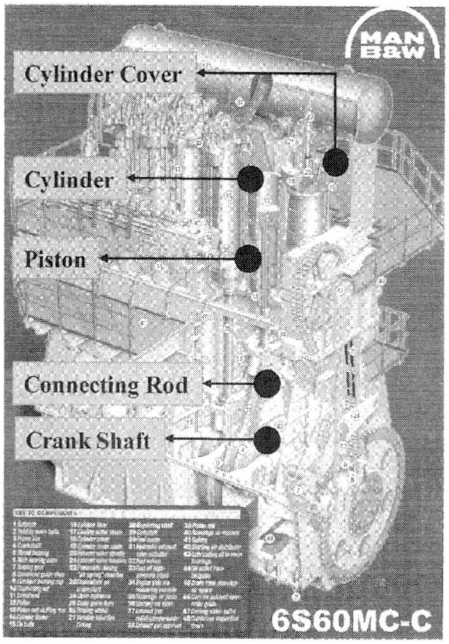

그림 13.5.1 선박엔진의 구조

13.5.1 유한요소해석

피스톤 크라운은 축대칭형상으로 위하여 소성가공 전용 해석 프로그램인 DEFORM-2D를 사용하였다 이를 이용한 유한요소해석을 통하여 35 ton 해머에서 접힘 및 미성형 등의 성형 결함이 발생하지 않는 공정 및 금형을 설계하여야 한다.

1) 해석조건

① 해석 모델 및 성형 장비

70 MC Type 피스톤 크라운의 형상 및 주요 치수는 그림 13.5.2와 같다. 해머 타수 당 성형력은 식 (13.5.1)에 의해 구할 수 있다.

$$P = \frac{3E_A}{2h} \tag{13.5.1}$$

여기서, E_A는 성형에너지, h는 작업행정거리를 나타낸다.

사용된 35 ton 해머의 타수당 최대 성형력은 식 (13.5.1)에 의해 약 204 ton이며, 성형장비를 유압프레스로 가정하여 유한요소해석을 수행한 결과를 타수 당 성형력으로 분배함으

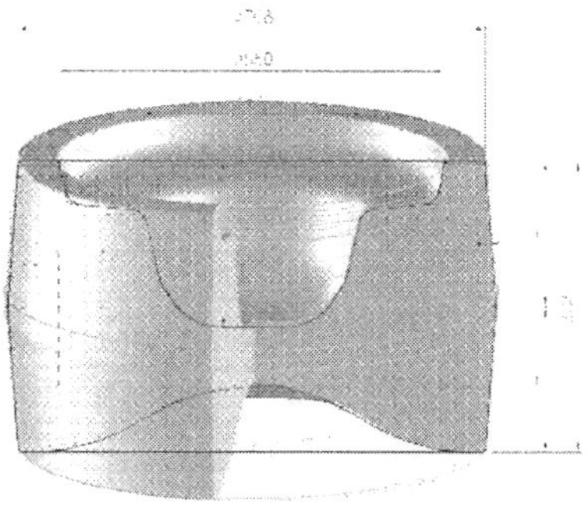

그림 13.5.2 피스톤 크라운의 형상

로써 제품성형을 위해 필요한 타수를 예측할 수 있다. 35 ton 해머에 대한 유압 프레스에서의 상당 하중은 17,000 ton 정도로 유한요소해석 시 성형 가능 여부에 대한 판단 기준으로 사용된다.

② 소재

초대형 열간단조품의 해머 성형에 있어서 금형과 소재의 접촉 시간은 매우 짧으며, 또한 성형 중 소재의 온도 저하를 최소화하기 위해 성형 타수마다 톱밥을 소재 표면에 뿌려주게 되므로 대기와의 대류열전달 계수를 구하기가 어려워 소재의 온도변화를 무시하여 등온해석을 수행하였다.

금형의 소재는 강체로 하였으며, 단조품의 소재는 SI7MoS로 해석 시에는 DEFORM 데이터베이스에 저장된 물성 중 가장 유사 재질인 AISI 8120을 사용하였다. 또한 금형과 단조소재 사이의 마찰상수는 일반적인 열간단조에서의 건마찰 조건인 $m = 0.7$을 적용 하였다.

2) 단조공정 및 예비성형체 설계

① 제조 공정 및 성형가능성

사용된 소재의 최대 직경은 Ø470 mm이며, 최종 제품의 체적은 0.128 m^3이므로, 초기 소재의 크기는 Ø470 mm × H740 mm로 결정하였다. 결정된 초기 소재의 크기로 예비성형체 공정 없이 단조공정을 수행한 해석결과는 그림 13.5.3에 나타내었다.

A부에서 소재의 접힘 현상(folding)이 발생하였다. A부의 접힘 현상은 상부 금형에 의해 소재가 다시 내측으로 유동하면서 발생하므로 접힘현상없이 70 MC Type 피스톤 크라운을 제작하기 위해서는 예비성형체가 필요함을 알 수 있다.

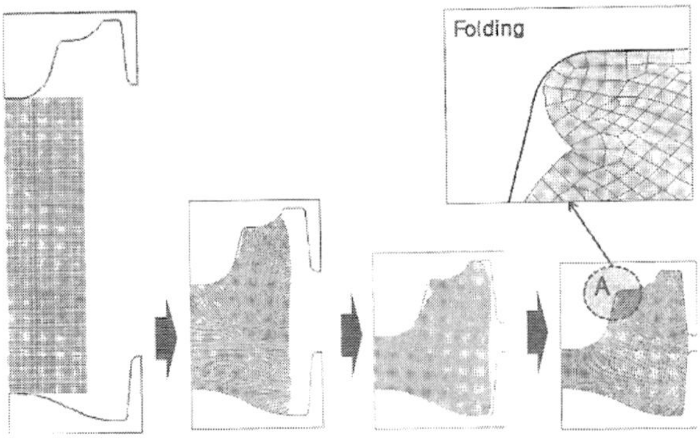

그림 13.5.3 예비성형 공정이 없는 단조공정의 해석결과

② 예비성형체 설계

예비성형체의 형상의 금형 제작 비용을 고려하여 팬케익 형상을 선택하였으며, 35 ton 해머로의 성형가능성을 검토하기 위하여 팬케익의 최대 직경을 단조품의 최대 직경인 Ø740 mm 정도가 되도록 하여 최종 공정에 대한 해석을 수행하였다. 또한 최종 공정에서 미충진을 방지하기 위해 초기 소재의 크기는 플래시 체적을 고려하여 Ø470 mm×H760 mm로 하였으며, 이에 대한 해석결과를 그림 13.5.4에 나타내었다. 해석결과 최대 성형하중은 11,000 ton으로 35 ton 해머에서 성형이 가능함을 알 수 있었다.

또한 팬케익의 형상에 따른 최종 공정에서의 성형하중을 검토하기 위하여 팬케익의 높이를 변화시켜가면서 해석을 수행하였다. 그림 13.5.4의 경우 팬케익의 최대 직경이 Ø726 mm로 팬케익의 높이는 330 mm이며, 이는 초기 소재 높이의 약 55 %의 성형량을 나타낸다.

일반적으로 팬케익 공정의 경우 초기 소재 높이의 40~50 %를 성형하게 된다. 40 %에 해당하는 높이 450 mm 및 330 mm와 450 mm의 중간 높이인 395 mm에 대한 해석을 수행한 결과를 표 13.5.1 및 그림 13.5.5에 나타내었다.

표 13.5.1 예비형상 높이에 따른 해석결과

Hieght(mm)	330	395	450
Diameter(mm)	726	672	616
Load(ton)	11000	10700	11000

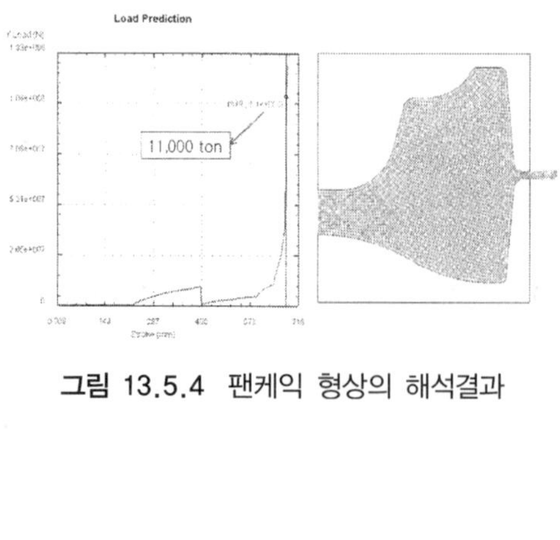

그림 13.5.4 팬케익 형상의 해석결과

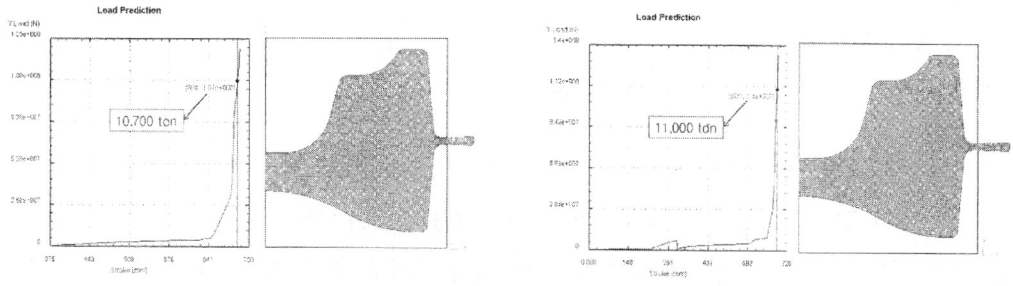

(a) H395 mm (b) H450 mm

그림 13.5.5 예비형상의 높이에 따른 해석결과 비교

해석결과로부터 팬케익의 높이가 395 mm일 때, 최종 공정에서의 최대 성형하중이 가장 작게 나타났으므로, 최종 팬케익의 형상은 높이 395 mm로 결정하였다.

3) 최종 공정에서의 금형설계

① 플래시 형상 설계

최종 단조공정에서 성형 하중을 결정하는 인자로는 그림 13.5.6과 같이 플래시의 두께, 랜드부의 길이 및 랜드부의 입구 반경이 있으며, 제품의 형상에 대해 플래시의 두께 t 및 랜드부의 폭에 대한 두께의 비는 일반적으로 다음 식으로 결정할 수 있다.

$$t = (0.017 \times D) + \left(\frac{1}{\sqrt{D+5}} \right) \tag{13.5.1}$$

$$\frac{W}{t} = \frac{30}{\left(\frac{1}{\sqrt[3]{D\left[\frac{2D^2}{H(2R_h + D)} \right]}} \right)} \tag{13.5.2}$$

여기서, D는 제품의 최대 직경, H는 리브부의 높이, R_h는 중심축에서 리브부 중심까지의 반경을 나타낸다.

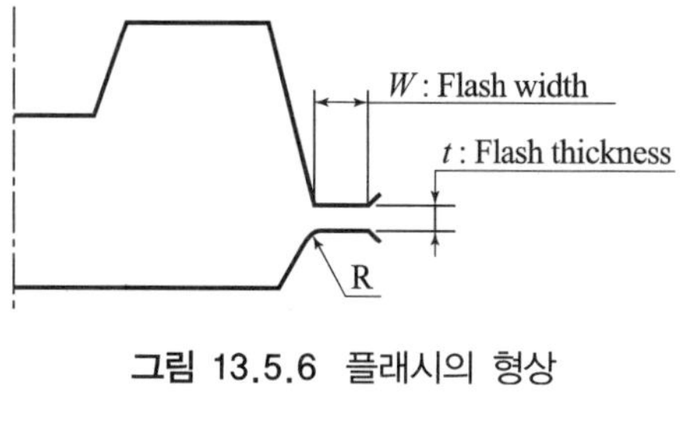

그림 13.5.6 플래시의 형상

식 (13.5.1) 및 (13.5.2)에 70 MC Type 피스톤 크라운의 치수인 최대 직경 742 mm, 리브부의 높이 385 mm 중심축에서 리브부 중심까지의 거리 322 mm를 대입하면, 플래시의 두께는 12.6 mm, 랜드부 길이는 28.8 mm이다.

② 실험계획법에 의한 플래시 형상결정

식 (13.5.1) 및 (13.5.2)에 의해 계산된 설계인자값의 유효성을 검증하기 위해 플래시 두께, 랜드부의 길이 및 플래시 입구의 반경을 제어 인자로 하여 실험계획법을 수행하였다. 목적 함수는 성형 하중으로 하였으며, 성형 하중은 작을수록 좋으므로 망소특성(smaller-the-better characteristics)을 손실함수로 선정하였고 이 때 SN값은 식 (13.5.3)에 의해 구할 수 있다.

$$SN = -10\log\left[\frac{1}{n}\sum_{i=1}^{n} y_i^2\right] \tag{13.5.3}$$

여기서, n은 데이터의 개수, y는 측정치를 나타낸다. 실험계획법을 수행하기 위해 제어 인자는 3수준으로 하였고 이론적으로 계산된 결과를 토대로 플래시 두께 13 mm, 랜드부의 길이 29 mm를 기준으로 약 20 %씩 가감하여 각 수준별 치수를 결정하였다. 3인자 3수준에 대한 L9(33) 직교배열표를 표 13.5.2에, 분산분석 결과를 표 13.5.3에 각각 나타내었다.

표 13.5.3에 의하면 성형하중에 가장 큰 영향을 주는 인자는 플래시의 두께로 나타났으며, 성형하중을 최소화 시키는 최적의 조합은 SN비를 크게 하는 조건인 플래시의 두께 16 mm,

표 13.5.2 실험계획법을 위한 직교배열표, L9(33)

Case	t	W	R	Load(ton)	Number of forging blows
1	10	23	10	12,900	63
2	10	29	15	13,200	65
3	10	35	20	13,000	64
4	13	23	15	11,700	57
5	13	29	20	10,500	51
6	13	35	10	13,400	66
7	16	23	20	11,600	57
8	16	29	15	11,700	57
9	16	35	10	11,800	58

표 13.5.3 실험계획법의 결과

Factors	Sum of Squares	Degrees of freedom	Mean square	F
t	1.62	2	0.81	2.05
W	0.74	2	0.37	0.93
R	0.76	2	0.38	0.96
Error	0.79	2	0.40	
Total	3.91	2		

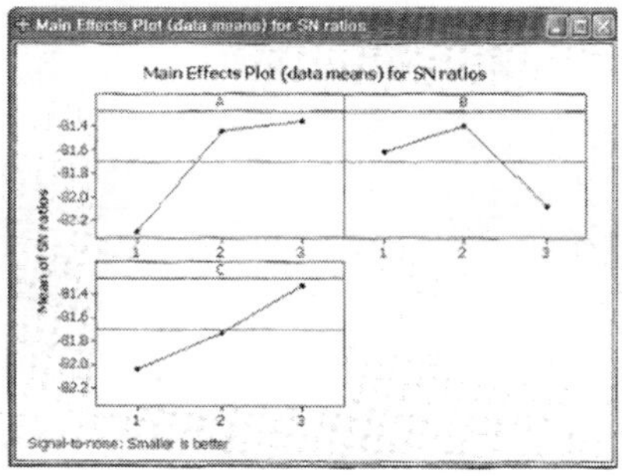

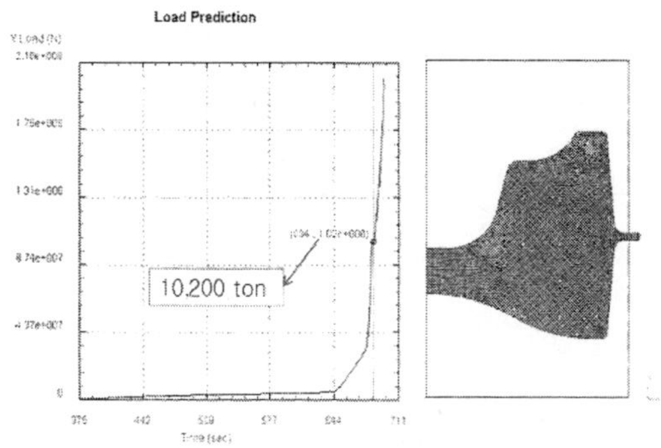

그림 13.5.7 최적화된 예비형상의 해석결과

랜드부의 길이 29 mm, 랜드부의 입구 반경 20 mm가 되며, 이에 대한 해석결과를 그림 13.5.7에 나타내었는데 최대 성형 하중이 10,200 ton으로 35 ton 해머 사용 시 예상 타수는 50타이다.

13.5.2 실제 피스톤 크라운 제품의 제작 및 고찰

유한요소해석을 통하여 설계된 예비성형체 형상 및 최종 금형 형상을 토대로 제품을 성형하였으며, 그림 13.5.8에 초기소재, 예비성형체(preform) 및 단조품의 사진을 나타내었다.

시제품 성형 시 예비성형체의 높이는 390 mm로 유한요소해석에 의해 설계된 395 mm 보다 5 mm 더 성형되었으며, 이는 예비성형체 제작을 위한 업세팅 공정에서 금형으로의 열전달을 최소화하기 위해 소재와 금형사이에 석면포와 같은 단열재를 끼우고 성형을 하므로 정확한 스트로크 조절이 어렵기 때문이다.

해석결과와 시제품 제작결과를 비교하여 표 13.5.4에 나타내었으며, 중요부의 치수를 측

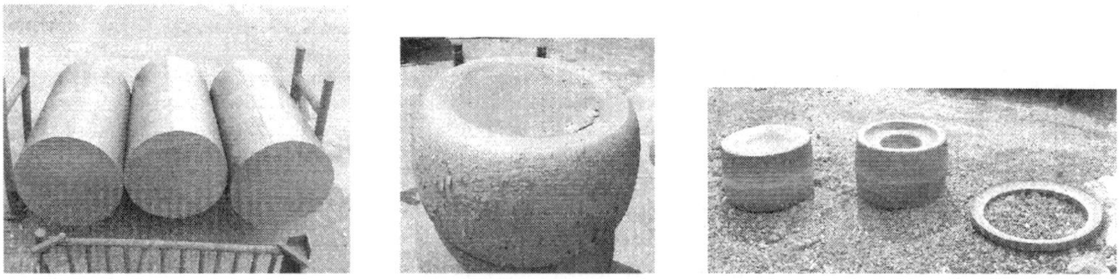

(a) Initial material (b) Preform (c) Product

그림 13.5.8 피스톤 크라운 제품

표 13.5.4 실제 단조품 및 해석결과의 비교

	Prototype	Analysis results
Preform height(mm)	390	395
Flash thickness(mm)	16.3	16
Number of forging blows	47	50

표 13.5.5 제품의 치수 측정

Case	Specification	Inspection results
A	Ø708 [−2.0/+5.0]	+1.7
B	Ø580 [−5.0/+2.0]	−4.6
C	Ø330 [−5.0/+2.0]	+3.7
D	55 [−5.0/+2.0]	+0.2
E	220 [−5.0/+2.0]	−0.6
F	85 [−5.0/+2.0]	+0.3
G	385 [−35.0/+10.0]	+9.6

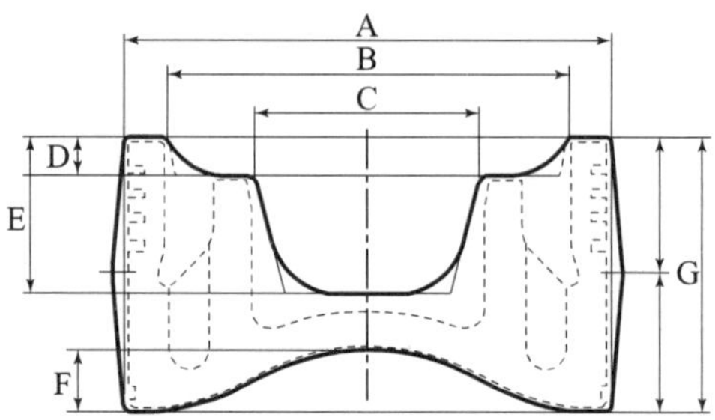

정한 결과를 표 13.5.5에 나타내었다. 실험결과 플래시의 두께가 16.3 mm로 해석결과와 잘 일치하였으며, 표 13.5.5의 측정 결과 모든 치수가 설계공차를 만족함을 알 수 있다. 따라서 피스톤 크라운의 양산품 제작 시에는 공법 전환에 따른 원가 절감을 기대할 수 있다.

Chapter

14 압출가공

압출이란 재료를 금형속에서 압축한 뒤 금형의 구멍을 통하여 재료가 빠져나오게 하므로써 원래의 면적보다 단면적을 작게 하고 원하는 형태를 만드는 방법으로 아래 그림 14.1.1과 같이 둥근 빌렛을 챔버 안에 넣고 램으로 밀어서 압력을 가하여 다이 사이로 통과시켜 그림 14.1.2와 같은 압출제품을 만드는 공정이다.

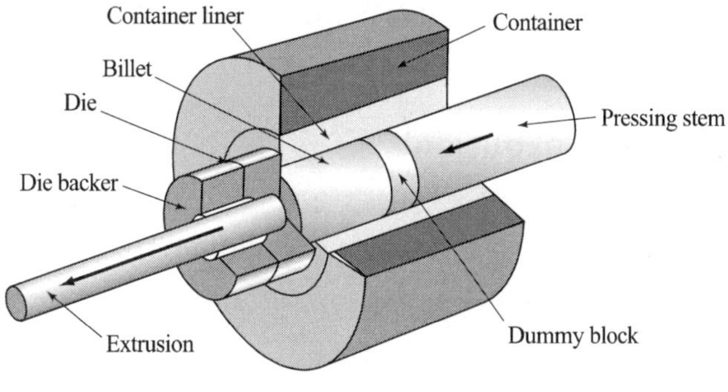

그림 14.1.1 압출 공정의 개략도

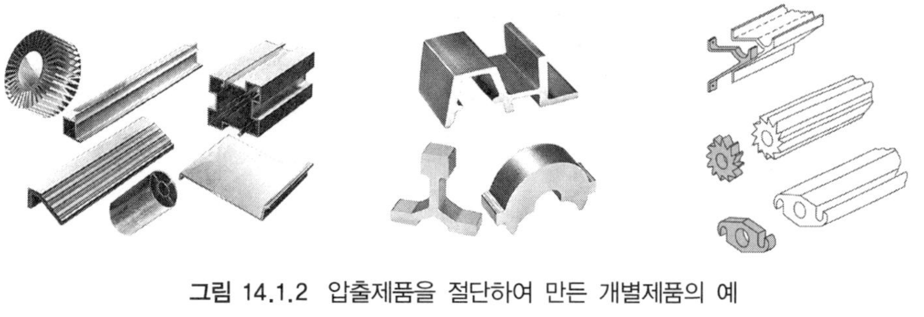

그림 14.1.2 압출제품을 절단하여 만든 개별제품의 예

다이는 둥근형상 또는 각종 형상이 사용되며 압출을 유형별로 분류하면 직접압출, 간접압출, 정수압압출, 충격압출의 네 가지 기본 유형이 있다. 온도에 따라 분류하면 재결정온도 이상에서 행하는 압출을 열간압출(hot extrusion), 재결정온도 이하 혹은 상온에서 행하는 압출을 냉간압출(cold extrusion)이라고 한다. 압출공정은 용기를 사용하여 각 빌렛(소재)을 개별적으로 압출하므로 개별 또는 준 연속공정으로 기본적으로는 중간재를 생산하게 된다. 서로 다른 두 재료의 유동응력이 비슷하면 압출공정으로 이종금속끼리 접합(cladding)하여 동 축빌렛(구리봉에 은을 입히는 등으로)을 제조할 수도 있다.

14.1 압출가공의 종류

압출가공법은 압출할 소재를 가압하는 가압방향과 제품이 압출되어 나오는 방향이 같으냐 반대이냐에 따라 전방압출과 후방압출, 그리고 피마자 기름 등의 작업유 속에서 소재를 압출하는 정수압압출로 구분한다. 또 소재의 가열하는 온도에 따라 구분하는데 상온 및 재결정온도 이하에서 행하는 냉간압출과 재결정온도 이상에서 행하는 열간압출 방법이 있다.

14.1.1 전방압출(forward extrusion)

전방압출(forward extrusion)은 직접압출(direct extrusion)이라고도 하며 그림 14.1.3(a)와 같이 가압방향과 압출방향이 동일한 압출을 말하며 치약을 짜내는 것과 비슷한 원리이다. 빌렛은 용기의 벽면에 대하여 상대운동을 하므로 벽면과의 마찰로 인해 램 하중이 매우 크다.

14.1.2 후방압출(backward extrusion)

후방압출(backward extrusion)은 간접압출(indirect extrusion)이라고도 하며, 그림 14.1.3(b)와 같이 가압방향과 압출방향이 서로 반대이다. 다이가 빌렛을 향하여 위로 움직일 때 제품은 아래로 성형되어 압출되므로 빌렛과 용기의 벽면에서의 마찰은 없다.

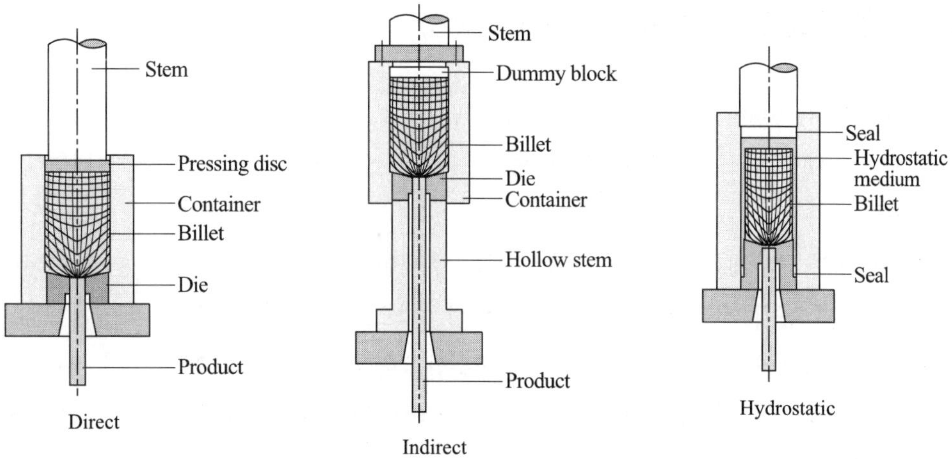

(a) 전방압출 (b) 후방압출 (c) 정수압압출

그림 14.1.3 압출유형

14.1.3 충격압출(impact extrusion)

충격압출은 간접압출과 유사하며 보통은 냉간압출로 분류된다. 충격압출공정으로는 직경에 대한 벽두께의 비가 최소 0.005 mm 두께가 얇은 치약통과 같은 중공용기를 제조할 수 있다. 이 방법을 사용하여 여러 가지 비철합금으로 충격압출하면 수직프레스를 이용하여 초당 2개 정도의 생산속도로 다양한 형상을 얻을 수 있다. 충격압출은 간접압출의 일종으로 속이 빈 용기를 만드는 데 적합하다(그림 14.1.4 참조).

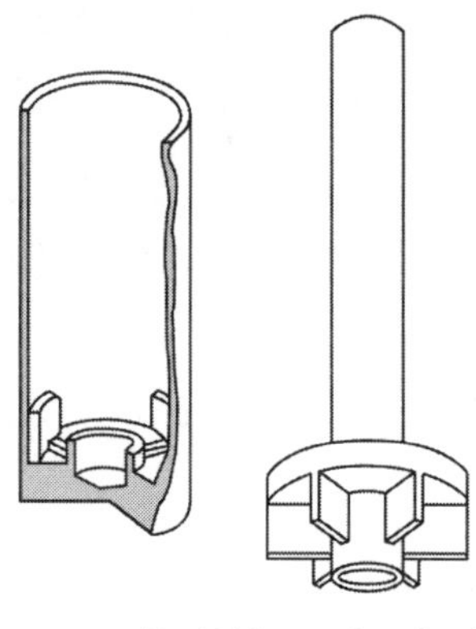

그림 14.1.4 충격압출로 제조된 제품 예

14.1.4 정수압압출(hydrostatic extrusion)

정수압압출(hydrostatic extrusion)은 앞의 그림 14.1.3(c)와 같이 챔버를 유체로 채우고 이를 통하여 빌렛에 압력을 전달하여 다이를 통과시켜 압출시키는 것으로 용기 벽면에서의 마찰은 없다.

정수압이 가해지면 재료의 연성이 증가하므로 취성이 있는 재료도 마찰이 적고 다이각이 적으며 압출비가 높기 때문에 이 방법에 의해 성공적으로 압출될 수 있다. 마찰이 작고 다이각이 작으며 압출비가 상업적으로 쓰이는 정수압압출작업은 연성재료, 금속과 폴리머, 속이 찬 제품, 튜브 및 기타 속이 빈 형상 및 벌집구조와 이종재료끼리 접합된 형상까지 성공적으로 압출된 바 있다.

정수압압출작업에 사용되는 작업유(working oil)는 일반적으로 냉간압출용은 식물성유, 열간압출인 경우에는 왁스, 폴리머, 유리 등이 작업유체로 사용된다.

14.1.5 냉간압출(cold extrusion)

냉간압출가공은 상온 혹은 재료의 재결정온도 이하에서 재료에 압력을 가하여 다이내에서 성형하는 공정으로 직접·간접압출과 단조 등의 공정이 조합된 것을 일컫는다.

1) 냉간압출의 장점

① 생산속도가 높고 비교적 가공비가 싸다.
② 가공오차의 조절이 양호하므로 후속되는 절삭 또는 마무리작업의 필요를 줄인다.
③ 윤활이 효과적이면 표면정도가 개선된다.
④ 산화막이 생기지 않는다.
⑤ 변형 및 마찰로 인한 발생열로 압출된 금속에 재결정을 일으키지 않는 한, 가공경화로 인해 기계적 성질이 개선된다.

2) 냉간압출의 단점

공구에 걸리는 응력이 매우 높아서 소재재료의 경도의 수준, 즉, 최소한 유동응력의 3배 정도에 이른다. 강의 압출에서는 새로운 표면이 생성되면서 소재와 공구 사이의 윤활막이 끊기면 소재금속과 공구 사이에 윤활제가 갇힐 가능성이 있기 때문이다. 특히, 압출비가 큰 경우에는 온도의 상승이 큰 문제가 된다. 온도가 너무 높아지면 냉간가공된 금속에서 재결정이 시작하고, 완료하는 경우까지 있어서 냉간가공의 장점을 상쇄시킨다.

14.1.6 열간압출(hot extrusion)

열간압출은 재결정온도 이상에서 행하는 압출을 말하며 빌렛은 압출되기 전에 가열되므로, 불활성기체의 분위기에서 가열하지 않으면 표면에 산화막이 생기고 용기내에서 빌렛의 냉각으로 매우 불균질한 변형이 생긴다. 산화막의 마찰특성으로 인해, 재료의 유동양상에 영향을 줄 수 있고, 압출제품의 표면이 산화막으로 덮여서 불량하게 된다. 이러한 문제점을 피하기 위해서는 램의 앞면에 압출판(dummy block)을 붙이고, 램의 직경을 용기의 직경보다 약간 작게 한다. 압출이 끝나면 주로 산화층으로 이루어진 얇은 원통형의 각(skull)이 용기내에 남게 되므로, 압출된 제품에는 산화물이 개재되지 않는다. 열간압출의 온도범위는 단조의 경우와 비슷하다.

14.2 압출시의 금속유동

압출에서는 빌렛이 다이를 통과하며 단면적이 크게 감소하므로, 금속유동의 양상은 공정 전반에 걸쳐 중요한 인자이다. 유동양상을 조사하기 위해 흔히 사용되는 기법은 둥근 소재를 길이 방향으로 자른 뒤, 한쪽 단면에 사각격자 무늬를 입히는 것이다. 두 쪽을 다시 합쳐서 용기에 넣고 압출을 한 후(이 때 두 조각이 붙어 있도록 서로를 체결하거나 경납접하는 경우도 있음), 단면을 잘라서 검사한다. 그림 14.2.1은 직각 다이로 직접압출을 한 경우에 나타나는 전형적인 세 가지 유동양상을 나타내고 있다. 이렇게 다른 유동양상이 얻어지

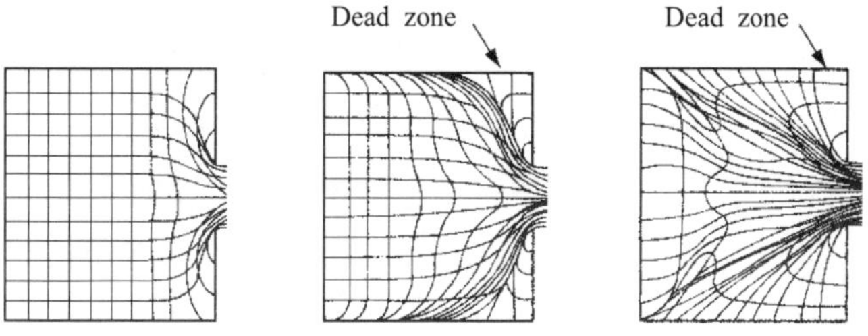

그림 14.2.1 직접압출에서 나타나는 재료 유동의 세 가지 형태

는 이유는 다음과 같다.

① 빌렛-용기-다이간에 마찰이 없는 경우에는 가장 균일한 유동양상이 얻어진다(그림 14.2.1(a)). 이러한 유동은 윤활제를 매우 효과적으로 사용하였거나 간접압출의 경우에 나타난다.

② 접촉면에서 마찰이 클 때는, 데드-메탈영역(dead-metal zone)이 발생하게 된다(그림 14.2.1(b)). 재료가 다이 출구로 유동함에 따라 전단을 심하게 받은 부분이 깔때기의 형상으로 형성된다. 이러한 모양으로부터 빌렛표면(산화층 및 윤활제와 함께)은 전단을 심하게 받은 부분을 통과한 뒤에 압출되므로, 압출제품에 결함이 생길 수 있다.

③ 전단을 심하게 받은 영역이 뒷부분까지 확장되어 있다(그림 14.2.1(c)). 이러한 확장은 용기 벽면에서의 마찰이 높아서 빌렛의 유동을 지연시키거나 온도가 높아져서 재료의 유동응력을 떨어뜨렸기 때문이다. 열간가공에서는 용기와 접촉한 부분의 재료는 급격히 냉각되므로 강도가 증가하게 된다. 그 결과로 중심부의 재료는 외주부의 재료에 비해 다이 쪽으로 쉽게 유동되므로 데드-메탈영역이 넓게 형성되고 유동은 불균일해진다. 이러한 유동양상으로 인해 파이프 결함이 발생할 수 있다. 이상으로부터 압출에서의 금속유동에 크게 영향을 주는 두 인자는 빌렛-용기-다이 면에서의 마찰조건과 빌렛 내부의 온도구배임을 알 수 있다.

14.3 압출결함

압출에서의 세 가지 주요 결함은 표면균열, 파이프결함, 내부균열이다.

14.3.1 표면 균열(surface cracking)

압출온도, 마찰, 속도 등이 너무 높으면, 표면온도가 급격하게 증가하여 표면균열 및 터짐(전나무형 균열(fir-tree cracking) 또는 속도균열(speed cracking))을 야기한다. 이 때의 균열은 결정립간의 결정립계를 따라서 일어나며 보통 적열취성(hot shortness)에 기인한다. 이 결함은 알루미늄, 마그네슘, 아연합금 등에 특히 잘 생기며 몰리브덴합금에도 생긴다. 소재의 온도와 압출속도를 낮춤으로써 방지할 수 있다.

14.3.2 파이프 결함(pipe defect)

금속유동양상은 표면의 산화물이나 불순물을 소재의 중심부로 끌어들이기 쉬운 깔대기의 형상을 하고 있으며 파이프 결함(또는 tailpipe. fishtailing이라고도 함)이라고 한다.

14.3.3 내부균열(internal cracking)

압출제품의 중심부에 그림 14.3.1과 같은 균열이 생길 수 있으며, 중심부 균열, 중심부 터짐, 화살모양균열, 셰브론 균열(chevron cracking) 등으로 다양하게 불리운다. 이 균열은 다이내의 변형영역에서 중심선을 따라서 정수압으로 인한 인장응력상태(이차 인장응력) 때문에 생기는 것으로 알려져 있으며, 이는 인장시험편에서 생기는 네킹영역과 유사하다.

그림 14.3.1 셰브론 균열

14.4 압출작업

여러 가지 재료를 다양한 단면형상 및 치수로 압출할 수 있다. 압출비는 보통 10 : 1에서 100 : 1 또는 그 이상이다. 램속도는 0.5 m/s까지 가능하다. 일반적으로, 알루미늄, 마그네슘, 구리 등에는 낮은 속도를 사용하는 반면, 강, 티타늄, 내열합금에는 속도를 높게 한다. 열간압출에는 수평형 유압프레스가 사용되고 냉간압출에서는 수직형이 사용되는 것이 일반적이다.

14.4.1 윤활

냉간압출에서는 소재 외부에 인산염으로 전환피복(conversion coating)하고 비누(또는 왁스)를 윤활제로 사용한다. 열간압출에서는 유리나 흑연 혹은 이황화 몰리브덴(MoS_2)과 같은 고체 윤활제도 사용된다. 유리는 고온에서 점도를 잃지 않고 접촉특성이 양호하며, 빌렛과 용기 및 다이 사이에서 열차폐물 작용을 하므로 강, 스테인리스강, 고온재료의 압출에 우수한 윤활제로 사용된다. 비철금속은 윤활제를 사용하지 않거나, 흑연을 이용하여 압출한다.

14.4.2 압출 장비

압출에는 수평형 유압프레스가 주로 사용된다. 압출용 프레스는 여러 가지 압출작업에 맞도록 설계되어 있다. 냉간압출, 천공, 강관의 대량생산에는 크랭크형 기계프레스가 주로 사용된다. 압출용 유압프레스의 최대 용량은 160 MN(16,000톤)에 이른다.

14.5 압출가공을 위한 공정 및 금형설계

14.5.1 헬리컬 기어용 압출 공정 및 금형설계

압출공정에 의한 기어 성형에 대한 연구로서 Samanta등에 의해서 스퍼어 기어와 헬리컬 기어의 냉간 압출공정이 제시되었으며, Choi 등은 헬리컬 기어의 새로운 냉간 압출법을 제안하여 상계해석하고, 전극설계 및 금형강도를 평가하였다. 또한 Yang 등은 헬리컬 기어의 냉간단조에 대해 안내형 공정이 아닌 구속형 공정에 대해서 단조 실험과 반복경계 조건을 이용한 3차원 유한요소해석을 하였다. 또한 Choi 등은 헬리컬 기어의 안내형과 구속형 냉간 단조에 대하여 금형구조 및 동적 가용 속도장을 제안하여 상계해석결과와 실험 결과를 비교하였다.

이 책에서는 헬리컬 기어를 냉간 성형할 때 가혹한 하중조건을 해결하기 위하여 2단계 헬리컬 기어 성형 공정을 제시하고자 한다. 이는 예비성형체인 스퍼어 기어를 압출하는 단계와 스퍼어 기어를 헬리컬 기어로 비트는 단계로 이루어져 있으며 공정간에 풀림처리가 수행된다. 전술한 성형방법의 공정에 대한 상계해 유도, 전극 및 금형설계를 통하여 헬리컬 기어 제품의 대량생산이 가능함을 예측하였고 이를 토대로 헬리컬 기어를 제조하였다.

14.5.2 스퍼-헬리컬 기어의 2단계 공정을 이용한 헬리컬 기어 공정설계

1) 기존의 헬리컬 기어 성형

그림 14.5.1(a)는 Samanta 등이 제시한 방법으로 반경방향의 인벌루트 치형 형상과 축방향의 나선 각도 성형이 동시에 이루어진다. 이 때 금형에 과도한 압력이 동시에 걸리므로 이를 Choi 등은 그림 14.5.1(b)와 같이 반경방향의 인벌루트 치형이 먼저 성형되어진 후 축방향의 나선 각도만큼 성형시키는 방법을 제시하였다. 그러나 이 방법은 인벌루트 성형 시 가공경화를 받은 소재가 헬리컬 기어 성형 시 금형의 치저부에 과도한 압력을 가함으로써 금형의 수명을 단축시켰다.

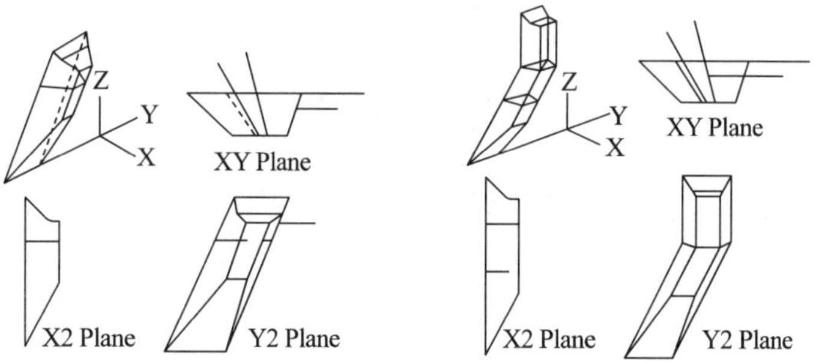

(a) Samanta process (b) Choi process

그림 14.5.1 헬리컬 기어의 성형방법

2) 2단계 공정을 이용한 헬리컬 기어 성형

2단계 공정을 이용한 헬리컬 기어의 성형은 그림 14.5.2의 스퍼어 기어 금형을 통하여 압출성형공정에서 유동방향으로 요철을 성형한 다음, 이를 다시 금속재의 요철부위에 이끝과 피치 및 이뿌리를 성형한 후, 그림 14.5.3과 같은 헬리컬 기어의 금형을 통하여 스퍼어 기어의 치열에 소정의 나선각을 형성하고 녹아웃 시킨다.

2단계 헬리컬 기어의 성형을 통해 원하는 치수나 기계적 성질을 가진 기어제품을 생산하기 위해서는 최종기어 제품의 치수, 비틀림량과 탄성회복량을 고려한 금형의 나선각도 조절, 용이한 취출 및 성형을 위한 금형, 예비성형체와의 공차결정등과 같은 금형설계 기술이 요구된다.

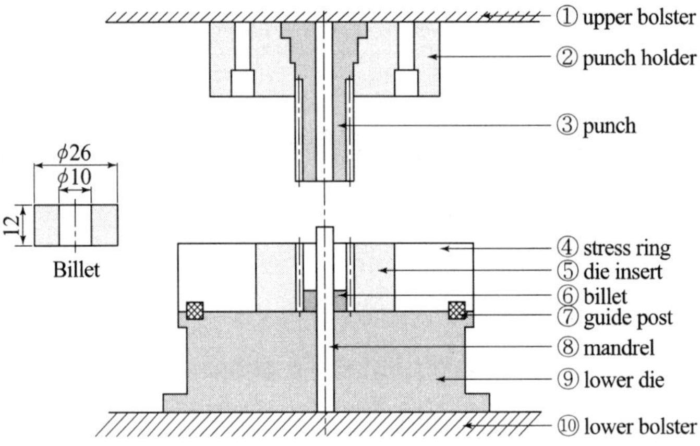

그림 14.5.2 스퍼어 기어 단조용 다이셋트의 조립도

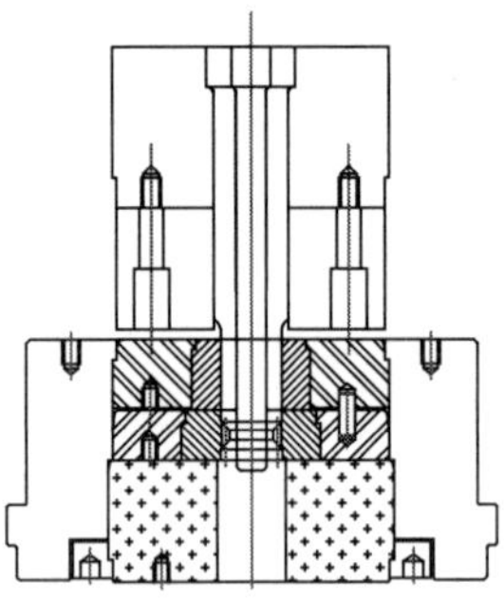

그림 14.5.3 헬리컬 기어의 압출다이

14.5.3 스퍼어 기어를 헬리컬 기어로 비트는 공정의 상계해석

본 연구에서는 스퍼어 기어 예비성형체로부터 헬리컬 기어로 비트는 압출공정에 대한 상계해석을 하였다. 그림 14.5.4로부터 동적 가용속도장(admissible velocity field)을 구하여 이를 표 14.5.1에 나타내었고 각 영역에 따른 속도장을 이용하여 속도 불연속면에서 에너지율을 구하였다.

나선 각도와 치형상의 반경과의 관계는 식 (14.5.1)로 표현되어지며 속도불연속면(Γ_1)은 중앙중공부(R_0)에서 치저부(R_b)까지 축에 직각인 면으로, 펀치와 마찰에너지 손실 E_{s1}은 식 (14.5.2)로 계산된다.

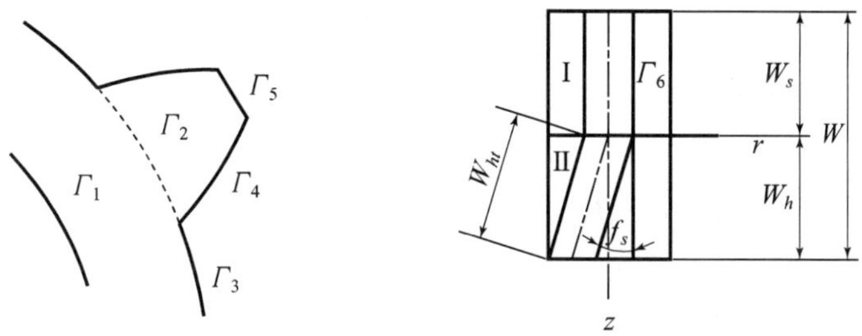

그림 14.5.4 동적 가용속도장의 개념도

표 14.5.1 헬리컬 기어의 비틀림에 대한 동적 가용속도장

I 영역	II 영역
$Ur=0$ $U_\theta=0$ $Uz=1$	$Ur=0$ $U_\theta=Uz\tan\psi_r=\tan\psi_r$ $Uz=1$

$$\frac{\tan\Psi_r}{R}=\frac{\tan\Psi_s}{R_s}=\frac{\tan\Psi_b}{R_b},\ \tan\Psi_R=R\frac{\tan\Psi_s}{R_s} \tag{14.5.1}$$

$$\begin{aligned} E_{s1}&=\int_{R_0}^{R_b} mk\cdot\tan\Psi_R\cdot 2\pi R\cdot dR=\int_{R_0}^{R_b}2\pi mk\cdot R^2\cdot\frac{\tan\Psi_s}{R_s}dR \\ &=\frac{2}{3}\pi mk\cdot\frac{\tan\Psi_s}{R_s}\cdot(R_b^3-R_0^3) \end{aligned} \tag{14.5.2}$$

속도불연속면(Γ_2)는 치저부(R_b)에서 치끝(R_t)까지 축의 직각인 면으로, 펀치와의 마찰에너지 손실 E_{s2}는 식 (14.5.3)으로 표현된다.

$$\begin{aligned} E_{s2}&=\int_{R_b}^{R_t}N\cdot mk\cdot\tan\Psi_R\cdot t_R dR \\ &=N\cdot mk\cdot\frac{\tan\Psi_s}{R_s}\cdot\int_{R_b}^{R_t}R\cdot t_R dR \end{aligned} \tag{14.5.3}$$

여기에서 $\int_{R_b}^{R_t}R\cdot t_R dR$ $f(R)=R\cdot t_R$ 수치적분으로 구한다.

속도불연속면(Γ_3)는 치저부(R_b)면상에서 축의 평행인 면으로, 펀치와의 마찰에너지 손실 E_{s3}는 식 (14.5.4)로 표현된다.

$$E_{s3}=N\cdot mk\cdot\sqrt{(1+\tan\Psi_b^2)}\cdot W_{ht}(R_b\cdot\alpha_n-t_{Rb}) \tag{14.5.4}$$

속도불연속면(Γ_4)는 치형 옆면 상에서 축의 평행인면으로, 펀치와의 마찰에너지 손실 E_{s4}는 식 (14.5.5)로 표현된다.

$$E_{s4} = \int_{R_b}^{R_t} N \cdot W_{ht} \cdot mk \cdot f(R)\,dR$$
$$= N \cdot W_{ht} \cdot mk \cdot 2\int_{R_b}^{R_t} f(R)\,dR \tag{14.5.5}$$

속도불연속면(Γ_5)는 치끝(R_b)에서 축의 평행인 면으로, 펀치와의 마찰에너지 손실 E_{s5}는 식 (14.5.6)으로 표현된다.

$$E_{s5} = N \cdot mk \cdot \sqrt{(1+\tan\Psi_t^2)} \cdot W_{ht} \cdot t_{Rt} \tag{14.5.6}$$

헬리컬 기어를 성형하기 위한 펀치 하중은 식 (14.5.7)로 표현할 수 있다.

$$L_{total} = (E_{s1}+E_{s2}+E_{s3}+E_{s4}+E_{s5})/A_{gear} \tag{14.5.7}$$

여기서 A_{gear}는 헬리컬 기어의 단면적이다.

14.5.4 헬리컬 기어 금형설계

2단계 공정을 이용한 헬리컬 기어 압출을 위한 금형제작을 위해서는 그림 14.5.5의 순서도와 같이 최종제품인 헬리컬 기어, 헬리컬 기어 금형, 헬리컬 기어 금형용 전극, 헬리컬

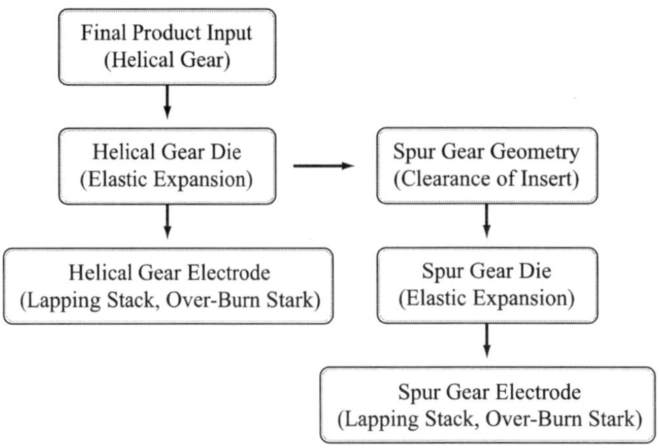

그림 14.5.5 다이 디자인의 절차

기어에서 소재로 사용될 스퍼어 기어, 스퍼어 기어용 금형, 그리고 스퍼어 기어 금형용 전극들이 설계되어져야 한다. 이를 위해 각 기어 형상은 옵셋량으로 설계가 되어야 하나, 표준기어(standard gear)가 아니면 제작이 힘들기 때문에 식 (14.5.8)~(14.5.10)에 의해 전위량으로 결정하였다.

헬리컬 기어 냉간 압출 가공후에 탄성 복원되어지는 것을 고려하여 그 양만큼 전위량으로 하여 헬리컬 기어 금형의 내부 치형부가 식 (14.5.8)에 의해 설계되었다.

$$e_{hd} = e_h - E_r \cdot R_s \tag{14.5.8}$$

여기서, e_{hd} : 헬리컬 기어 다이의 기어 전위량, e_h : 헬리컬 기어 전위량

헬리컬 기어용 금형을 위한 전극은 그림 14.5.6과 같이 방전량 및 랩핑여유량을 고려하여 식 (14.5.9)에 의해 결정된다.

$$e_{he} = e_{hd} - (E_e + E_l) \tag{14.5.9}$$

e_{he} : 헬리컬의 기어 금형을 위한 전극의 전위량을, E_e은 방전가공 시 over burn(과방전량) E_1은 방전가공한 면을 lapping하기 위한 여유량이다.

헬리컬 기어 금형에 스퍼어 기어 소재가 원만히 삽입이 되기 위해서는 식 (14.5.10)에 의해 클리어런스 C를 고려하여 스퍼어 기어를 설계한다.

$$e_s = e_{hd} - C \tag{14.5.10}$$

e_s : 스퍼어 기어 전위량

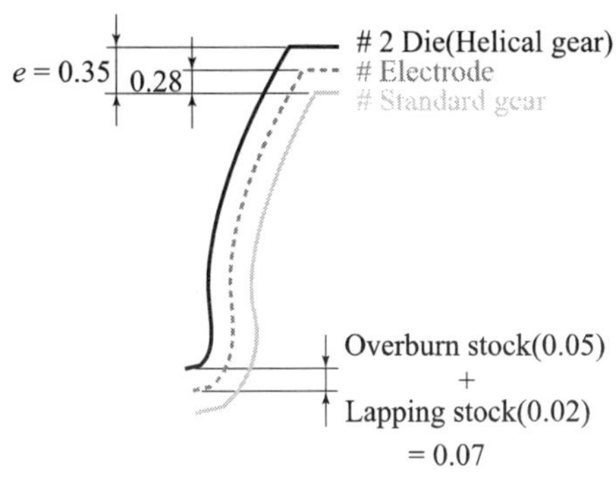

그림 14.5.6 방전량 및 래핑량의 개념도

14.5.5 실험 및 고찰

스퍼어 기어 예비성형체로부터 헬리컬 기어로 비트는 압출 공정에 대한 이론적인 상계해석의 검증을 위하여 금형설계에 의해 실금형을 제작하여 헬리컬 기어를 성형하였다. 또한 DEFORM을 이용한 유한요소해석도 병행하여 수행하였다. 그림 14.5.7은 헬리컬 기어성형을 위해 300 ton 유압프레스에 장착된 다이세트를 보여준다. 그림 14.5.8은 헬리컬 기어 성형 실험에 사용된 다이들로써 그림의 왼쪽으로부터 각각 스퍼어 기어 도입부, 헬리컬 기어 압출부, 취출부의 다이를 그림 14.5.8에 나타내었다. 2단계 공정을 이용한 헬리컬 기어의 성형을 위하여 SCM415 소재를 사용하였으며, 응력-변형률 관계식은 다음과 같다.

$$\sigma_f = 768.08\,\epsilon^{0.139}\ [\mathrm{MPa}] \tag{14.5.11}$$

펀치 소재는 SKD61, 인서트 소재는 초경, 보강링의 소재는 SKD61로 하였으며, 스퍼어 기어 및 헬리컬 기어 금형들의 제원은 표 14.5.2에 나타내었다.

그림 14.5.9는 상기의 다이세트를 통하여 압출된 스퍼어 기어 예비성형체의 사진을 보여주며 스퍼어 기어 예비성형체를 이용하여 비트는 압출 공정을 수행한 후 성형된 자동차 트랜스미션에 사용되는 헬리컬 기어제품(잇수 15개, 모듈 1.75, 압력각 20°, 나선각도 10°)을

그림 14.5.7 압출다이가 장착된 다이세트

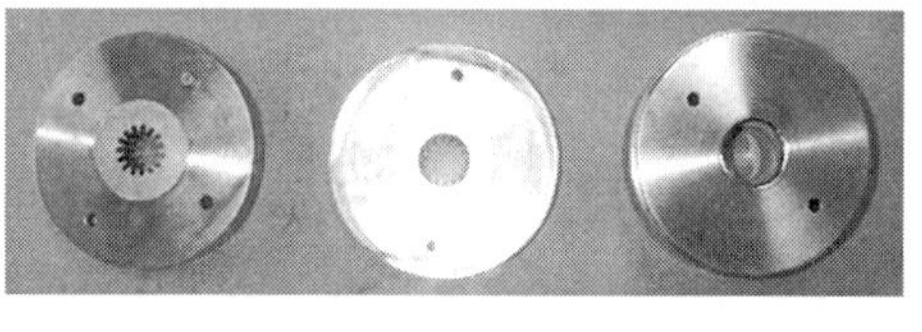

그림 14.5.8 헬리컬 기어의 압출 다이

표 14.5.2 기어의 규격

	spur gear	helical gear
No. of teeth	15	15
Module	1.75	1.75
Pressure angle	20°	20°
Standard P.C.D	φ26.25	φ26.25
Helix angle	•	10°
Addendum modification	•	0.35

그림 14.5.9 스퍼어 기어의 시험결과

그림 14.5.10 스퍼어 기어로부터 헬리컬 기어로의 압출시험결과

그림 14.5.10에 나타내었다.

헬리컬 기어 금형의 탄성회복량은 피치원에 대하여 0.24 %를 적용하여 식 (14.5.1)에 의해 전위량이 −0.0328 mm로 계산되어졌고, 헬리컬 기어 금형을 제작하기 위한 전극은 방전갭과 랩핑여유량을 고려하여 식 (14.5.2)에 의해 전위량을 −0.0572 mm로 결정했다.

그림 14.5.11은 스퍼어 기어 단조 다이내에서 소재가 어떻게 유동되는지를 알아보기 위하여 흑백 플라스티신(plasticine)을 이용하여 실험한 것이다. (a)는 원통 빌렛을 (b)는 중간 단계에서의 유동양상을 (c)는 최종 성형단계에서 다이의 유동양상을 보여준다.

또한 2단계 공정을 이용한 헬리컬 기어의 변형양상과 하중을 예측하기 위해 유한요소해석용 Tool인 DEFORM으로 해석을 수행하여 그 결과를 그림 14.5.11에 나타내었다.

이들로부터 유효응력 및 유효 변형률은 치저부 및 실린더부에 비해 치형부가 매우 큼을 알 수 있는데 이는 금형의 치형 끝 부분에 압력과 변형이 최대로 됨을 알 수 있었고, 스퍼어 기어 예비성형체가 탄성회복량, 방전갭과 래핑여유량 및 클리어런스를 고려한 금형 세트에 의해 비틀어지는 실험을 통하여 측정된 하중과 식 (14.5.1)~(14.5.6)에 의해 계산된 이론적인 상계하중 값을 표 14.5.3에 나타내었다.

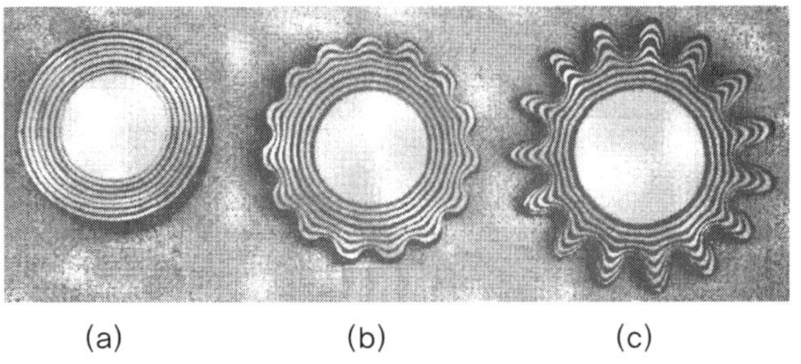

그림 14.5.11 흑백 플라스티신으로 생성된 스퍼기어의 유동성형 양상

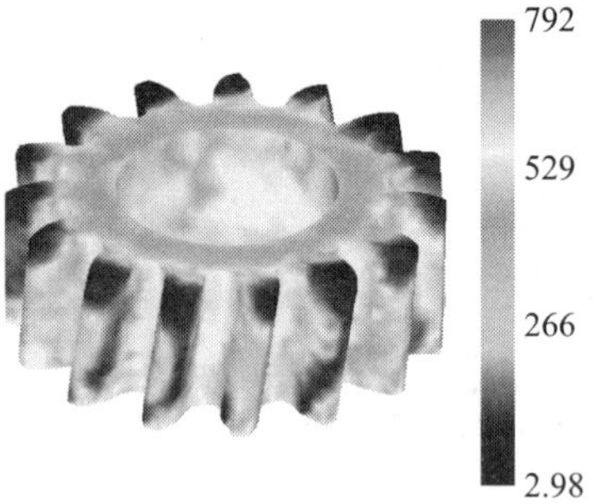

그림 14.5.12 유한요소해석 시 상당응력 분포

표 14.5.3 비틀림 각도에 따른 하중 비교

Helix angle	Load (UBT)	Load (FEM)	Load (Experiment)
10°	3.07 ton	3.1 ton	2.9 ton
30°	10.85 ton	11.3 ton	10.2 ton

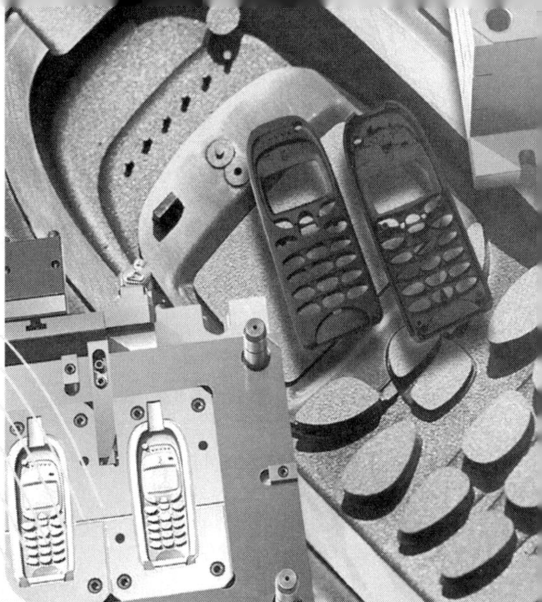

4 PART
프레스 금형의 견적산출 시스템

Chapter 15. 금형 제작 시간

Chapter 16. 절삭가공 종류별 가공시간의 계산

Chapter 17. 프레스 금형의 견적산출 시스템

Chapter

15

금형 제작 시간

15.1 프레스 금형 제작 시간의 산출

15.1.1 금형가공시간

금형을 제작하는 데 있어서 품질(quality), 원가(cost), 납기(delivery)는 매우 주요한 요소가 된다. 여기서 적정한 원가를 산출하기 위해서는 품질과 납기가 함께 고려되어야 한다. 즉, 품질이 좋은 금형을 짧은 납기에 완성하는 것이 금형을 제작하는 최선의 목표가 된다. 원가를 산출하기 위하여 기본적으로 금형가공시간 산출이 수반되는데, 이 금형가공시간을 계산한다는 것은 금형가공의 표준시간(standard hour)을 설정하는 것을 의미한다.

산출된 금형가공시간은 표준화와 원가의 최저화 원칙을 만족시키는 합리적인 기준이 되어야 한다. 적정한 품질 기준과 적정한 소재의 준비과정에서부터 가공시간을 최소화하기 위하여 주어진 금형가공을 위해 (1) 적정한 공작기계와 공구의 선정, (2) 최적의 가공방법, 가공조건을 표준화하고 표준가공 방법을 설정하는 일, (3) 노동생리학적, 통계학적 고려를 바탕으로 하여 합리적인 계산이 되어야 함은 물론이다.

보다 과학적이고 합리적인 금형가공시간의 산출기술을 위해서는 금형설계기술, 금형재료 선택 기술 및 금형제작 관련 전반적인 공정기술을 포함한 넓은 의미로의 금형생산기술에 대한 지식을 필요로 하고 있다.

15.1.2 금형가공 표준시간

금형가공 표준시간이란 정해진 제품설계와 제작방법을 기초로, 제품을 생산하기 위하여 요구되는 금형품질을 완성하기까지의 시간으로, 일반작업자가 평균 작업속도로 금형가공 및 기타 과정을 통하여 금형의 완성단계까지 기록한 시간이다. 여기서, 일반작업자는 주어진 금형제작 작업을 위한 필요한 지식과 신체, 정신적 능력을 가지고, 일정기간의 훈련기간을 통하여 만족한 품질수준으로 구비한 수준의 평균적인 속도로 마무리하는 충분한 경험과 숙련도를 가진 사람을 의미한다.

평균속도라는 것은 장려금 제도 등의 특별한 인센티브가 없이 적절한 근무상태를 기반으로 일반작업자가 행하는 작업의 빠르기이다. 그 속도는 지속가능한 평균적인 작업속도로 균일한 품질을 지닌 대상물을 일정량 완성시킬 때 소요된다고 정한 순작업시간에 여유를 고려한 작업속도를 의미한다.

네들러(Nadler)는 "표준시간이란 필요한 능력을 가지고 충분히 훈련된 작업자가 적당한 속도와 작업환경을 기초로 가공할 때, 표준임금이 책정되는 조건하에서 정해진 가공에 요구되는 시간이다."라고 정의하였다. 따라서 금형작업 표준시간이라 함은 합리적인 적정한 최소원가의 실현을 기초하고 있다.

15.1.3 금형가공시간의 분류

금형가공할 때 작업자가 소비한 시간은 순수 금형가공시간, 즉 표준시간의 대상이 되는

그림 15.1.1 금형 가공공장의 내부 모습

시간과 그 밖의 비가공시간으로 크게 분류된다. 즉, 회사에 출근한 뒤의 시간은 작업시간과 휴지시간으로 분류될 수 있으며 작업시간은 다시 금형가공시간과 비가공시간으로 분류된다. 금형가공시간과의 관련성에 대한 분류를 그림 15.1.2에 보인다.

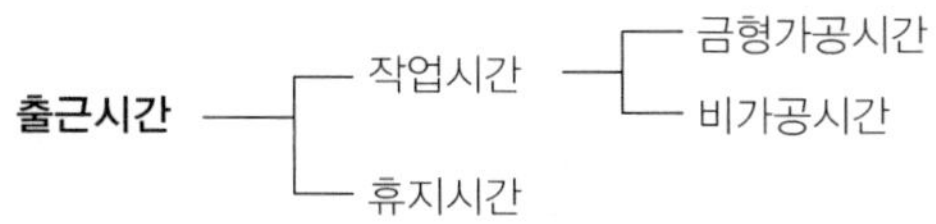

그림 15.1.2 금형가공시간의 분류

여기서 금형가공시간을 분류하기 위해 사용된 용어를 요약하면 다음과 같다.

① **출근시간**: 취업 규칙에 정해진 작업시각에서 종업까지의 근무시간이다.

② **작업시간**: 출근시간에서 규정의 휴지시간을 뺀 시간이다.

③ **휴지시간**: 점심 휴식, 오전, 오후의 휴식 등의 정규 휴지시간, 조례, 출퇴근을 위해 옷갈아 입는 데 필요한 시간 등을 의미한다.

④ **금형가공시간**: 작업시간에서 비가공시간의 차이로 정규가공에 사용되는 전체의 시간, 작업자가 가공 개시, 준비에서 가공을 끝내고 마무리할 때까지 그 금형을 점유하고 있는 시간이다.

⑤ **비가공시간**: 작업자가 작업시간 내에 대해서 가공시간 이외에 소비한 간접적 작업시간, 관리상 그 밖의 이유에 따라 무작업시간을 총칭한다. 이것은 작업자의 책임에 귀속되는 시간은 아니고, 전부 관리자의 책임에 귀속되는 시간이기 때문에 당연 표준시간에 삽입할 수 없다. 비가공시간은 가공시간에 포함된 여유시간과 구별하기 어렵기 때문에 정성적 분류보다도 정량적인 분류로 보는 것이 좋다. 어느 정도까지를 비가공시간으로 보느냐 하는 관점은 실적시간, 관리의 수준, 관리 상태의 파악 목적과 경제성에 따라 그 기준을 달리할 수 있다.

15.1.4 금형가공의 생산성

15.1.3절의 시간 분류에서 금형가공과 관련된 능률 및 효율 등은 다음의 식으로 표현된다.

생산능률 = 생산성 / 가동율 (15.1.1)

작업능률 = 표준시간 / (작업시간 − 비가공시간) (15.1.2)

가동률 = (작업시간 − 비가공시간) / 작업시간 (15.1.3)

$$효율 = 작업시간 / 출근시간 \tag{15.1.4}$$

위 식에서 작업능률은 작업자의 작업 노력도를 나타내고, 가동률은 관리자의 책임에 따라 좌우되는 작업자의 작업 밀도를 의미하는 것으로 작업능률은 작업자 책임의 생산성의 구분이고, 가동률은 관리자 책임의 생산성의 부분이다.

생산성을 높이기 위해서는 작업능률과 가동률의 양면을 측정하여, 각각을 향상시켜야 한다. 능률이 매우 높다 해도 효율이 떨어지면 아무런 의미가 없음을 알 수 있다. 효율이 떨어진다는 것은 점심 휴식, 오전, 오후의 휴식 등의 정규의 휴지시간, 정전, 기계고장, 대기 등으로 생산 활동이 중단된 시간, 조례, 출퇴근을 위해 옷 갈아입는 데 필요한 시간 등 임금은 지불되지만 실질적인 일과 관련성이 없는 즉, 가치없는 시간이 증가한다는 것을 의미한다.

15.1.5 금형가공시간 계산법의 종류

금형가공시간을 계산하거나 예측하는 방법은 주어진 환경, 제반 구성요소의 특이성에 따라 작업 공정을 고려하여 여러 가지 기법이 활용되고 있으나 일반적으로 지금까지 사용하고 있는 방법을 정리하면 다음의 6가지로 크게 나눌 수 있다.

- Stop watch 법
- PTS 법
- 표준자료법
- 기계가공 계산법
- 실적자료 견적법
- 시간연구법

이와 같은 방법으로 계산하여, 작업자가 행하는 준비시간과 주작업시간에 대해서는 별도로 적당한 가공조건을 설정하여 이론적으로 계산할 필요가 있다. 즉, 이러한 여러 가지의 방법에는 작업자의 실제적 경험판단에 의존하는 『경험견적법』이나, 과거의 실적시간을 근거로 한 『실적자료견적법』 등이 있지만, 이런 것은 간단하게 목측시간으로 이용 가능하지만 표준시간이라 할 수는 없다.

이상의 금형가공시간 산출방법의 개요와 이점은 다음과 같다.

1) Stop watch 법

표준화된 실제작업의 요소작업시간을 측정하여, 이것을 표준시간에 환산하는 방법이며, 관측자 개인의 주관적 판단이 배제되어야 하고, 측정의 정확성이 필수요건이다. 또, 이 방법에 따라 얻어진 요소작업 시간치를 기준으로 시간의 표준자료로 이용이 가능하다는 이점이 있다.

2) PTS(Pre-determined Time Standard) 법

하롤드 메이나드(Harold B. Maynard)가 창안한 법으로, 표준화된 실제작업의 요소동작을 측정하여, 여기에 PTS(Pre-determined Time Standard)의 동작시간 표준치를 적용하여 표준시간을 계산하는 방법으로, 일관한 기준으로 정확하고 공평한 시간치를 설정 가능한 이점이 있다. 테일러와 길브레스의 동작시간 연구법에 따라, 기초적인 동작에 요구되는 일련의 시간 데이터를 만들고, 이 데이터를 작업에 필요한 동작에 적용시킨다면 작업의 표준시간이 구해진다는 것이 PTS법이다.

3) 표준 자료법

시간연구법 등 PTS법에 따라 얻어진 표준시간치를 일의 요소별로 정리하여 시간표준자료를 작성하고, 이것을 이용하여 동종의 작업에 적용하여 표준시간을 구하는 방법이다. Stop watch법, PTS법이 현재 행해지고 있는 작업의 시간설정법에 비해, 새로운 작업에 대하여 표준시간을 사전에 정확하고 신속하게 설정할 수 있는 이점이 있다.

단품가공 등, 극소량 부품가공에 대한 표준시간 설정이나 신규 생산 제품의 부품가공의 표준시간을 사전에 설정하는 경우에는 시간연구법이나 PTS법으로 구해진 시간치를 요소별로 정리하여, 시간 표준자료를 작성하여 두고, 이것을 이용하여 주작업시간을 계산하면, 시간연구법이나 PTS법으로 계산한 것과 같은 결과를 얻을 수 있다.

4) 기계가공 계산법

금형가공 전반에 사용되는 기계가공에 대한 단위 공정을 사용재료, 가공공구의 재료 및 특징, 가공기계, 가공방법 등을 고려하여 이론에 근거한 계산식에 따라 단위 공정에 대한 가공시간을 구하고 전체 소요되는 제작공정을 합산하여 가공시간을 구하는 방법이다. 상세한 가공조건에 대한 변수가 고려되므로 정확한 시간산출에 대한 이점이 있다.

5) 실적자료 견적법

일정기간에 대한 금형가공에 대한 실적자료를 근거하여 이를 통계화하고 임의로 정한 작업단위당 기준시간을 산정하여 표준으로 사용하는 방법이다. 일반적으로 다종소량을 특징으로 하는 금형가공공정의 특징상 Stop watch법, PTS법, 기계가공계산법 등에 의한 방법은 세밀한 기술적 표준시간에 대한 좋은 점이 있지만, 시간이 많이 걸리는 단점도 있다. 따라서 실적자료를 기준으로 한 기준치를 잠정표준으로 하여 사용하는 경우가 많다. 이 실적자료 견적법을 어느 정해진 범위에서 사용하면 표준시간으로 유용하게 활용될 수 있다.

신속하게 표준시간을 설정할 수 있고 업무흐름상 관련 부서와의 비교적 적은 마찰로 효율성을 올릴 수 있다는 장점이 있지만, 금형가공 공정의 투명한 현장관리와 정확한 원가계산, 원가분석을 위한 자료로는 현실과 많은 차이를 보이게 된다는 단점이 있다.

6) 시간 연구법

시간연구법은 테일러의 시간연구의 동작연구의 아이디어를 종합하여 표준시간을 설정하는 방법으로서 동작시간 연구법이라고도 말한다. 작업자가 행하는 일의 분석 개선을 행하여 가장 좋은 작업방법을 결정하고 이것을 표준화한 뒤, 그 작업을 수행하기 위하여 요구되는 시간의 정확한 측정을 행하여 표준시간을 설정하는 방법이다.

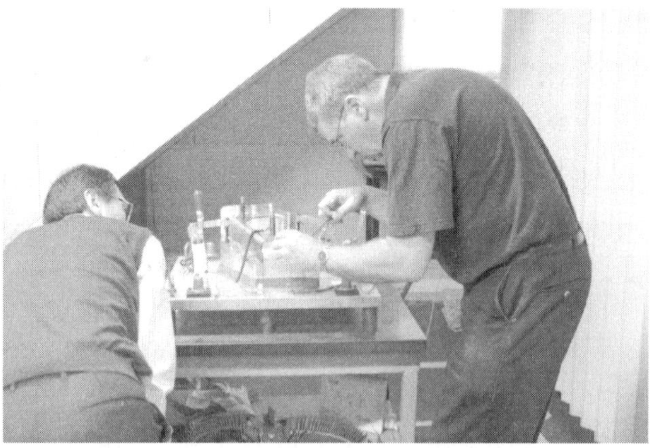

그림 15.1.3 금형작업시간 측정

15.1.6 금형제작 시간의 구성

1) 준비시간

동일 가공품 내에 가공할 부위가 여러 곳이 있을 때 1회에 발생하는 기계가공을 위하여 필요한 준비와 정리시간으로 정리준비시간과 준비여유시간을 의미하며, 전 가공을 완료한 시점부터 다음 가공의 양품이 나오는 시점까지의 시간을 말한다. 준비시간은 내측 준비시간과 외측 준비시간으로 구분되며, 내측의 준비시간이란 지그 등의 부착과 해체 등 기계의 회전을 중지하고 행하지 않으면 안 되는 준비, 즉 기계가 멈춘 상태에서만 할 수 있는 준비시간을 뜻한다.

이에 비해 치공구의 구비, 고정구의 준비 등 기계의 가동 중에 미리 행하는 것이 가능한 준비, 즉 기계를 멈추지 않고도 준비가 가능한 시간이 외측 준비시간의 개념이다. 일반적으로 준비시간이라 함은 내측의 준비시간과 외측의 준비시간을 합한 의미로 사용되고 있다.

2) 주 작업시간

작업 목적 자체가 진행되어 완료할 때까지 소요되는 시간 즉, 절삭작업일 경우 칩이 발

그림 15.1.4 금형제작 표준시간의 분류

생되는 시간을 의미한다. 직접적인 일과 연관된 재료의 변형, 변질 등 직접적인 작업진행에 투입되는 일에 대한 시간의 개념이다.

3) 부수 작업시간

주 작업시간에 비해 부수적인 작업에 대한 시간으로서 공작물의 부착 및 제거, 기계조작, 가공중의 치수 측정, 또는 공구의 이송등과 같이 주체작업과 같은 사이클로 일어난다.

4) 용무 여유시간

작업 중에 나타나는 생리적인 요구에 의한 행위를 보상하기 위한 시간 즉, 음료, 용변 등과 같은 용무를 처리하는 데 필요한 시간 개념이다.

5) 피로 여유시간

회복을 위한 휴식, 회복을 위한 작업속도의 감축과 같이 작업에 의해 발생하는 신체적, 정신적 피로를 회복하기 위해 나타나는 휴식, 작업속도 감소 등에 의한 지연에 대한 시간을 말한다.

6) 작업 여유시간

작업 중 공구에 달라붙은 칩의 제거나 작업 중의 급한 연락, 협의 등과 같이 작업도중에 불규칙적이고도 우발적으로 발생하는 것으로 발생빈도가 일정하지 않기 때문에 정규작업에 포함시키기 곤란한 작업의 보상에 대한 시간 개념이다.

그림 15.1.4 금형 제작공정을 위한 회의

7) 직장 여유시간

조회, 종례, 체조, 근무시작과 종료 시 일반적으로 실시되는 정리, 정돈, 청소 등과 같이 관리목적에 의해 정해진 현장의 특유의 간접적인 작업에 대한 시간을 말한다.

8) 특수 여유시간

기계의 정도, 노후의 상태, 그리고 생산의 방법과 생산 특성 등에 따라 나타나는 작업의 지연 정도에 대한 시간으로서 이는 관리계수로 표현하여 적용할 수 있다. 관리계수는 특수 여유시간에서 다음과 같은 계수를 통해 결정된다.

① 기계 간섭계수

한 명의 작업자가 다수대의 기계를 운전할 경우에 있어, 어느 시점에 기계가 동시에 정지된다면 그 중 몇 대의 기계는 작업자를 기다리게 되어 많은 시간의 소요가 발생한다.

② 숙련계수

생산작업 과정에서 작업개시, 작업중간 및 작업 종료시점에 따라 일정 작업에 대한 숙련도가 달라진다.

③ 적은 로트 생산계수

많은 로트의 생산에 비해 작은 수량의 로트를 생산할 경우, 일정작업에 대하여 숙련도가 완전히 회복되기 전에 그 작업이 끝나는 경우, 표준시간보다 많은 시간이 소요된다.

④ 집단 작업계수

집단작업은 그 특성상 참여 전체 인원에 대한 작업부하의 완전한 균등화가 어렵기 때문에 일부 대기시간이 발생함으로써 전체작업시간은 표준시간보다 많은 시간이 소요될 수 있다.

15.1.7 준비시간

1) 준비시간의 구성

금형가공에 있어 부품을 준비하기 위한 시간 T_p는 다음 식 (15.1.5)와 같이 「사전준비」, 「시험가공」, 「마무리」 시간으로 구분된다.

$$T_p = T_a + (T_n - T_c) + T_f \tag{15.1.5}$$

여기서, T_a : 사전 준비시간, T_n : 시험 가공시간

T_c: 시험가공 이후의 1개 단위 작업시간

T_f: 마무리 시간

실제의 가공에는 마무리시간은 다음 이어질 단위 가공과의 관련성이 있기 때문에 다음 가공의 사전준비와 구별이 불명확하므로 다음과 같이 고려되는 것이 합리적이며 시간측정이나 작업시간의 기록에도 편리하다.

$$T_p = T_a + (T_n - T_c) + T_f' \tag{15.1.6}$$

여기서, T_f' : 전가공의 마무리시간

2) 준비시간의 여유

보다 세밀하게 분석한다면, 준비시간도 정미시간과 여유시간을 구분되어야 하지만 실제로 정미시간과 여유시간의 분리가 어려운 경우가 많다. 현장에서는 준비시간을 정미와 여유로 구분하지 않고 작업전 준비시간과 마무리 시간으로 구분하여 취급하는 경우가 많다.

3) 준비시간의 측정

준비시간을 측정하는 데 있어서 단위 작업마다 일정하지 못하고 오랜 시간이 걸리는 경우가 많기 때문에 시간연구법이나 PTS법 등의 방법으로 그 때마다 측정하여 시간을 구하는 것이 어렵다. 따라서 표준자료법에 따라 준비시간을 구하는 방법이 일반적으로 이용된다.

① 범용공작기계의 준비시간

기존의 범용공작기계의 준비시간은 표준자료법을 이용하고, 이것을 참고하여 각 회사의 실정에 맞는 준비시간을 정하는 것이 좋다.

② NC 공작기계의 준비시간

NC 공작기계의 경우도 범용공작기계의 준비시간 표준자료집을 이용할 수 있다.

단, NC 공작기계는 1로트 가공시간이 범용공작기계에 비해 매우 길기 때문에 다음의 가공품을 가공하기 위한 공구, 가공품 착탈을 위한 준비, 가공품의 준비, 공구의 프리셋, NC 프로그램, 수명이 다된 공구의 교환 등의 준비작업에는 영향이 그리 크지 않은 특징이 있다. 따라서, 준비시간의 설정에 있어, 이러한 요소들이 실가공시간 중에 행하여지고 있는가

그림 15.1.5 NC 작업 공정

의 유무를 고려하여 실태에 맞는 합리적이며 최소화 시간이 되도록 정할 필요가 있다.

4) 준비시간의 단축

가공시간을 단축하기 위해서 단위 가공과 다음 가공의 사이에 행하는 준비작업에 있어 기계가 정지하는 시간을 줄여야 한다. 다품종 소량가공에는 준비작업의 빈도가 높은데 가공시간을 단축하기 위해서는 준비시간 단축은 특히 중요한 사항이다. 준비작업을 단축하기 위해서, 기본적으로 다음 사항을 준비작업 단축을 위해 고려하고 있다.

- 다품종 소량가공의 경우라도 유사부품의 반복가공이 많을 경우, 유사정도에 따라 가공작업을 구분 및 분류하여 부품을 작업 준비하여 가능한 유사가공 위주로 작업을 할당한다.
- 기계의 운전중에 행할 수 있는 준비작업은 가능한 운전 중에 준비작업이 이루어지도록 한다.
- 기계를 정지하지 않고 할 수 없는 준비작업은 가능한 짧은 시간에 준비작업이 될 수 있도록 공구나 치구, 고정구를 사용한다.

15.1.8 주 작업시간(Main machining time)

주 작업시간은 금형부품 1로트를 금형가공하기 위하여 요구되는 시간으로, 주작업시간에 준비시간을 더하여 금형가공시간의 주체로 되는 실질시간이 된다. 즉, 주 작업시간은 금형

가공을 하기 위한 직접 필요한 정미시간으로서 작업 및 동작의 성질에 따라 주요 작업시간과 부수 작업시간으로 나누어진다.

1) 주요 작업시간의 개념

주어진 가공품의 형상, 재질 및 다듬질 정도에 대하여 최적인 가공조건으로 공작기계가 운전되어 절삭을 행한 경우에 필요한 정미시간이다. 주요 작업시간에는 자동이송시간과 수동이송시간이 있다.

주요 작업시간을 구하는 방법은 그 부품가공에 필요한 절삭부위와 그 순서에 따라서 결정된 총 절삭횟수로부터 총 절삭길이를 구하여, 이 값을 기계의 단위시간에 해당하는 이송길이로 나누어 구할 수 있다.

① 총 절삭횟수의 결정

총 절삭횟수는 가공품의 부착에서부터 소재의 표면상태, 형상의 난이 요구정도, 다듬질면의 거칠기, 공구의 종류와 크기, 형상과 재질, 공작기계의 강성과 마력, 치구 고정구의 강성 등을 고려하여 절입깊이를 부여하여, 그 이송을 몇 회 반복할 것인가를 계산하여 결정한다.

② 총 절삭길이의 결정

각 절삭부위에서 결정된 절삭회수에 각 절삭부위의 절삭길이를 곱하여 합계하면 총절삭길이가 된다. 절삭길이를 정할 때 공구가 공작물의 양단에서 진입에 필요한 길이와 과행길이(over run)를 반드시 고려하여 결정해야 한다.

③ 단위시간의 이송거리 결정

1회의 절입깊이 결정시의 제반조건에 대응한 상호간에 관계한 절삭속도와 이송량을 결정하여 여기부터 공작 기계의 절삭기구에 따른 알맞은 공식을 사용하여 단위시간의 이송거리를 계산한다.

이송량은 황삭 및 중삭에 대하여는 그 사상면의 거칠기 및 절삭저항에 따른 변형에 근거한 정도 불량의 영향이 다듬질 공정에 지장을 주지 않는 한 크게 잡는 것이 좋다.

2) 부수 작업시간의 개념

부수 작업시간은 금형가공을 행하기 위한 가공품을 ① 장·탈착하고, ② 공작 기계의 스위치 버튼, 핸들 등의 조작, ③ 치수측정 등 작업자가 수작업을 행하여 일하는 데 요구되는 정미시간이다.

말하자면 부수작업시간 중에 작업자가 행하는 수작업의 정미시간이 있기 때문에 NC 공작기계의 경우에는 가공품의 장·탈착시간 이외의 시간은 계산할 필요가 없다.

부수 작업시간을 구하는 데는 전술한 것과 같이 시간연구법이나 PTS법에 따라 실제작업을 관측하여 시간을 구하는 방법을 이용하지만, 단품가공이나 다품종소량가공과 같이 관측이 어려운 경우에는 시간표준자료를 이용하여 구한다.

부수 작업시간의 작업요소는 가공품의 장·탈착 작업, 기계조작 작업, 측정 및 기타 작업요소로 크게 나누어진다.

① 가공품의 장·탈착

완성품을 치구, 고정구에서 장·탈착하여 완성품 보관 장소에 운반하고 새로운 재료를 재료보관장소에서 취하여 운반하여 치구나 고정구에 장착하기까지의 작업을 포함한다.

② 기계조작 작업

범용공작기계는 스위치 버튼, 핸들 조작 등에 대한 작업요소를 고려해야 하지만, NC 공작기계에는 CRT 모니터상에서 대화형 프로그램을 작성할 때 소요되는 시간등이다. NC 프로그래밍에 따라 자동으로 수행되며 작업자의 행위가 배제되기 때문에 이 요소를 계산할 필요는 없다.

15.1.9 여유시간(allowance)과 여유율

여유율은 일반으로 용무여유율, 피로여유율, 작업여유율, 직장 여유율의 4항목으로 분류되고 있으며 주어진 작업환경, 공정조건 등에 따라 일반적으로 여유율을 다음과 같이 적용되고 있다.

1) 용무여유율(%)

용무여유는 인간으로서 생리적 심리적 요구에 따른 어쩔 수 없는 작업 지연을 말한다. 즉, 작업자가 작업의 도중에 용변, 땀을 닦는 일, 여름이라면 물을 먹는 등과 같은 생리적 요구에 따른 피할 수 없는 행동에 대한 여유로 인적여유라고 한다. 용무여유는 개인에 따라 크게 변화하고 또, 동일조건에도 남자보다 여자의 쪽이 많은 시간이 필요하다. 일반적으로 용무여유율은 남자 2~4 %, 여자 4~6 %(참고치) 정도가 사용되고 있다.

2) 피로여유율(%)

피로여유는 작업 수행에 수반되는 육체적 정신적 피로 회복에 요하는 시간 지연을 보정하는 것으로, 작업의 경중, 난이성, 단조로움의 정도, 작업환경 등에 따라 일어나는 정신적 육체적 피로를 회복하기 위해 피할 수 없는 행동에 대한 여유이다. 피로여유율은 1~5 %(참고치) 정도를 사용하고 있다.

3) 작업여유율(%)

작업여유는 작업 수행과정에서 발생하는 작업에 관련된 사항 즉, 작업 중 사고처리, 재료불량에 따른 시간 지연, 작업의 혼선에 따른 시간 지연 등 작업자가 작업을 수행하는 외에 불규칙적으로 발생하는 간접적으로 필요하고, 그 밖에도 피할 수 없는 행동에 대한 여유로, 일반적으로 작업여유율은 4~8 %(참고치) 정도가 사용되고 있다. 작업여유율은 작업조건이 변화한 경우에는 반드시 수정할 필요가 있다.

4) 직장여유율(%)

직장여유는 정전, 재료의 미착, 창문의 개폐 등 작업장 관리상 또는 공장 생활상의 원인에 기인된 시간 지연을 말하며, 작업장의 시설 및 관리방식의 정도에 따라 생기는 작업자의 행동에 대한 여유로, 관리여유라고도 말한다. 이것은 관리자의 책임에 귀속하는 것으로, 작업자가 책임을 지는 행동은 아니다. 일반적으로 작업여유율은 3~6 %(참고치) 정도가 사용되고 있다.

15.2 공구재료 및 절삭조건

공구재료는 금속의 절삭가공에 있어서 가공의 효율성에 영향을 끼치는 매우 중요한 변수가 된다. 이 공구재료에 많은 영향을 미치는 요소 중에 하나가 절삭온도이다. 그 이유는 절삭온도가 올라갈수록 공구의 날 끝 온도가 상승하게 되고 이로 인하여 공구가 빨리 마멸되고 공구의 수명이 짧아지게 된다. 또, 공작물의 열팽창은 가공치수의 변화를 가져와 가공품질을 떨어뜨린다. 절삭속도가 빠를수록 절삭온도는 높게 상승한다. 즉, 절삭 속도에 따라 발생하는 열이 달라진다. 절삭온도, 절삭속도, 공구재질은 절삭조건을 결정하는 서로 밀접한 관계를 지닌 변수이다.

고속절삭, 초고속절삭이 일반화되면서 절삭공구의 재질에 관하여 연구가 활발해지고 있다. 가공속도가 높아지면 짧은 시간에 많은 가공품을 만들 수 있고, 작업의 효율성은 증대된다. 그러나 다종류의 제품 가공공정에서는 제품의 재질마다 공구재질의 특성이 달라서 가공속도에 따라 적용되는 공구도 다르다. 이 경우, 경도와 취성의 정도에 따라 사용공구가 결정된다.

그림 15.2.1 절삭 작업

적절한 공구재료의 선택은 가공능률 향상을 위하여 매우 필요하다. 이를 위하여 공구재료의 특성에 대한 고찰이 필요하고, 그 특성을 각종의 가공조건에 맞게 응용해야 한다. 가공에 있어 마모기구의 기본성질은 주어진 환경에서 매우 다른 양상을 갖는다. 절삭가공에서 응착(adhesion), 마멸(abrasion), 확산(diffusion)마모를 세 가지 주요 마모형태로 구분한다. 절삭에 있어 칩과 공구재료 사이의 접촉부는 일종의 마찰기구로 형성된다. 이런 접촉들이 파괴될 때, 공구재료의 작은 파편들이 칩 아래 면이나 새로운 가공면 위에서 파열되면서 절삭가공이 진행된다.

15.2.1 공구재료의 기계적 특성

절삭조건의 개선을 위하여 대응하는 공구선택방법에 대한 연구가 중요하다. 적절한 공구재료를 선택하기 위해서, 가공 시 발생하는 마모상태가 무엇인가를 살피고, 이에 대처하기 위해서, 어느 특성을 가진 공구재료가 최적인가를 연구하여 선택하는 것이 기본적인 방안이다. 공구의 경도, 내용착성, 내산화성과 여러 종류의 마모 등 공구재료의 기계적 특성을 이해해야 한다.

마모의 종류는 도피면 마모(flank wear), 크레이터면 마모(crater wear), 치핑(chipping) 및 결손(breaking) 등이 있다. 마모(flank wear)는 전체의 절삭에 발생하며, 주로 공구의 도피면과 절삭재료의 접촉에 따르는 기계적 마모로서 초기마모가 진행되는 동안 절삭시간에 비례하여 진행되고, 어느 한도를 넘어서면 급격히 진행한다. 도피면 마모는 그 폭에 따라 공구수명을 판단한다. 크레이터면 마모(crater wear)는 절삭칩의 길이가 길게 생성되는 피삭재료의 경우에 발생한다. 고온 고압하에 절삭칩과의 찰과와 용착에 따르는 온도에 의존

하는 화학적, 물리학적 마모로서, 절삭시간에 비례하여 진행하는 초기마모이나 급격한 마모는 아니다. 날끝에서의 치핑은 불규칙적으로 날끝의 부분에서 발생하는 미소 구멍으로 주로 기계적 마모이다. 결손(breaking)은 충격부하나 열변화에 따르는 응력 등에 따라 발생하는 열적, 기계적 손상이다. 균열(crack)도 결손(breaking)과 동일한 원인에 따라 발생하는 열적, 기계적 손상이다. 이상의 특성 이외에 고경도 재료나 내열강 등의 절삭시에 많이 발생하는 소성변형이 있지만 이것은 날 끝에 집중적으로 발생한 고열 때문에 연화한 날끝이 떨어지거나 생기거나하는 열적 손상이다. 날끝 마모 형태에서 고려되는 공구재료의 기계적 주요 특성은 다음과 같다.

1) 경도

공구가 피삭재료를 절삭할 수 있는 것은 그의 경도가 피절삭재료의 경도보다도 높기 때문이며 공구와 피삭재료의 경도차는 절삭에 의하여 절삭능률이 나타난다. 절삭시의 발생열에 따라 날 끝의 연화현상을 일으키고 절삭능력을 떨어뜨리게 되는데, 고온경도가 높으면 능률적인 절삭이 가능해진다.

또, 플랭크 마모는 피삭재료 중의 국부적으로 경도가 높은 입자가 날 끝에 딸려 들어가 입자와 같은 운동을 하여 날끝을 닳게 하는 기계적 마모로 「화학적 마모」라고도 하며 내마모성은 공구재료의 경도에 비례한다.

2) 내 용착성

플랭크 마모는 강재 등과 같은 절삭가공에서 길이가 길게 생성되는 절삭칩이 공구 날끝면을 거치는 경우에 발생하는 용착마모이다. 용착마모는 고온고압하에 화학력장내에 근접한 절삭재료와 공구재료의 구성원자가 여러 가지의 재료의 친화성에 따라 상대쪽으로 확산하여 용착을 일으킨다. 이것은 절삭과정을 거치며 절삭칩에 의하여 분리하여 발생한다.

3) 내 산화성

공구재료의 성분원소가 1,000 °C 이상의 고온에 따라서 분위기와 화학반응을 하여 산화를 일으키며 공구재료의 취성, 강도를 변화시켜서 급속한 산화마모를 발생시키기 때문에 공구재료는 높은 내산화성이 요구된다.

4) 항절력

치핑(chipping), 브레이킹(breaking)의 현상은 절삭현상 자체가 충격적으로 되거나 공구

재료가 취약한 경우 발생한다. 또 치핑에 따라 발생하는 미분은 플랭크 마모를 촉진하는 원인이 된다. 따라서 공구재료는 적정의 인성이 없거나 중절삭이나 단속절삭 등의 가혹한 절삭에 견디지 않으면 안 된다.

5) 열전도율

공구 날끝의 손상은 절삭과정에서 발생하는 고온의 열이 그 원인이다. 그러므로, 날 끝에 발생하는 열이 축적되지 않도록 공구재료는 열전도율이 높을수록 좋다.

6) 마찰계수

마찰은 사용절삭속도와 이송에 대하여 밀접한 관계가 있고, 칩과 공구경사면에서 발생하므로 마찰계수는 작을수록 유리하다.

15.2.2 공구재료의 종류

절삭가공에 사용되는 공구재료 중 현재 주로 사용되고 있는 초경질합금, 서메트, 세라믹, CBN소결체, 피복초경합금, 다이아몬드 공구에 대하여 요약하고자 한다.

1) 초경 합금

초경합금은 표 15.2.1과 같이 WC-Co계, WC-TiC-TaC Co계, WC-TiC-Co계의 3종이 있다. 초경은 텅스텐(W), 티타늄(Ti), 탄탈(Ta)의 단단하고 고융점탄화물로 탄화텅스텐

표 15.2.1 초경합금공구 사용분류(JIS H 5501)

종류		경도	인장력(kgf/mm^2)	용도
S종	특호	92 이상	80 이상	강의 절삭용
	1호	91 이상	90 이상	
	2호	90 이상	100 이상	
	3호	89 이상	110 이상	
G종	1호	90 이상	120 이상	주철, 비철금속, 비금속재료의 절삭용, 내마모기구 기계부품
	2호	89 이상	130 이상	
	3호	89 이상	140 이상	
D종	1호	89 이상	120 이상	드로잉 공구, 내마모용 기계부품
	2호	88 이상	130 이상	
	3호	88 이상	140 이상	

(WC), 탄화티타늄(TiC), 탄화탄탈(TaC)의 세립(미세한 입자 : fine grains)과, 비교적 연하고 저융점인 결합제(Binder) 코발트(Co)의 미분말을 혼합하여 형에 주입하고 가압하여, 성형한 다음 온도를 올려 소결(sintering)한다. 이는 1,000 °C에서 코발트 분말을 예비소결하여 최종 형태를 만들고, 1,400 °C로 가열하여 본소결하여 완성한다. 공구에 사용되는 초경질 합금은 금속의 탄화물 분말을 소성해서 만들며 경도는 매우 높다. 텅스텐과 탄소가 코발트 속으로 확산하여 들어가 강한 고용체가 되며, 이로 인하여 탄화텅스텐의 입자가 결합되어 조직이 형성된다.

즉, 탄화텅스텐(WC), 티탄(Ti), 탄탈(Ta)은 초경질합금의 기본성분이다. 여기에 탄화물의 분말 Co 또는 Ni 분말과 혼합하여 프레스로 성형한 후 약 1,400 °C 이상의 높은 온도에서 소결한 것이다. Co는 WC 분말을 결합하는 역할을 한다. WC는 칩에 의하여 크레이터가 공구상면에 나타난다. 이 크레이터를 줄이기 위해 Ti 또는 Ta을 포함시키면 칩이 WC공구에 융착하는 것을 방지하며 공구의 열전달을 감소시키므로 칩에 의하여 열은 저감되고 공구는 저온을 유지한다.

초경질합금은 고온, 고속절삭에서도 높은 경도를 유지하므로 절삭공구재료로 뛰어나게 좋은 특징이 있다. 특히 탄화티탄계는 강재를 절삭하는 데 좋다. 다만, 진동이나 충격을 받으면 부서지기 쉬운 내충격에 약한 결점이 있다.

초경질합금은 공구팁, 삽입날 형식으로 사용하며 각 공구홀더에 연납 땜 또는 기계적 고정방식을 통해 고정한다. 팁모양은 삼각형, 사각형, 원형, 부등변 사각형 등이 있고, 한 끝이 마모 또는 그 밖의 이유로 사용할 수 없으면 돌려 붙여서 사용한다. 최근에는 WC공구의 표면에 탄화티탄(TiC), 질화티탄(TiN), 알루미늄(Al_2O_3) 등의 코팅을 입힌 코팅 카바이드 공구가 쓰이고 있다.

절삭공구용 초경합금의 재료 종류의 분류는 표 15.2.2와 같이 P종과 M종 및 K종이 규정되어 있다. K종은 WC－Co계 합금이며, 항장력은 크지만 강의 절삭에 대해서는 경사면(crater) 마모가 현저하여 사용되지 않는다. P종은 K종에다 TiC를 첨가시켜, WC－TiC－Co의 2원 탄화물합금으로서 내마모성을 개선시킨 것이다. 그 뒤에 WC－TiC－TaC－Co의 3원

그림 15.2.2 초경질합금 공구 – 한국야금(주)

표 15.2.2 초경합금의 세분화된 사용분류(JIS B 4053)

<table>
<tr><th colspan="3">용도</th><th>사용상 분류</th><th>재료별 분류</th></tr>
<tr><td rowspan="12">절삭공구용</td><td rowspan="8">강용</td><td>정밀다듬질용</td><td>P01</td><td>SF</td></tr>
<tr><td>고속용</td><td>P10</td><td>S1</td></tr>
<tr><td rowspan="2">중속용</td><td rowspan="2">P20</td><td></td></tr>
<tr><td>S2</td></tr>
<tr><td rowspan="2">중속용</td><td rowspan="2">P30</td><td></td></tr>
<tr><td>S3</td></tr>
<tr><td rowspan="2">저속용</td><td>P40</td><td rowspan="2"></td></tr>
<tr><td>P50</td></tr>
<tr><td rowspan="4">전반적</td><td>고속용</td><td>M10</td><td></td></tr>
<tr><td rowspan="2">중속용</td><td>M20</td><td></td></tr>
<tr><td>M30</td><td></td></tr>
<tr><td>저속용</td><td>M40</td><td></td></tr>
<tr><td></td><td colspan="2">정밀다듬용</td><td>K01</td><td></td></tr>
</table>

<table>
<tr><th colspan="2">용도</th><th>사용상 분류</th><th>재료별 분류</th></tr>
<tr><td rowspan="4">주물기타</td><td>고속용</td><td>K10</td><td>G1</td></tr>
<tr><td>중속용</td><td>K20</td><td>G2</td></tr>
<tr><td rowspan="2">저속용</td><td>K30</td><td>G3</td></tr>
<tr><td>K40</td><td></td></tr>
<tr><td rowspan="3">내마모용</td><td>내마모성
(충격이 작을 때)</td><td>V1</td><td>D1</td></tr>
<tr><td>내마모성
(충격이 중간일 때)</td><td>V2</td><td>D2</td></tr>
<tr><td>내마모성
(충격이 클 때)</td><td>V3</td><td>D3</td></tr>
<tr><td rowspan="3">내충격용</td><td>충격이 작을 때</td><td></td><td>G5</td></tr>
<tr><td>충격이 중간일 때</td><td></td><td>G6</td></tr>
<tr><td>충격이 클 때</td><td></td><td>G7
G8</td></tr>
</table>

탄소화물의 출현과 제품의 다양화에 따라서 사용분류(JIS B 4053)를 정했다.

이 규격은 절삭작업을 크게 3가지로 분류하여, 연속된 긴 칩이 나오는 절삭을 P, 짧은 칩이 나오는 절삭을 K, 그 중간의 상태, 공작물재료가 특수한 경우를 M으로 하고, 다시 연속 고속 경절삭, 비교적 저속의 중절삭, 저속단속의 가혹한 절삭의 순서로 10, 20, 30, 40으로 분류한 것이다.

2) 서메트(Cermet)

서메트(Cermet)는 세라믹(Ceramics)와 같이 단단하고 메탈(Metal)과 같이 강하다는 합성어로 탄화티타늄(TiC), 질화티타늄(TiN)을 주성분으로 니켈(Ni)과 결합한 공구재료이다. 개발된 초기의 주성분은 탄화티타늄(TiC)으로 인성이 낮기에 실용면에서 치핑이나 브레이킹을 일으키기 쉬워, 서메트의 용도는 고속 다듬질절삭에 한정하여 사용되었다.

그 후 경질상의 질화티타늄(TiN), 탄질화티타늄(TiCN), 탄화탄탈(TaC), 탄화텅스텐(WC)의 첨가나 결합상의 알루미늄(Al), 코발트(Co)등을 첨가하여 보다 강인화되었고 내열성도 향상되었다. 현재는 초경 P종, K종의 양 분야에 서메트의 응용이 확대되었다. TiC는 고온

그림 15.2.3 서메트 공구(한국 NKT세라믹(주))

에 있어 내용착성, 내마모성이 뛰어나기 때문에 강의 고속절삭조건에서 내크레이터 마모성이 높고, 또, TiN이나 TiCN은 열적 안정성이 높기 때문에, 주철의 고속절삭조건에서 내열적 마모성이 뛰어나기 때문에, 서메트는 강, 주철의 양쪽에 적용된다. 위에서 언급한 바와 같이, 서메트는 초경질합금에 비하여 다음과 같은 장점이 있다.

- 내용착성이 높으므로 연강 등 크레이터 마모가 심한 절삭에 사용된다.
- 구성인선 발생이 어려워 양호한 다듬질면이 얻어지므로 강, 주철의 다듬질 절삭에 적용된다.
- 초경질합금보다도 고속절삭이 가능하고, 동일 절삭영역에서 공구수명은 수 배 연장되는 효과가 있으나 열충격으로 인한 크랙(crack) 발생이 쉬운 내열 합금, 고경도재료 등 난삭재료의 절삭이나, 높은 이송, 깊은 절삭, 단속절삭 등, 치핑이 발생하기 쉬운 주철의 흑피 절삭과 황삭 등의 적용에는 무리가 있다.

3) 세라믹(ceramics)

세라믹은 산화 알루미늄분말에 순도 99.9 % 이상 Si 및 Mg의 산화물 또는 다른 산화물의 첨가물을 넣고 소결한 것으로서 흰색, 분홍색, 회색, 검은색 등이 있다. 산화 알루미늄은 용융점이 1,960 °C이며 1,100 °C 이상에서도 높은 경도를 유지한다. 세라믹 자체가 산화물이므로 더 이상 산화되지 않으며 고온에서도 경도가 높고 내마멸성이 좋으며 초경질합금보다 더욱 높은 속도로 절삭할 수 있으나 취약한 것이 결점이다. 다듬질 가공에 많이 사용되지만 중절삭에는 그리 적합하지 않다.

고온상태에서 화학적으로 매우 안정적이므로 철계 금속과의 친화성이 작고 주철의 고속절삭에 적당하다.

그러나 최근 탄화 티타늄(TiC)을 첨가하여 인성을 향상시킨 Al_2O_3−TiC계 세라믹의 경우, 주철의 다듬질절삭에 있어 초경의 2~4배의 절삭속도를 유지하면서 양질의 다듬질면을

그림 15.2.4 질화규소계 세라믹 공구(한국 NKT세라믹(주))

얻을 수 있다. 그러나, 초경질합금에 비하여 굽힘강도가 약하기 때문에 단속절삭이나 중절삭에는 적당하지 않다.

질화규소(Si_3N_4)를 주성분으로 한 재료의 경우, 항절력은 세라믹중 가장 높고, 주철의 고속이송, 흑피단속절삭이 가능하다. 세라믹의 특성을 요약하면 다음과 같다.

- 세라믹공구는 삽입형으로 쓰이며, 산화 알루미늄의 압축 소결된 작은 결정이고, 연삭하지 않고 사용하는 것이 보통이다.
- 취약하므로 견고히 공구홀더에 고정하고 떨림이 없어야 한다.
- 고속도 및 연속절삭에 적합하다.
- 절삭날의 마모가 적고 구성인선이 감소하므로 정밀가공에는 적합하나, 다만 절삭 깊이를 깊게 하지 못하는 약점이 있다.

4) CBN 소결체(CBN : Cubic Boron Nitride, 육방정 질화붕소)

CBN의 미소분말을 초고온, 고압으로 소결한 공구로서 최근에 많이 사용하고 있는 공구소재이다. CBN은 초경질합금이나 세라믹보다도 고경도, 고열전도율, 낮은 열팽창률의 장점을 갖고 있으며 다이아몬드 공구와는 달리 공기중에서 안정된 물질로 철과의 반응성이 작으므로 절삭가공시 고온으로 되는 철계금속의 절삭에는 이상적이다.

CBN 공구의 출현으로 각종 난삭재료, 고속도강, 퀜칭강, 내열강 등의 절삭작업을 해결할 수 있게 되었다. 또한 연삭숫돌의 재료로서 탄화실리콘계, 산화알루미늄계 보다 장점이 많이 가지고 있어 각종 난삭재 연삭가공에 많이 활용되고 있다. CBN 소결체는, 미국의 GE사가 BZN에 대한 개발을 하여, 붕소(B)와 질소(N)의 화합물의 결정으로 입방정형질화 붕소를 세라믹이나 코발트를 결합재로 고온 고압하에서 압축한 공구재료이다. 초경이나 세메트, 세라믹에 비교하여 현저히 경도가 높고, 다이아몬드 다음으로 경도가 높다. 또, 열전도

그림 15.2.5 CBN 공구(한국 NKT세라믹(주))

율이 높기 때문에 높은 공구재료로 뛰어난 특성을 가지고 있다.

CBN 함유량이 많은 것은 85~95 %(Hv4,000~4,300) 정도, 적은 것은 40~60 %(Hv2,700~3,000) 정도이다. CBN 공구는, 고경도의 것은 철계 소결합금, 칠드주철 등의 절삭에, 또 경도가 낮은 것은, 침탄소입강이나 소입강 등의 연삭가공을 절삭가공으로 전환하는 경우 등에 사용되고 있지만, 한층 개선이 요구되며, 즉 금후에 기대되는 공구라고 말할 수 있다.

5) 피복 초경합금(coated sintered carbide)

피복초경합금은 초경합금의 모재에 탄화티타늄(TiC), 질화티타늄(TiN), 탄질화티타늄(TiCN), 산화알루미늄(Al_2O_3) 등의 고경질재료를 조합하여 5~10μm의 두께로 다층 코팅하여 인성을 유지하면서 내마모성을 향상시킨 것이다. 주로 스로어웨이 팁에 사용되며 코팅팁이라고도 말하며, 초경질합금에 비교하여 동일가공 조건하에는 수 배의 공구수명을 보인다. 코팅의 모재에는 범용성이 높은 초경이 사용되고 있지만 최근에는 점점 인성이 높은 전용 모재를 사용하는 편이다. 코팅층의 최상층의 재료는 여러 가지 특성을 잘 살려서 용도에 따른 선별 사용되며, 산화알루미늄계는 고온상태에서 화학적 안정성, 내산화성과 내용착성이 높기 때문에 주로 주철·강의 연속절삭에 사용된다. 또 TiC-TiCN계는 내마모성과 인성이 높기 때문에 주로 주철, 강의 단속절삭에 많이 사용되고 있다. 이와 같이 피복초경합금은 주철과 강에 사용되고 또 황삭가공과 다듬질 가공에도 공용할 수 있는 이점이 있다.

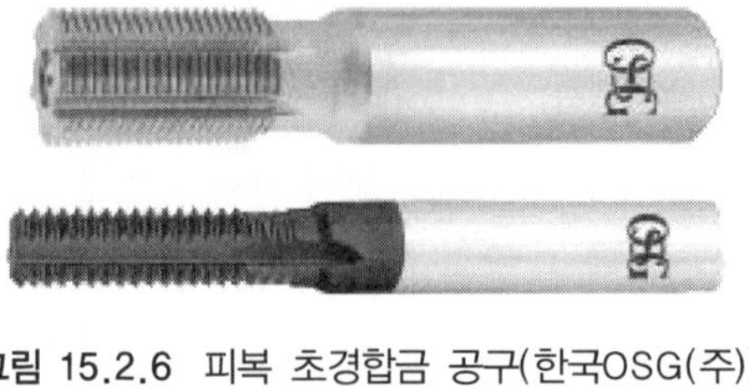

그림 15.2.6 피복 초경합금 공구(한국OSG(주))

절삭가공에 있어서 절삭속도나 이송량이 증가하면 공구 날 끝에 많은 열이 발생하기 때문에 기계적인 마모는 물론이고 피삭재의 응착분리가 열에 의한 산화로 손상이 심해진다. 피복되어 있지 않는 초경질합금 공구는 고온으로 되면 모 재중의 WC나 Co가 강의 침속으로 확산, 제거되어 마모가 진행되며 마모량이 많아지면 절삭저항이 크게 되고 온도가 상승하여 소성변형을 일으킨다. 그러나 코팅 초경공구는 피막에 내열성이 있고 열전도율이 작으며 피삭재와 반응하기 어려운 특성으로 인하여 날 끝 온도는 900 °C 전후로 유지된다.

이와 같이 피복초경공구의 절삭성능은 열이 발생하는 절삭조건, 즉 고속절삭이나 빠른 이송의 절삭조건에서 유리하다.

피복초경합금은 코팅층이 사용중에 박리되지 않고 긴 공구수명의 유지가 중요하므로 접착강도가 강하고 내박리성이 큰 CVD법(화학기상증착법)에 의하여 제조된 것이 많지만 고온상태의 절삭조건에서는 날끝의 표면정도가 저하된다.

알루미늄 합금, 동합금 등과 같이 전연성이 큰 절삭용 피복초경합금 공구는 처리온도가 500 °C 이하로 열영향이 적은 PVD법(물리기상증착법)에 따라 피복처리한 것이 적당하다. 현재 절삭공구용으로서 공업적으로 사용되고 있는 초경합금상에 피복하는 방법에는 CVD, PVD법 등이 있다.

6) 다결정질 다이아몬드 공구(polycrystalline diamond tool : PCD tool)

다이아몬드 공구는 절삭가공하기에 곤란한 연성재료의 고정도 표면 다듬질과 같은 특수한 목적에 때때로 사용된다. 다이아몬드는 금속에 대한 용착성이 적으므로 절삭 시 마찰계수가 적으며, 구성인성도 발생되기 어렵다. 따라서 양호한 다듬질면을 얻을 수 있다. 그러나 값이 고가이며 결손의 위험이 높고 연마가 어려운 결점이 있다.

다이아몬드 공구는 고속 정밀 선삭, 정밀 보링 등에 사용되고 있다. 이러한 종류의 작업은 안정된 경절삭이며 충격이 적고, 또한 양호한 다듬질면이 요구된다. 또 고속절삭에 있어서도 경절삭이며, 다이아몬드의 열전도율이 높으므로 이외로 절삭온도는 높아지지 않는다. 절삭공구용 다이아몬드는 단결정의 천연석이나 다결정질의 인조 다이아몬드이다. 다이아몬

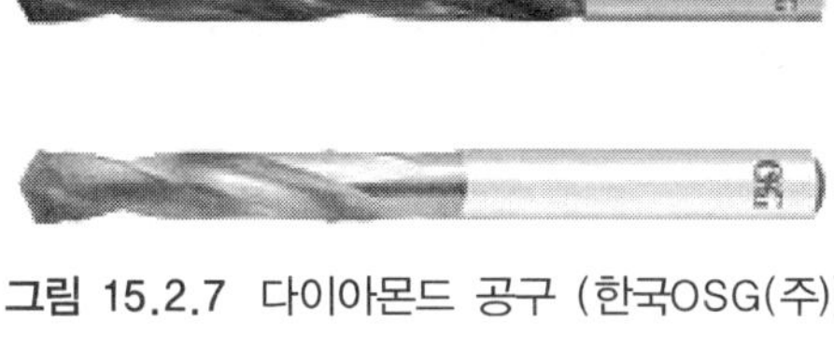

그림 15.2.7 다이아몬드 공구 (한국OSG(주))

표 15.2.3 다이아몬드 바이트의 선삭 절삭속도 및 이송

가공물재질	절삭속도 V(mm/min)	이송속도 S(mm)
Alumininum	210~1,500	0.05~0.1
Alumininum alloys	210~1,800	0.05~0.4
Bronze	100~1,000	0.05~0.4
Rubber	100~500	0.1~0.6
Tungsten carbide	100~600	0.05~0.2
Ceramics	100~900	0.05~0.2
Plastics	100~800	0.05~0.4
Copper	100~1,000	0.05~0.5
Magnesium alloys	200~1,000	0.05~0.4
Brass	100~1,500	0.05~0.4
Gun metal	100~800	0.05~0.5
Zinc	100~800	0.05~0.5

드의 일반적인 성질은 다음과 같다.

- 현존하는 공구재료에서 가장 경도가 크다.
- 열팽창이 적다.
- 열전도율이 크다.
- 금속에 대한 마찰계수가 작다.

다결정질(poly crystalline)은 여러 가지 결정립을 갖는 조건에서 결정립과 결정립이 그 경계에 있는 입계와 서로 접한 응집상태를 가르키는 것으로 특정원자배열의 방향을 갖는 다수의 결정립 집합체인 것을 말한다. 일반적으로 사용되고 있는 세라믹스나 금속재료는 다결정질이다.

다이아몬드는 지하 깊숙한 곳에서 고온고압의 조건에서 생성된다. 이러한 고온고압을 인위적으로 설치한 고압고온 발생장치를 이용하여 다이아몬드를 합성시켜 왔으나 플라즈마 분위기를 이용하여 저온에서도 CVD를 이용하여 다이아몬드를 합성하는 방법도 있다.

CVD를 이용한 합성 다이아몬드는 낮은 압력에 수소와 메탄가스를 적절한 열원에 반응시켜 다이아몬드를 박막형태로 합성시킨 방법으로 다이아몬드가 지닌 높은 경도와 열전도 특성으로 반도체 부품이나 공구 표면에 합성 다이아몬드를 사용하였다.

다이아몬드의 기상합성방법에는 메탄, 아세틸렌, 일산화탄소, 메틸알콜, 에틸알콜, 아세톤 등의 탄소원자를 함유하고 있는 화합물을 수소로 희석한 혼합가스가 사용된다. 이 혼합가

스를 열 혹은 전자로 분해 여과함에 따라 여러 활성 가스가 생성되어 플라즈마 상태를 이루고, 700～1,000 ℃로 온도 조절 된 기판 위에 증착됨으로써 다이아몬드를 형성할 수가 있다. 다결정질 다이아문드의 제조방법에는 열필라멘트법, 마이크로파 플라즈마법, 고주파 플라즈마법, EACVD법 등이 있다.

15.2.3 적정한 절삭속도

절삭능률을 올리기 위해서 절삭속도를 높여야 하지만, 공구수명을 고려한다면 무한정 절삭속도의 상승은 무리가 있다. 또, 공구수명을 일정하게 한 경우, 절삭속도는 공구의 날끝 각도, 가공품의 성질, 경도 및 절입량, 이송량 등의 기타 절삭조건에 따라 영향을 받는다. 핸드북에 나타나 있는 공구수명은 특정한 대상물의 사용을 기준하여 표시하고 있기 때문에 그대로 절삭조건으로 선택하는 데는 부족함이 있고, 또, NC 공작기계 메이커나 NC 장치 메이커에서 제공한 절삭조건을 그대로 프로그래밍하여 사용할 경우, 때에 따라 적지 않은 오류를 일으키는 예가 있다.

즉, 임의의 가공조건에 따라서 적정한 절삭속도를 구하기 위해서는, 절삭속도와 이것에 영향을 주는 제요소와의 관계를 명확하게 하여 적절히 수정하여 적용하여야 한다. 절삭속도에 영향을 주는 요소로는 공구재료, 절삭재료의 절삭성, 절삭재료의 표면상태, 절삭유재, 절삭재료의 경도, 공구의 종류, 인선 노우즈 반경, 횡절인각, 횡도피각, 절입량, 이송량, 공구수명 등이 고려되어야 한다.

1) 공구재료와 절삭속도

절삭동력과 발생열은 일반적으로 절삭속도에 비례한다. 발생열은 전단형(sear type) 절삭칩 전단에 따라, 또, 유동형(flow type)절삭칩이 생기는 고속도의 절삭에는 절삭칩과 절삭공구 날면과의 마찰에 따라 발생하고, 여기에 90 % 이상이 전단면 및 공구날면에 열로 되며, 남은 10 %가 피절삭 재료 내에서 발생된다.

따라서, 고속절삭열에는 급속한 인선의 연화현상을 일으켜 절삭능력을 상실한다. 게다가 절삭속도의 범위는 공구재료의 적열경도(red hardness)에 따라 정해진다.

2) 공구수명과 절삭속도

피삭재료가 단위시간당 절삭을 통과하는 선속도를 절삭속도라고 말하고, 이것이 빠를수록 단위시간 당에 절삭되어지는 절삭칩의 양이 많아지고, 절삭능률은 좋게 되지만, 절삭속도의 증가와 함께 공구수명은 감소되기 때문에 절삭속도는 공구수명과 관련하여 결정한다.

가공물을 결정된 절입량과 이송량으로 절삭하는 경우, 절삭속도와 공구수명과의 관계는 일반적으로 다음의 식으로 표시된다.

$$VT^n = C \tag{15.2.1}$$

여기서, V : 절삭속도(m/min), T : 공구수명(min)

n : 대수그래프상에 이 식을 플롯한 때의 $V-T$곡선의 기울기로서 n의 값이 작을수록 $V-T$곡선의 기울기가 작고 공구재료에 관하여 적정하게 된다.

C : 1분간의 공구수명과 일치하는 절삭속도로, C의 값이 클수록 빠른 절삭속도의 가공이 가능하다.

$V-T$곡선은 이론적으로 구한 것은 아니고, 실험적으로 구한 것으로 T 및 V의 합리적인 값을 구하려면 $V-T$곡선을 플롯해야 한다. 가공로트수가 양산 형태에는, $V-T$곡선을 구하기 위하여는 각 경우에 따른 절삭시험이 요구된다. 기존자료에 따라 적용하는 예가 일반적이며 아래에 n값에 대한 참고치를 나타낸다.

ASME에는, 고속도강에 의한 강의 절삭에 대해 $n = 0.125$

초경합금에 의한 강의 절삭에 대해 $n = 0.250$

3) 구성인선의 영향

불안정한 구성인선으로 인하여 칩의 아래 면과 새로운 가공면에 부착된 심하게 변형경화된 파편이 공구면에서 과도한 마찰기구를 형성하여 마모율을 증가시킬 수 있다. 그러나 주철과 같은 매우 경한 재료를 절삭할 때는 안정된 구성인선의 존재가 공구면의 마모를 방지하고 절삭작업을 수행하기도 한다.

초경 인서트 공구를 사용할 때 절삭 중에 공구면의 용착된 구성인선의 한 부분이 파열되면서 공구재료의 파편과 함께 떨어져 나간다. 또한 구성인선은 절삭작업이 끝나서 공구가 냉각될 때 공구수명에 해가 될 수 있다. 강이 초경공구 재료보다 선팽창 계수가 두 배 크기 때문에, 냉각 시 구성인선의 부착된 부분이 초경보다 더 많이 수축하게 되어 인서트에서 균열이 발생할 수 있다.

4) 공구각의 영향

경사각을 증가시키면 절삭조건이 향상되기 때문에 공구소명이 더 길어진다고 예상할 수 있다. 그러나 경사각이 커지면 절삭날이 기계적으로 약해져서 높은 마모율과 짧은 공구수명을 초래하므로 다른 절삭조건이 일정하다면 최대 공구수명을 얻을 수 있는 표 15.2.4와 같은 최적 경사각을 참고해야 한다. 여기서 고속도강으로 고강도강을 절삭할 때 최적 경사각은 대략 14°이다. 공작물과 공구재료에 대하여 최적 경사각은 대체로 일정하다고 알려져 있고, 실제로 아래 표에 주어진 값들이 사용된다.

예를 들면, 초경커터로 밀링작업을 할 때 커터의 각 회전마다 발생하는 충격하중이 인서트를 파괴시킬 수 있으므로 더 큰 강도를 얻기 위해서 음의 경사각이 사용된다.

플랭크 마모랜드 폭이 보통 절삭공구의 수명을 결정하는 중요한 요소라고 알려져 있다. 그러나 여유면의 마모율을 결정하는 응력, 온도, 속도의 물리적 조건들이 마모랜드를 따라 일정하며, 꽤 작은 마로랜드에 대하여 이와 같은 물리적 조건들이 마모랜드 폭의 변화에 크게 영향을 받지 않는다고 한다. 이러한 두 가지 이유 때문에 절삭방향에 수직한 방향으로 공구재료의 마모율은 일정하며, 수직 여유각과 무관함을 예상할 수 있다. 반면에 플랭크 마모랜드 폭이 증가하는 속도는 여유각에 의존한다.

표 15.2.4 공구 경사각

공 작 물	고속도강(°)	초경(°)
주철, 주물용 황동	0	0.0
황동, 청동	8	3.5
연한 황동, 고장력강	14	3.5
연강	27	3.5
경합금	40	13.0

5) 절삭속도와 이송속도의 영향

절삭에서 속도나 이송속도의 증가는 공구면 온도의 증가를 초래한다. 저속가공에서 공구면 온도의 상승은 칩-공구 사이면의 마찰을 감소시켜 구성인선의 발생을 방지하며 고속가공에서 공구면 온도의 상승은 크레이터 마모율을 증가시키는 경향이 있다.

Chapter 16

절삭가공 종류별 가공시간의 계산

이번 장에서는 절삭가공 종류별 가공시간을 계산하는 법을 나열하였다. 절삭가공의 종류는 와이어 커팅 가공, 연삭가공, 범용선반 및 NC선반 가공, 범용밀링 및 NC밀링가공, 범용 드릴 및 NC드릴링 가공 등으로 구분하였다. 또한 가공의 종류에 따라 차이가 있지만 가공시간을 구성하는 로트(lot) 당 가공시간, 준비/세팅시간 및 정미 가공시간 등을 구분하여 설명하였다. 여기서 로트(lot) 당 가공시간(machining time per lot)은 1개의 부품에 작업할 곳이 여러 개 있을 때 이 한 개의 부품을 가공한 시간을 의미한다. 준비/세팅시간(preparatory and setting time)은 도면의 판독이나 공구준비 혹은 기계보정에 요하는 시간이며 정미 가공시간(net machining time)은 실질적으로 가공에만 소요된 시간을 말한다.

16.1 와이어 커팅 가공(Wire cutting)

16.1.1 와이어 커팅의 로트당 가공시간

와이어 커팅머신에서 가공 시 로트 당 가공시간 T_L 산출 공식은 아래와 같다. 여기서, 로트란 1개의 부품에 와이어 커팅 작업할 곳이 여러 곳이 있을 때, 이 1개를 1로트라 정의한다.

$$T_L = (T_{rs+Q}(T_h + T_w + T_m))(1+\alpha) \tag{16.1.1}$$

여기서, T_{rs} : 준비 및 세팅시간(min), Q : 가공개수(개), T_h : 정미가공시간(min)

T_w : 와이어 결선시간(min), T_m : 측정시간(min), α : 여유율(%)

1) 준비 및 세팅시간(T_{rs})

준비 및 세팅시간의 일례를 표 16.1.1에 보인다. 일반적으로 공작물의 부피가 클수록 시간이 많이 소요되므로 공작물의 면적이나 부피별로 시간을 구분하는 것이 좋다.

표 16.1.1 와이어 커팅 가공의 준비 및 세팅시간

항목	공작물의 면적(가로 × 세로)별 가공시간		
	~200 mm × 300 mm 이하	~300 mm × 600 mm 이하	~300 mm × 600 mm 이상
도면판독 가공물 세팅 작업표 기입 가공품 정리 기계조작	19분	24분	34분

2) 와이어 결선시간(T_w)

1개의 가공물에 가공 부위가 한 곳 이상이고, 연속작업이 안될 경우는 한 곳에서의 가공이 끝난 후 와이어를 결선하는 시간이 필요하다. 이때 1개소당 와이어 결선시간은 평균 3분으로 계산한다. 단, 자동결선장치를 사용하는 경우는 1회 결선으로 완료된다.

3) 정미가공시간(T_h)

정미가공시간은 순수하게 가공에만 소요된 시간을 말하는 것으로 가공물의 재질, 두께 및 사용 와이어에 따라 가공속도를 결정하고, 와이어가 지나가는 가공 궤적의 길이를 계산한 뒤 가공속도로 나눈 것이 정미가공시간이다. 일반적으로 정미가공시간은 주어진 공작기계에 따른 작업능력을 고려하여 결정된다.

16.2 원통 및 내경 연삭 가공

16.2.1 연삭의 로트당 가공시간(T_L)

연삭가공 시 로트당 가공시간 T_L의 산출 공식은 아래와 같다. 여기서 로트란 동일하거나 유사한 형상이고, 가공을 위한 준비작업 내용 및 지그가 같은 부품의 집단으로 정의한다.

$$T_L = (T_r + Q(T_s + T_h + T_m))(1 + \alpha) \tag{16.2.1}$$

여기서, T_r : 준비 시간(min), T_s : 세팅시간(min), Q : 가공개수(개),
T_h : 정미가공시간(min), T_m : 측정시간(min), α : 여유율(%)

1) 준비 및 세팅시간(T_r, T_s)

준비시간 T_r은 도면판독, 기계청소, 공구 및 고정구 탈착, 작업표 기입, 연삭 숫돌(grinding wheel) 드레싱(dressing) 및 가공품 정리에 소요되는 시간을 의미하며, 일반적으로 15~17분 정도 고려하고 있다. 세팅시간 T_s은 표 16.2.1과 같이 공작물의 무게에 따라 그 시간을 달리하고 있다.

표 16.2.1 원통 및 내경 연삭가공의 세팅시간

공작물세팅항목	공작물의 중량별 가공시간(min)		
	~2 kg	~5 kg	~10 kg
공작물 착탈 공작물 조정 기계조작 다이얼게이지 조작 중심내기	6 (5.4)	7 (6.6)	8 (7.5)

□ 원통으로써 고정구가 콜렛척, 나사지그, 조임지그 및 센터물로써, 방진구를 사용하지 않는 것은 중심내기 시간이 포함되지 않으며 ( )안의 시간을 적용한다.

2) 정미가공시간(T_h)

표 16.2.2 외경가공 시간표의 예

D \ L	10	20	30	40	50	60	70	85	100	115	130	145	160	180	200	225
10	4	4.8	7.1	6.7	8.4	10	10.7	12.9	15.0							
15	4.5	5.4	8.1	6.7	8.4	10	10.7	12.9	15.0	17	19.2	21.4	23.6			
20	3.2	4	5.9	6.7	8.4	10	10.5	12.9	15.0	16.5	18.6	20.6	22.9	27.1	30.1	33.8
25				6.5	8.2	9.8	10.5	12.9	15.0	16.5	18.5	20.6	22.8	26.3	29.2	32.8
30				5.4	6.7	8.1	9.4	12.5	13.2	16.5	18.5	20.6	22.8	26	28.9	32.6
35				4.7	5.9	7.1	9.2	11.8	13.9	15.3	17.3	19.3	21.2	24.7	27.4	30.9
40				4.7	5.2	6.2	9.7	11.8	13.9	16.4	18.6	20.7	22.8	25.1	28	31.5
45				3.8	4.8	5.7	9.7	11.8	14.7	16.4	18.6	20.7	22.8	25.1	28	31.5
50				4.2	5.2	6.3	9.7	11.8	14.7	16.7	18.6	21.1	23.3	25.3	28.1	31.7

주: 내경연마가공시간은 위 표의 1.5배로 한다.

3) 측정시간(T_m)

측정시간은 버니어 캘리퍼스 혹은 마이크로미터 등의 측정기로 측정한 시간을 의미한다.

표 16.2.3 원통 및 내경 연삭가공의 측정시간

측정기	측정시간(min)	측정기	측정시간(min)
눈금자	0.15	한계게이지	0.18
버니어 캘리퍼스	0.23	캘리퍼스	0.46
마이크로미터	0.25	직각자	0.53
다이얼게이지	0.63	정반	0.31
높이게이지	0.71		

16.3 선반 가공시간

16.3.1 범용선반에서의 로트당 가공시간

선반작업의 로트당 가공시간 T_L의 산출공식은 다음과 같다. 여기서 로트란 형상과 크기가 유사한 부품의 군을 말한다.

$$T_L = (T_r + Q(T_s + T_h + T_m))(1+\alpha) \quad (16.3.1)$$

1) 공작물 세팅시간(T_s)

공작물 세팅시간은 센터작업, 척 작업, 면판작업 등에 소요되는 세팅시간을 포함하고 있으며 표 16.3.1에 사용되는 일례를 보인다.

2) 준비시간(T_r)

준비시간 T_r은 표 16.3.2와 같이 도면판독, 공구 및 가공품 정리, 고정구 탈착, 작업표 기입에 소요되는 시간을 의미한다.

표 16.3.1 선삭가공의 공작물 세팅시간 (단위 : min)

작업내용 \ 중량(kg)		2.5 이하	2.5~5.0	5.0~10	10~25	25~50	50 이상
센터 작업	돌리개 사용	0.7	1.6	2.0	2.4	3.5	11.1
	공작물지지구 사용	0.2	0.3	0.4	–	–	–
스크롤 척 사용		0.7	0.9	1.1	1.3	2.2	5.6
4 조오척 사용		–	1.2	1.3	1.4	–	–
면판 작업		1.1	1.3	1.7	2.1	3.0	8.0
팽창지그		0.4	–	–	–	–	–
콜렛 척		0.5	0.6	–	–	–	–

표 16.3.2 선삭가공의 준비시간 (단위 : min)

요소	소형선반	대형선반
1. 도면 판독		
− 작업자 판독	3	3
− 직반장 문의후 판독	8	9
2. 바이트, 측정구(1개당)	$2 \times n$	$2 \times n$
3. 재료 및 가공품의 정리(1단품당)	$1 \times n$	$1 \times n$
4. 고정구의 탈착		
− 3번척	1	3
− 4번척	1	10
− 면판	15	24
− 방진구	17	21
− 척 + 고정지그	16	21
− 면판 + 고정구	20	26
− 공구대 회전(각도작업)	8	10
− 심압대 편심	15	20
− 돌리개 편심	11	18
− 센터 작업	8	10
− 멘드렐 작업	7	10
− 클램핑 척	7	10
5. 작업표 기입 및 정리	5	5

3) 측정시간(T_m)

표 16.3.3 선반가공의 측정시간

측정기	측정시간(min)	측정기	측정시간(min)
눈금자	0.16	한계게이지	0.17
버니어 캘리퍼스	0.22	캘리퍼스	0.46
마이크로미터	0.25	직각자	0.54
다이얼게이지	0.64	정반	0.31
높이게이지	0.71		

□ 위 측정시간은 1회 측정시간임

4) 정미가공시간(T_h)

각 절삭 부위에 따라 1회당 정미가공시간 T_h(min)와 가공부위의 자동이송 길이 L(mm)은 다음의 식으로 나타낸다.

$$T_h = \frac{L}{nf} = \frac{\pi d L}{1000 f v} \tag{16.3.2}$$

$$L = l + a_1 + a_2 \tag{16.3.3}$$

여기서, d : 가공부위의 직경(mm), L : 가공부위의 자동이송 길이(mm)

l : 가공부위의 길이(mm)

a_1 : 가공부위 단부의 향진거리(approach distance)(mm)

a_2 : 가공부위 단부의 과행거리(over-run distance)(mm)

n : 가공품의 회전수(mm/rev), v : 절삭속도(m/min), f : 이송량(mm/rev)

따라서, 가공하는 곳이 m 군데이고 여러 가지를 n 회 절삭할 때의 총 정미가공시간 T_h (min)는

$$T_h = \sum_{i=1}^{i=m} \sum_{j=1}^{j=n} \frac{\pi d_{ij} L_{ij}}{1000 f_{ij} v_{ij}} \tag{16.3.4}$$

16.3.2 NC 선반에서 나사의 절삭시간 t(min)

$$t = \frac{2(l + \delta_1 + \delta_2)}{n \times p} \tag{16.3.5}$$

여기서, l : 유효나사의 길이(mm), n : 주축회전수(rpm),

p : 나사의 피치(mm), n : 절입 회수

δ_1 : 나사가공 시작 시 불완전한 거리(mm)

δ_2 : 나사가공 종료 시 불완전한 거리(mm)

나사 시작 시 및 종료 시의 불완전한 길이 δ_1, δ_2라고 하면

$$\delta_1 = 3.6 \times \frac{l \times N}{1800} \qquad \delta_2 = \frac{l \times N}{1800} \tag{16.3.6}$$

NC 선반에서는 기계원점에서 좌표계의 설정을 행하고, 다음에 인덱스점에 공구를 이동하여 빠른 이송으로 가공품에 접근하여 가공을 행하고, 다시 인덱스점에 빠른 이송으로 되

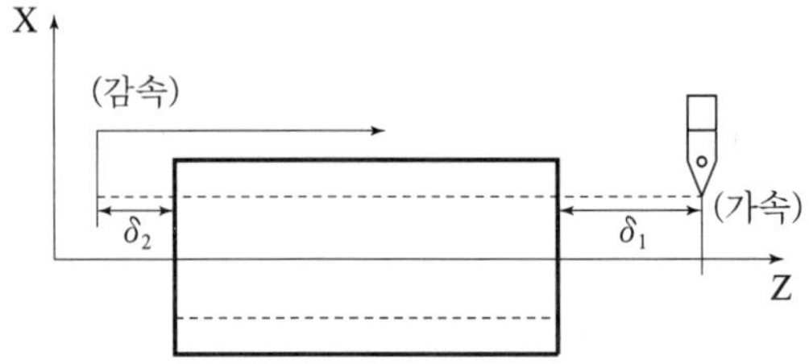

그림 16.3.1 불완전 나사부의 길이

돌아가서 다음의 공구를 호출하고, 순차가공을 행하여 전 공정을 종료 후, 인덱스점에서 기계원점에 복귀하여 가공이 완료된다.

따라서, NC 선반에는, 절삭시간(cutting time)과 에어커팅 시간(air-cutting time), 공구의 인덱스시간, 인덱스 점에서 가공부위 단부까지의 이동시간이 더해져서 가공의 총 정미가공시간 T_h (mm)는

$$T_h = \sum_{i=1}^{i=m}\sum_{j=1}^{j=n}\frac{\pi d_{ij} L_{IJ}}{1000 f_{ij} v_{ij}} + \sum_{i=1}^{i=m}\sum_{j=1}^{j=n}\frac{L_{ij}}{r} + C\left(k + \frac{m}{r}\right) \qquad (16.3.7)$$

여기서, r : 빠른 이송속도(mm/min), C : 공구의 개수(인덱스 회수)

m : 공구의 인덱스 점에서의 이동거리(mm), k : 인덱스 시간(min/회)

16.4 밀링 가공시간

16.4.1 작업조건 계산식

밀링 커터의 날 수가 Z, 밀링 커터의 직경이 D일 때, 커터의 회전수(rpm) N과 테이블 이송속도(m/min) S는 다음 식 (16.4.1), (16.4.2)와 같다.

$$N = \frac{1000 \cdot V}{\pi \cdot D} \qquad (16.4.1)$$

$$S = z \cdot S' \cdot N \qquad (16.4.2)$$

여기서, D : 밀링 커터의 직경(mm), z : 밀링 커터의 날수

S' : 커터 1날당 이송량(mm/날), V : 절삭속도(m/min)

16.4.1 로트당 가공시간(T_L)

밀링의 로트당 가공시간 T_L은 다음의 식과 같다. 여기서, 로트란 동일하거나 유사한 형상의 부품이고, 가공을 위한 준비작업 내용 및 지그가 동일한 부품의 집단을 의미한다.

$$T_L = (T_r + Q(T_s + T_h + T_m))(1+\alpha) \tag{16.4.3}$$

여기서, T_r : 준비시간(min), Q : 가공부품수(개), T_h : 정미가공시간(min),
T_s : 세팅시간(min), T_m : 측정시간(min), α : 여유율(%)

16.4.2 준비 및 세팅시간(T_r, T_s)

준비시간은 표 16.4.1과 같이 도면판독, 공구준비 및 기계조정에 요하는 시간이며, 세팅시간은 표 16.4.2와 같이 바이스 사용, 지그, 고정구 사용, 테이블에 공작물 체결, 분할대 사용 등에 요하는 시간이다.

표 16.4.1 밀링가공의 준비시간

준비작업항목	시간(min)	비고
도면판독	3	공구1세트 준비시간임
공구준비	6.5	
기계조정	4	

표 16.4.2 밀링가공의 세팅시간

세팅방법		고정	이완	계
바이스 사용	황삭용 소재	5	1	6
	정삭용 소재	2	1	3
지그, 고정구 사용	한손으로 고정	3	1	4
	양손으로 고정	7	3	10
	크레인 사용	15	7	22
테이블에 직접 체결	한손으로 고정	4	2	6
	양손으로 고정	10	5	15
	크레인 사용	18	10	28
분할대 사용	척 사용	2	1	3
	양 센터 사용	4	2	6

16.4.3 측정시간(T_m)

표 16.4.3 밀링가공의 측정시간

측정기	측정시간(min)	측정기	측정시간(min)
눈금자	0.16	한계게이지	0.17
버니어 캘리퍼스	0.22	캘리퍼스	0.44
마이크로미터	0.25	직각자	0.52
다이얼게이지	0.65	정반	0.31
높이게이지	0.69		

16.4.4 정미 가공시간(net machining time)(T_h)

1) 평면 밀링 절삭의 경우

$$T_h = \frac{L}{S} = \frac{l + a_1 + a_2}{S' z N} \tag{16.4.4}$$

$$N = 1000\,V/\pi D \tag{16.4.5}$$

2) 정면 밀링절삭의 경우

$$T_h = \frac{L + D}{S} = \frac{l + a_1 + a_2 + D}{S' z N} \tag{16.4.6}$$

여기서, D : 밀링 커터의 직경, z : 밀링 커터의 날수, S : 이송속도(m/min),
S' : 커터 1날당 이송량(mm/날), V : 절삭속도(m/min),
N : 커터의 회전수(rpm), l : 가공절삭면의 길이(mm)
a_1 : 가공품 단부의 향진거리(approach distance)(mm)
a_2 : 가공품 단부의 과행거리 (over-run distance)(mm)

3) NC밀링의 정미가공시간

기계원점에서 급속이송 속도로 가공개시위치로 밀링커터 인선의 위치를 결정하는 시간을 t_1(mm), 절삭종료 후에 가공개시위치까지 밀링커터가 급속이송으로 돌아오는 시간을 t_2로 계산한 것이 1공정(1회의 절삭량)에 대한 정미가공시간이다.

l_1 : 밀링커터위치 결정 이동거리(mm)

S_1 : 급속이송속도(mm/min)

라고 하면

$$t_1 = \frac{l_1}{S_1} \tag{16.4.7}$$

$$t_2 = (L + D)/S_1 \tag{16.4.8}$$

16.5 드릴 가공시간

드릴에 의하여 구멍 가공할 경우의 로트당 가공시간 T_L의 산출공식은 다음과 같다. 여기서, 로트란 1개의 부품에 구멍 가공 부위가 여러 개소 있을 때, 그 1개의 부품을 1로트라 정의한다.

$$T_L = (T_r + (Q \times T_h) + T_s)(1 + \alpha) \tag{16.5.1}$$

여기서, T_r : 준비시간(min), Q : 가공 구멍수(개)

T_h : 정미가공시간(min), T_s : 세팅시간(min), α : 여유율(%)

16.5.1 준비 및 세팅시간(T_r, T_s)

준비시간은 도면판독, 공구준비, 공구교환 및 기계보정에 요하는 시간이며, 세팅시간은 지그, 고정구 사용, 테이블에 공작물 체결에 요하는 시간이다. 준비시간과 세팅시간의 적용례는 표 16.5.1, 16.5.2와 같다.

표 16.5.1 드릴가공의 준비시간

준비작업항목	시간(min)	비고
도면판독	3	
공구준비	5	개당 공구 교환 시간임
공구교환	0.8	절삭속도 보정
기계조정	0.5	

표 16.5.2 드릴가공의 세팅시간

내용	고정(min)	이완(min)	합계(min)
테이블에 직접 고정	2.5	2	4.5
지그 고정구 사용	2.1	1	2.2

16.5.2 범용 드릴머신의 정미가공시간(T_h)

1) 얕은 구멍가공 ($l/d < 4$)의 경우,

$$T_h = \frac{L}{nS} = \frac{\pi dL}{1000\,vS} \tag{16.5.2}$$

$$L = l + a_1 + a_2 + a_3 \tag{16.5.3}$$

여기서, T_h : 정미가공시간(min), d : 드릴직경(mm), n : 드릴 회전수(rpm)

v : 절삭속도(m/min), S : 이송량(mm/rev),

L : 절삭 이송 길이(mm), l : 구멍깊이(mm)

a_1 : 구멍 면에서의 향진거리(approach distance)(mm)

a_2 : 관통후의 과행거리(over-run distance)(mm)

a_3 : 드릴 선단부의 길이(length of point)(mm)

a_1 및 a_2(막힌 구멍의 경우는 0)는 드릴직경 d, 가공면의 상태(흑피의 유무 등)에 따라 차이는 있지만 2~3 mm 정도, a_3는 $0.3d$(혹은 선단각이 α일 때 $a_3 = \frac{d}{2} \times \tan\alpha$)로 한다.

2) 깊은 구멍 가공($l/d > 4$)의 경우,

깊은 구멍의 경우는 절삭칩의 절단 배출을 위한 단계이송(step feed)에 따른 반복절삭 방법을 행할 때가 많다. 이 경우의 정미 가공시간 t(min)는 다음 식과 같다.

$$t = t_1 + t_2 + t_3 \tag{16.5.4}$$

$$t_1 = \frac{L}{S} + \frac{a}{s} + \frac{a}{S} = \frac{L+a}{S} + \frac{a}{s} \tag{16.5.5}$$

$$t_2 = \frac{(n-2)a}{2} + \frac{(n-2)\{(3a-2b)+(n-3)(a-b)\}}{S} \tag{16.5.6}$$

$$t_3 = \frac{l-(n-1)(a-b)}{S} + \frac{(l+L)+(n-1)(a-b)}{S} \tag{16.5.7}$$

$$n = \frac{l-a}{a-b} \tag{16.5.8}$$

여기서, L : 급속이송 길이(mm), l : 절삭이송 길이(mm)

S : 급속이송, 급속귀한 속도(mm/min), s : 절삭이송속도(mm/min)

a : 1회의 절삭 이송 길이(min), b : 급속이송 안전간격(mm), n : 스텝횟수

t_1 : 기동에서 제1회 스텝 종료까지의 시간(min)

t_2 : 제2회의 스텝에서 최종스텝 남은 시간(min)

t_3 : 최종 스텝과 원점복귀까지의 시간(min)

16.5.3 NC 드릴머신의 정미가공시간(T_h)

1) 얕은 구멍가공($l/d < 4$)의 경우,

NC 드릴머신의 경우는 원점에서 드릴이 급속이송 속도를 절삭개시 위치까지 접근하여, 절삭이송속도로 구멍을 지나고 급속 귀환속도로 원점에 복귀하기까지의 시간이 1구멍 당의 정미가공시간 t(min)이므로

$$t = \frac{a}{s} + \frac{2L+a}{S} \tag{16.5.9}$$

2) 깊은 구멍가공($l/d > 4$)의 경우,

1구멍 당의 정미가공시간은 앞의 16.5.2의 2)에 준한다. 즉, 절삭칩 절단을 위한 스텝마다에 드웰(dwell) 시간이 있지만, 미소시간이기 때문에 생략하는 것이 좋다.

3) 복수구멍가공

동일 구멍이 여러 개 있는 경우는, 드릴이 1개의 구멍 절삭 종료후, 절삭개시 위치까지 급속이송속도로 돌아가고, 그 위치에서 다음의 가공구멍까지 이동하여 위치를 결정하고 구멍가공을 한다. 이하 순차이송하여 복수 개의 구멍 가공을 행하고 원점에 복귀하기까지의 시간이 정미가공시간 t(min)이다.

따라서, 구멍 n개의 경우는

$$t = \frac{na}{s} + \frac{2L + na}{S} \tag{16.5.10}$$

16.6 탭 가공시간

2.6.1 범용 태핑머시인의 정미 가공시간(t)

$$t = \frac{2L}{Pn} = \frac{2(l + a_1 + a_2 + a_3)}{Pn} \tag{16.6.1}$$

여기서, t : 정미 가공시간(주축역전의 귀환 포함)(min)

n : 태핑속도 (주축회전수)(rpm), P : 나사산의 피치(mm)

L : 총 이송길이(mm), l : 유효나사의 길이(mm)

a_1 : 탭 면에서의 향진거리(approach distance)(mm)

a_2 : 태핑후의 과행거리(over run distance)(mm)

a_3 : 탭 절삭부의 길이(mm)

a_1은 탭의 종류에 따라 다르지만 5~10 mm 정도, a_2는 막힌 구멍의 경우 0, a_3는 $P \times$ 2.5산($P \times$날부의 산 수)로 한다. 따라서, 막힌 구멍 가공의 경우에는 낮은 부분에 절삭부의 산 수의 불완전 산이 남는다.

16.6.2 NC 태핑머신의 정미가공시간

NC 태핑머신의 경우는, 원점에서 탭은 급속이송속도 S(mm/min)로 절삭개시 위치 L_p(mm)까지 접근하고, 태핑속도 P_n(mm/min)으로 태핑을 행하는 동안, 주축은 역전하여 태핑속도 P_n로 원점까지 복귀하기까지의 시간이 1날 당의 정미가공시간으로 식 (16.6.2)와 같다.

$$t = \frac{2L}{Pn} + \frac{2L_p}{S} = 2\left(\frac{L}{Pn} + \frac{L_p}{S}\right) \tag{16.6.2}$$

16.7 머시닝센터 가공시간

MC(Machining Center)에는 수평형과 수직형이 있으며 여러 개의 공구가 장착되어 있는 tool magazine, 자동공구교환장치인 ATC(Automatic Tool Changer)와 팔렛자동교환장치 APC(Automatic Pallet Changer)가 부착되어 있다.

MC 가공시간 T는, n 공정(가공의 종류)의 정미가공시간 T_h(min)와 ATC시간 t_2(min), 수평형 MC에는 인덱스 시간 t_3(min)의 합하여 다음의 식으로 나타낸다.

$$T = \sum_{i=1}^{i=n} T_h + t_2 + t_3 \tag{16.7.1}$$

16.7.1 정미가공시간(T_h)

통상 MC에서 행하는 가공의 종류와 가공순서는, 정면 밀링가공 중간구멍가공, 엔드밀가공, 센터구멍가공, 드릴가공, 리머가공, 탭가공이 있다. 이것의 정미가공시간 T_h(min)은 전용 NC 공작기계의 계산식을 가공조건에 준하여 계산하고 이것을 합계하면 좋다.

16.7.2 자동공구교환(ATC) 시간(t_2)

NC에 대하여 고유의 기계 동작시간이 있으며, 기계에 따라 다르기 때문에 1회당의 ATC 시간을 측정하여 표준시간으로 정하여 다음 식과 같이 정하면 된다.

$$t_2 = 1\text{회당 ATC시간} \times \text{사용공구 수} \tag{16.7.2}$$

16.7.3 인덱스 시간(t_3)

기계의 1회당 인덱스 시간을 측정하여 표준시간으로 정하여 둘 필요가 있다.

$$t_3 = 1\text{ 회당 인덱스 시간} \times \text{인덱스 횟수} \tag{16.7.3}$$

NC 가공시간은, 가공품에 대한 가공순서, 가공방법, 공구의 선정, 절삭조건의 선정 등 프로그래밍 단계에 결정되기 때문에 이것을 최적화할 필요가 있지만, 계산식에서 알 수 있듯이, 공구교환 횟수와 테이블 인덱스 횟수 및 각 공정과 각 공정 시간의 공구이동 거리를 최소로 하는 공정을 설정하는 것이 중요하다.

Chapter

17 프레스 금형의 견적산출 시스템

17.1 시스템 설계 개요

17.1.1 시스템 설계 개요

상품의 다기능화로 프레스 금형은 구조가 복잡해지고 많은 부품들의 조합으로 구성되므로, 금형제작 기간의 예측이 어렵게 되고, 금형비 산출에 많은 시간이 소비되며 경험 만에 의존한 견적작성은 거래처의 신제품 개발에 대한 신속한 대응을 어렵게 하고 있다.

또한, 금형가공 시 다양한 부품들의 일률적인 제작 진척도 관리가 어려워 완성단계에서 일부 부품이 누락되거나 지연되어, 전체가 대기되는 공정관리의 모순과 이에 따른 기계 부하관리의 부실로 가동률이 떨어져 채산성이 맞지 않게 되고 이로 인하여, 초기견적 제출 시와는 달리 금형 완성후, 결국 적자로 전락해 버리는 경우가 많이 발생한다.

이러한 문제점을 해결하기 위해, 설계도면을 일정한 규정에 의하여 작성하고, 이를 프로그램으로 도면성분의 속성을 자동 해석한 다음, 업체별 표준시간이 등록된 데이터베이스와 연결시켜, 예상 작업시간과 재료비를 자동산출하여 일정한 견적서 사양에 맞게 출력시키고 데이터를 영구 보존하여 경영평가의 계획/실적 분석과 향후 주문이나 수주시 유사품 견적 산출에 참조로 활용하기 위한 것이 프레스 금형의 견적산출 시스템 개발이다.

시스템으로 계산된 결과를 계획실동공수로 간주하여 현장작업자 및 외주처 지정, 작업시간, 기계별 운전시간, 재료 구매시간 등 상세 일정계획을 수립하고 도면상에 바코드를 첨부하여 부품과 조립체가 완성될 때까지 단위부품별 거래선별 작업순서, 가공일자, 작업자, 가공기계, 실제 작업시간을 일괄 관리하는 것이 금형가공 진척관리 시스템이다.

기계의 가동상태와 능력공수대비 여유부하율을 자동관리하여 가동 및 효율성을 최고화할 수 있는 실시간 정보제공, 금형의 사양 및 완성 시 샘플 성적이 기간별 거래선별 자동 관리될 수 있도록 금형의 설계공정 이후부터 출고, 초기 양산작업까지를 실시간으로 데이터베이스에 의한 종합 생산관리 시스템의 개발이 요구된다.

시스템 개발은 공정처리의 정밀도 향상과 성력화적인 면도 있으나 현재 대기업과 중소기업 전체가 함께 겪고 있는 숙련자 즉, 사람에 의한 견적 및 공정관리로 인한 인력유출시 경영에 상당한 차질을 빚게 되는 데 있어서의 문제해결에 유용한 방안으로 판단된다.

17.1.2 시스템 구축 준비

프레스 금형 견적산출 시스템이 갖추어야 할 요건은 금형가공 공정 전반에 대한 공정요소와 순서, 이를 뒷받침하는 4M과 관련된 데이터베이스의 충실한 정도, 관련 데이터와의 호환 및 연계성, 사용의 편리성 등으로 요약된다. 시스템 구축을 위해 고려할 내용 또는 준비되어야 할 사항을 정리하면 다음과 같다.

- 모든 가공종류와 다양한 재질의 부품으로 구성된 프레스 금형도면을 준비한다. 일부 도면에 대해서는 DXF 형식 데이터의 도형정보를 준비한다.
- 작업종류별 상세 가공방법별 도면 정보의 해당사항을 개발시스템 메뉴상 지정하여 결과 값을 찾아보고 실제현상과 비교해 본다.

이와 더불어 종합적으로 평가할 항목은

- 재료비산출시 재료의 종류나 시중 표준소재 규격정보 내용과 데이터 량
- 재료비 산출 시 가공여유분
- FANUC 등 콘트롤러용 NC 데이터를 준비하여 시스템의 해독처리 상태와 작업소요시간
- 재료비와 가공비
- 견적서 양식의 종류와 형식, 프린트 상태
- 시중공구의 정보 내용이나 데이터량, 자사보유 자재 및 공구의 재고관리 수준
- 전체 GUI 및 데이터베이스 정보관리 체계나 사용자 편이성

17.1.3 프레스 금형의 견적산출 시스템의 종류

프레스 금형 견적산출 시스템은 초기 견적산출 시스템과 상세 견적산출 시스템으로 분류할 수 있다.

1) 초기 견적산출 시스템

금형가공 이전 단계에서 제품도 또는 제품의 모형을 기준으로 하여 금형가공에 소요되는 시간과 금액을 산출하는 시스템을 말한다. 이를 위해서 공정 난이도, 형상 난이도를 적용하여 사용할 기계, 공정의 구성을 고려하여 단위 공정에 대한 주작업시간과 준비시간을 계산하고 이를 전체 공정의 합으로 결과치를 표현하게 된다. 견적결과는 구성된 금형요소에 대한 재료비, 단위공정에 대한 가공시간과 금액, 관리비, 이윤을 산출하게 된다.

금형가공 이전단계에서는 제작하고자 하는 금형에 대한 견적을 신속하게 산출할 필요가 있다. 이는 금형 수주를 위한 작업이므로 가능한 빠른 시간에 정확한 결과가 요구되지만 상세하고 구체적인 금형의 구조와 전체의 부품에 대한 형상과 정밀도가 결정되지 않은 상태에서 수행되기 때문에 정확도에 있어 신뢰가 떨어지는 단점이 있다.

2) 상세 견적산출 시스템

금형설계가 완료되고 구체적인 금형구조, 금형의 각 부품에 대한 형상과 정밀도가 결정된 단계에서 도면의 정보를 기초로 제작될 금형에 대한 견적을 산출할 수 있으므로 초기 견적산출보다 정확한 산출이 가능하다. 상세 견적산출의 결과는 금형제작 과정에서 공정관리를 위한 기본 데이터로 사용하게 된다. 또한, 금형제작후 실적관리를 위한 시스템으로 사용할 수 있는 이점이 있다. 초기 견적산출 시스템에 비해 정보가 보다 충실하고 상세하다는 특징이 있다.

17.2 프레스 금형의 견적산출 시스템 구성

17.2.1 시스템 체계

이 시스템은 그림 17.2.1과 같이 입력(input), 처리(process), 출력 부분(output)의 3부분으로 구성된다.

입력부분(input)은 제품 관련 정보, 제품 크기, 제품 재질 및 다이셋(die set)의 재질, 다이셋의 형태 등이 포함된다. **처리부분**(process)은 크게 재료비와 가공비 모듈로 구성되어 있으며, 재료비 모듈은 다이 셋(die set)의 무게, 펀치와 다이의 크기 결정, 다이셋 데이터베이스, 피딩 시스템(feeding system) 등 부가장치를 포함한다. 가공비 모듈은 일반가공과 특수가공으로 대별되며, 일반가공의 경우 CAD, 프로그램, NC 가공, 밀링가공, 선반가공, 연삭가공, 레이디얼 머신, 건드릴, 와이어 방전 가공, 열처리, 조립 및 시험 관련 가공 공정 등이 여기에 속하며, 특수가공이란 사상(polishing), 조각, 코어 가공, 부수적으로 특별히 요구되는 사항을 포함하고 있다.

출력부분(output)은 이윤, 관리비, 가공등급을 고려한 최종 금형견적가를 출력하는 부분이다.

프레스 금형은 크기, 구성에 따라 차이는 있지만 일반적으로 수백 가지의 부품이 조립되

<table>
<tr><th>INPUT</th><th colspan="3">PROCESS</th><th>OUTPUT</th></tr>
<tr><td rowspan="4">PRODUCT DESCRIPTIONS

PRODUCT SIZE

MATERIALS FOR PRODUCT AND DIE SET

DIE SET TYPE (STANDARD/ SPECIAL)</td><td>MATERIAL COST</td><td colspan="2">MACHINING COST</td><td rowspan="2">PROFITS

MANAGEMENT COST

GRADE CONSIDERATIONS

MACHINING COST, ST. COST AND MACHINING TIME FOR EACH PRECESS</td></tr>
<tr><td rowspan="2">WEIGHT OF DIE SET

DECISION OF SIZE FOR PUNCHES AND DIES

DIE SET

FEEDING SYSTEM ETC.</td><td>GENERAL</td><td>CAD, PROGRAM, NC MACHINING, MILLING, LATHE, GRINDING, RADIAL M/C, GUN DRILLING, WIRE EDM, HEAT TREATMENT, ASSEMBLING, TEXTURE, PLATING, TESTING</td></tr>
<tr><td>SPECIAL</td><td>POLISHING(PLAIN, SLOPE, BOTTOM), CARVING(KOREAN, EN GLISH, CHINESE CHARACTERS), CORES, TEXTURES, EDM</td><td>ESTIMATE REPORT FORM

SAVE TO DATABASE</td></tr>
</table>

그림 17.2.1 견적산출 시스템 체계의 일례

어 완성된다. 부품은 표준 부품, 가공 부품으로 나눌 수 있고, 가공부품의 경우는 재료준비, 절단에서부터 주어진 공정순서에 따라 순차적으로 가공되어 사상의 작업을 끝으로 단위 부품가공을 완성하게 된다. 표준 부품은 데이터베이스에 구축된 표준 부품의 정보를 받아 산출하면 되지만, 가공 부품의 경우는 가공순서에 따라 사용되는 가공기계, 공구, 가공순서 등에 대한 전반적인 정보가 필요하다. 가공 관련 순서를 시스템화하기 위해서 우선 가공공정을 정리하고 코드화할 필요가 있다.

17.2.2 시스템의 Flow chart

그림 17.2.2는 재료, 공구, 가공단가 등에 대한 data base와 계산법칙의 rule base를 토대

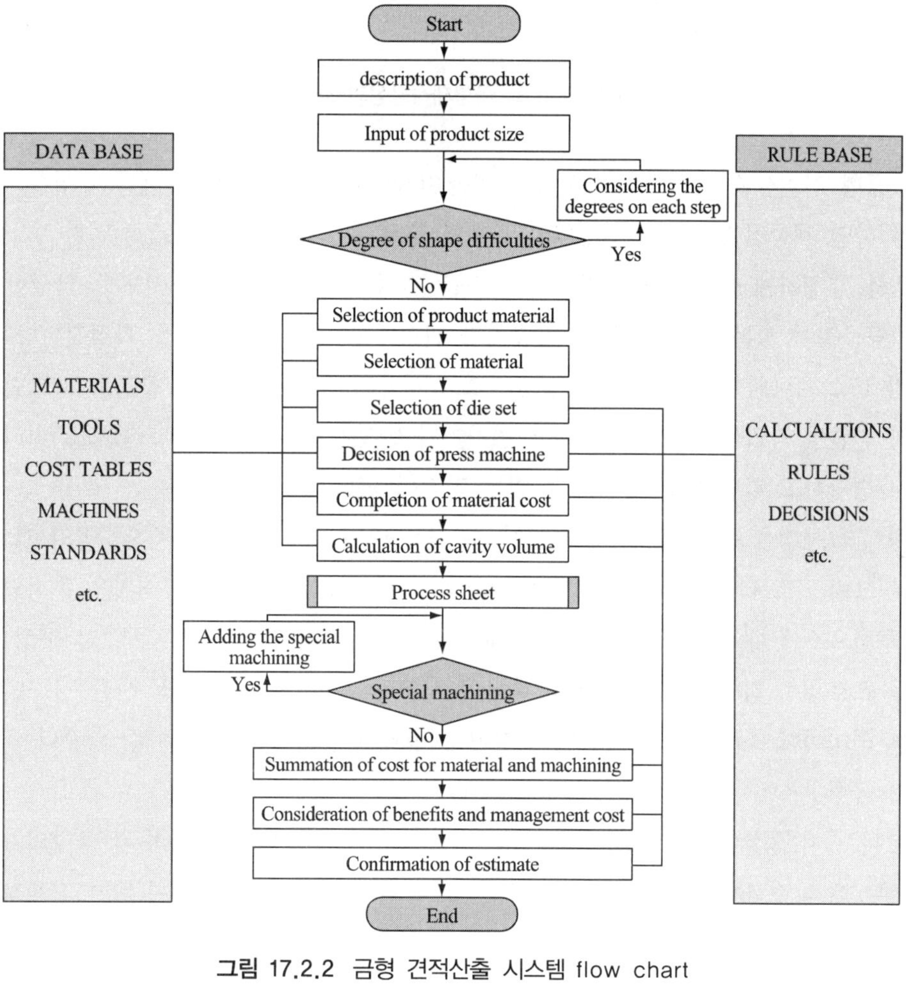

그림 17.2.2 금형 견적산출 시스템 flow chart

Process No.	Process	Process No.	Process
001	NC core machining	014	Polishing
002	NC pocket machining	015	Assembling
003	Milling	016	Coating
004	Tuming 1	017	Cost of plate
005	Tuming 2	018	Cost of rod
006	Grinding 1	019	Try out
007	Drilling	020	Tuming 3
008	Tapping	021	Heat treatment 2
009	Boring	022	Grinding 2
010	NC driling	023	Carving
011	Wire EDM	024	Grinding 3
012	Shape EDM	025	Grinding 4
013	Heat treatment 1		

그림 17.2.3 금형제작공정의 코드화

로 한 금형 견적산출 시스템을 구축하기 위한 flow chart의 일례이다. 제품의 형상과 치수를 입력하면 제품의 난이도가 결정되고 소재의 재료 및 다이셋의 종류를 선정한 뒤 사용할 프레스를 결정하게 되면 재료비와 캐비티수를 결정하게 된다. 공정순서도를 작성한 뒤에 특수가공공정이 있는지를 살펴보고 가공비와 관리비를 추가하여 견적을 확정짓는다.

그림 17.2.3은 금형제작공정에서 일반적으로 사용되고 있는 25개의 공정을 코드화한 일례로서 일련의 작업을 공정 순서대로 나열하거나 반복가공의 경우 프로그램으로 처리를 함으로서 명확하고 간단하게 처리할 수 있는 장점이 있다.

금형제작 공정을 좀더 정밀하게 표현할 수 있는 방법으로 앞의 금형제작공정의 코드화를 토대로 그림 17.2.4와 같은 프로세스 시트(process sheet) 개념이 있다. 이것은 구성되는 금형의 구성요소에 대한 정보, 예를 들면, 재질, 수량, 열처리 유무, 공정순서, 각 구성요소의 크기등 프로세스 전반에 대한 내용을 하나의 시트로 표현하여 금형견적 산출 시스템에 활용하는 의미이다. 이 경우, 정형화된 금형에는 정확한 산출결과를 얻을 수 있으나, 다양한 프레스 금형구조에는 덜 효율적인 시스템이다.

프로세스 시트 상에는 금형요소에 대한 부품명, 재질, 수량이 표시되며 각 금형의 요소를 가공하는 데에 수반되는 공정순서, 공정특성, 부품의 크기 및 가공부위에 대한 전체적인 정보를 나타내고 있다.

PSNo	PartName	PartMat	Qty	Process
1	UPPER HOLDER	SM45C	1	003C01,0C01,0C01,0D001-010D26,0C01,0C01,0D067-002C0,20C0,20C01,0D001-007D40,0C01,0D36,0D066-008D16,0C01,0D30,0D027-009D22,0C01,0D35,0D022-006C01,0C01,0C01,0D001-
2	LOWER HOLDER	SM45C	1	003C01,0C01,0C01,0D001-010D20,0C01,0C01,0D062-002C0,10C0,10C01,0D001-007D28,0C01,0D38,0D028-008D16,0C01,0D26,0D030-009D25,0C01,0D55,0D016-006C01,0C01,0C01,0D001-
3	UPPER PLATE	SM45C	1	003C01,0C01,0C01,0D001-010D16,0C01,0D25,0D022-002C0,40C0,40C01,0D001-007D20,0C01,0D20,0D018-008D20,0C01,0D35,0D004-009D12,0C01,0D15,0D002-006C01,0C01,0C01,0D001-
4	LOWER PLATE	SM45C	1	003C01,0C01,0C01,0D001-010D15,0C01,0D33,0D018-002C0,50C0,50C0,80D001-008D18,0C01,0D35,0D016-006C01,0C01,0C01,0D001-
5	GUIDE PLATE	SM45C	1	003C01,0C01,0C01,0D001-010D09,0C01,0D22,0D008-002C0,20C0,20C0,30D001-007D14,0C01,0D20,0D006-008D12,0C01,0D25,0D002-009D08,0C01,0D20,0D002-013C01,0C01,0C0,90D001-006C01,0C01,0C01,0D001-
6	CUTT'G PUNCH	STD11	1	003C01,0C01,0C01,0D001-010D15,0C01,0D23,0D006-008D11,0C01,0D25,0D004-013C01,0C01,0C0,90D001-006C01,0C01,0C01,0D001-
7	BASE PLATE	SM45C	1	003C01,0C01,0C01,0D001-010D14,0C01,0C01,0D008-002C0,40C0,40C0,80D001-007D20,0C01,0D09,0D002-013C01,0C01,0C0,70D001-006C01,0C01,0C01,0D001-
8	BACK PLATE	SM45C	1	003C01,0C01,0C01,0D001-010D13,0C01,0C01,0D008-002C0,10C0,10C0,30D001-007D20,0C01,0D20,0D006-009D12,0C01,0C01,0D002-013C01,0C01,0C0,80D001-006C01,0C01,0C01,0D001-
9	SCRAP CUTTER	STD11	1	003C01,0C01,0C01,0D001-010D12,0C01,0C01,0D005-002C0,40C0,40C01,0D001-008D12,0C01,0D25,0D002-013C01,0C01,0C0,80D001-006C01,0C01,0C01,0D001-
10	GUIDE PLATE	SM45C	1	003C01,0C01,0C01,0D001-010D09,0C01,0C01,0D002-002C0,40C0,40C01,0D001-007D15,0C01,0D10,0D002-013C01,0C01,0C0,70D001-006C01,0C01,0C01,0D001-
11	BACK'G PLATE-ALL	SM45C	1	003C01,0C01,0C01,0D001-010D18,0C01,0C01,0D047-008D12,0C01,0C01,0D002-013C01,0C01,0C0,90D001-006C01,0C01,0C01,0D001-
12	PUNCH HOLDER-ALL	SM45C	1	003C01,0C01,0C01,0D001-010D15,0C01,0C01,0D044-002C0,40C0,40C01,0D001-007D20,0C01,0D13,0D014-008D12,0C01,0C01,0D002-006C01,0C01,0C01,0D001-011D06,0D06,0C01,0D010-
13	STOPPER PLATE-ALL	SM45C	1	003C01,0C01,0C01,0D001-010D12,0C01,0C01,0D055-002C0,40C0,40C01,0D001-013C01,0C01,0C0,90D001-006C01,0C01,0C01,0D001-
14	SHIM-ALL	STD11	1	003C01,0C01,0C01,0D001-010D06,0C01,0C01,0D032-002C0,30C0,30C01,0D001-008D09,0C01,0C01,0D014-013C01,0C01,0C0,85D001-006C01,0C01,0C01,0D001-011D06,0D06,0C01,0D020-
15	STRIPPER-ALL	STD11	1	003C01,0C01,0C01,0D001-010D13,0C01,0C01,0D101-002C0,30C0,30C01,0D001-007D16,0C01,0D10,0D030-008D10,0C01,0D22,0D018-013C01,0C01,0C0,30D001-006C01,0C01,0C01,0D001-011D06,0D06,0C01,0D009-
16	DIE PLATE-ALL	STD11	1	003C01,0C01,0C01,0D001-010D16,0C01,0C01,0D096-002C0,40C0,40C01,0D001-007D20,0C01,0D15,0D018-008D10,0C01,0D22,0D036-013C01,0C01,0C0,70D001-006C01,0C01,0C01,0D001-011D06,0D06,0C01,0D018-
17	BASE PLATE-ALL	SM45C	1	003C01,0C01,0C01,0D001-010D16,0C01,0C01,0D082-007D15,0C01,0D06,0D002-008D11,0C01,0C01,0D012-013C01,0C01,0C0,90D001-006C01,0C01,0C01,0D001-
18	GUIDE RAIL-ALL	SM45C	1	003C01,0C01,0C01,0D001-010D17,0C01,0C01,0D070-002C0,20C0,20C01,0D001-007D15,0C01,0D10,0D030-013C01,0C01,0C0,80D001-006C01,0C01,0C01,0D001-011D06,0D06,0C01,0D012-
19	PIERC'G DIE	STD11	1	004C01,0C01,0C01,0D001-010D05,0C01,0C01,0D010-013C01,0C01,0C0,60D001-006C01,0C01,0C01,0D001-011K01,0K01,0C01,0D001-
20	PIERC'G DIE	STD11	1	004C01,0C01,0C01,0D001-005C0,50C0,50C0,60D001-020C0,50C01,0C01,0D001-010D05,0C01,0C01,0D009-013C01,0C01,0C0,60D001-006C01,0C01,0C01,0D001-011K01,0K01,0C01,0D001-
21	BLANK'G DIE	STD11	1	004C01,0C01,0C01,0D001-020C0,70C01,0C01,0D001-010D12,0C01,0C01,0D003-002C0,30C0,30C01,0D001-013C01,0C01,0C0,40D001-006C01,0C01,0C01,0D001-
22	BLANK'G PAD	STD11	1	004C01,0C01,0C01,0D001-020C0,10C01,0C01,0D001-010D07,0C01,0C01,0D003-002C0,40C0,40C01,0D001-007D15,0C01,0D15,0D001-013C01,0C01,0C0,80D001-006C01,0C01,0C01,0D001-011D06,0D06,0C01,0D002-
23	BLANK PUNCH	STD11	1	004C01,0C01,0C01,0D001-010D08,0C01,0C01,0D005-002C0,30C0,30C01,0D001-008D09,0C01,0D22,0D005-013C01,0C01,0C0,80D001-006C01,0C01,0C01,0D001-
24	EJECTOR PUNCH	STD11	1	004C01,0C01,0C01,0D001-010D08,0C01,0C01,0D005-002C0,30C0,30C01,0D001-007D15,0C01,0D15,0D004-008D06,0C01,0D20,0D001-013C01,0C01,0C0,70D001-006C01,0C01,0C01,0D001-
25	DIE PLATE(D)	SM45C	1	003C01,0C01,0C01,0D001-010D11,0C01,0C01,0D012-002C0,50C0,50C01,0D001-007D20,0C01,0D20,0D004-008D10,0C01,0D22,0D006-013C01,0C01,0C0,60D001-006C01,0C01,0C01,0D001-
26	STOPPER PLATE(SUB)	SM45C	1	003C01,0C01,0C01,0D001-010D08,0C01,0C01,0D012-002C0,20C0,20C01,0D001-007D15,0C01,0D12,0D010-008D08,0C01,0D20,0D002-013C01,0C01,0C0,70D001-006C01,0C01,0C01,0D001-
27	PLATE(SUB)	SM45C	1	003C01,0C01,0C01,0D001-010D07,0C01,0D20,0D001-002C0,20C0,20C01,0D001-008D08,0C01,0D20,0D001-013C01,0C01,0C0,70D001-006C01,0C01,0C01,0D001-
28	PLATE(SUB)	SM45C	1	003C01,0C01,0C01,0D001-010D07,0C01,0D20,0D002-002C0,20C0,20C01,0D001-008D08,0C01,0D20,0D002-013C01,0C01,0C0,70D001-006C01,0C01,0C01,0D001-
29	STOPPER PLATE(DISC)	SM45C	1	003C01,0C01,0C01,0D001-010D10,0C01,0C01,0D013-002C0,20C0,20C01,0D001-008D08,0C01,0D20,0D002-013C01,0C01,0C0,70D001-006C01,0C01,0C01,0D001-
30	PLATE(DISC)	SM45C	1	003C01,0C01,0C01,0D001-010D07,0C01,0D20,0D001-002C0,20C0,20C01,0D001-008D08,0C01,0D20,0D001-013C01,0C01,0C0,80D001-006C01,0C01,0C01,0D001-
31	COVER PLATE	SM45C	1	004C01,0C01,0C01,0D001-010D12,0C01,0C01,0D011-007D13,0C01,0D10,0D010-013C01,0C01,0C0,70D001-006C01,0C01,0C01,0D001-

그림 17.2.4 프로세스 시트

17.3 시스템의 구성

17.3.1 시스템 개론

메인 화면은 시스템의 전반적인 구성을 한눈에 알아볼 수 있어야 할 뿐 아니라 사용자로 하여금 편리하게 시스템을 구축해야 하므로 그 구성이 중요하다. 그림 17.3.1에 보이는 주 화면은 프레스 금형 견적산출 시스템인 Ini_Press Ver. 1.31의 전체적인 구성을 보이고 있다.

시스템의 상단에는 파일, 데이터베이스 등의 기능을 하며 좌측열에는 금형을 견적하는 업체와 그 업체에서 제작할 부품의 형상과 재질을 위한 기능을 담당한다. 중간부는 공정의 구성 및 주요작업 종류 등을 취급하게 된다. 상단의 [파일]은 시스템의 결과를 출력, 보관하기 위한 기능을 포함하고 있고, [데이터베이스]는 금형을 제작하는 데 요구되는 표준부품, 원재료, 열처리, 공구, 준비시간, 환율/납기/이윤에 관련된 데이터를 담고 있다.

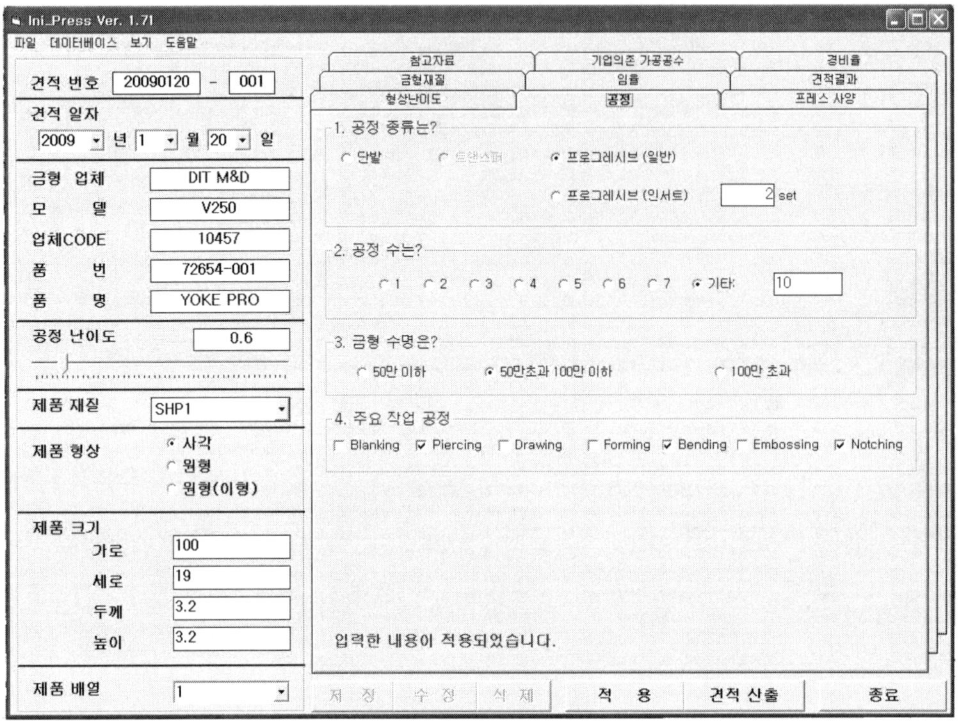

그림 17.3.1 주 화면

[보기]기능은 산출된 시스템의 결과를 엑셀상의 데이터로 변환하여 최종 견적서 양식으로 가공하여 출력하는 기능이며, [도움말]은 시스템의 간략한 설명을 포함하고 있다.

화면의 좌측 열에 포함된 기능 중 [견적번호]와 [견적일자]는 시스템의 날짜 메모리 기능으로 자동 출력된다. [금형업체], [모델], [업체코드], [품번], [품명]은 견적결과를 관리하기 위한 기본 정보이다.

[공정난이도]는 제작하고자하는 금형의 전반적인 공정의 난이도에 대한 입력부분이다. 예를 들면, 처음으로 제작하는 금형일 경우, 설계, NC 데이터를 생성하기 위한 CAM 작업, 금형구조, 프레스 사양 검토, 금형재질 선택, 금형의 기본 구조의 검토 등 제반 공정상 많은 난이한 요소들이 내제되어 있음을 고려해야 한다. 반면, 2회, 3회, 반복하여 동일하게 제작되는 금형의 경우는 앞서 열거한 공정상 검토를 생략할 수 있고 준비된 NC 데이터를 그대로 사용할 수 있는 공정상 난점이 적은 경우가 된다. 이에 대한, 공정상 예상되는 어려움 정도를 '공정난이도'라 하였고, [공정난이도]는 0~5의 범위에 0.5의 단계로 구성되었다.

[제품재질]은 사용되는 종류에 따라 금형의 구조, 금형재질, 금형크기, 프레스 사양에 영향을 주는 변수가 된다. 알루미늄과 같이 무른 재료일 경우와 스테인레스와 같이 경한 재

료에 따라 설계의 방향이 달라지기 때문이다. [제품형상]은 만들고자 하는 최종의 제품 형상에 대한 정보를 입력하게 된다.

[제품크기]는 최종제품의 제품크기를 가로, 세로, 높이, 두께를 입력한다. [제품배열]은 공정도의 스트립 레이아웃상의 배열을 의미한다. 1열, 2열, 3열 등 공정설계에 따른 배열을 입력하면 된다.

17.3.2 공정의 구성 및 종류

공정의 구성은 공정종류, 공정 수, 주요 작업종류로 요약된다. 공정 종류 즉 금형의 종류는 단발금형, 트랜스퍼 금형 및 프로그레시브로 금형으로 크게 3종류로 나눌 수 있으며, 이는 제품의 형상, 생산수량, 제품의 정밀도 등에 의하여 결정된다.

공정 수는 제품의 성형가능성에 따라 결정될 변수이다. 공정 수는 적을수록 금형제작에 미치는 원가, 납기에 유리하지만 미성형, 형상, 치수불량을 일으키는 공정설계는 아무런 의미가 없다. 이 경우, 성형 가능성, 형상과 치수에 대한 제품의 정도를 만족시킬 수 있는 공

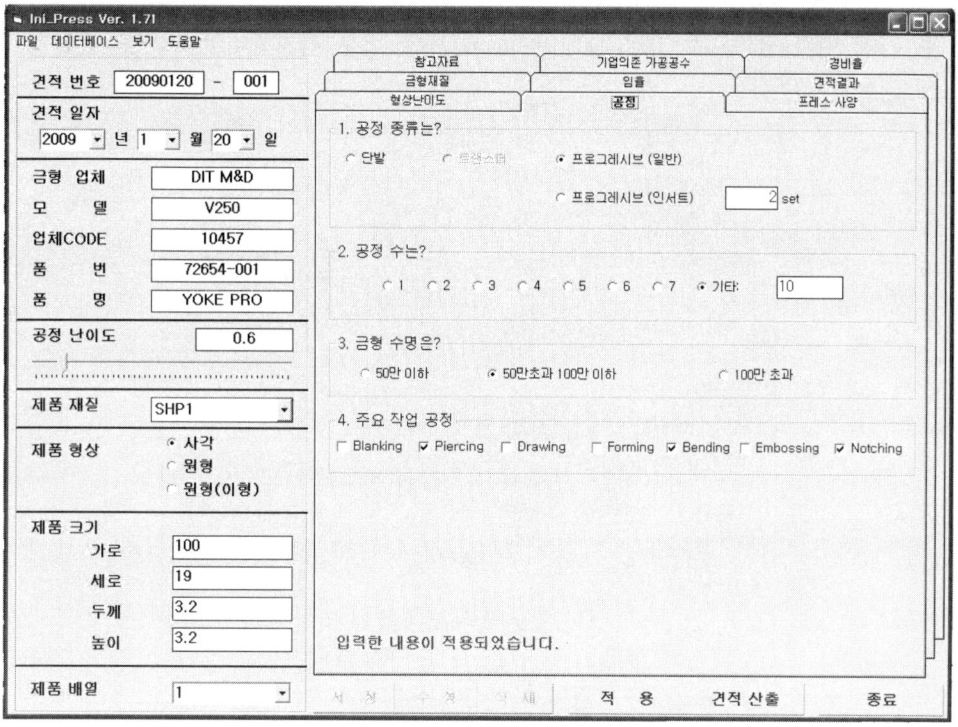

그림 17.3.2 공정의 종류

정 수의 결정이 중요하다. 즉, 원재료, 제품의 형상과 치수정밀도를 고려하여 CAE에 의한 성형해석을 바탕으로 한 공정설계가 요구된다.

주요 작업공정은 금형제작 과정에서 특히 고려해야 할 공정특성을 원가산출에 반영하여야 현실에 맞는 원가산출이 가능해진다.

17.3.3 공정의 구성요소

공정을 구성하고 있는 형상난이도를 비롯한 금형재질 등의 14가지 기본요소를 열거하였다.

① 형상난이도, ② 금형재질, ③ 기업의존 가공공수, ④ 프레스 기계 사양, ⑤ 임률, ⑥ 경비율, ⑦ 견적결과, ⑧ 참고자료, ⑨ 준비시간, ⑩ 원재료, ⑪ 표준부품, ⑫ 공구마스터, ⑬ 열처리, ⑭ 환율/납기/이윤

1) 형상난이도

형상난이도는 제품의 상세형상을 결정하는 것으로 그림 17.3.3과 같이 금형내부에 사용되는 주요부품의 가공에 대한 난이도에 대한 개념이다. 이는 제품 내측형상이 2차원 또는 3차원인가에 따라 난이도가 달라지고 인서트 금형일 경우 펀치형태로 추가할 것인지 인서

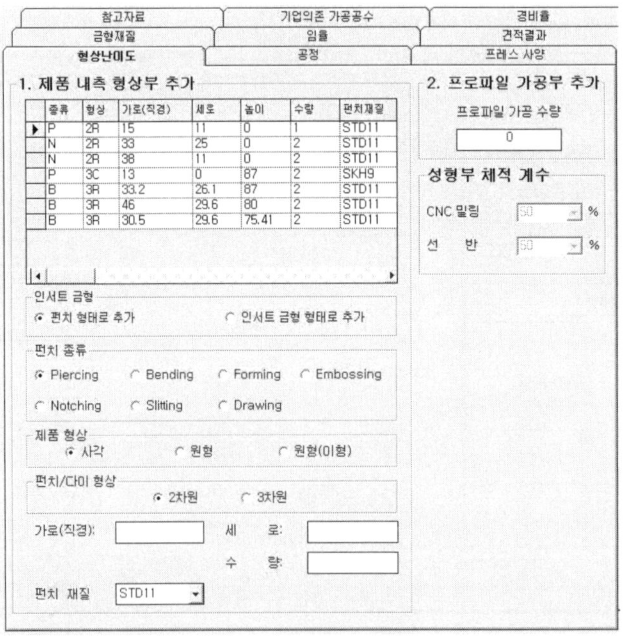

종류	형상	가로(직경)	세로	높이	수량	펀치재질
P	2R	15	11	0	1	STD11
N	2R	33	25	0	2	STD11
N	2R	38	11	0	2	STD11
P	3C	13	0	87	2	SKH9
B	3R	33.2	26.1	87	2	STD11
B	3R	46	29.6	80	2	STD11
B	3R	30.5	29.6	75.41	2	STD11

그림 17.3.3 형상난이도

트 금형 형태로 추가할 것인지에 따른 변수를 고려해야 한다. 또한, 펀치 다이의 종류, 형상, 크기, 재질, 수량에 따라서 난이도를 달리해야 한다. 그리고 프로파일 가공이 있을 경우, 성형부 체적의 크기가 금형제작 원가에 영향을 미치게 된다.

2) 금형 재질(materials)

가공할 금형의 부품별 금형재질에 대해 결정하는 단계이다. 그림 17.3.4에 구성된 내용은 금형부품별 사용될 금형재질을 보여주고 있으며 제작할 금형의 특성에 따라 필요한 금형요소와 재질을 선택하여 적용하면 된다.

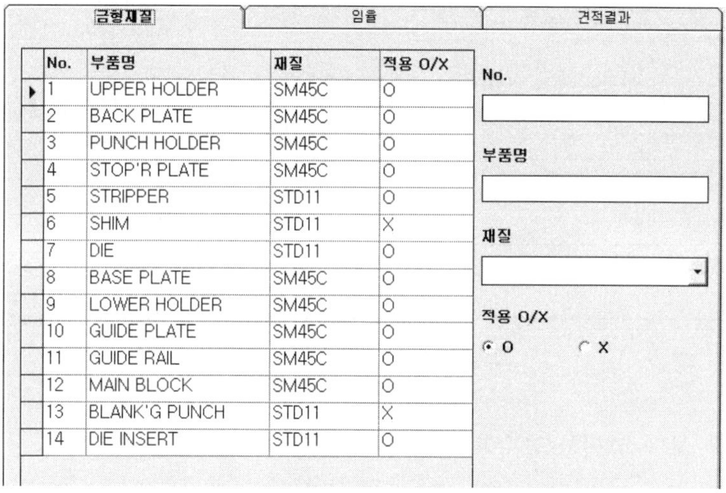

No.	부품명	재질	적용 O/X
1	UPPER HOLDER	SM45C	O
2	BACK PLATE	SM45C	O
3	PUNCH HOLDER	SM45C	O
4	STOP'R PLATE	SM45C	O
5	STRIPPER	STD11	O
6	SHIM	STD11	X
7	DIE	STD11	O
8	BASE PLATE	SM45C	O
9	LOWER HOLDER	SM45C	O
10	GUIDE PLATE	SM45C	O
11	GUIDE RAIL	SM45C	O
12	MAIN BLOCK	SM45C	O
13	BLANK'G PUNCH	STD11	X
14	DIE INSERT	STD11	O

그림 17.3.4 금형재질

3) 기업의존 가공공수(machining time depending on company)

동일한 금형이라도 기술의 격차와 설비의 능력, 설비를 다루는 작업자의 수준이 기업에 따라 다르기 때문에 기업마다 가공능력, 품질, 납기도 다르므로 기업의 능력에 따른 제작수준에 대한 변수를 그림 17.3.5와 같이 기업의존 가공공수라는 개념으로 적용한다.

NC 밀링의 경우, 황삭→중삭→중정삭→정삭에 의한 4공정에 의한 가공과, 황삭→중삭→정삭의 3공정에 의한 가공 순서에 의한 변수, 일반가공과 고속가공은 가공특성이 현저히 다른 점을 견적산출에 반영하여야 한다.

기계마다 각기 가공능력의 차이가 있으므로 이에 대한 기계가공능력에 대한 변수를 원가에 반영한다는 의미에서 가공조건의 경우는 NC 밀링(일반가공), NC 밀링(고속가공), 형삭가공, 선삭가공, 와이어 가공의 경우를 고려하였다. 특히, 설계, 사상가공, 프로파일가공, 성

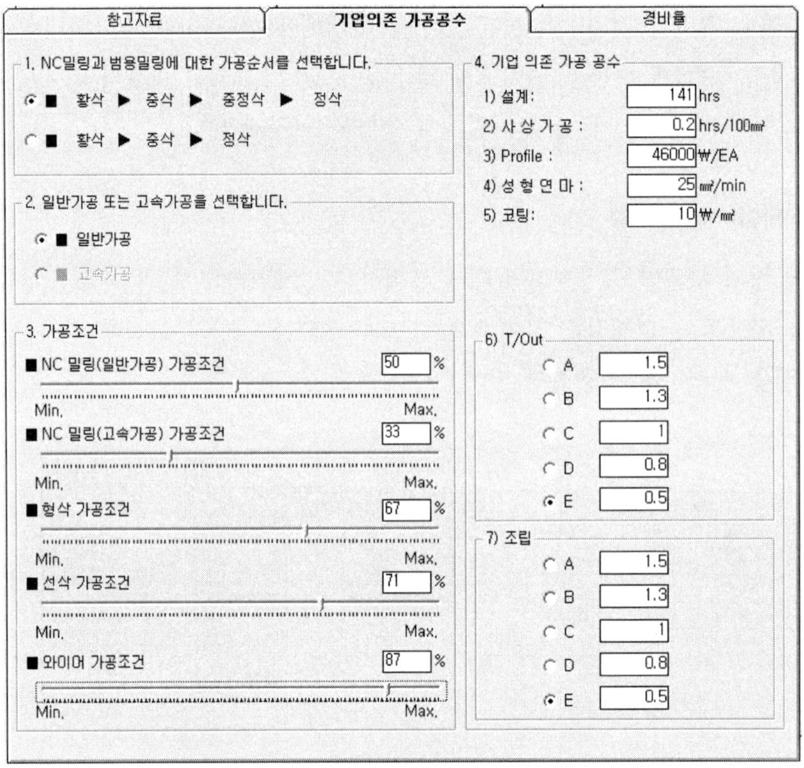

그림 17.3.5 기업의존가공공수

형연마, 코팅은 보다 상세한 공수를 입력하여 반영토록 해야 정확한 원가 산출이 가능해진다. 트라이 아웃(try out : 시험 작업) 공정과 조립공정은 기업이 보유한 물적 인적 기술에 따라 차이가 크게 다르므로 여기서는 5단계의 등급에 다라 분류하여 원가에 반영토록 하였다.

4) 프레스 기계 사양(press specification)

프레스 기계는 금형의 크기, 제품의 정밀도, 작업하중에 따라 결정된다. 제품의 정밀도에 따라 프레스의 구조가 결정되고 최종제품의 크기와 재료 종류, 판재 두께, 공정 수, 작업하중에 따라 프레스 톤 수가 결정되며, 금형의 크기에 따라 프레스 기계의 피드 레벨(feed level)과 다이 하이트(die height)가 결정된다. 그림 17.3.6에 프레스 기계 사양을 보인다.

5) 표준 임률(standard rate)

표준 임률은 단위시간당 작업자의 노임으로서 단위공정에 따라 그 임률이 다르다. 회사마다 단위공정별 표준임률을 선택하여 그림 17.3.7과 같이 단위 공정의 가공비를 계산해야

No.	프레스명	톤 수(ton)	Feed level	Die height
1	PHPress1(Pro)	600	196	380
2	PHPress2(Single)	1000	240	340
3	PHPress3(Pro)	1000	240	340
4	PHPress4(Single)	1900	200	575
5	PHPress5(Single)	150	200	323
6	PHPress6(Single)	450	200	406
7	PHPress7(Single)	450	200	360
8	PHPress8(Single)	450	200	337

그림 17.3.6 프레스 기계 사양

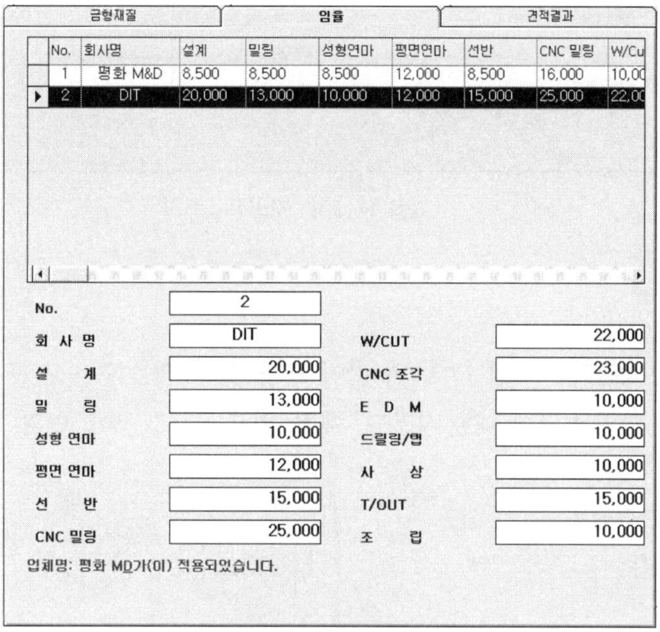

그림 17.3.7 표준 임률

한다. 프레스 금형 단위 공정의 임률은 설계, 밀링, 성형연마, 평면연마, 선반, CNC 밀링, 와이어 커팅, CNC 조각, 드릴링/탭, 사상, 트라이 아웃, 조립을 고려하면 된다.

6) 경비율

경비율은 그림 17.3.8과 같이 기업의 토지, 건물, 설비 등의 투자에 대한 감가상각비가 금형제작 원가에 비치는 비율로서 기업의 회계상에 나타난 경비율을 단위 공정별로 배분하여 원가 산출에 반영하기 위한 내용이다.

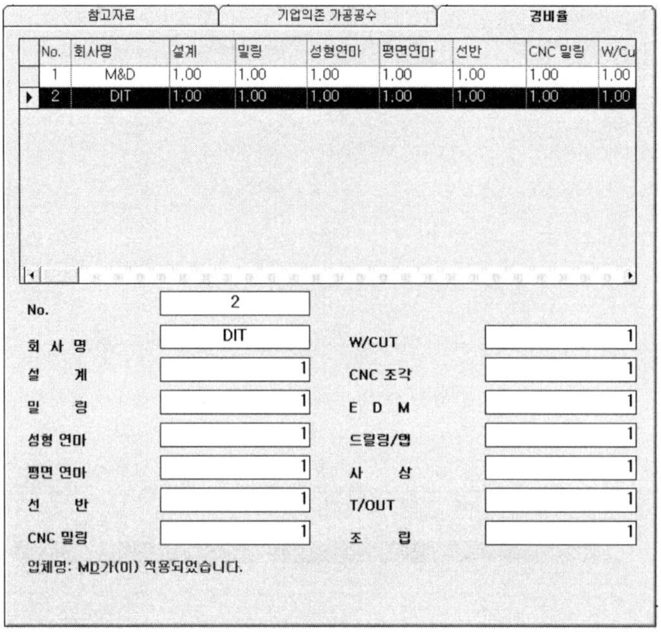

그림 17.3.8 경비율

7) 견적 결과

금형의 최종 견적결과는 그림 17.3.9와 같이 크게 재료비와 가공비로 구분되며, 재료비는 금형을 구성하는 단위 부품에 대한 부품명, 재질, 가로, 세로, 높이, 단위, 중량, 단가, 재료

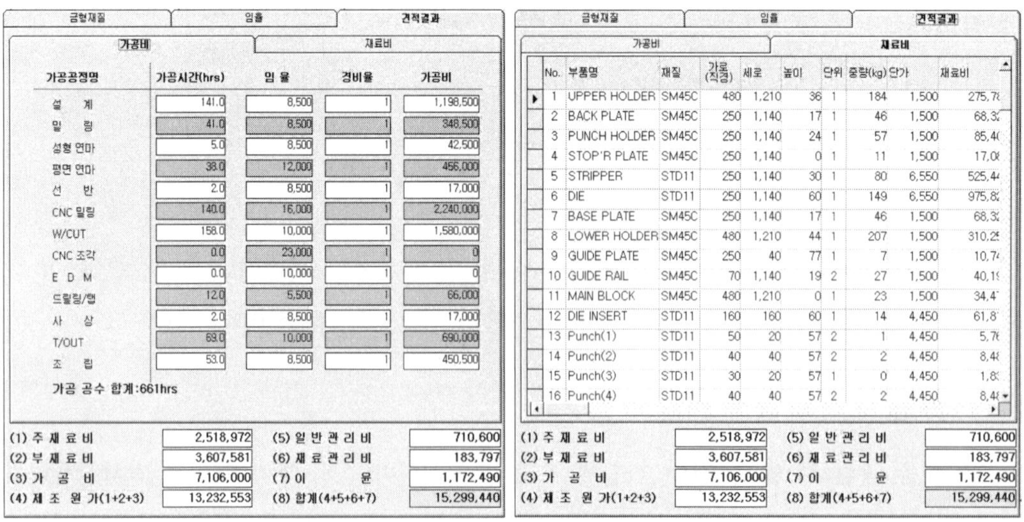

그림 17.3.9 견적결과

비 등 상세한 내역이 산출된다. 가공비는 단위 공정에 대한 가공시간, 임률, 경비율이 고려된 가공비가 산출된다. 재료비와 가공비에 일반관리비와 재료관리비의 합이 견적결과의 금액이 된다.

금형가공에 소요되는 가공공수의 합계가 산출되는데, 이는 금형을 가공하는 데 소요되는 전체의 기간을 예측할 수 있는 자료로 공정관리의 주요 지표로 활용할 수 있다.

단위 공정에서 많은 공수가 소요되는 단위공정을 찾아낼 수 있다. 여기서, 와이어 커팅 공정이 가장 많은 가공시간을 요하고, 설계와 CNC밀링이 그 다음으로 가공시간이 소요되고 있음을 알 수 있다. 그러므로 제작의 총 납기를 줄이기 위해서는 이러한 공수가 많이 요하는 단위 공정에 인력과 설비를 합리적으로 투입하거나 아웃소싱을 고려해야 한다.

8) 공정별 가공시간의 예

공정별 부품별 상세 가공시간이 그림 17.3.10과 upper holder의 경우는 밀링 9.7시간, 평면연마 4.1시간, CNC밀링 13.1시간, 드릴 및 태핑 2.2시간으로 산출되었음을 알 수 있다. 이 참고자료를 활용하면 blanking punch를 와이어 커팅으로 가공하는데 152.6시간으로 최장의 공정시간을 요하고 있음을 알 수 있다. 따라서, 납기를 단축시키기 위해서는 와이어 커팅을 아웃소싱하거나 작업을 분배하여 진행해야 한다는 합리적인 공정관리 정보를 얻을 수 있다.

참고자료 | 기업의존 가공공수 | 경비율

부품명	밀링	성형연마	평면연마	선반	CNC밀링	W/CUT
Upper Holder	9.7	0	4.1	0	13.1	
Back Plate	0	0	1.6	1	4.8	
Punch Holder	0	0	1.6	1.1	20.4	41
Pad	0	0	2.1	4	5.6	
Stripper Plate	0	0	3	10	9.1	41
Blanking Punch	0	0	5.5	16.1	7.6	152
Die Plate	0	0	3	13.5	11.8	87
Base Plate	0	0	1.6	1.6	17.9	12
Lower Holder	11.4	0	4.1	0	36.7	
Main Block	7.6	0	2.5	0	15.1	
Punch(1)	0	0	4.6	5.4	0	10
Punch(2)	4.4	0	6.2	0	0	
Punch(3)	7.9	0	10.4	0	0	10
Punch(4)	3.8	0	5.2	0	0	4
추가공정	0	0	0	0	0	

참고자료 | 기업의존 가공공수 | 경비율

선반	CNC밀링	W/CUT	CNC조각	EDM	드릴링/탭
0	13.1	0	0	0	2.2
1	4.8	0	0	0	2.3
1.1	20.4	41.6	0	0	1
4	5.6	83	0	0	2.2
10	9.1	41.2	0	0	1.7
16.1	7.6	152.6	0	0	0.6
13.5	11.8	87.7	0	0	3.7
1.6	17.9	12.9	0	0	0.4
0	36.7	0	0	0	4.3
0	15.1	0	0	0	2.3
5.4	0	10.8	0	0	0
0	0	9	0	0	0
0	0	10.9	0	0	0
0	0	4.6	0	0	0
0	0	0	0	0	0

그림 17.3.10 참고자료

9) 준비시간

금형견적 산출을 위해서 준비시간은 작업을 하기 위한 도면판독, 공구준비, 기계조정, 마무리 작업에 요하는 시간 등으로 구성되며 단위공정별 준비시간은 정미가공시간이 산출된 값에 준비시간을 포함하여 실질시간을 산출한다. 그림 17.3.11은 준비시간을 입력하고 수정할 수 있는 데이터베이스이다.

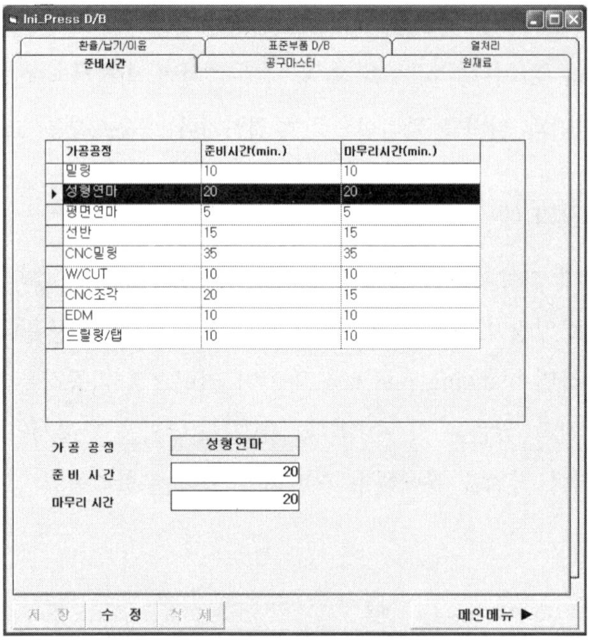

그림 17.3.11 준비시간 데이터베이스

10) 원재료

원재료는 프레스 작업 시 사용할 원재료로서 알루미늄, 구리 등의 재질명, 비중, 종류, 직경, 두께, 폭, 단가 등 재료비 산출과 금형의 중량계산에 필요한 데이터베이스이다. 또한 원재료의 단가는 변동하는 요소이므로 언제든지 수정이 가능해야하며 불요한 원재료 발생 시 삭제할 수 있는 기능이 준비되어 있어야 한다. 그림 17.3.12는 원재료에 대한 데이터베이스이다.

11) 표준부품

표준부품은 다이셋이나 가이드포스트 등의 규격화된 부품을 말하는 것으로 직접 회사에

그림 17.3.12 원재료 데이터베이스

서 가공하지 않고 외부에서 다양하게 구입할 수 있는 편리한 부품들로서 표준부품에 대한 데이터베이스는 품번, 품명, 규격 및 단가에 대한 정보를 가지고 있어야 한다. 그림 17.3.13에 표준부품 데이터베이스를 보인다.

그림 17.3.13 표준부품 데이터베이스

12) 공구마스터

공구마스터 데이터베이스는 작업공정에 따라 사용되는 공구에 대한 정보를 보관한 곳으로 정미가공시간을 계산하는 자료로 사용되며 공구에 대한 황삭, 중삭, 중정삭, 정삭의 공구재질과 공구의 크기에 대한 정보를 가지고 있다. 그림 17.3.14는 NC 밀링 작업 시 각 공정별로 사용되는 CBNC(육방정 질화붕소) 공구와 직경들을 적용한 공구마스터 데이터베이스의 예를 보여준다.

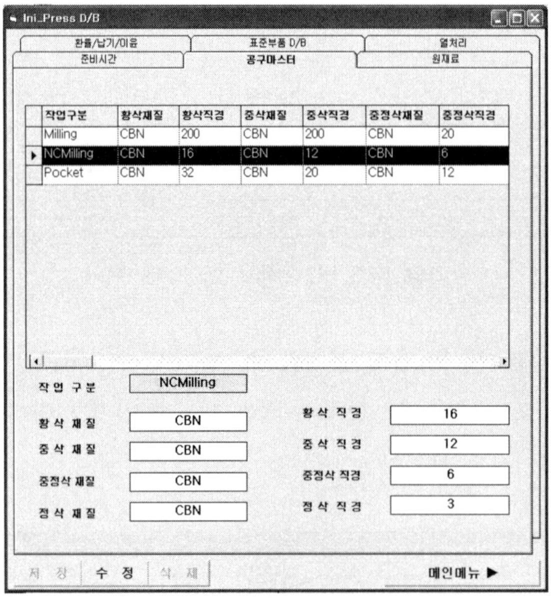

그림 17.3.14 공구마스터 데이터베이스

13) 열처리

열처리가 요하는 부품에 대한 가공비를 산출하기 위하여 열처리 종류별 중량에 따른 단가에 대한 정보를 그림 17.3.15와 같이 열처리의 데이터베이스를 모아둔 곳이다.

14) 환율/납기/이윤

최종적으로 산출된 금형견적에 대하여 환율에 따라 외국 화폐의 단위로 출력해야 할 경우, 입력된 환율에 따라 외국 화폐로 견적서 작성이 가능하다. 또한, 산출된 견적가에 대한 등급별, 납기별 출력이 가능하도록 준비된 데이터베이스로서 기업현실을 고려한 일반관리비, 재료관리비, 이윤을 고려하여 출력도 가능하도록 구성되었다.

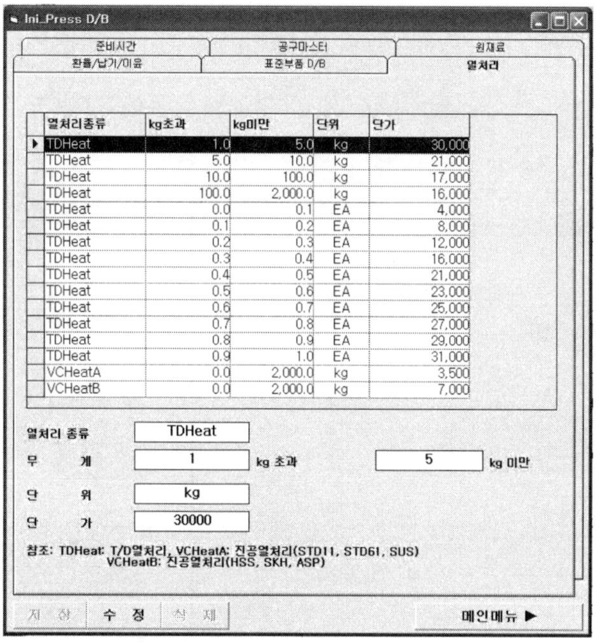

그림 17.3.15 열처리 데이터베이스

17.4 상세 견적을 위한 금형자동견적 산출(시스템 응용)

17.4.1 상세견적용 시스템의 개요

상세견적은 금형설계가 완료되고 구체적인 금형구조, 금형의 각 부품에 대한 형상과 정밀도가 결정된 단계에서 도면의 정보를 기초로 금형에 대한 견적을 산출하는 시스템을 의미하며 초기 견적산출에 비해 정확한 산출이 가능하다. 프레스 금형자동 견적 산출 시스템에 대한 블록 다이어그램을 그림 17.4.1에 보인다.

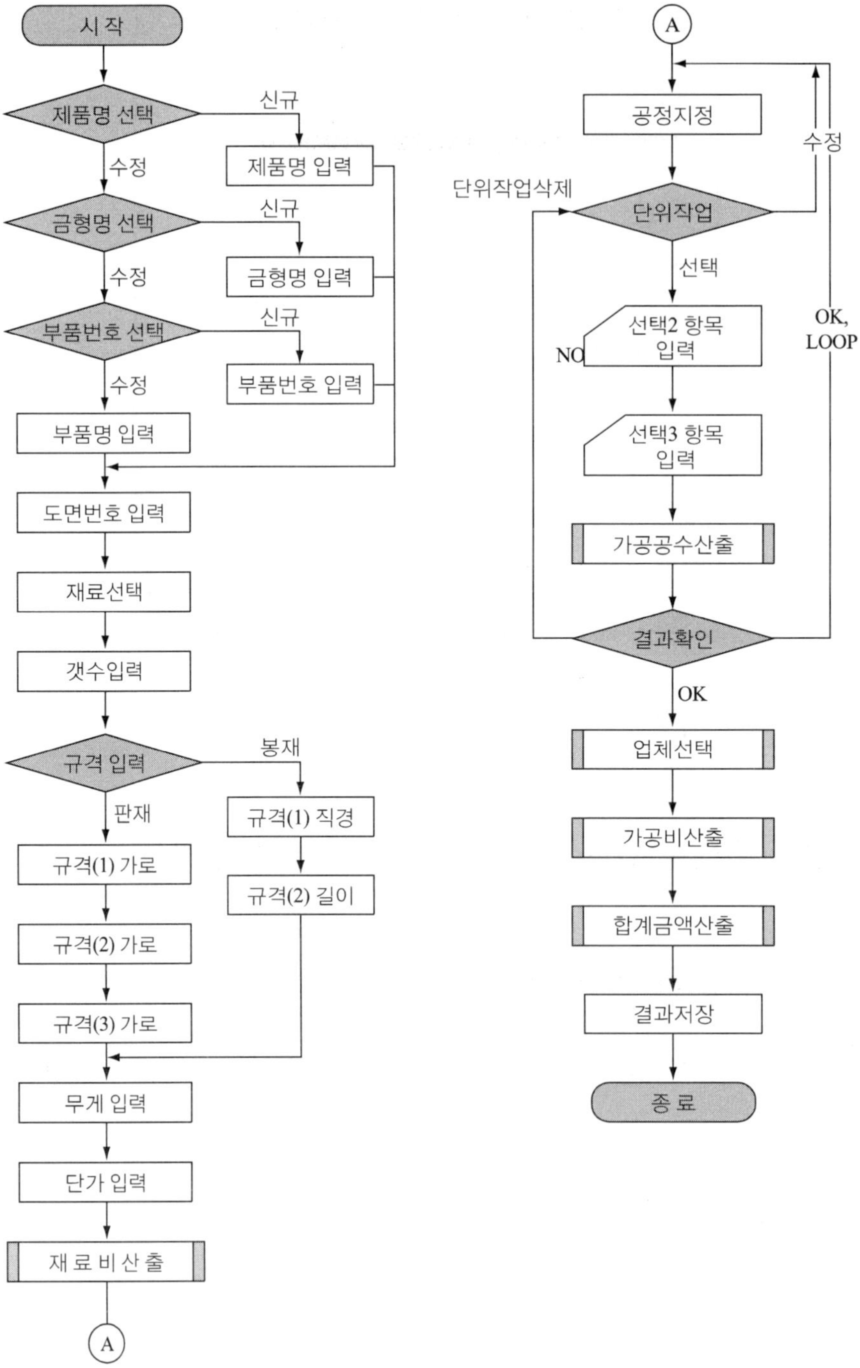

그림 17.4.1 금형자동견적 산출시스템의 블록다이어그램

시스템에 사용된 함수명과 테이블을 표 17.4.1과 표 17.4.2에 보인다.

표 17.4.1 함수와 테이블 사용(A)

Function	Table	Global
cboCo1_Click()	HclassTab	Hname
		Hno
cboCo2_Click()	HclassTab	Mname
		Mno
cboCo3_Click()	PclassTab	Pno
	TimeTemp	Pname
cboCo5_Click()	MaterialTab	MatName
		mrtSel
		mrtBiJoong
		mrtBongP
		mrtPanP
cmdMatCost_click()	MaterialTab	MatName
	MrtAddTab	mrtAddVal

표 17.4.2 함수와 테이블 사용(B)

Function	Table	Global
cmdProc_Click()	ProcDescTab	ProcIdx
	TimeTemp	
lstSelSub_Click()	ProcDescTab	subname
lstSub_Click()		CurSP
optSub_Click()		
	ProcDescTab	
cmdLabel_Click()	ProcDescTab	
cmdCalTime_Click()	시간데이터	CurSP
set_mrtDim()	파일	fname
cal_Time()		Grow
comp2dim()		Gcol
comp3dim()		DecAns
comp_wd_form()		PubCa1
comp_gf_side()		PubCa2
comp_gf_form()		PubCa3
txtPcom_DblClick()	CompDescTab	
cmdTcost_Click()		
cmdCalcost_Click()		재료비 + 가공비
	HclassTab	
	MclassTab	
mnuCoRes_Ins_Click	PclassTab	
	TimeTemp	

17.4.2 견적산출 화면구성

시스템의 화면구성은 그림 17.4.2와 같으며, 금형부품의 중량을 계산하여 재료비를 구할 수 있으며, 부품에 소요되는 가공 공정의 기초 정보를 입력하면 부품에 대한 가공공수를 산출하여 환경설정 메뉴에 등록된 각 업체별 임률과의 관계를 계산하여 각 부품의 가공비 산출이 가능하다.

메뉴의 구성은 ① 견적산출, ② 초기화, ③ 견적서 출력, ④ 환경설정으로 이루어져 있으며 화면의 메뉴를 클릭 시 하위 메뉴가 나타난다.

1) 견적산출

한 부품에 대한 견적 작업의 결과(재료비, 가공비, 공수, 견적금액)를 데이터베이스에 저장하는 결과등록 기능과 기존의 견적내용을 견적 데이터베이스에서 삭제하는 결과삭제 기능, 그리고 견적산출 작업을 종료하는 작업종료 기능으로 이루어져 있다.

2) 초기화

새 작업 : 현재 견적 산출 작업내용을 모두 지우고 초기작업 상태로 전환한다.

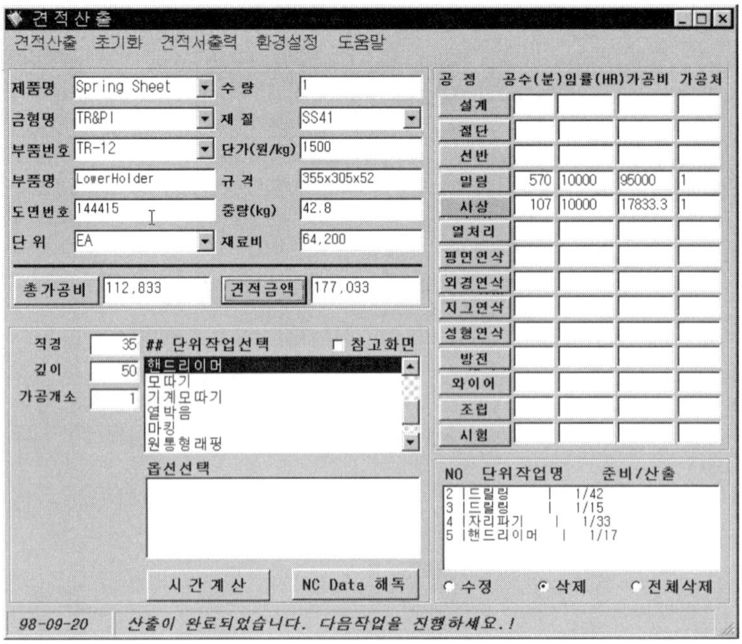

그림 17.4.2 프레스 금형 상세 견적산출 시스템의 입력 화면

3) 견적서 출력

현재진행중이거나 이미 완료한 견적 산출결과를 여러 가지 거래처의 양식으로 출력하는 기능이다.

4) 환경설정

업체정보 및 자재비 설정 기능은 금형 가공업체와 그 업체의 임률(시간당 인건비)을 등록하고, 자재의 단가(원/kg)를 등록 및 수정할 수 있다. 그리고, 자재 가중치 설정 기능은 가공 공정(절단, 선반, 밀링, … 등)에 대한 재료의 난이도를 설정한다.

17.4.3 시스템의 세부 입력 조건

① **제품명**: 제품의 명칭을 입력한다. (필수입력)
② **금형명**: 금형의 명칭을 입력한다. (필수입력)
③ **부품번호**: 금형부품의 일련번호를 입력한다. (필수입력)
④ **부품명**: 금형부품의 명칭을 입력한다. (필수입력)
⑤ **도면번호**: 부품이 그려져 있는 도면번호를 입력한다. (선택입력)
⑥ **단위**: 부품의 수를 호칭하는 단위 입력한다. (필수입력, 기본값 EA)
⑦ **수량**: 부품의 수량을 입력한다. (필수입력, 기본값 1)
⑧ **재질**: 부품의 재질을 입력한다. (리스트에서 선택)
⑨ **단가**: 부품의 단가를 입력한다. (재질을 선택시 자동으로 입력됨, 판재/봉재)
⑩ **규격**: 부품의 규격을 입력한다. (가로×세로×두께, 직경×길이)
⑪ **중량**: 부품의 규격을 입력하면 자동으로 계산하여 표시됨
(단 중량 박스를 클릭할 때 이루어짐)
⑫ **재료비**: 중량×수량×단가를 계산하여 자동 표시됨
⑬ **설계**: 부품에 대한 설계 소요 시간을 입력한다. (사용자 입력)
⑭ **절단**: 부품에 대한 소재 절단 시간을 입력한다. (사용자 입력)
⑮ **선반**: 부품에 대한 선반 가공시간을 입력한다. (자동계산)
⑯ **밀링**: 부품에 대한 밀링 가공시간을 입력한다. (자동계산)
⑰ **사상**: 부품에 대한 사상 가공시간을 입력한다. (자동계산)
⑱ **열처리**: 부품에 대한 열처리 가공시간을 입력한다. (자동계산)

⑲ **평면연삭**: 부품에 대한 평면연삭 가공시간을 입력한다. (자동계산)
⑳ **외경연삭**: 부품에 대한 외경연삭 가공시간을 입력한다. (자동계산)
㉑ **지그연삭**: 부품에 대한 지그연삭 가공시간을 입력한다. (자동계산)
㉒ **성형연삭**: 부품에 대한 성형연삭 가공시간을 입력한다. (자동계산)
㉓ **와이어**: 부품에 대한 와이어 가공시간을 입력한다. (자동계산)
㉔ **방전**: 부품에 대한 방전 가공시간을 입력한다. (자동계산)
㉕ **조립**: 부품에 대한 조립 시간을 입력한다. (사용자 입력)
㉖ **시험**: 부품에 대한 시험 시간 입력한다. (사용자 입력)

17.4.4 가공업체별 임률 및 재질에 따른 단가 설정

동일한 금형부품가공이라도 금형업체마다 가공에 대한 임률 설정방법이 각기 다르고, 사용기계와 작업자의 숙련도에 따라 임률이 다르므로 업체별 임률의 변동을 쉽게 적용하기 위한 입력 테이블을 구성하였고, 구성된 임률 설정화면을 그림 17.4.3에 나타낸다.

그림 17.4.3의 하단은 자재의 재질에 따른 단가를 설정할 수 있으며 동일 재질이라도 판재, 봉재에 따라 그 가격이 달라질 수 있으므로 입력된 치수를 기초로 판재, 봉재의 가격을 결정한다.

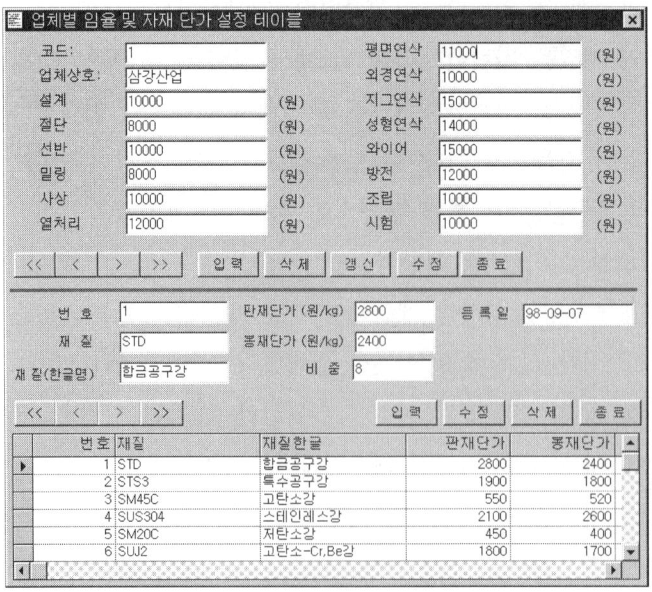

그림 17.4.3 임률 및 자재 단가 설정

17.4.5 재질별 공정 가중치 설정

피삭재의 재질이 각 가공공정(절단, 선반, 밀링, 사상, 열처리, 평면연삭, 외경연삭, 지그연삭, 성형연삭, 방전, 와이어)에서의 소요 시간에 영향을 미치는 정도를 가중치로 설정한 것이다(만약, 가중치가 설정되어 있지 않다면 가중치는 기본값 1로 설정된다.).

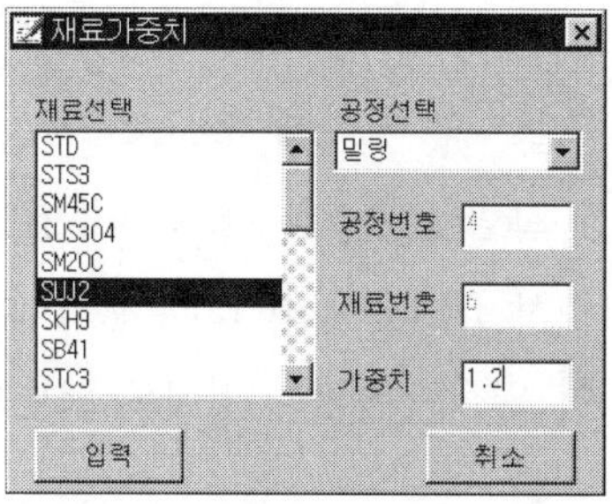

그림 17.4.4 재료별 가중치

예를 들면, 그림 17.4.4와 같이 밀링공정에서 고탄소-CrBe강 (SUJ2)을 가공할 경우, 일반적인 가공소요 시간보다 1.2배 더 소요됨을 설정한 것이다. 즉, 자사 소유 기계의 노후 정도와 가공 공구의 강성 및 가공 소재의 가공 난이도를 고려한 가중치를 계산함으로써 보다 합리적인 가공 공수를 산출할 수 있다.

17.4.6 견적서 출력 양식 설정

견적서 출력 양식은 각 업체마다 독자적인 형태를 갖고 있으므로 시스템에 의해 제공되는 기본 5개 양식의 형태는 그림 17.4.5와 같다. 그림과 같이 견적서 출력 양식 설정화면은 두 개의 부분으로 나눌 수 있다.

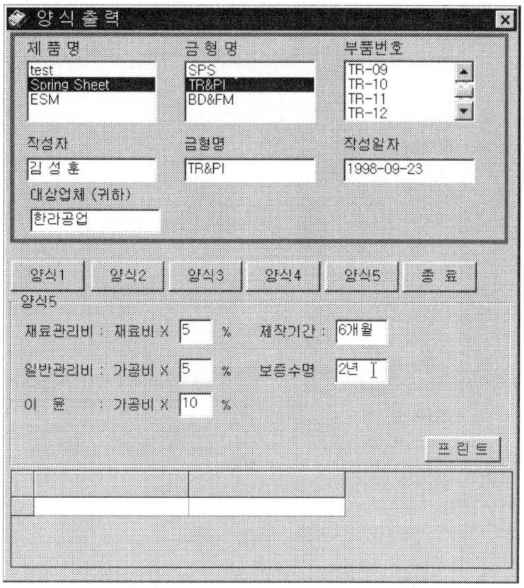

그림 17.4.5 견적서 양식 출력

그림 17.4.5의 상단은 기존 견적작업을 한 금형의 정보를 나타내는 부분으로 대분류(제품명)-중분류(금형명)-소분류(부품번호) 형식을 취하여 사용자가 쉽게 알 수 있도록 하였다. 하단의 양식1에서 양식5까지의 버튼은 5개 양식의 사용회사 입력 부분을 표시하는 것으로 각 양식에 필요로 하는 입력값을 수용하여 견적산출 결과를 프린트할 수 있다.

그림 17.4.5의 예는 제품명 spring sheet의 금형 3세트 중 금형명(TR&PI)의 부품(TR-01에서 TR-12까지) 12개 부품에 대한 견적산출 결과를 그림 17.4.5 하단의 입력 값을 받아들여 양식5 견적서 형태로 프린트하는 방법을 나타내고 있다.

17.5 견적산출 시스템 활용 예

KA사는 그림 17.5.1의 조립도와 그림 17.5.2의 부품도에 나타난 spring sheet 금형을 생산하기 위해 견적산출 시스템을 이용하여 금형견적가를 산출하였다.

그림 17.5.1은 spring sheet 금형에서 소재 절단을 위한 블랭킹 금형의 조립도로 8개 부품을, 그림 17.5.2는 각 부품의 상세 부품도를 나타내고 있다. 그림 17.4.3과 그림 17.4.4에서 견적산출을 위한 가공정보 및 금형정보를 표 17.5.1와 같이 설정하여 견적 산출을 하였다.

표 17.5.1에 나타난 가공정보를 근거로 그림 17.5.3와 같이 견적산출 창에서 견적산출을 시작한다. 견적산출 시스템에서 얻을 수 있는 견적가는 사용하는 사용자의 가공에 대한 숙

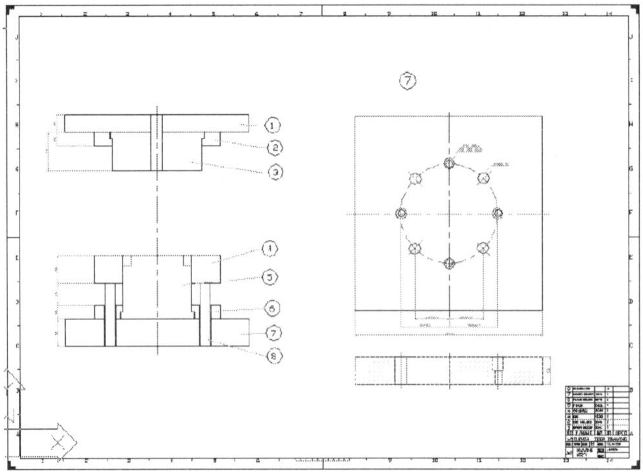

그림 17.5.1 스프링 시트의 조립도

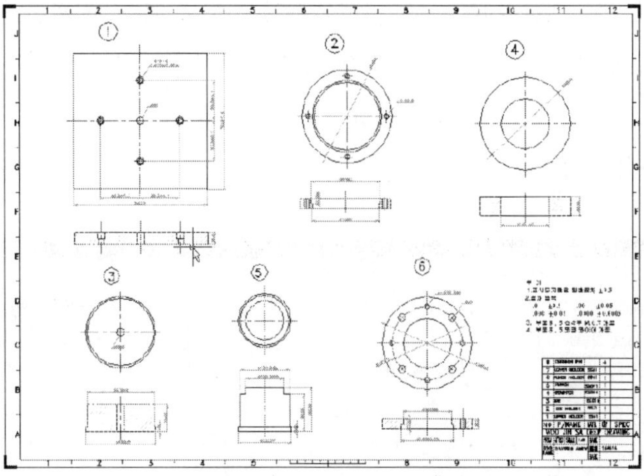

그림 17.5.2 스프링 시트의 부품도

표 17.5.1 가공정보

번호	부품명	가공정보	규 격	갯수	금형명	재질	부품번호
1	Upper holder	밀링	350×350×32	1	Spring sheet	SS41	SPS-01
		드릴링	Ø20×32 Ø14×32	1 4			
		보오링	Ø20×17	4			
2	Die holder	선반	Ø240×24	1	Spring sheet	SS41	SPS-02
		드릴링	Ø10×24	4			
		탭	M12×24	4			
3	Die	선반	Ø185×70	1	Spring sheet	SKD11	SPS-03
		드릴링	Ø20×70	1			
4	Stripper	선반	Ø240×50	1	Spring sheet	SKD11	SPS-04
5	Punch	선반	Ø140×115	1	Spring sheet	SKD11	SPS-05
6	Punch holder	선반	Ø181×25	1	Spring sheet	SS41	SPS-06
7	Lower holder	밀링	350×350×50		Spring sheet	SS41	SPS-07
		드릴링	Ø20×50 Ø14×50	4 4			
		보오링	Ø20×20	4			
		리이밍	Ø21×50	4			
8	Cushion pin	구 매			Spring sheet		SPS-08

련도, 금형부품 요소에 대한 세부지식, 금형부품의 공차에 대한 정확한 지식 등 여러 요인에 의해 견적가에 영향을 줄 수 있다. 그림 17.5.3은 부품 1의 upper holder에 대한 밀링, 드릴링, 보오링을 가공을 갖는 부품의 재료비와 가공공수에 의한 가공비로서 각 부품에 대한 세부정보는 다음과 같다.

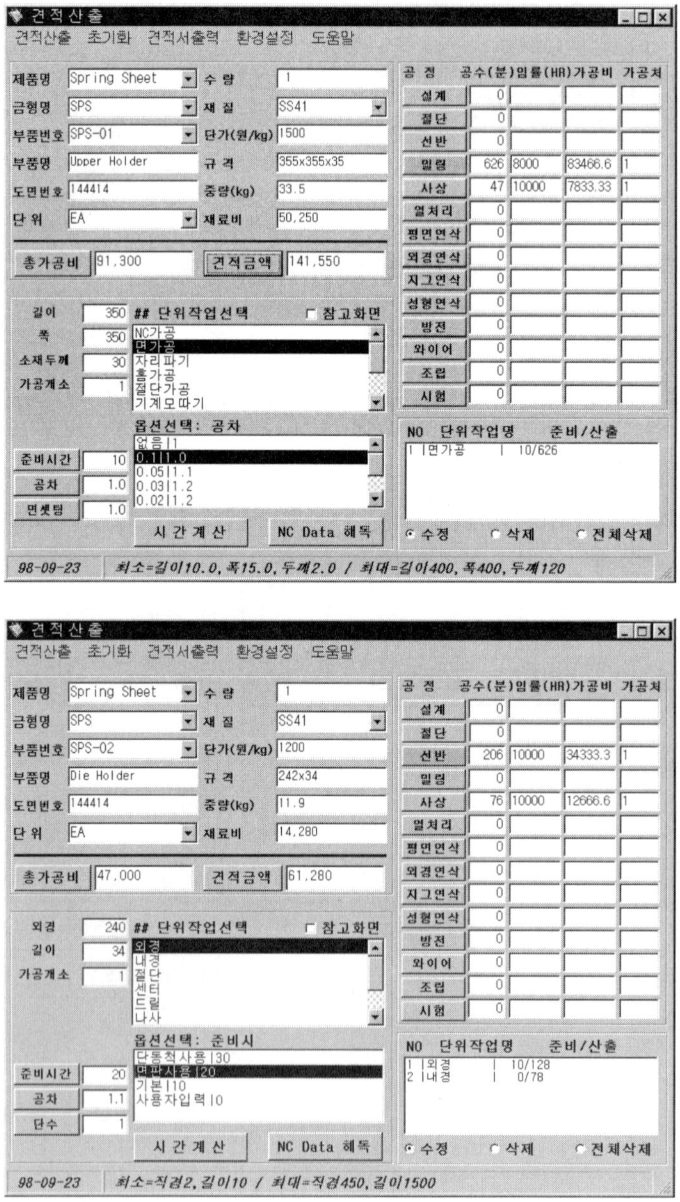

그림 17.5.3 견적산출 과정

17.5.1 Upper holder

1) 밀링

- 소재규격(355×355×35 : 여유치수 포함)
- 완성규격(350×350×32)
- 세부공정 : 면가공(준비시간 10분, 공차 0.05, 면세팅 6면)

2) 사상(드릴, 보오링)

- 완성규격(Ø20×32 1개, Ø14×32 4개)
- 완성규격(Ø20×17 4개)

17.5.2 Die holder

1) 선반

- 소재규격(Ø242×34)
- 완성규격(Ø240×24 외경, Ø175×24 내경)
- 세부공정 : 외경(준비시간 10분, 공차 0.01, 단수 없음)
  내경(준비시간 없음, 공차 0.01, 단수 1단)

2) 사상(드릴링, 탭)

- 완성규격(Ø10×24 4개)
- 완성규격(M12×24 4개)

17.5.3 Die

1) 선반

- 소재규격(Ø187×90)
- 완성규격(Ø185×70 외경, Ø20×70 드릴 1개)
- 세부공정 : 외경(준비시간 10분, 공차 0.01, 단수 1단)
  드릴링(준비시간 10분)

17.5.4 Stripper

1) 선반

- 소재규격 (Ø242×70)
- 완성규격 (Ø240×50 외경, Ø131×50 내경)
- 세부공정 : 외경(준비시간 10분, 공차 0.1, 단수 없음)
  내경(준비시간 없음, 공차 0.01, 단수 없음)

17.5.5 Punch

1) 선반

- 소재규격(Ø142×135)
- 완성규격(Ø140×115 외경)
- 세부공정 : 외경(준비시간 10분, 공차 0.01, 단수 2단)

17.5.6 Punch holder

1) 선반

- 소재규격 (Ø242×45)
- 완성규격 (Ø240×25 외경, Ø140×25 내경)
- 세부공정 : 외경(준비시간 10분, 공차 0.1, 단수 없음)
  내경(준비시간 없음, 공차 0.05, 단수 1단)

2) 사상(드릴, 탭)

- 완성규격(Ø21×25 드릴 4 개, Ø10×25 드릴 4 개)
- 완성규격(M12×25 탭 4개)

17.5.7 Lower holder

1) 밀링

- 소재규격(355×355×52 : 여유치수 포함)
- 완성규격(350×350×50)
- 세부공정 : 면가공(준비시간 10분, 공차 0.05, 면세팅 6면)

2) 사상 (드릴, 보오링, 리이머)

- 완성규격(Ø20×50 4개, Ø14×50 4개)
- 완성규격(Ø20×20 4개)
- 완성규격(Ø21×50 4개)

이상과 같이 spring sheet blanking 금형 부품 7개에 대한 견적산출을 상세가공 정보를 이용하여 산출한 결과를 표 17.5.2와 같이 금형을 제작하는 데 소요되는 가공시간은 각각 밀링공정 1,252분, 선반 825분, 사상 398분이 소요되며 각 부품의 중량도 구할 수 있다.

표 17.5.2 블랭킹 다이의 견적산출 결과

항 목	밀링공수(분)	선반공수(분)	사상공수(분)	소재중량(kg)
1) Upper holder	626		47	33.5
2) Die holder		206	76	11.9
3) Die		149		19.8
4) Stripper		187		25.7
5) Punch		121		17.1
6) Punch holder		162	106	15.7
7) Lower holder	626		169	49.8
합 계	1252	825	398	

17.6 초기견적에 대한 견적산출 시스템 응용 예

초기견적은 금형가공 이전 단계에서 제품도 또는 제품의 모형을 기준으로 하여 금형가공에 소요되는 시간과 금액을 산출하는 시스템을 말한다. 이를 위해서 공정 난이도, 형상 난이도를 적용하여 사용할 기계, 공정의 구성을 고려하여 단위 공정에 대한 주작업시간과 준비시간을 계산하고 이를 전체 공정의 합으로 결과치를 표현하게 된다. 견적결과는 구성된 금형요소에 대한 재료비, 단위공정에 대한 가공사간과 금액, 관리비, 이윤을 산출하게 된다.

17.6.1 대상 제품의 개요

휴대폰에 사용되는 LCD 모듈을 보호하는 BEZEL로서 그림 17.6.1과 같이 프로그레시브 프레스 금형에 대한 견적산출 시스템의 응용 예를 보이고자 한다. 최종제품의 크기는 폭 36.5 mm, 길이 50 mm, 높이 2.6 mm, 재료 두께는 0.25 mm의 스테인레스강의 박판이다. 금형은 IT제품의 특성상 정밀한 형상과 치수를 유지할 수 있는 정도의 난이도를 가지고 있다. 신규 제작되는 금형을 기준으로 아래와 같이 견적산출 시스템을 적용하고자 한다.

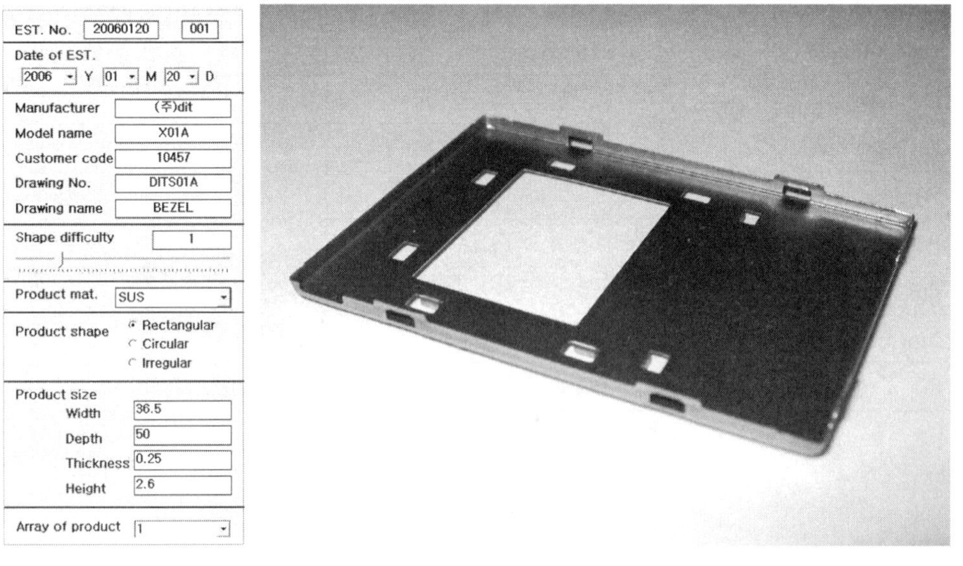

그림 17.6.1 제품형상 및 일반 정보 입력

일반적인 정보, 즉 제작자, 모델이름, 고객번호, 도면번호, 도면명 등이 데이터베이스에 저장되어 향후 검색에 사용될 정보들로서 그림 17.6.1의 좌측편과 같이 입력되고, BEZEL의 전체적인 형상은 그림 17.6.1의 우측편과 같이 사각형이며 얕은 드로잉으로 구성되고, 내부에 9개의 사각 피어싱 공정, 벽면에 4개의 사각 피어싱이 주어져 있다.

프레스 공정은 그림 17.6.2와 같이 전체 10공정으로 구성되어 있고, 블랭킹, 피어싱과 드로잉이 주공정으로 설계되어 있다. 그림 17.6.3은 제작이 완료된 금형의 하형인 다이부로서 4개의 가이드포스트가 설치되어 상하 운동을 하는 구조이며 3개로 블록화되어 조정 및 수리가 용이한 구조로 설계되어 있다.

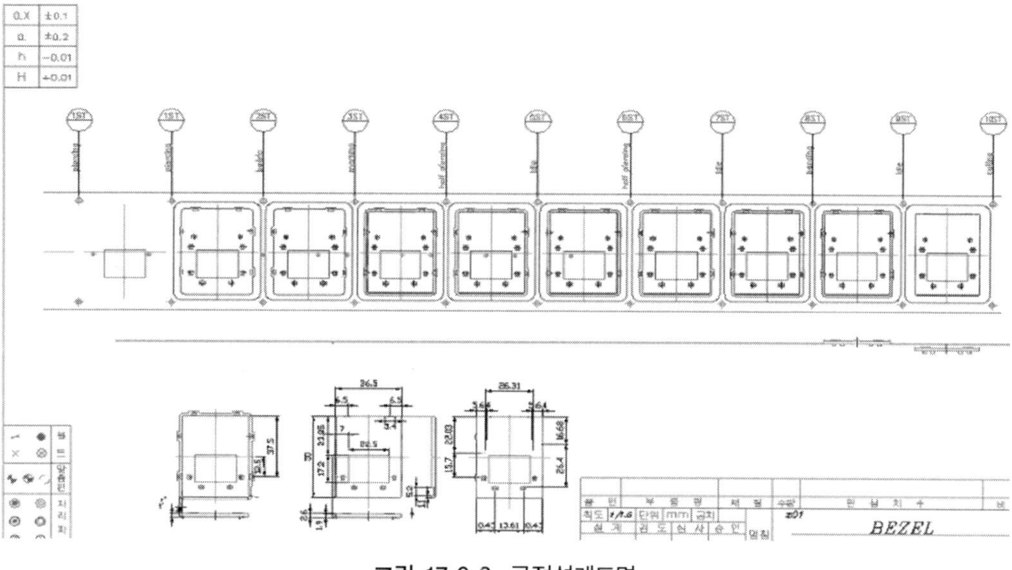

그림 17.6.2 공정설계도면

그림 17.6.3 완성된 하부 금형

17.6.2 견적산출 시스템의 적용 순서

1) 공정(Process) 입력

공정 입력이란 제품의 특성에 따라 공정과 관련이 있는 주요 입력 변수를 입력하는 기능으로서 주요 공정은 제품의 형상과 공정설계도면을 검토한 결과 블랭킹, 피어싱, 드로잉공정으로 보인다. 금형의 형태는 프로그레시브 금형으로 하였고, 공정수는 공정설계도면에 의하여 총 10개의 공정으로 입력하였다. 보증할 수 있는 생산 수량에 따라 금형가격은 달라지는데, 보증수량은 오십만 개 이상, 백만 개 이하로 설정하였다. 그림 17.6.4에 공정 입력에 대한 입력 예를 보인다.

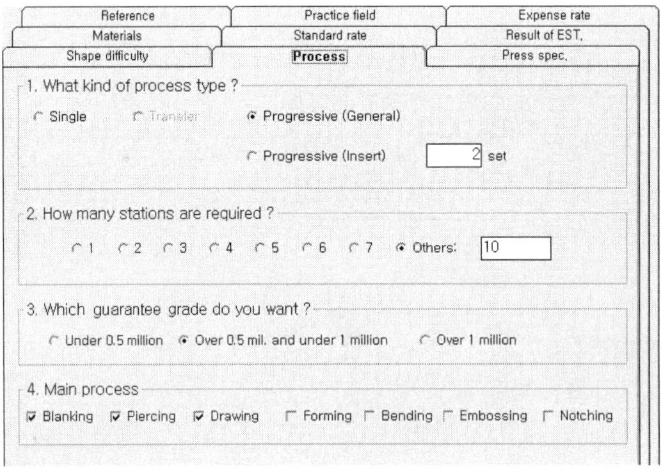

그림 17.6.4 공정입력

2) 금형재질(Materials) 선택

그림 17.6.5의 금형재질 선택기능은 금형부품의 재질을 결정하는 것으로 금형의 사용용도에 따라 금형의 부품수가 추가되거나 삭제될 수도 있다. 사용용도는 제작될 금형이 시작금형일 경우도 있고, 양산금형일 경우도 있다. 이처럼 금형의 생산량, 정도, 납기에 따라 재질의 선택, 금형 부품의 구성을 달리 고려해야 한다.

3) 형상 난이도(Shape difficulty)

금형의 형상 난이도에 비례하여 가공공수가 증가하므로 펀치 및 다이의 형상과 크기, 수량, 재질 등을 프레스 금형의 형상난이도에 영향을 주는 변수로 고려하였다. 그림 17.6.6의

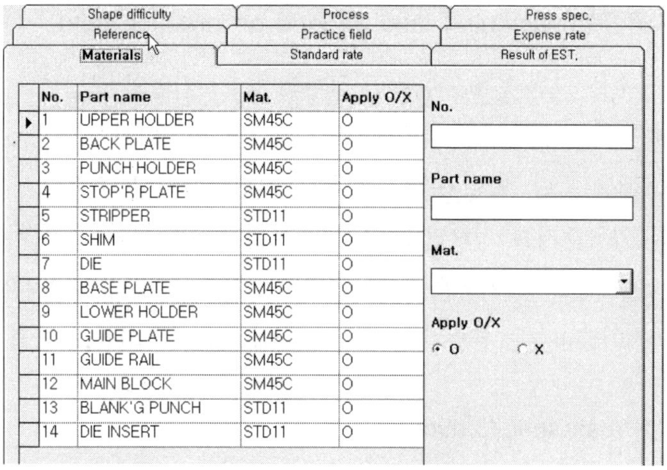

그림 17.6.5 금형 재질

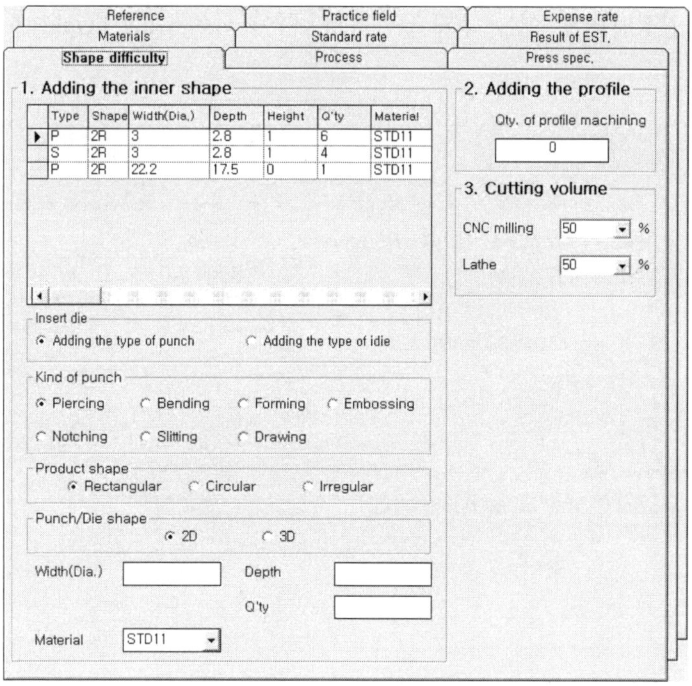

그림 17.6.6 형상난이도

1항에는 인서트 펀치의 형상 및 종류, 다이 등의 내부형상과 재질에 대한 사양을 입력하고 결정하는 기능을 보여주고 있다.

4) 기업의존 가공공수(Machining time depend on practice field)

기업의존 가공공수는 그림 17.6.7과 같이 금형의 용도, 기업의 작업능력이나 작업자의 수준 등 환경에 따라 각기 다른 값을 갖기 때문에 설정한 변수이며 시험과 조립은 표준 능력으로 설정하였다. 예를 들면, 밀링가공은 범용을 선택하여 황삭 → 중삭 → 중정삭 → 정삭의 4공정을 거치도록 가공순서를 정하였고, 기계의 조건은 일반적인 능력을 갖는다는 기준으로 하고, 설계는 100시간, 사상가공은 100 mm^2당 0.2시간, 프로파일 가공은 한곳 당 55,000원, 성형연마(form grinding)은 분당 25 mm^2, 도금은 mm^2당 10원으로 설정을 하였다.

5) 프레스 사양(Press specification)

프레스 사양을 결정하는 변수로는 제품의 크기 및 형상, 재료 두께, 제품 재질, 공정수에 의하여 결정되는 작업하중을 들 수 있다. 또한, 금형의 구조와 사용되는 부품의 수에 따라 금형의 크기가 결정되는데, 이는 프레스의 용량, 다이 하이트(die height)를 결정하는 변수

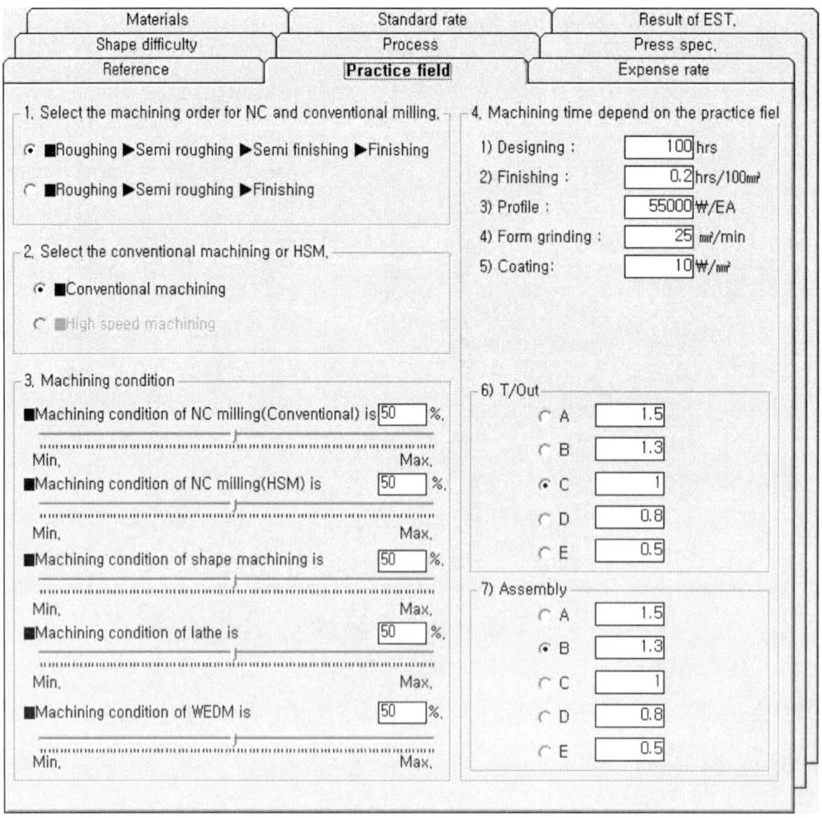

그림 17.6.7 기업의존 가공공수

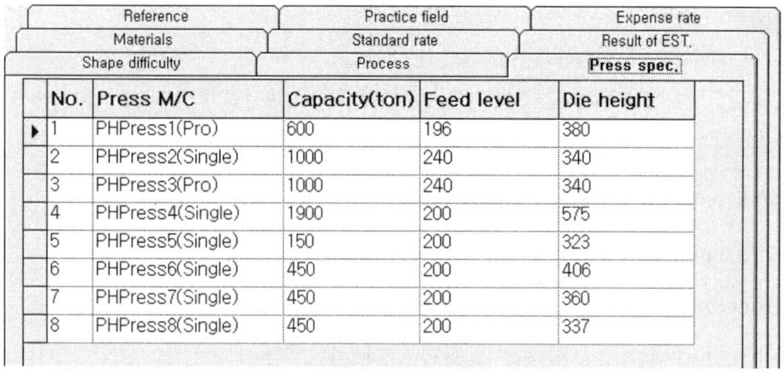

No.	Press M/C	Capacity(ton)	Feed level	Die height
1	PHPress1(Pro)	600	196	380
2	PHPress2(Single)	1000	240	340
3	PHPress3(Pro)	1000	240	340
4	PHPress4(Single)	1900	200	575
5	PHPress5(Single)	150	200	323
6	PHPress6(Single)	450	200	406
7	PHPress7(Single)	450	200	360
8	PHPress8(Single)	450	200	337

그림 17.6.8 프레스 사양

로 작용된다. 그림 17.6.8에 프레스 사양을 결정하는 예를 보인다.

6) 표준 임률(Standard rate)

그림 17.6.9의 임률은 설계, 밀링, 성형연마(form grinding), 평연마(plane grinding), 선반, CNC 밀링, 와이어 커팅, CNC조각, 드릴링과 태핑, 사상, 시험, 조립으로 구분된다.

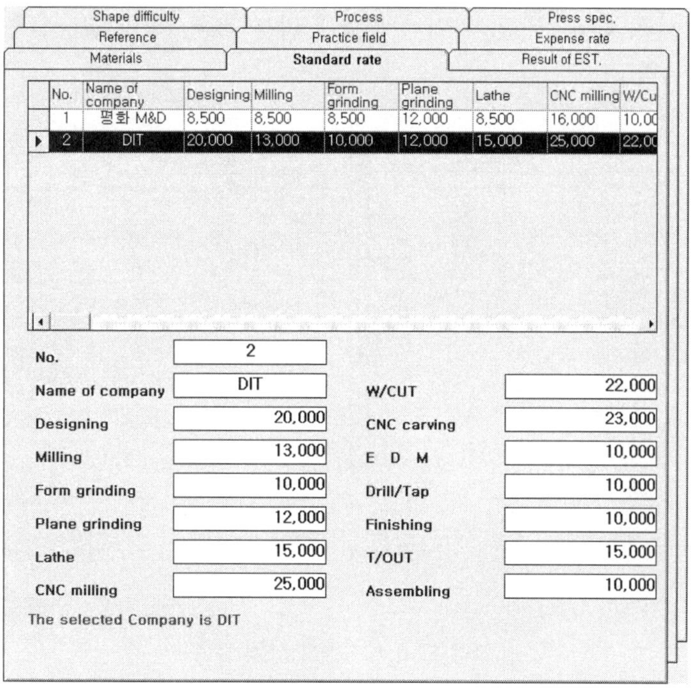

No.	Name of company	Designing	Milling	Form grinding	Plane grinding	Lathe	CNC milling	W/Cu
1	평화 M&D	8,500	8,500	8,500	12,000	8,500	16,000	10,0
2	DIT	20,000	13,000	10,000	12,000	15,000	25,000	22,0

No.	2		
Name of company	DIT	W/CUT	22,000
Designing	20,000	CNC carving	23,000
Milling	13,000	E D M	10,000
Form grinding	10,000	Drill/Tap	10,000
Plane grinding	12,000	Finishing	10,000
Lathe	15,000	T/OUT	15,000
CNC milling	25,000	Assembling	10,000

그림 17.6.9 표준 임률

7) 견적 결과

앞에서 입력하거나, 선택된 조건에 따라 LCD BEZEL 금형의 견적을 산출한 결과, 그림 17.6.10의 견적 산출 결과와 같이 총 29,445,335원으로 계산되었다. 이 중에서

① 주 재료비(material cost for main part)는 2,156,480원,

② 부 재료비(material cost for sub part)는 3,542,093원,

③ 가공비(machining cost)는 18,637,000원,

④ 제조원가(manufacturing prime cost)는 24,335,573원,

⑤ 관리비(management cost)는 1,863,700원,

⑥ 재료관리비(management cost of materials)는 170,957원,

⑦ 이익(profit)은 3,075,105원

⑧ 총 금액 29,445,335원

으로 나타났다.

그림 17.6.10(1)의 재료비는 사용되는 각 금형부품에 대한 품명, 재질, 크기, 무게, 단가 등에 의해 산출되었다. 가공비는 그림 17.6.10(2)와 같이 각 공정별로 가공시간, 임률, 가공비가 계산되며 시험, CNC 밀링, 와이어 커팅에 많은 가공시간이 할당됨을 알 수 있다.

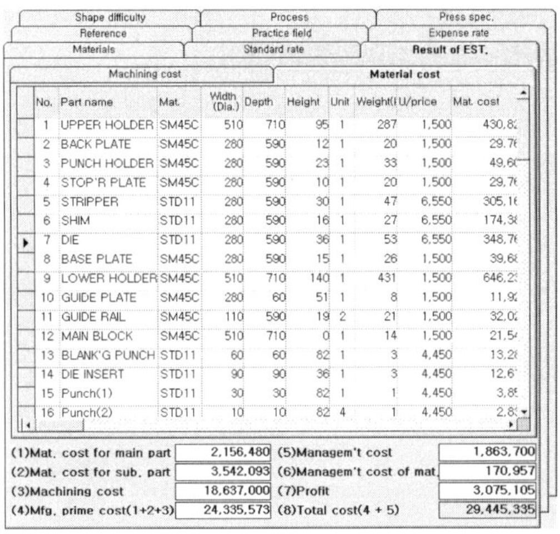

(1) 재료비 산출결과

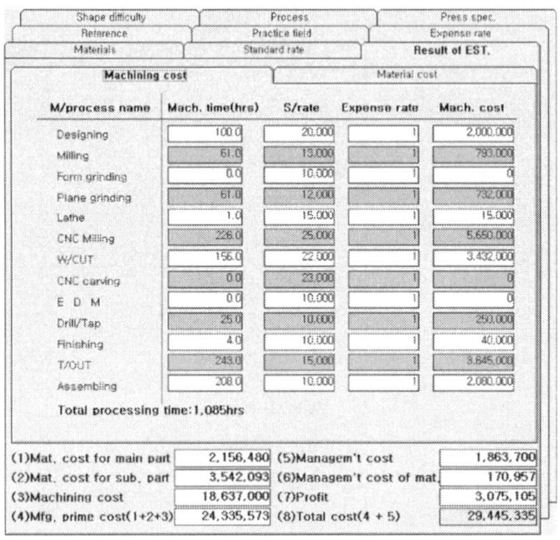

(2) 가공비 산출결과

그림 17.6.10 견적 산출 결과

8) 견적 산출결과의 분석

산출된 견적결과는 그림 17.6.11의 (1), (2)와 같이 여러 가지 분석 챠트의 형태로 만들어 용도에 맞게 사용할 수 있다. 그림 17.6.11의 (1)은 가공비 산출의 분석결과를 보인다. 이 분석 챠트를 사용하면 금형제작이 이루어지는 전 과정에 있어 주요하게 관리해야 할 공정을 한 눈에 볼 수 있는 장점이 있다. 즉, 납기를 줄이기 위한 방법을 쉽게 도출할 수 있는 효과를 제공하고 있다. 그림 17.6.11의 (2)는 원가 분포의 분석결과로서 재료비는 65 %, 가공비는 20 %, 관리비는 11 %, 이윤은 4 %로 분석되었다.

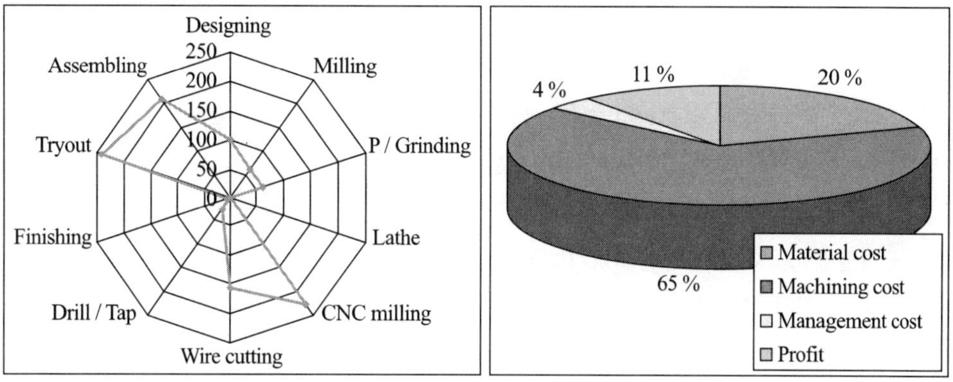

(1) 가공비 산출 결과 분석 (2) 원가 분포 분석

그림 17.6.11 견적결과 응용

참고문헌

강명순, 이종국, 프레스 판금가공, 청문각, 1995.

고병두, 기계제작기술사 해설, 예문사, 1998.

권혁홍, 금형기술사, 다산서고, 2002.

금형기술시험연구회편, 금형설계기사, 일진사, 1994.

김세환, 금형설계 핸드북.

김세환, 한윤희, 이승희, 프레스 금형설계 자료집, 대광서림, 1999.

김영도, 김창동, 최인근, CATIA, 웅보출판사, 2000.

박삼규, 금형의 공정관리, 중소기업진흥공단, 1998.

박상봉, 금형견적산출 전문가 시스템, 생산기술연구원, 한국금형기술사회, 1998.

박상봉, 프레스 금형공장의 공정관리 S/W 개발에 관한 연구, 산업자원부, 1999.

시로타니 쥬니치, 가공시간 계산법, 니칸고교신분샤, 1989.

이종구, 최신 프레스 금형설계, 세진사, 2002.

이종문, 금형설계 및 제작, 기전연구사, 2005.

이종재, 김용한, 최신 금형설계, 한국이공학사, 1999.

조웅식, 프레스 금형설계가술, 기전연구사, 1994.

한국엔티케이세라믹(주), http://www.kntktool.co.kr, 2009.

한국코오로이(주), http://www.korloy.com, 2009.

한국OSG(주), http://osg.co.kr, 2009.

홍장표, 기계설계 이론과 실제, (주) 북스힐, 2005.

프레스 금형설계

2009년 8월 25일 제1판 1쇄 발행
2015년 8월 15일 제1판 4쇄 발행

저　자 ◎ 김창호 · 김 철 · 박동환 · 박상봉
발행자 ◎ 조 승 식
발행처 ◎ (주) 도서출판 북 스 힐
서울시 강북구 한천로 153길 17
등　록 ◎ 제 22-457 호

TEL (02) 994-0071(代)
FAX (02) 994-0073
E-MAIL bookswin@unitel.co.kr
www.bookshill.com

값 13,000원

ISBN 978-89-5526-591-0